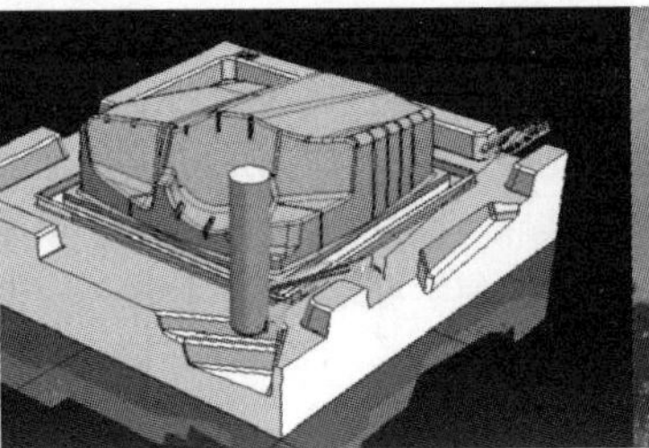
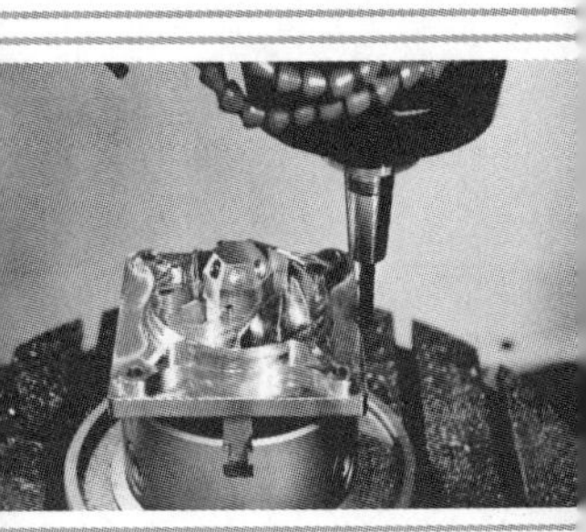

数控机械加工技术与UG编程应用

刘蔡保　编著

化学工业出版社
·北京·

本书主要内容包括：数控机床结构原理、数控加工程序编制、数控加工工艺和工艺文件编制、数控加工常用刀具和夹具的选用、高速加工机床、高速加工刀具系统、高速加工的编程、数控和模具零件UG数控加工案例。书中以实际生产为目标，以分析为主导，以思路为铺垫，以方法为手段，通过数控加工知识与UG编程加工的结合，使学习者学习数控加工知识后能够进行实际编程应用，达到自己分析、操作和处理的效果。

书中加工案例配套全部视频讲解，可通过扫描二维码观看学习，赠送加工案例全部工件源文件，如有需要可联系857702606@qq.com索取。

本书适合作为相关工程技术人员用书、企业培训用书，也可以作为高职或中职层次数控加工专业的教材。

图书在版编目（CIP）数据

数控机械加工技术与UG编程应用/刘蔡保编著. —北京：化学工业出版社，2019.6
ISBN 978-7-122-34206-5

Ⅰ.①数… Ⅱ.①刘… Ⅲ.①数控机床-加工-教材②数控机床-程序设计-教材 Ⅳ.①TG659

中国版本图书馆CIP数据核字（2019）第057573号

责任编辑：韩庆利
责任校对：张雨彤　　　　装帧设计：张　辉

出版发行：化学工业出版社（北京市东城区青年湖南街13号　邮政编码100011）
印　　装：河北鹏润印刷有限公司
787mm×1092mm　1/16　印张19½　字数524千字　2019年8月北京第1版第1次印刷

购书咨询：010-64518888　　售后服务：010-64518899
网　　址：http://www.cip.com.cn
凡购买本书，如有缺损质量问题，本社销售中心负责调换。

定　　价：69.00元　

前言

目前，数控机床的应用已十分普及，在现代机械制造中，正广泛采用数控技术以提高工件的加工精度和生产效率。数控机床的大量使用，使社会急需大批掌握现代数控机床知识和数控软件编程知识的技能型人才，基于此，本书将数控机床加工知识、高速加工知识、软件编程知识结合在了一起，使其成为互通互用、互为升华的一个整体。

本书主要由以下三大组成部分。

第一，数控加工基础知识，介绍了数控机床的特点及分类、数控加工程序、数控加工坐标系、数控加工工艺、数控加工常用夹具、数控加工刀具的选用、数控加工切削液的选用、数控加工工艺文件的编制，采用简明的表格化描述，使学习者能尽快吸收重要知识点。

第二，高速加工知识，着重讲解了近年发展起来的一项较新的数控加工技术，其突出的优点是：提高了加工精度和表面质量，大幅度减少了加工时间，简化了生产工艺流程，降低了生产成本。

第三，软件编程知识，通过前面的知识积淀，游刃有余地进入到本章节的学习，通过 UG 编程软件也能更好地实现数控刀具的选取、数控刀路的生成与优化，达到实际生产的精、简、快、优的要求，逐步学习和练习软件中各种命令、工具的用法与技巧，并将数控技术专业关于产品的设计与制造工艺方面的专业知识有机结合。

本书的实例操作、要点讲解都以加工为目的，在第一章详细描述了数控加工基础知识，在此基础上，第二章重点分析了高速数控加工在实际生产中应用，为下面两章数控加工实例做了充足的知识储备。

数控编程的学习不是一蹴而就的，也不能按照其软件结构生拆开来讲解。编者结合多年的教学和实践，推荐本书的学习顺序是：按照教材编写的顺序，由浅入深、逐层进化地学习。编者从数控加工的知识讲解，到高速加工的内容阐述，再到数控、模具的案例分析编程，对每一个重要的加工方法讲解其原理、处理方法、注意事项，并有专门的实例分析和经验总结。相信只要按照书中的编写顺序进行编程的学习，定可事半功倍地达到学习的目的。

力学如力耕，勤惰尔自知，但使书种多，会有岁稔时，希望学习者一步一步地踏实学习，巩固成果，使新的知识为己所用。

本书编写得到徐小红女士的极大支持和帮助，在此表示感谢。鉴于本人水平之所限，书中若有不足之处，还请批评指正。

刘蔡保

目 录

第一章 数控加工基础知识

第一节 数控加工概述

传统的机械加工是由车、铣、镗、刨、磨、钻等基本加工方法组成，围绕着不同工序人们使用了大量的车床、铣床、镗床、刨床、磨床、钻床等。随着电子技术、计算机技术及自动化、精密机械与测量等技术的发展与综合应用，普通的车、铣、镗、钻床所占的比例逐年下降，生产了机电一体化的新型机床——数控机床，包括数控车床、数控铣床、立式加工中心、卧式加工中心等。数控机床一经使用就显示出了它独特的优越性和强大生命力，使原来不能解决的许多问题，找到了科学解决的途径。图 1.1.1 所示为数控车床，图 1.1.2 所示为数控铣床，图 1.1.3 所示为加工中心。

图 1.1.1　数控车床

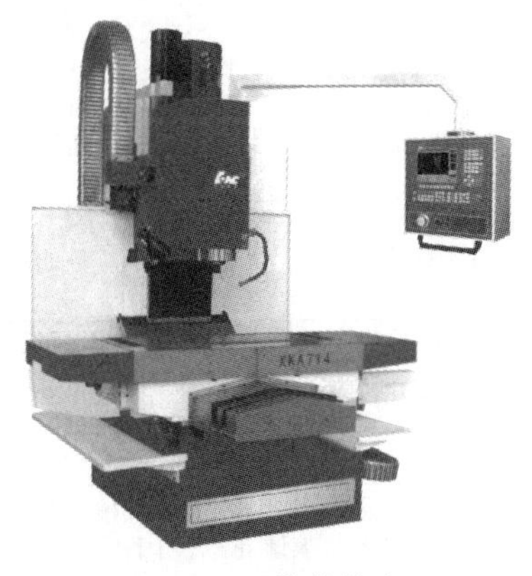

图 1.1.2　数控铣床

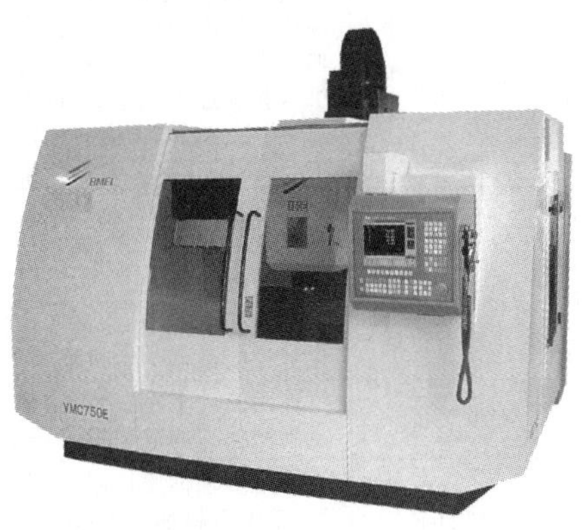

图 1.1.3　加工中心

一、数控机床和数控技术

数控机床是一种通过数字信息，控制机床按给定的运动轨迹，进行自动加工的机电一体化的加工装备，在我国制造业中，数控机床的应用越来越广泛，是一个企业综合实力的体现。而数控技术是控制数控机床方法，两者之间既有联系又有区别，数控技术和数控机床的内容见表1.1.1。

表1.1.1 数控技术和数控机床的内容

<table>
<tr><th>序号</th><th>内容</th><th colspan="2">详细说明</th></tr>
<tr><td>1</td><td>数控技术</td><td colspan="2">通过数字来控制和操控某项指令的技术，简称数控，是指利用数字化的代码构成的程序对控制对象的工作过程实现自动控制的一种方法。
简单来说，数控技术是操作的手段，而数控机床是操作的对象</td></tr>
<tr><td rowspan="5">2</td><td rowspan="5">数控机床</td><td colspan="2">国际信息处理联盟(IFIP)第五技术委员会对数控机床定义如下：数控机床是一个装有程序控制系统的机床，该系统能够逻辑地处理具有使用号码或其他符号编码指令规定的程序。这个定义中所说的程序控制系统即数控系统。
可以简单理解为：凡是用数字化的代码把零件加工过程中的各种操作和步骤以及刀具与工件之间的相对位移量记录在介质上，送入计算机或数控系统，经过译码运算、处理，控制机床的刀具与工件的相对运动，加工出所需的零件，此类机床统称为数控机床</td></tr>
<tr><td>数字化的代码</td><td>即编制的程序，包括字母和数字构成的指令</td></tr>
<tr><td>各种操作</td><td>指改变主轴转速、主轴正反转、换刀、切削液的开关等操作，步骤是指上述操作的加工顺序</td></tr>
<tr><td>刀具与工件之间的相对位移量</td><td>即刀具运行的轨迹，通过对刀实现刀具与工件之间的相对值的设定</td></tr>
<tr><td>介质</td><td>程序存放的位置，如磁盘、光盘、纸带等；译码运算、处理，将编制的程序翻译成数控系统或计算机能够识别的指令，即计算机语言</td></tr>
</table>

二、数控技术构成

机床数控技术是现代制造技术、设计技术、材料技术、信息技术、绘图技术、控制技术、检测技术及相关的外图支持技术的集成，其由机床附属装置、数控系统及其外围技术组成，图1.1.4所示为机床数控技术的组成。

三、数控技术应用领域

数控技术应用领域见表1.1.2。

表1.1.2 数控技术的应用领域

序号	应用领域	详细说明
1	制造行业	制造行业是最早应用数控技术的行业，它担负着为国民经济各行业提供先进装备的重任。现代化生产中很多重要设备都是数控设备，如：高性能三轴和五轴高速立式加工中心、五坐标加工中心、大型五坐标龙门铣床等，汽车行业发动机、变速箱、曲轴柔性加工生产线上用的数控机床和高速加工中心，以及焊接设备、装配设备、喷漆机器人、板件激光焊接机和激光切割机等，航空、船舶、发电行业加工螺旋桨、发动机、发电机和水轮机叶片零件用的高速五坐标加工中心、重型车铣复合加工中心等
2	信息行业	在信息产业中，从计算机到网络、移动通信、遥测、遥控等设备，都需要采用基于超精技术、纳米技术的制造装备，如芯片制造的引线键合机、晶片键合机和光刻机等，这些装备的控制都需要采用数控技术
3	医疗设备行业	在医疗行业中，许多现代化的医疗诊断、治疗设备都采用了数控技术，如CT诊断仪、基于视觉引导的微创手术机器人等
4	军事装备	现代的许多军事装备，都大量采用伺服运动控制技术，如火炮的自动瞄准控制、雷达的跟踪控制和导弹的自动跟踪控制等
5	其他行业	采用多轴伺服控制（最多可达几十个运动轴）的印刷机械、纺织机械、包装机械以及木工机械等；用于石材加工的数控水刀切割机；用于玻璃加工的数控玻璃雕花机；用于床垫加工的数控绗缝机和用于服装加工的数控绣花机等

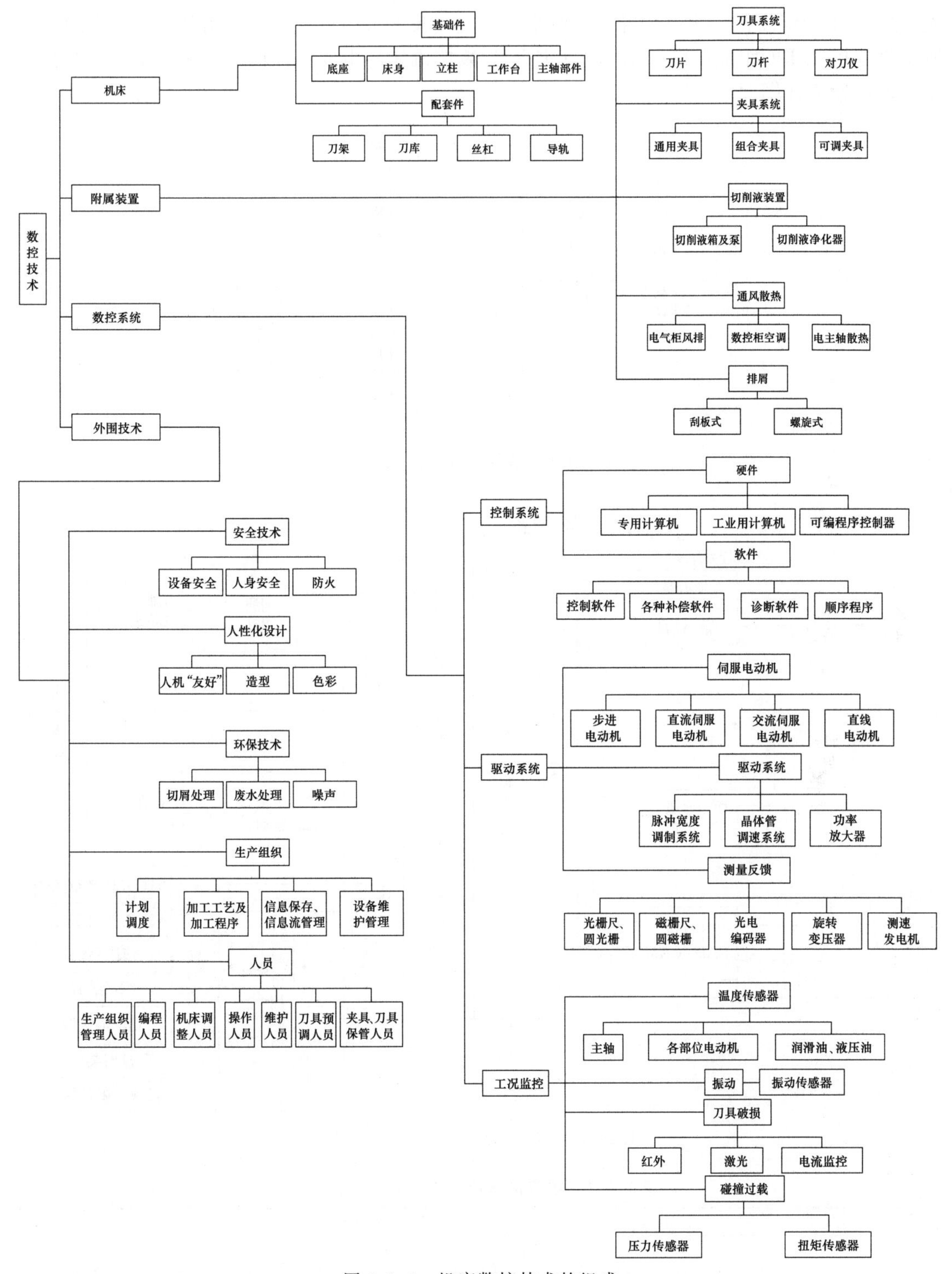

图 1.1.4　机床数控技术的组成

四、数控机床组成

数控机床是用数控技术实施加工控制的机床，是机电一体化的典型产品，是集机床、计算机、电动机及其拖动、运动控制、检测等技术为一体的自动化设备。数控机床一般由输入/输出（I/O）装置、数控装置、伺服系统、测量反馈装置和机床本体等组成，如图 1.1.5 所示为数控机床的组成简图，图 1.1.6 所示为数控机床的组成详细框图。表 1.1.3 为数控机床组成部分的详细介绍。

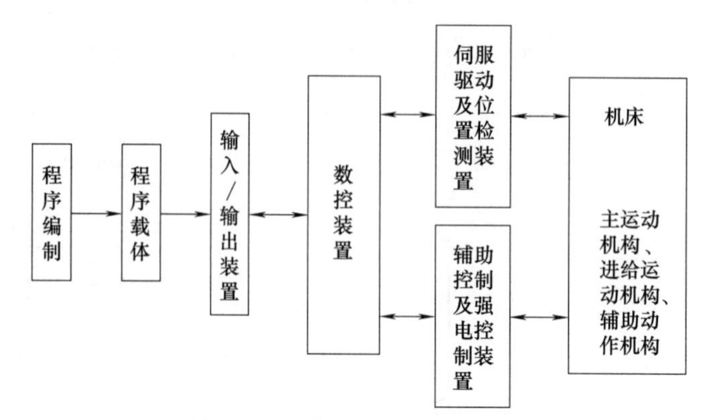

图 1.1.5 数控机床的组成简图

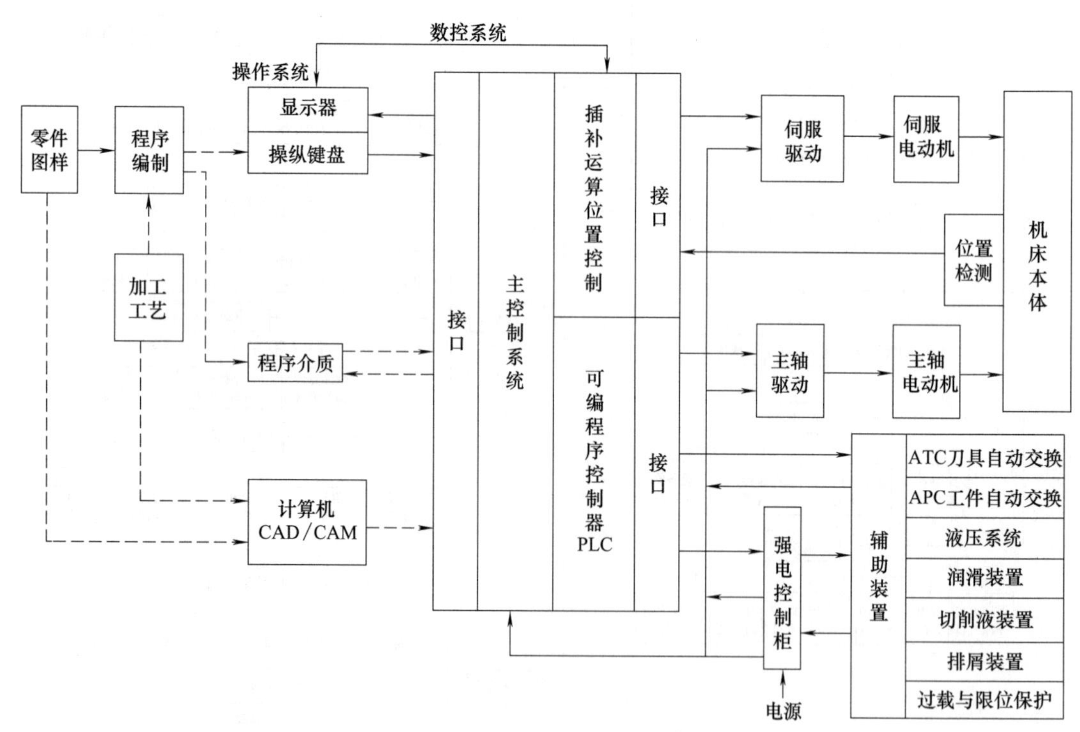

图 1.1.6 数控机床的组成详细框图

表 1.1.3 数控机床组成部分的详细介绍

序号	内容	详细说明
1	输入/输出装置	数控机床工作时，不需要人去直接操作机床，但又要执行人的意图，这就必须在人和数控机床之间建立某种联系，这种联系的中间媒介物即为程序载体，常称为控制介质。在普通机床上加工零件时，工人按图样和工艺要求操纵机床进行加工。在数控机床加工时，控制介质是存储数控加工所需要的全部动作和刀具相对于工件位置等信息的信息载体，它记载着零件的加工工序

续表

序号	内容	详细说明
1	输入/输出装置	数控机床中，常用的控制介质有穿孔纸带、盒式磁带、软盘、磁盘、U盘、网络及其他可存储代码的载体。至于采用哪一种，则取决于数控系统的类型。早期使用的是8单位(8孔)穿孔纸带，并规定了标准信息代码ISO(国际标准化组织制定)和EIA(美国电子工业协会制定)两种代码。随着技术的不断发展，控制介质也在不断改进。不同的控制介质有相应的输入装置：穿孔纸带，要配用光电阅读机；盒式磁带，要配用录放机；软磁盘，要配用软盘驱动器和驱动卡；现代数控机床，还可以通过手动方式(MDI方式)、DNC网络通信、RS-232C串口通信、直接U盘复制等方式输入程序
2	数控装置	数控装置是数控机床的核心。它接收输入装置输入的数控程序中的加工信息，经过译码、运算和逻辑处理后，发出相应的指令给伺服系统，伺服系统带动机床的各个运动部件按数控程序预定要求动作。数控装置是由中央处理单元(CPU)、存储器、总线和相应的软件构成的专用计算机。整个数控机床的功能强弱主要由这一部分决定。数控装置作为数控机床的"指挥系统"，能完成信息的输入、存储、变换、插补运算以及实现各种控制功能。它具备的主要功能如下： ①多轴联动控制； ②直线、圆弧、抛物线等多种函数的插补； ③输入、编辑和修改数控程序功能； ④数控加工信息的转换功能，包括ISO/EIA代码转换、公英制转换、坐标转换、绝对值和相对值的转换、计数制转换等； ⑤刀具半径、长度补偿，传动间隙补偿，螺距误差补偿等补偿功能； ⑥具有固定循环、重复加工、镜像加工等多种加工方式选择； ⑦在CRT上显示字符、轨迹、图形和动态演示等功能； ⑧具有故障自诊断功能； ⑨通信和联网功能
3	伺服系统	伺服系统由伺服驱动电动机和伺服驱动装置组成，是接收数控装置的指令驱动机床执行机构运动的驱动部件。它包括主轴驱动单元(主要是速度控制)、进给驱动单元(主要有速度控制和位置控制)、主轴电动机和进给电动机等。一般来说，数控机床的伺服驱动系统要求有好的快速响应性能，以及能灵敏、准确地跟踪指令功能。数控机床的伺服系统有步进电动机伺服系统、直流伺服系统和交流伺服系统等，现在常用的是后两者，都带有感应同步器、编码器等位置检测元件，而交流伺服系统正在取代直流伺服系统。 机床上的执行部件和机械传动部件组成数控机床的进给系统，它根据数控装置发来的速度和位移指令控制执行部件的进给速度、方向和位移量。每个进给运动的执行部件都配有一套伺服系统。伺服系统的作用是把来自数控装置的脉冲信号转换为机床移动部件的运动，它相当于手工操作人员的手，使工作台(或溜板)精确定位或按规定的轨迹作严格相对运动，最后加工出符合图样要求的零件
4	反馈装置	反馈装置是闭环(半闭环)数控机床的检测环节，该装置由检测元件和相应的电路组成。其作用是检测数控机床坐标轴的实际移动速度和位移，并将信息反馈到数控装置或伺服驱动装置中，构成闭环控制系统。检测装置的安装、检测信号反馈的位置，取决于数控系统的结构形式。无测量反馈装置的系统称为开环系统。由于先进的伺服系统都采用数字式伺服驱动技术(称为数字伺服)，伺服驱动装置和数控装置间一般都采用总线进行连接。反馈信号在大多数场合都是与伺服驱动装置进行连接，并通过总线传送到数控装置的，只有在少数场合或采用模拟量控制的伺服驱动装置(称为模拟伺服装置)时，反馈装置才需要直接与数控装置进行连接。伺服电动机中的内装式脉冲编码器和感应同步器、光栅及磁尺等都是数控机床常用的检测器件。 伺服系统及检测反馈装置是数控机床的关键环节
5	机床本体	机床本体是数控机床的主体，它包括机床的主运动部件、进给运动部件、执行部件和基础部件，如底座、立柱、工作台、滑鞍、导轨等。数控机床的主运动和进给运动都由单独的伺服电动机驱动，因此它的传动链短，结构比较简单。为了保证数控机床的高精度、高效率和高自动化加工要求，数控机床的机械机构应具有较高的动态特性、动态刚度、耐磨性以及抗热变形等性能。为了保证数控机床功能的充分发挥，还有一些配套部件(如冷却、排屑、防护、润滑、照明等一系列装置)和辅助装置(如对刀仪、编程机等)。 对于加工中心类的数控机床，还有存放刀具的刀库，交换刀具的机械手等部件。数控机床的机床本体，在其诞生之初沿用的是普通机床结构，只是在自动变速、刀架或工作台自动转位和手柄等方面作些改变。随着数控技术的发展，对机床结构的技术性能要求更高，在总体布局、外观造型、传动系统结构、刀具系统以及操作性能方面都已经发生很大的变化。因为数控机床除切削用量大、连续加工发热量大等会影响工件精度外，其加工是自动控制的，不能由人工来进行补偿，所以其设计要比通用机床更完善，其制造要比通用机床更精密

五、数控机床工作过程

数控机床加工零件时，首先必须将工件的几何数据和工艺数据等加工信息按规定的代码和格式编制成零件的数控加工程序，这是数控机床的工作指令。将加工程序用适当的方法输入到数控系统，数控系统对输入的加工程序进行数据处理，输出各种信息和指令，控制机床主运动的变速、启停和进给的方向、速度和位移量，以及其他如刀具选择交换、工件的夹紧松开、冷却润滑的开关等动作，使刀具与工件及其他辅助装置严格地按照加工程序规定的顺序、轨迹和参数进行工作。数控机床的运行处于不断地计算、输出、反馈等控制过程中，以保证刀具和工件之间相对位置的准确性，从而加工出符合要求的零件。

数控机床的工作过程如图 1.1.7 所示，首先要将被加工零件图样上的几何信息和工艺信息用规定的代码和格式编写成加工程序，然后将加工程序输入数控装置，按照程序的要求，数控系统对信息进行处理、分配，使各坐标移动若干个最小位移量，实现刀具与工件的相对运动，完成零件的加工。

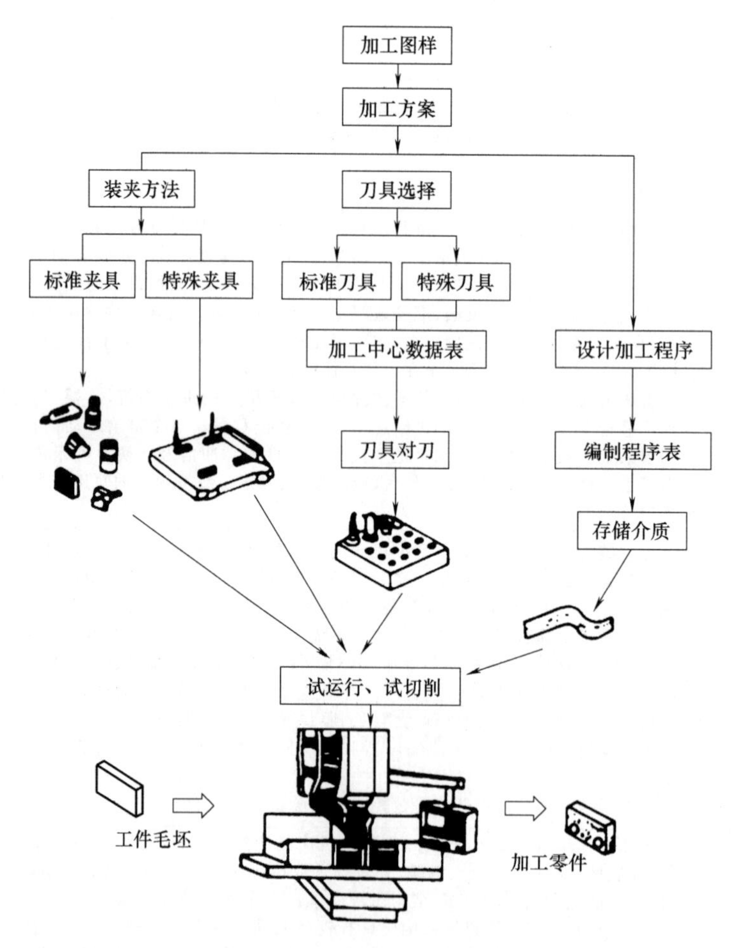

图 1.1.7　数控机床的工作过程

六、数控机床发展

20 世纪中叶，随着信息技术革命的到来，机床也由之前的手工测绘、简单操作性逐渐演变为数字操控、全自动化成型部件的数控机床。

1946 年诞生了世界上第一台电子计算机，这表明人类创造了可增强和部分代替脑力劳动的工具。它与人类在农业、工业社会中创造的那些只是增强体力劳动的工具相比，起了质的飞跃，为人类进入信息社会奠定了基础。6 年后，即在 1952 年，计算机技术应用到了机床上，在美国诞生了第一台数控机床。从此，传统机床产生了质的变化。半个多世纪以来，数控系统经历了两个阶段和六代的发展。

表 1.1.4 详细描述了数控机床的发展过程。

表 1.1.4　数控机床的发展过程

<table>
<tr><th>序号</th><th>发展阶段</th><th colspan="2">详 细 说 明</th></tr>
<tr><td rowspan="4">1</td><td rowspan="4">数控（NC）阶段（1952～1970 年）</td><td colspan="2">早期计算机的运算速度低，对当时的科学计算和数据处理影响还不大，但不能适应机床实时控制的要求。人们不得不采用数字逻辑电路“搭”成一台机床专用计算机作为数控系统，被称为硬件连接数控（HARD-WIRED NC），简称为数控（NC）</td></tr>
<tr><td>第 1 代数控系统</td><td>始于 20 世纪 50 年代初，系统全部采用电子管元件，逻辑运算与控制采用硬件电路完成</td></tr>
<tr><td>第 2 代数控系统</td><td>始于 20 世纪 50 年代末，以晶体管元件和印刷电路板广泛应用于数控系统为标志</td></tr>
<tr><td>第 3 代数控系统</td><td>始于 20 世纪 60 年代中期，由于小规模集成电路的出现，其体积变小，功耗降低，可靠性提高，推动了数控系统的进一步发展</td></tr>
<tr><td rowspan="3">2</td><td rowspan="3">计算机数控（CNC）阶段</td><td>第 4 代数控系统</td><td>到 1970 年，小型计算机已出现并成批生产。于是将它移植过来作为数控系统的核心部件，从此进入了计算机数控（CNC）阶段。到 1971 年，美国 INTEL 公司在世界上第一次将计算机的两个最核心的部件——运算器和控制器，采用大规模集成电路技术集成在一块芯片上，称之为微处理器（MICROPROCESSOR），又可称为中央处理单元（简称 CPU）</td></tr>
<tr><td>第 5 代数控系统</td><td>到 1974 年微处理器被应用于数控系统。这是因为小型计算机功能太强，控制一台机床能力有富余（故当时曾用于控制多台机床，称之为群控），不如采用微处理器经济合理。而且当时的小型计算机可靠性也不理想。早期的微处理器速度和功能虽还不够高，但可以通过多处理器结构来解决。由于微处理器是通用计算机的核心部件，故仍称为计算机数控</td></tr>
<tr><td>第 6 代数控系统</td><td>到了 1990 年，PC 机（个人计算机，国内习惯称微机）的性能已发展到很高的阶段，可以满足作为数控系统核心部件的要求。数控系统从此进入了基于 PC 的阶段</td></tr>
</table>

注：虽然国外早已改称为计算机数控（即 CNC）了，而我国仍习惯称数控（NC）。所以我们日常讲的“数控”，实质上已是指“计算机数控”了。

七、数控机床未来发展的趋势

表 1.1.5 详细描述了数控机床未来发展的趋势。

表 1.1.5　数控机床的发展趋势

序号	发展趋势	详 细 说 明
1	继续向开放式、基于 PC 的第六代方向发展	基于 PC 所具有的开放性、低成本、高可靠性、软硬件资源丰富等特点，更多的数控系统生产厂家会走上这条道路。至少采用 PC 机作为它的前端机，来处理人机界面、编程、联网通信等问题，由原有的系统承担数控的任务。PC 机所具有的友好的人机界面，将普及到所有的数控系统。远程通信、远程诊断和维修将更加普遍
2	加工过程绿色化	随着社会的不断发展与进步，人们越来越重视环保，所以数控机床的加工过程也会向绿色化方向发展。比如在金属切削机床的发展中，需要逐步实现切削加工工艺的绿色化，就目前的加工过程来看，主要是依靠不使用切削液手段来实现加工过程绿色化，因为这种切削液会污染环境，而且还会严重危害人们的身体健康

续表

序号	发展趋势	详细说明
3	向着高速化、高精度化和高效化发展化方向发展	伴随航空航天、船务运输、汽车行业以及高速火车等国民及国防事业的快速发展，新兴材料得到了广泛的应用。伴随着新兴材料的发展，行业对于高速和超高速数控机床的需求也越来越大。高速和超高速数控机床不仅可以提高企业生产效率，同时也可以对传统机床难于加工的材料进行切削，提高加工精度。 数控机床最大的优势和特点在于其主轴运动速度大。现在使用的数控机床通常采用64bit的较高处理器，未来数控机床将广泛采用超大规模的集成电路与多微处理器，从而实现较高运算速度，使得智能专家控制系统和多轴控制系统成为可能。数控机床也可以通过自动调节和设定工作参数，得到较高的加工精度，提高设备的使用寿命和生产效率。 以加工中心为例，其主要精度指标——直线坐标的定位精度和重复定位精度都有了明显的提高，定位精度由±5nm提高到±(0.15～0.3)nm，重复定位精度由±2nm提高到±1nm。为了提高加工精度，除了在结构总体设计、主轴箱、进给系统中采用低热胀系数材料、通入恒温油等措施外，在控制系统方面采取的措施是： (1)采用高精度的脉冲当量。从提高控制入手来提高定位精度和重复定位精度。 (2)采用交流数字伺服系统。伺服系统的质量直接关系到数控系统的加工精度。采用交流数字伺服系统，可使伺服电动机的位置、速度及电流环路等参数都实现数字化，因此也就实现了几乎不受负载变化影响的高速响应的伺服系统。 (3)前馈控制。所谓前馈控制，就是在原来的控制系统上加上指令各阶导数的控制。采用它，能使伺服系统的追踪滞后1/2，改善加工精度。 (4)机床静摩擦的非线性控制。对于具有较大静摩擦的数控设备，由于过去没有采取有效地控制，使圆弧切削的圆度不好。而新型数字伺服系统具有补偿机床驱动系统静摩擦的非线性控制功能，可改善圆弧的圆度
4	向着自诊断方向发展	随着人工智能技术的不断成熟与发展，数控机床性能也得到了明显的改善。在新一代的数控机床控制系统中大量采用了模糊控制系统、神经网络控制系统和专家控制系统使数控机床性能大大改善。通过数控机床自身的故障诊断程序，自动实现对数控机床硬件设备、软件程序和其他附属设备进行故障诊断和自动预警。 数控机床可以依据现有的故障信息，实现快速定位故障源，并给出故障排除建议，使用者可以通过自动预警提示及时解决故障问题，实现故障自动恢复，防止和解决各种突发性事件，从而进行相应的保护。 现代数控系统智能化自诊断的发展，主要体现以下几个方面。 (1)工件自动检测、自动定心。 (2)刀具磨损检测及自动更换备用刀具。 (3)刀具寿命及刀具收存情况管理。 (4)负载监控。 (5)数据管理。 (6)维修管理。 (7)利用前馈控制实施补偿矢量的功能。 (8)根据加工时的热变形，对滚珠丝杠等的伸缩实施补偿功能
5	向着网络化全球性方向发展	随着互联网技术的普及与发展，在企业日常工作管理过程中网络化管理模式已经日益普及。管理者往往可以通过手中的鼠标实现对企业的管理。数控机床作为企业生产的重要工具也逐渐进行了数字化的改造。数控机床的网络化推进了柔性制造自动化技术的快速发展，使数控机床的发展更加具有信息集成化、智能化和系统化。 数控机床的网络化发展方向也体现在远程监控与故障处理上。当数控机床运行过程中出现故障后，数控机床生产厂家不用直接亲临现场就可以通过互联网对故障数控机床进行远程诊断与故障排除，这样不仅可以大大减少数控机床的维修成本，而且还可以大大提高企业的生产效率。数控机床的网络化发展方向还表现在远程操作与培训上。可以通过把数控机床共享到网络上，从而实现多地、多用户的远程操作与培训的需要，甚至可以依靠电子商务平台任意组成网上虚拟数控车间，实现跨地域全球性的CAD/CAM/CNC网络制造
6	向着模块化方向发展	模块化的设计思想已经广泛应用于各设计行业。数控机床设计也不例外地广泛使用模块制造功能各异的设备。所设计的模块往往是通用的，企业用户可以根据生产需要随时更换所需模块。采用模块化思想的数控机床增加了数控机床的灵活性，降低了企业生产成本，提高了企业生产效率，增强了企业竞争的能力。严格按照模块化的设计思想设计数控机床，不仅能有效保障操作员和设备运行的安全，同时也保证数控机床能够达到产品技术性能、充分发挥数控机床的加工特点；此外，模块化的设计还有助于增强数控机床的使用效率，减少故障率，提高数控机床的生产水平

续表

序号	发展趋势	详细说明
7	极端制造扩张新的技术领域	极端制造技术是指极大型、极微型、极精密型等极端条件下的制造技术，是数控机床技术发展的重要方向。重点研究微纳机电系统的制造技术，超精密制造、巨型系统制造等相关的数控制造技术、检测技术及相关的数控机床研制，如微型、高精度、远程控制手术机器人的制造技术和应用；应用于制造大型电站设备、大型舰船和航空航天设备的重型、超重型数控机床的研制；IT产业等高新技术的发展需要超精细加工和微纳米级加工技术，研制适应微小尺寸的微纳米级加工新一代微型数控机床和特种加工机床；极端制造领域的复合机床的研制等
8	五轴联动加工和复合加工机床快速发展	采用五轴联动对三维曲面零件的加工，可用刀具最佳几何形状进行切削，不仅光洁度高，而且效率也大幅度提高。一般认为，1台五轴联动机床的效率可以等于2台三轴联动机床，特别是使用立方氮化硼等超硬材料铣刀进行高速铣削淬硬钢零件时，五轴联动加工可比三轴联动加工发挥更高的效益。但过去因五轴联动数控系统主机结构复杂等原因，其价格要比三轴联动数控机床高出数倍，加之编程技术难度较大，制约了五轴联动机床的发展。当前出现的电主轴，使得实现五轴联动加工的复合主轴头结构大为简化，其制造难度和成本大幅度降低，数控系统的价格差距缩小。这促进了复合主轴头类型五轴联动机床和复合加工机床（含五面加工机床）的发展。 目前，新日本工机株式会社的五面加工机床采用复合主轴头，可实现4个垂直平面的加工和任意角度的加工，使得五面加工和五轴加工可在同一台机床上实现，还可实现倾斜面和倒锥孔的加工。德国DMG公司展出DMU Voution系列加工中心，可在一次装夹下五面加工和五轴联动加工，可由CNC系统控制或CAD/CAM直接或间接控制
9	小型化机床的优势凸显	数控技术的发展提出了数控装置小型化的要求，以便机、电装置更好地糅合在一起。目前许多数控装置采用最新的大规模集成电路（LSI）、新型液晶薄型显示器和表面安装技术，消除了整个控制机架，机械结构小型化以缩小体积。同时伺服系统和机床主体进行很好的机电匹配，提高数控机床的动态特性

第二节　数控机床的特点及分类

一、数控机床的特点

数控机床是以电子控制为主的机电一体化机床，充分发挥了微电子、计算机技术特有的优点，易于实现信息化、智能化和网络化，可较易地组成各种先进制造系统，如柔性制造系统（FMS）和计算机集成制造系统（CIMS）等，能最大限度地提高工业生产效率。硬件和软件相组合，能实现信息反馈、补偿、自动加减速等功能，可进一步提高机床的加工精度、效率和自动化程度。

数控机床对零件的加工过程，是严格按照加工程序所规定的参数及动作执行的。它是一种高效能自动或半自动机床。数控机床加工过程可任意编程，主轴及进给速度可按加工工艺需要变化，且能实现多坐标联动，易加工复杂曲面。在加工时具有“易变、多变、善变”的特点，换批调整方便，可实现复杂零件的多品种中小批柔性生产，适应社会对产品多样化的需求。

与普通加工设备相比，数控机床的特点见表1.2.1。

表1.2.1　数控机床的特点

序号	内容	详细说明
1	有广泛的适应性和较大的灵活性	数控机床具有多轴联动功能，可按零件的加工要求变换加工程序，可解决单件、小批量生产的自动化问题。数控机床能完成很多普通机床难以胜任的零件加工工作，如叶轮等复杂的曲面加工。由于数控机床能实现多个坐标的联动，所以数控机床能完成复杂型面的加工。特别是对于可用数学方程式和坐标点表示的形状复杂的零件，其加工非常方便。当改变加工零件时，数控机床只需更换零件加工程序，且可采用成组技术的成套夹具，因此，生产准备周期短，有利于机械产品迅速更新换代

续表

序号	内容	详细说明
2	加工精度高，产品质量稳定	数控机床按照预先编制的程序自动加工，加工过程不需要人工干预，加工零件的重复精度高，零件的一致性好。同一批零件，由于使用同一数控机床和刀具及同一加工程序，刀具的运动轨迹完全相同，并且数控机床是根据数控程序由计算机控制自动进行加工的，所以避免了人为的误差，保证了零件加工的一致性，质量稳定可靠。 另外，数控机床本身的精度高，刚度好，精度的保持性好，能长期保持加工精度。数控机床有硬件和软件的误差补偿能力，因此能获得比机床本身精度还高的零件加工精度
3	自动化程度高，生产率高	数控机床本身的精度高、刚度高，可以采用较大的切削用量，停机检测次数少，加工准备时间短，有效地节省了机动工时。它还有自动换速、自动换刀和其他辅助操作自动化等功能，使辅助时间大为缩短，而且无需工序间的检验与测量，所以比普通机床的生产效率高3～4倍，对于某些复杂零件的加工，其生产效率可以提高十几倍甚至几十倍。数控机床的主轴转速及进给范围都比普通机床的大
4	工序集中，一机多用	数控机床在更换加工零件时，可以方便地保存原来的加工程序及相关的工艺参数，不需要更换凸轮、靠模等工艺装备，也就没有这类工艺装备需要保存，因此可缩短生产准备时间，大大节省了占用厂房面积。加工中心等采用多主轴、车铣复合、分度工作台或数控回转工作台等复合工艺，可实现一机多能功能，实现在一次零件定位装夹中完成多工位、多面、多刀加工，省去工序间工件运输、传递的过程，减少了工件装夹和测量的次数和时间，既提高了加工精度，又节省了厂房面积，提高了生产效率
5	有利于生产管理的现代化	数控机床加工零件时，能准确地计算零件的加工工时，并有效地简化了检验、工装和半成品的管理工作；数控机床具有通信接口，可连接计算机，也可以连接到局域网上。这些都有利于向计算机控制与管理方面发展，为实现生产过程自动化创造了条件。 数控机床是一种高度自动化机床，整个加工过程采用程序控制，数控加工前需要做好详尽的加工工艺、程序编制等，前期准备工作较为复杂。机床加工精度因受切削用量大、连续加工发热量大等因素的影响，其设计要求比普通机床的更加严格，制造要求更精密，因此数控机床的制造成本比较高。此外，数控机床属于典型的机电一体化产品，控制系统比较复杂、技术含量高，一些元器件、部件精密度较高，所以对数控机床的调试和维修比较困难

二、数控机床的分类

至今数控机床已发展成品种齐全、规格繁多的、能满足现代化生产的主流机床。可以从不同的角度对数控机床进行分类和评价，通常按表 1.2.2 所列方法分类。

表 1.2.2 数控机床的分类

序号	内容	详细说明	
1	按工艺用途分类	一般数控机床	这类机床和传统的通用机床种类一样，有数控的车床、铣床、镗床、钻床、磨床等，而且每一种数控机床也有很多品种，例如数控铣床就有数控立铣床、数控卧铣床、数控工具铣床、数控龙门铣床等。这类数控机床的工艺性与通用机床的相似，所不同的是它能加工复杂形状的零件
		数控加工中心	数控加工中心是在一般数控机床的基础上发展起来的。它是在一般数控机床上加装一个刀库（可容纳 10～100 把刀具）和自动换刀装置而构成的一种带自动换刀装置的数控机床，这使数控机床更进一步地向自动化和高效化方向发展。 数控加工中心与一般数控机床的区别是：工件经一次装夹后，数控装置就能控制机床自动地更换刀具，连续地对工件的各加工面自动完成铣、镗、钻、铰及攻螺纹等多工序加工。这类机床大多是以镗铣为主的，主要用来加工箱体零件。它和一般的数控机床相比具有如下优点： ①减少机床台数，便于管理，对于多工序的零件只要一台机床就能完成全部加工，并可以减少半成品的库存。 ②由于工件只要一次装夹，因此减少了多次安装造成的定位误差，可以依靠机床精度来保证加工质量 ③工序集中，减少了辅助时间，提高了生产率。 ④由于零件在一台机床上一次装夹就能完成多道工序加工，所以大大减少了专用工夹具的数量，进一步缩短了生产准备时间。 由于数控加工中心机床的优点很多，因此在数控机床生产中占有很重要的地位。 另外，还有一类加工中心是在车床基础上发展起来的，以轴类零件为主要加工对象。除可进行车削、镗削外，还可以进行端面和周面上任意部位的钻削、铣削和攻螺纹加工，这类加工中心也设有刀库，可安装 4～12 把刀具。习惯上称此类机床为车削加工中心

续表

序号	内容	详细说明	
1	按工艺用途分类	多坐标数控机床	有些复杂形状的零件，用三坐标的数控机床还无法加工，如螺旋桨、飞机曲面零件的加工等，需要三个以上坐标的合成运动才能加工出所需形状。于是出现了多坐标的数控机床，其特点是数控装置控制的轴数较多，机床结构也比较复杂，其坐标轴数通常取决于加工零件的工艺要求。现在常用的是四轴、五轴、六轴的数控机床，如图1.2.1所示为五轴联动的数控加工示意图。这时X、Y、Z三个坐标与转台的回转、刀具的摆动可以联动，可加工机翼等复杂曲面类零件 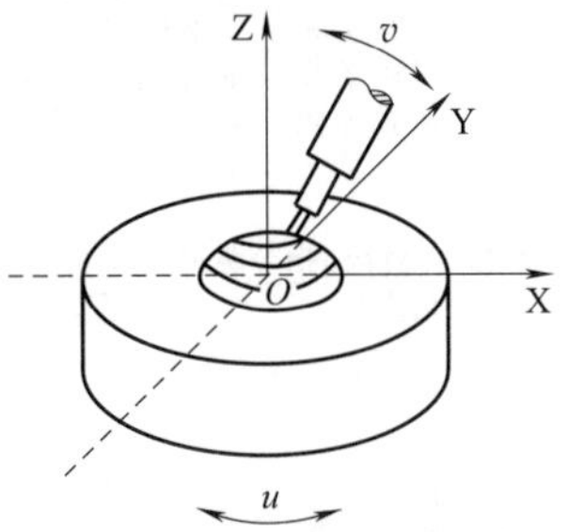 图1.2.1　五轴联动的数控加工
2	按运动控制的特点分类	按对刀具与工件间相对运动轨迹的控制，可将数控机床分为点位控制数控机床、直线控制数控机床、轮廓控制数控机床等	
		点位控制数控机床	这类数控机床只需控制刀具从某一位置移到下一个位置，不考虑其运动轨迹，只要求刀具能最终准确到达目标位置，即仅控制行程终点的坐标值，在移动过程中不进行任何切削加工，至于两相关点之间的移动速度及路线则取决于生产率，如图1.2.2(a)所示。为了在精确定位的基础上有尽可能高的生产率，两相关点之间的移动先是以快速移动到接近新定位点的位置，然后降速，慢速趋近定位点，以保证其定位精度。 点位控制可用于数控坐标镗床、数控钻床、数控冲床和数控测量机等机床的运动控制。 用点位控制形式控制的机床称为点位控制数控机床
		直线控制数控机床	直线控制的数控机床是指能控制机床工作台或刀具以要求的进给速度，沿平行于坐标轴(或与坐标轴成45°的斜线)的方向进行直线移动和切削加工的数控机床，如图1.2.2(b)所示。这类数控机床工作时，不仅要控制两相关点之间的位置，还要控制两相关点之间的移动速度和路线(轨迹)。其路线一般都由与各轴线平行的直线段组成。它和点位控制数控机床的区别在于：当数控机床的移动部件移动时，可以沿一个坐标轴的方向进行切削加工(一般地也可以沿45°斜线进行切削，但不能沿任意斜率的直线切削)，而且其辅助功能比点位控制的数控机床的多，例如，要增加主轴转速控制、循环进给加工、刀具选择等功能。 这类数控机床主要有简易数控车床、数控镗铣床等。相应的数控装置称为直线控制装置
		轮廓控制数控机床	这类数控机床的控制装置能够同时对两个或两个以上的坐标轴进行连续控制，如图1.2.2(c)所示。加工时不仅要控制起点和终点，还要控制整个加工过程每点的速度和位置，使机床加工出符合图样要求的复杂形状的零件。大部分都具有两坐标或两坐标以上联动、刀具半径补偿、刀具长度补偿、数控机床轴向运动误差补偿、丝杠螺距误差补偿、齿侧间隙误差补偿等系列功能。该类数控机床可加工曲面、叶轮等复杂形状零件。 典型的有数控车床、数控铣床、加工中心等，其相应的数控装置称为轮廓控制装置(或连续控制装置)。 轮廓控制数控机床按照轴联动(同时控制)轴数可分为两轴联动控制数控机床、两轴半坐标联动控制数控机床、三轴联动控制数控机床、四轴联动控制数控机床、五轴联动控制数控机床等。多轴(三轴以上)控制与编程技术是高技术领域开发研究的课题，随着现代制造技术领域中产品的复杂程度和加工精度的不断提高，多轴联动控制技术及其加工编程技术的应用也越来越普遍 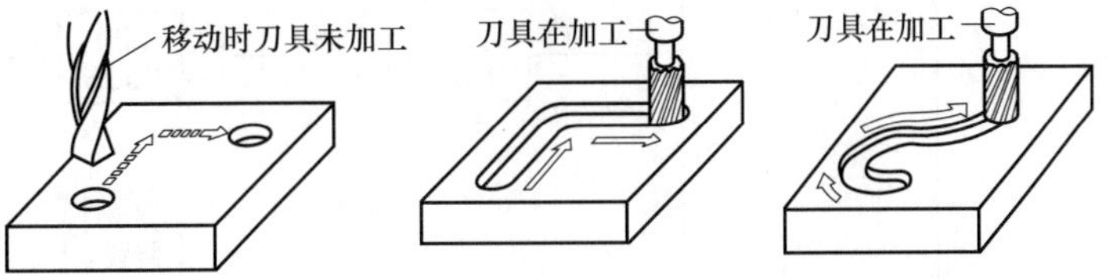 (a) 点位控制　(b) 直线控制　(c) 轮廓控制 图1.2.2　数控机床运动控制方式

续表

<table>
<tr><th>序号</th><th>内容</th><th colspan="2">详细说明</th></tr>
<tr><td rowspan="4">3</td><td rowspan="4">按伺服系统的控制方式分类</td><td colspan="2">数控机床按照对被控制量有无检测反馈装置，可以分为开环数控机床和闭环数控机床两种。闭环根据测量装置安放的位置，又可分为全闭环数控机床和半闭环数控机床两种。在上述三种控制方式的基基础上，还发展了混合控制型数控机床</td></tr>
<tr><td>开环控制数控机床</td><td>开环控制数控机床没有检测反馈装置，如图1.2.3所示。数控装置发出信号的流程是单向的，所以不存在系统稳定性问题。由于信号的单向流程，它对机床移动部件的实际位置不作检验，所以机床加工精度不高，其精度主要取决于伺服系统的性能。在系统工作时，输入的数据经过数控装置运算分配出指令脉冲，通过伺服机构（伺服元件常为步进电动机）使被控工作台移动。 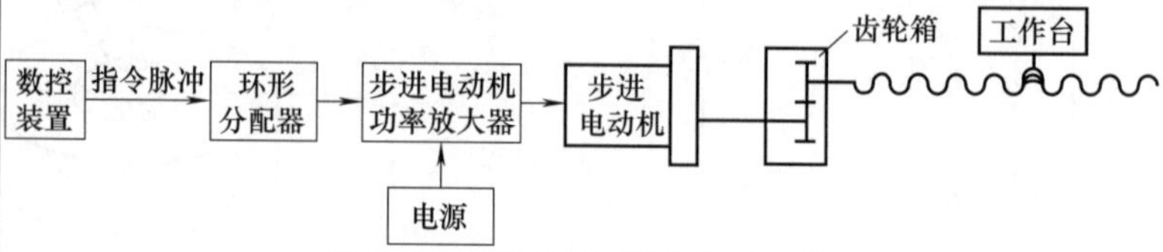

图1.2.3　开环控制数控机床系统
这类数控机床调试简单，系统也比较容易稳定，精度较低，成本低廉，多见于经济型的中小型数控机床和旧设备的技术改造中</td></tr>
<tr><td>闭环控制树数控机床</td><td>开环控制精度达不到精密机床和大型机床的加工精度要求，为此在数控机床上增加了检测反馈装置，在加工中时刻检测数控机床移动部件的位置使之与数控装置所要求的位置相符合，以期达到高的加工精度。
如图1.2.4所示，伺服系统随时接收在工作台端测得的实际位置反馈信号，将其与数控装置发来的指令位置信号相比较，由其差值控制进给轴运动。这种具有反馈控制的系统，在电气上称为闭环控制系统。由于这种位置检测信号取自数控机床工作台（传动系统最末端执行件），因此可以消除整个传动系统的全部误差，系统精度高。但很多机械传动环节包括在闭环控制的环路内，各部件的摩擦特性、刚度及间隙等非线性因素都会直接影响系统的稳定性，系统制造调试难度大，成本高。闭环系统主要用于一些精度很高的数控铣床、超精数控车床、超精数控磨床、大型数控机床等 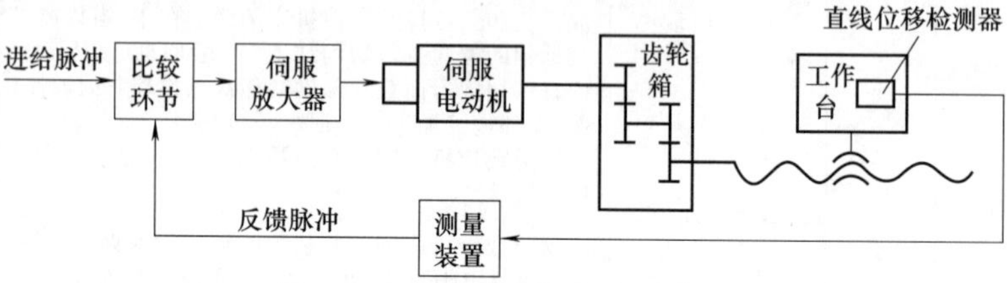

图1.2.4　闭环控制数控机床系统</td></tr>
<tr><td>半闭环控制的数控机床</td><td>这类数控机床的检测元件不是装在传功系统的末端，而是装在电动机轴或丝杠轴的端部，工作台的实际位置是通过测得的电动机轴的角位移间接计算出来的，因而控制精度没有闭环系统的高，如图1.2.5所示。由于工作台没有完全包括在控制回路内，因而称之为半闭环控制。这种控制方式介于开环与闭环之间，精度没有闭环的高，但可以获得稳定的控制特性，调试比闭环的方便，因此目前大多数中小型数控机床都采用这种控制方式 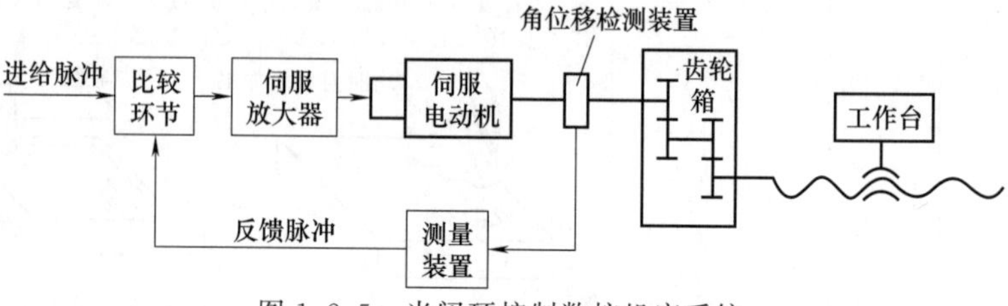

图1.2.5　半闭环控制数控机床系统</td></tr>
</table>

续表

序号	内容	详细说明	
3	按伺服系统的控制方式分类	混合控制数控机床	将上述三种控制方式的特点有选择地集中起来，可以组成混合控制的方案。这种方案主要在大型数控机床中应用。因为大型数控机床需要高得多的进给速度和返回速度，又需要相当高的精度，如果只采用全闭环的控制，机床传动链和工作台全部置于控制环节中，稳定性难以保证，所以常采用混合控制方式。在具体方案中，混合控制数控机床又可分为两种形式：一是开环补偿型；二是半闭环补偿型。 ①开环补偿型　图 1.2.6 所示为开环补偿型控制方式。它的基本控制选用步进电动机的开环伺服机构，另外附加一个校正电路。用装在工作台的直线位移测量元件的反馈信号校正机械系统的误差。 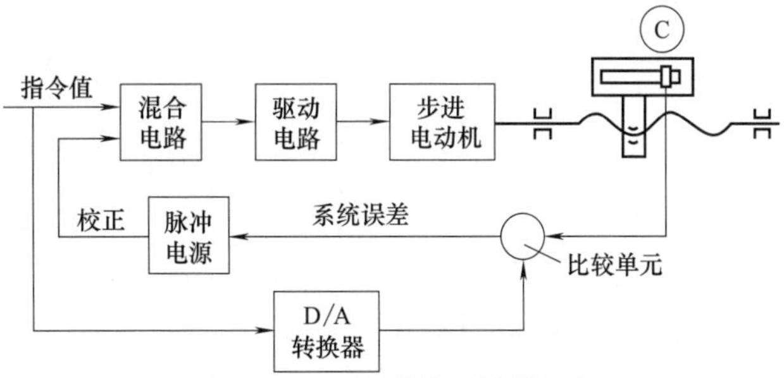 图 1.2.6　开环补偿型控制方式 ②半闭环补偿型　图 1.2.7 所示为半闭环补偿型控制方式。它用半闭环控制方式取得较高精度控制，再用装在工作台上的直线位移测量元件实现修正，以获得高速度与高精度的统一 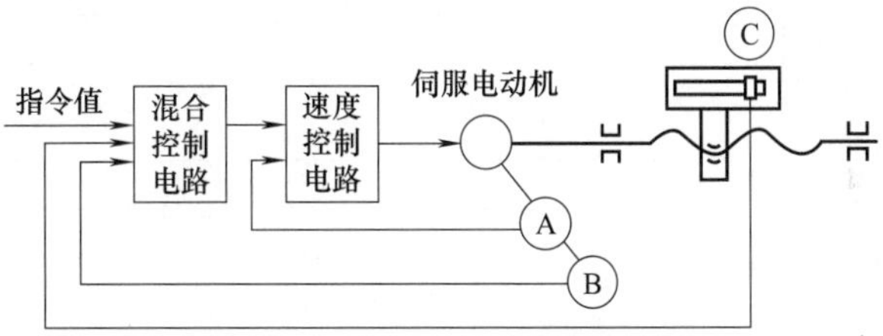 图 1.2.7　半闭环补偿型控制方式 A—速度测量元件；B—角度测节元件；C—直线位移测量元件

三、常用的数控机床

表 1.2.3 列出实际加工生产中常用的数控机床。

表 1.2.3　常用的数控机床

序号	数控机床类型			控制方式	详细说明
1	数控车床	卧式	卡盘式	点位、直线	用于加工小型盘类零件，采用四方刀架或转塔刀架
				轮廓	
			卡盘、顶尖式	轮廓	用于加工盘类、轴类零件，床身有水平、垂直和斜置之分，采用四方刀架或回转刀库
		立式		轮廓	用于加工大型控制型盘类零件，采用转塔刀架
2	车削中心			轮廓，3～7 轴或多轴	集中了车、钻、铣甚至磨等工艺，回转刀库上有动力刀具，有的有多个回转刀库，有的有副主轴，可进行背面加工，实现零件的全部加工，是钻、铣、镗、加工中心之外技术发展最快的数控机床，其结构、功能、变化最快，新品不断推出，是建造 FMS 的理想机型

续表

序号	数控机床类型			控制方式	详细说明
3	数控铣床	立式		点位、直线	铣削(也可钻孔、攻螺纹),手动换刀
				轮廓(多轴联动)	铣削、成形铣削(也可钻孔、攻螺纹),手动换刀
		龙门式		点位、直线	用于加工大型复杂零件,手动换刀
				轮廓(多轴联动)	用于加工大型、形状复杂零件,手动换刀
4	数控仿形铣床	立式		轮廓(多轴联动)	用于加工凹、凸模,手动换刀
		卧式			用于加工大型凹、凸模,手动换刀
5	加工中心	立式		轮廓(多轴联动)	钻、镗、铣、螺纹加工、孔内切槽;多种形式刀库;分机械手换刀和无机械手换刀
		卧式			钻、镗、铣、螺纹加工、孔内切槽;多种形式刀库;分机械手换刀和无机械手换刀
		立、卧主轴自动切换式			钻、镗、铣、螺纹加工、孔内切槽;可五面加工;多种形式刀库;机械手换刀
		主轴倾角可控式			钻、镗、铣、螺纹加工、孔内切槽;可五面加工;可铣斜面;多种形式刀库;机械手换刀
		其他			可倾工作台上有圆工作台,多种形式刀库,机械手换刀;圆工作台可从立置切换为卧置;侧置圆工作台可上下移动,便于排屑;突破传统结构上的六杆加工中心和三杆加工中心
6	数控钻床	单工作台		点位、直线	钻、铰孔,攻螺纹,转塔主轴或手动换刀
		双工作台			钻、铰孔,攻螺纹,两个固定工作台,一个用于加工,另一个用于装卸零件,直线刀库
7	数控镗床	立式		点位、直线	用于加工箱体件,钻、镗、铣,手动换刀
		卧式			
8	数控坐标镗床	立式		点位、直线	用于加工孔距要求高的箱体件,手动换刀
		卧式			
9	数控磨床	平面磨床	立轴圆台	点位、直线、轮廓	适合大余量磨削;自动修整砂轮
			卧轴圆台		适合圆离合器等薄型零件,变形小;自动修整砂轮
			立轴矩台		适合大余量磨削,自动修整砂轮
			卧轴矩台		平面粗、精磨,镜面磨削,砂轮修型后成形磨削;自动修整砂轮
		内圆磨床			用于加工内孔端面,自动修整砂轮
		外圆磨床			用于加工外圆端面,横磨、纵磨、成形磨、自动修整砂轮;有主动测量装置
		万能磨床			内、外圆磨床的组合
		无心磨床			不需预车直接磨削,无心成形磨削
		专用磨床			有丝杠磨床、花键磨床、曲轮磨床、凸轮轴磨床等
10	磨销中心			点位、直线、轮廓	在万能磨床的基础上实现自动更换外圆、内圆砂轮(或自动上、下零件)
11	数控插床			轮廓	加工异形柱状零件
12	数控组合机床	数控滑台、数控动力头组合机床		点位、直线	使组合机床、自动线运行可靠,调整、换产品快捷
		自动换箱组合机床			零件固定(或分度)自动更换多轴箱,完成零件的各种加工

续表

序号	数控机床类型		控制方式	详 细 说 明
13	数控齿轮加工机床	滚齿机	直线，齿形展成运动；（有数控和非数控之分）	在滚齿机上可切削直齿、斜齿圆柱齿轮，还可加工蜗轮、链轮等。用滚刀按展成法加工直齿、斜齿和人字齿圆柱齿轮以及蜗轮的齿轮加工机床。这种机床使用特制的滚刀时也能加工花键和链轮等各种特殊齿形的工件。 普通滚齿机的加工精度为 7～6 级，高精度滚齿机为 4～3 级。最大加工直径达 15m
		插齿机		使用插齿刀按展成法加工内、外直齿和斜齿圆柱齿轮以及其他齿形件的齿轮加工机床。插齿时，插齿刀作上下往复的切削运动，同时与工件作相对的滚动。 插齿机主要用于加工多联齿轮和内齿轮，加附件后还可加工齿条。在插齿机上使用专门刀具还能加工非圆齿轮、不完全齿轮和内外成形表面，如方孔、六角孔、带键轴（键与轴联成一体）等。加工精度可达 7～5 级，最大加工工件直径达 12m
		磨齿机		分成形磨削、蜗杆磨削、展成磨削
14	数控电加工机床	线切割机床	轮廓（多轴联动）	加工冲模、样板等，分快走丝和慢走丝。快走丝切割速度快，表面粗糙度比慢走丝略差
		电火花成形机床	点位、直线	用于凹、凸模数控成形，便于自适应控制
15	数控激光加工机床	钻孔	点位、直线	钻微孔及在难加工材料上钻孔，孔径为 10～500μm，孔深（在金属上）为 10 倍孔径
		切割	轮廓	板材切割成形精度高
		刻划		刻线机，刻写标记，速度很快
		热处理、焊接	3D 机器人	局部或各种表面淬火，各种材料（包括钢、银、金）的焊接
		铣削	轮廓	是近年出现的机床，可铣出 0.2mm 的窄缝或更窄的凸筋，“刀具”直径小，不磨损，切削内应力小
		激光分层制模		将对紫外激光敏感的液体塑料放在一个容器内，先使数控升降托板与液面平齐。紫外激光射线按程序扫硬第一层，托板下降再扫硬第二层，循环往复，直至成形，完成后再在紫外光炉内进一步硬化，上漆，成为置换金属（如熔模铸造）的模型
16	数控压力机		点位、直线、轮廓	板材和薄型材冲圆孔、方孔、矩形孔、异形孔等
17	数控剪板机		点位、直线	剪裁材料
18	数控折弯机		点位、直线	折弯成形
19	数控弯管机		连续控制（多轴联动）	各种油管导管弯曲
20	数控坐标测量机		点位、连续控制	对零件尺寸、位置精度进行精密测量或用测头“扫描”生成零件加工程序

第三节　数控加工程序

数控加工程序是数控机床自动加工零件的工作指令，所以，要在数控机床上加工零件时，首先要进行程序编制，在对加工零件进行工艺分析的基础上，确定加工零件的安装位置与刀具的相对运动的尺寸参数、零件加工的工艺路线或加工顺序、工艺参数以及辅助操作等加工信息，用标准的文字、数字、符号组成的数控代码，按规定的方法和格式编写成加工程序单，并将程序单的信息通过控制介质或MDI方式输入到数控装置，来控制机床进行自动加工。因此，从零件图样到编制零件加工程序和制作控制介质的全过程，称之为加工程序编制，是编程者（程序员或数控车床操作者）根据零件图样和工艺文件的要求，编制出可在数控机床上运行以完成规定加工任务的一系列指令的过程。具体来说，数控编程是由分析零件图样和工艺要求开始到程序检验合格为止的全部过程。

一、数控编程步骤

图1.3.1表示的是数控编程的流程图，表1.3.1详细描述了编程步骤的内容。

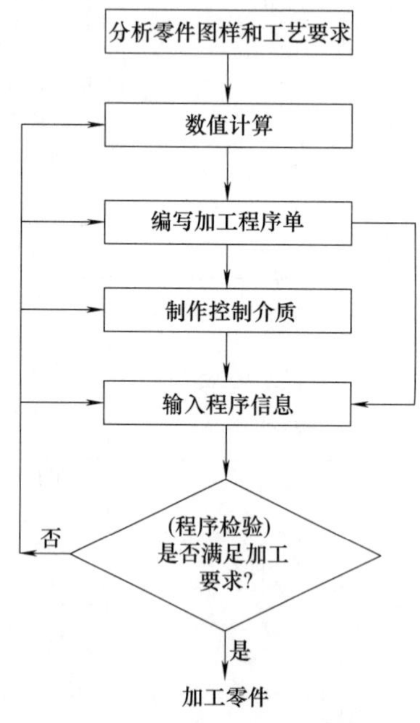

图1.3.1　数控编程流程图

表1.3.1　编程步骤内容详解

序号	内容	详细说明
1	分析零件图样和工艺要求	分析零件图样和工艺要求的目的，是为了确定加工方法，制订加工计划，以及确认与生产组织有关的问题，此步骤的内容包括： (1)确定该零件应安排在哪类或哪台车床上进行加工。 (2)采用何种装夹具或何种装卡位方法。 (3)确定采用何种刀具或采用多少把刀进行加工。 (4)确定加工路线，即选择对刀点、程序起点(又称加工起点，加工起点常与对刀点重合)、走刀路线、程序终点(程序终点常与程序起点重合)。 (5)确定背吃刀量、进给速度、主轴转速等切削参数。 (6)确定加工过程中是否需要提供切削液、是否需要换刀、何时换刀等
2	数值计算	根据零件图样几何尺寸，计算零件轮廓数据，或根据零件图样和走刀路线，计算刀具中心(或刀尖)运行轨迹数据。数值计算的最终目的是为了获得编程所需要的所有相关位置坐标数据
3	编写加工程序单	在完成上述两个步骤之后，即可根据已确定的加工方案及数值计算获得的数据，按照数控系统要求的程序格式和代码格式编写加工程序等
4	制作控制介质，输入程序信息	程序单完成后，编程者或机床操作者可以通过数控车床的操作面板，在EDIT方式下直接将程序信息键入数控系统程序存储器中；也可以把程序单的程序存放在计算机或其他介质上，再根据需要传输到数控系统中
5	程序检验	编制好的程序，在正式用于生产加工前，必须进行程序运行检查，有时还需做零件试加工检查。根据检查结果，对程序进行修改和调整—检查—修改—再检查—再修改……这样往往要经过多次反复，直到获得完全满足加工要求的程序为止

二、程序的结构

一个完整的程序由程序号、程序内容和程序结束三部分组成。

例如：O0001　　　　　　　　　　　　程序号

```
N010 M3 S1000
N020 T0101
N030 G01 X-8 Y10 F250     程序内容
N040 X0 Y0
N050 X30 Y20
N060 G00 X40
N070 M02                  程序结束
```

从上面的程序中可以看出：程序以 O0001 开头，以 M02 结束。在数控机床上，将 O0001 称为程序号，M02 称为程序结束标记。程序中的每一行（可以用“;”作为分行标记）称为一个程序段。程序号、程序结束标记、程序段是任何加工程序都必须具备的三要素，见表 1.3.2。

表 1.3.2　加工程序三要素

序号	三要素	详细说明
1	程序号	程序号必须位于程序的开头，它一般由字母 O 后缀若干位数字组成。根据采用的标准和数控系统的不同，有时也可以由字符%(如：SIEMENS 数控系统)或字母 P 后缀若干位数字组成。程序号是零件加工程序的代号，它是加工程序的识别标记，不同程序号对应着不同的零件加工程序。程序号编写时应注意以下几点： ①程序号必须写在程序的最前面，并占一单独的程序段。 ②在同一数控机床中，程序号不可以重复使用。 ③程序号 O9999、O. 9999(特殊用途指令)、O0000 在数控系统中通常有特殊的含义，在普通加工程序中应尽量避免使用。 ④在某些系统(如：SIEMENS 系统)中，程序号除可以用字符%代替 O 外，有的还可以直接用多字符程序名(如 ABC 等)代替程序号
2	程序结束标记	程序的结束标记用 M 代码表示，它必须写在程序的最后，代表着一个加工程序的结束。可以作为程序结束标记的 M 代码有 M02 和 M30，它们代表零件加工主程序的结束。为了保证最后程序段的正常执行，通常要求 M02(M30)也必须单独占一程序段。此外，M99、M17(SIEMENS 常用)也可以用作程序结束标记，但它们代表的是子程序的结束
3	程序段(程序内容)	程序段处在程序号和程序结束标记之间，是加工程序最主要的组成部分，程序段由程序字构成(如：G00、M03 S800)。程序段的长度和程序段数量，一般仅受数控系统的功能与存储器容量的限制。 程序段作为程序最主要的组成部分，通常由 N 及后缀的数字(称顺序号或程序段号)开头；以程序段结束标记 CR(或 LF)结束，实际使用时，常用符号“;”表示 CR(或 LF)，作为结束标记

三、程序字

程序段由程序字构成，M03 S800、F250、G98 等都是程序字。程序字可以包括“地址”和“数字”。通常来说，每一个程序字都对应机床内部的一个地址，每一个不同的地址都代表着一类指令代码，而同类指令则通过后缀的数字加以区别。

如 M03 S800：M 和 S 是地址指令，规定了机床该执行什么操作；03 和 800 则是对这种操作的具体要求。程序字是组成数控加工程序的最基本单位，使用时应注意以下几点，见表 1.3.3。

表 1.3.3 程序字注意事项

序号	程序字注意事项
1	程序字是组成数控加工程序的最基本单位，一般来说，单独的地址或数字都不允许在程序中使用。如 X100、G01、M03、Z－58.685…… 都是正确的程序字；而 G、F、M、300……是不正确的程序字
2	程序字必须是字母(或字符)后缀数字，先后次序不可以颠倒。如：02M、100X…… 是不正确的程序字
3	对于不同的数控系统，或同一系统的不同地址，程序字都有规定的格式和要求，这一程序字的格式称为数控系统的输入格式。数控系统无法识别不符合输入格式要求的代码。输入格式的详细规定，可以查阅数控系统生产厂家提供的编程说明书

表 1.3.4 详细描述了数控系统输入格式。

表 1.3.4 数控系统输入格式

序号	地址	允许输入	意义
1	O	1～9999	程序号
2	N	1～9999	程序段号
3	G	00～99	准备机能代码
4	X、Y、Z、A、B、C、U、V、W	－99999.99～＋99999.99	坐标值
5	I、J、K	－9999.999～＋9999.999	插补参数
6	F	1～100000mm/min	进给速度
7	S	0～20000	主轴转速
8	T	0～9999	刀具功能
9	M	0～999	辅助功能
10	X、P、U	0～99999.99	暂停时间
11	P	1～9999999	循环次数、子程序号

使用时应注意：在数控系统说明书中给出的输入格式只是数控系统允许输入的范围，它不能代表机床的实际参数，实际上几乎不能用到极限值。对于不同的机床，在编程时必须根据机床的具体规格（如：工作台的移动范围、刀具数、最高主轴转速、快进速度等）来确定机床编程的允许输入范围。

四、指令类型（代码类型）

1. 模态代码、单段有效代码

编程时所使用的指令（代码）按照其特性可以分为模态代码、单段有效代码。

根据加工程序段的基本要求，为了保证动作的正确执行，每一程序段都必须完整。这样，在实际编程中，必将出现大量的重复指令，使程序显得十分复杂和冗长。为了避免出现以上情况，在数控系统中规定了这样一些代码指令：它们在某一程序段中输入指令之后，可以一直保持有效状态，直到撤销这些指令（一次书写、一直有效，如：进给速度 F），这些代码指令，称为“模态代码”或“模态指令”。而仅在编入的程序段生效的代码指令，称为“单段有效代码”或“单段有效指令”。

“模态代码”和“单段有效代码”的具体规定，可以查阅数控系统生产厂家提供的编程说明书。一般来说，绝大多数常用的 G 代码、全部 S、F、T 代码均为“模态代码”，M 代码的情况决定于机床生产厂家的设计。

2. 代码分组、开机默认代码

利用模态代码可以大大简化加工程序，但是，由于它的“连续有效”性，使得其撤销必须由相应的指令进行，“代码分组”的主要作用就是为了撤销“模态代码”。

所谓“代码分组”，就是将系统不可能同时执行的代码指令归为一组，并予以编号区别（如 M03、M05 表示主轴正转和主轴停止；M07、M09 表示切削液的开和关）。同一组的代码有相互取代的作用，由此来撤销“模态代码”。

此外，为了避免编程人员在程序编制中出现的指令代码遗漏，像计算机一样，数控系统中也对每一组的代码指令，都取其中的一个作为开机默认代码，此代码在开机或系统复位时可以自动生效。

对于分组代码使用注意事项见表 1.3.5。

表 1.3.5 分组代码使用注意事项

序号	分组代码使用注意事项
1	同一组的代码在一个程序段中只能有一个生效，当编入两个以上时，一般以最后输入的代码为准；但不同组的代码可以在同一程序段中编入多个
2	对于开机默认的模态代码，若机床在开机或复位状态下执行该程序，程序中允许不进行编写

有关模态代码、单程序段有效代码、开机默认的模态代码、代码分组详见本书编程部分“G 代码一览表”。

五、数控机床的三大机能（F、S、M）

1. 进给机能（F）

在数控机床上，把刀具以规定的速度移动称为进给。控制刀具进给速度的机能称为进给机能，亦称 F 机能。进给速度机能用地址 F 及后缀的数字来指令，对于直线运动的坐标轴，常用的单位为 mm/min 或 mm/r。

铣床、加工中心指令 G94 确定加工时进给速度按照 mm/min 进行（需要在程序开始部分指定）；G95 确定加工时进给速度按照 mm/r 执行。F 后缀的数字直接代表了编程的进给速度值，即：F100 代表进给速度 100mm/min。F 后缀的数字位可以是 4～5 位，它可以实现任意进给速度的选择，且指令值和进给速度直接对应，目前绝大多数系统都使用该方法。

进给机能的编程注意事项见表 1.3.6。

表 1.3.6 进给机能的编程注意事项

序号	进给机能的编程注意事项
1	F 指令是模态的，对于一把刀具通常只需要指定一次
2	在程序中指令的进给速度，对于直线插补为机床各坐标轴的合成速度，如图 1.3.2 所示；对于圆弧插补，为圆弧在切线方向的速度，如图 1.3.3 所示 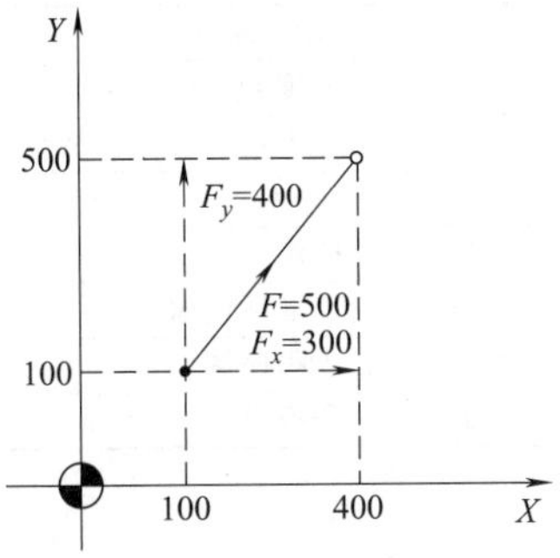 图 1.3.2 直线插补的速度 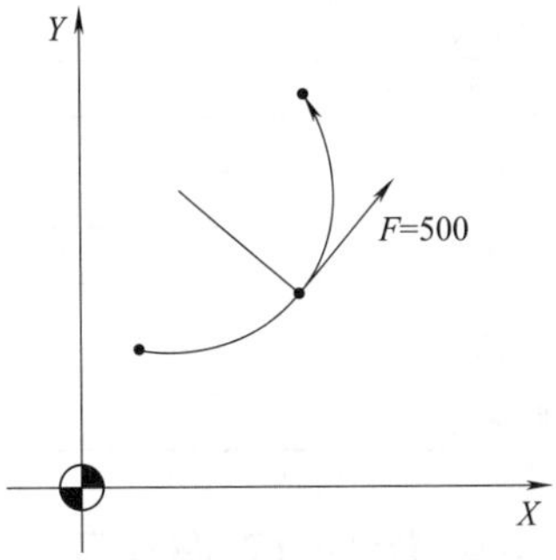　　图 1.3.3 圆弧在切线方向的速度
3	编程的 F 指令值还可以根据实际加工的需要，通过操作面板上的“进给倍率”开关进行修正，因此，实际刀具进给的速度可以和编程速度有所不同
4	机床在进给运动时，加减速过程是数控系统自动实现的，编程时无需对此进行考虑
5	F 不允许使用负值；通常也不允许通过指令 F0 控制进给的停止，在数控系统中，进给暂停动作由专用的指令（G04）实现。但是通过进给倍率开关可以控制进给速度为 0

2. 主轴机能（S）

在数控机床上，把控制主轴转速的机能称为主轴机能，亦称S机能。主轴机能用地址S及后缀的数字来指定，单位为r/mm（转/分钟）。

主轴转速的指定方法有：位数法、直接指令法等。其作用和意义与F机能相同。目前绝大多数系统都使用直接指令方法，即：S100代表主轴转速为100r/min。

主轴机能的编程注意事项见表1.3.7。

表1.3.7 主轴机能的编程注意事项

序号	主轴机能的编程注意事项
1	S指令是模态的，对于一把刀具通常只需要指令一次
2	编程的S指令值可以通过操作面板上的"主轴倍率"开关进行修正，实际主轴转速可以和编程转速有所不同
3	S不允许使用负值，主轴的正、反转由辅助机能指令M03/M04进行控制。主轴启动、停止的控制方法有两种：(1)通过指令S0使主轴转速为"0"；(2)通过M05指令控制主轴的停止，M03/M04启动。通过"主轴倍率"开关，一般只能在50%～150%的范围对主轴转速进行调整
4	在有些数控铣、镗床，加工中心上，刀具的切削速度一般不可以进行直接指定，它需要通过指令主轴（刀具）的转速进行。其换算关系为： $$v=\frac{2\pi Dn}{1000}$$ 式中 v——切削速度，m/min； n——主轴转速，r/min； D——刀具直径，mm。 在上述程序段中，S代码指令的值即为主轴转速 n 的值

3. 辅助机能M代码

机床用S代码来对主轴转速进行编程，用T代码来进行选刀编程，其他可编程辅助功能由M代码来实现，辅助功能包括各种支持机床操作的功能，像主轴的启停、程序停止和切削液开关等。机床可供用户使用的M代码见表1.3.8。

表1.3.8 M代码列表

代码	说　明	代码	说　明
M00	程序停	M30	程序结束（复位）并回到开头
M01	选择停止	M48	主轴过载取消不起作用
M02	程序结束（复位）	M49	主轴过载取消起作用
M03	主轴正转（CW）	M60	APC循环开始
M04	主轴反转（CCW）	M80	分度台正转（CW）
M05	主轴停	M81	分度台反转（CCW）
M06	换刀	M94	待定
M08	切削液开	M95	待定
M09	切削液关	M96	Y坐标镜像
M19	主轴定向停止	M98	子程序调用
M28	返回原点	M99	子程序结束

六、准备功能G代码

通过编程并运行程序而使数控机床能够实现的功能称为可编程功能。一般可编程功能分为两类：一类用来实现刀具轨迹控制，即各进给轴的运动，如直线/圆弧插补、进给控制、坐标系原点偏置及变换、尺寸单位设定、刀具偏置及补偿等，这一类功能被称为准备功能，以字母G以及两位数字组成，也被称为G代码；另一类功能被称为辅助功能，用来完成程序的执行控制、主轴控制、刀具控制、辅助设备控制等功能。在这些辅助功能中，T用于选刀，S 用于控制主轴转速。其他功能由以字母 M 与两位数字组成的 M 代码来实现。

机床可供用户使用的 G 代码根据机床系统不同而略有区别，表 1.3.9 为 FANUC 系统 G 代码列表，表 1.3.10 为 SIEMENS 系统 G 代码列表。

表 1.3.9　FANUC 系统 G 代码列表

代码	分组	功　　能	代码	分组	功　　能
*G00	01	定位(快速移动)	G60	00	单一方向定位
*G01		直线插补(进给速度)	G61	15	精确停止方式
G02		顺时针圆弧插补	*G64		切削方式
G03		逆时针圆弧插补	G65	12	宏程序调用
G04	00	暂停,精确停止	G66		模态宏程序调用
G09		精确停止	*G67		模态宏程序调用取消
*G17	02	选择 XY 平面	G68	16	图形旋转生效
G18		选择 ZX 平面	*G69		图形旋转撤销
G19		选择 YZ 平面	G73	09	深孔钻削固定循环
G20	06	英制数据输入	G74		反螺纹攻丝固定循环
G21		公制数据输入	G76		精镗固定循环
G27	00	返回并检查参考点	*G80		取消固定循环
G28		返回参考点	G81		钻削固定循环
G29		从参考点返回	G82		钻削固定循环
G30		返回第二参考点	G83		深孔钻削固定循环
G31		测量功能	G84		攻丝固定循环
G33	01	攻螺纹	G85		镗削固定循环
*G40	07	取消刀具半径补偿	G86		镗削固定循环
G41		左侧刀具半径补偿	G87		反镗固定循环
G42		右侧刀具半径补偿	G88		镗削固定循环
G43	08	刀具长度补偿＋	G89		镗削固定循环
G44		刀具长度补偿－	*G90	03	绝对值指令方式
*G49		取消刀具长度补偿	G91		增量值指令方式
*G50	11	比例缩放撤销	G92	00	工件零点设定
G51		比例缩放生效	G94	05	每分钟进给
G52	00	设置局部坐标系	*G95		每转进给
G53		选择机床坐标系	G96	13	线速度恒定控制生效
*G54	14	选用 1 号工件坐标系	*G97		线速度恒定控制取消
G55		选用 2 号工件坐标系	*G98	10	固定循环返回初始点
G56		选用 3 号工件坐标系	G99		固定循环返回 R 点
G57		选用 4 号工件坐标系	带 * 的 G 代码为通常情况下的系统开机默认 G 代码		
G58		选用 5 号工件坐标系			
G59		选用 6 号工件坐标系			

在 G 代码组 00 中，G 代码均为单段有效 G 代码；其余各组 G 代码均为模态 G 代码。在同一程序段中，可以指令多个不同组 G 代码；当指令了两个以上同一组 G 代码时，通常的情况下，只有最后输入的 G 代码生效。

表 1.3.10　SIEMENS 系统 G 代码列表

地址	含　　义	编程及说明
G 代码指令		
G0	快速移动	G0 X__ Y__ Z__
G1	直线插补	G1 X__ Y__ Z__ F__
G2	顺时针圆弧插补	G2 X__ Y__ Z__ I__ K__ F__;圆心和终点 G2 X__ Y__ CR=__ F__;半径和终点
G3	逆时针圆弧插补	G3 __;其他同 G2

续表

地址	含　　义	编程及说明
		G代码指令
G5	中间点圆弧插补	G5 X__Y__Z__IX=__JY=__KZ=__F__;
G33	恒螺距的螺纹切削	M__S__;主轴转速,方向 G33 Z__K__;在Z轴方向上带浮动夹头攻螺纹
G4	暂停时间	G4 F__或G4 S__;
G74	回参考点	G74 X__Y__Z__;
G75	回固定点	G75 X__Y__Z__;
G17*	X/Y平面	G17__;
G18	Z/X平面	G18__;
G19	Y/Z平面	G19__;
G40*	刀具半径补偿方式的取消	
G41	调用刀具半径补偿,刀具在程序左侧移动	G41必须更跟G0定位G1
G42	调用刀具半径补偿,刀具在程序右侧移动	G42必须更跟G0定位G1
G500	取消可设定零点偏置	
G53	按程序取消可设定零点偏置	
G54	第一工件坐标系偏置	
G55	第二工件坐标系偏置	
G56	第三工件坐标系偏置	
G57	第四工件坐标系偏置	
G64	连续路径方式	
G70	英制尺寸	
G71*	公制尺寸	
G90*	绝对坐标	
G91	相对坐标	
G94*	进给率F,单位:mm/min(毫米/分)	
G95	进给率F,单位:mm/r(毫米/转)	
带*的功能在程序启动时生效(如果没有设置新的内容,指用于"铣削"时的系统变量)		

SIEMENS 802S循环指令			
LCYC82	钻削,端面锪孔	LCYC85	镗孔1
LCYC83	深孔钻削	LCYC60	线性孔排列
LCYC840	带补偿夹具切削内螺纹	LCYC75	铣凹槽和键槽
LCYC84	不带补偿夹具切削内螺纹		

SIEMENS 802D　循环指令			
钻孔循环		铣削循环	
CYCLE81	钻孔,中心钻孔	CYCLE71	端面铣削
CYCLE82	中心钻孔	CYCLE72	轮廓铣削
CYCLE83	深度钻孔	CYCLE76	矩形过渡铣削
CYCLE84	刚性攻螺纹	CYCLE77	圆弧过渡铣削
CYCLE840	带补偿夹具攻螺纹	LONGHOLE	槽
CYCLE85	铰孔1(镗孔1)	SLOT1	圆上切槽
CYCLE86	镗孔(镗孔2)	SLOT2	圆周切槽
CYCLE87	铰孔2(镗孔3)	POCKET3	矩形凹槽
CYCLE88	镗孔时可以停止1(镗孔4)	POCKET4	圆形凹槽
CYCLE89	镗孔时可以停止2(镗孔5)	CYCLE90	螺纹铣削
钻孔样式循环			
HOLES1	加工一排孔		
HOLES2	加工一圈孔		

第四节　数控加工坐标系

为便于编程时描述机床的运动，简化程序的编制方法及保证记录数据的互换性，数控机床的坐标和运动方向都已标准化，此处仅作介绍和说明。

一、坐标系的确定原则

（1）刀具相对于静止的工件而运动的原则，即总是把工件看成是静止的，刀具作加工所需的运动。

（2）标准坐标系（机床坐标系）的规定。在数控机床上，机床的运动是受数控装置来控制的，为了确定机床上的成形运动和辅助运动，必须先确定机床上运动的方向和运动的距离，这就需要一个坐标系才能实现，这个坐标系就称为机床坐标系。

标准的机床坐标系是一个右手笛卡儿直角坐标系。它用右手的大拇指表示 X 轴，食指表示 Y 轴，中指表示 Z 轴，三个坐标轴相互垂直，即规定了它们间的位置关系，如图 1.4.1 所示。

（3）运动的方向。数控机床的某一部件运动的正方向，是增大工件与刀具之间距离的方向，如图 1.4.2 所示。

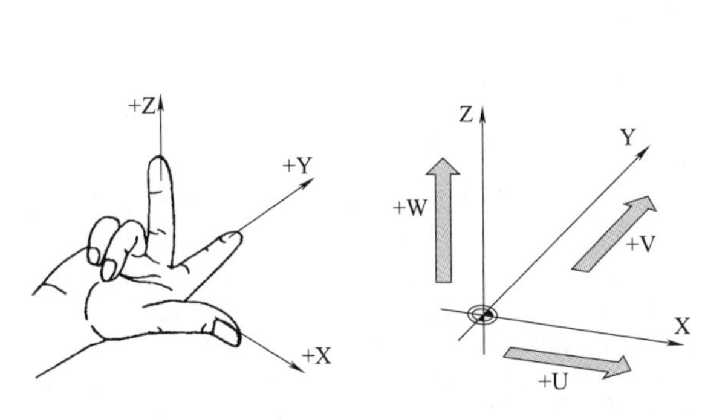

图 1.4.1　标准坐标系

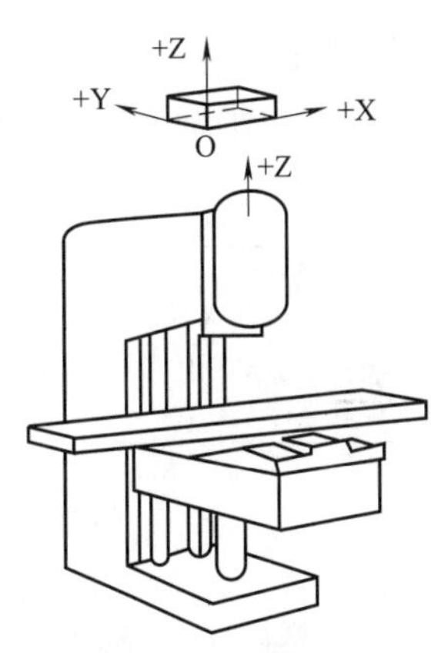

图 1.4.2　运动的方向

二、坐标轴的确定方法

表 1.4.1 详细描述了坐标轴的确定方法。

表 1.4.1　坐标轴的确定方法

序号	坐标轴的确定方法	详细说明
1	Z 坐标的确定	Z 坐标是由传递切削力的主轴所规定的，其坐标轴平行于机床的主轴
2	X 坐标的确定	X 坐标一般是水平的，平行于工件的装夹平面，是刀具或工件定位平面内运动的主要坐标
3	Y 坐标的确定	确定了 X、Z 坐标后，Y 坐标可以通过右手笛卡儿直角坐标系来确定

三、数控铣床的坐标系

数控铣床坐标系统分为机床坐标系和工件坐标系（编程坐标系）。

1. 机床坐标系

表1.4.2详细描述了机床坐标系及相关概念。

表1.4.2 机床坐标系及相关概念

序号	机床坐标系及相关概念	详细说明
1	机床坐标系	以机床原点为坐标系原点建立起来的X、Y、Z轴直角坐标系，称为机床坐标系。机床坐标系是机床本身固有的坐标系，它是制造和调整机床的基础，也是设置工件坐标系的基础，一般不允许随意变动。 数控铣床坐标系符合ISO规定，仍按右手笛卡儿规则建立。三个坐标轴互相垂直，机床主轴轴线方向为Z轴，刀具远离工件的方向为Z轴正方向。X轴是位于与工件安装面相平行的水平面内，对于立式铣床，人站在工作台前，面对机床主轴，右侧方向为X轴正方向，对于卧式铣床，人面对机床主轴，左侧方向为X轴正方向。Y轴垂直于X、Z坐标轴，其方向根据右手直角笛卡儿坐标系来确定
2	机床原点	机床坐标系的原点，简称机床原点(机床零点)。它是一个固定的点，由生产厂家在设计机床时确定。机床原点一般设在机床加工范围下平面的左前角
3	参考点	参考点是机床上另一个固定点，该点是刀具退离到一个固定不变的极限点，其位置由机械挡块或行程开关来确定。数控铣床的型号不同，其参考点的位置也不同。通常立式铣床指定X轴正向、Y轴正向和Z轴正向的极限点为参考点。 一般在机床启动后，首先要执行手动返回参考点的操作，这样数控系统才能通过参考点间接确认出机床零点的位置，从而在数控系统内部建立一个以机床零点为坐标原点的机床坐标系。这样在执行加工程序时，才能有正确的工件坐标系

2. 工件坐标系

表1.4.3详细描述了工件坐标系及相关概念。

表1.4.3 工件坐标系及相关概念

序号	工件坐标系及相关概念	详细说明
1	工件坐标系(编程坐标系)	工件坐标系是编程时使用的坐标系，是为了确定零件加工时在机床中的位置而设置的。在编程时，应首先设定工件坐标系。工件坐标系采用与机床运动坐标系一致的坐标方向
2	工件原点(编程原点)	工件坐标系的原点简称工件原点，也是编程的程序原点即编程原点。工件原点的位置是任意的，由编程人员在编制程序时根据零件的特点选定。程序中的坐标值均以工件坐标系为依据，将编程原点作为计算坐标值时的起点。编程人员在编制程序时，不用考虑工件在机床上的安装位置，只要根据零件的特点及尺寸来编程。工件原点一般选择在便于测量或对刀的基准位置，同时要便于编程计算。选择工件原点的位置时应注意以下几点： ①工件原点应选在零件图的尺寸基准上，以便于坐标值的计算，使编程简单。 ②尽量选在精度较高的加工表面上，以提高被加工零件的加工精度。 ③对于对称的零件，一般工件原点设在对称中心上。 ④对于一般零件，通常设在工件外轮廓的某一角上。 ⑤工件原点在Z轴方向，一般设在工件表面上

3. 机床坐标系与工件坐标系的关系

机床坐标系与工件坐标系的关系如图1.4.3所示。图中的X、Y、Z坐标系为机床坐标系，X′、Y′、Z′坐标系为工件坐标系。

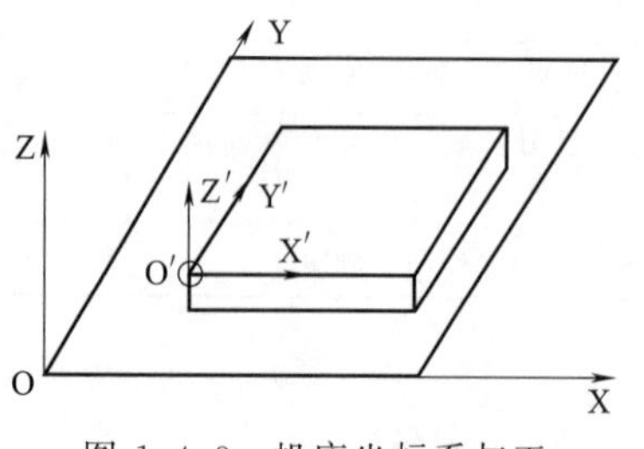

图1.4.3 机床坐标系与工件坐标系的关系

四、工件坐标系的设定(零点偏置)

1. 零点偏置及指令格式

在数控加工过程中如果使用机床坐标系编程，则太过麻烦，一是工件装夹不确定，二是行程太长，容易产生超程，因此必须用指令指定工件(毛坯)的某个点为加工的原点，即我们常说的工件原点，以这个原点为中心构成的坐标系就是工件坐标系。整个的这个过程，我们称作零点偏置，就是将机械原点移动到工件原点的过程。

可设定的零点偏置给出工件零点在机床坐标系中的位置（工件零点以机床零点为基准偏移）。当工件装夹到机床上后，通过对刀求出偏移量，并通过操作面板输入到规定的数据区存储在机床内部。程序可以通过选择相应的 G 功能 G54～G59 激活此值，如图 1.4.4 所示。

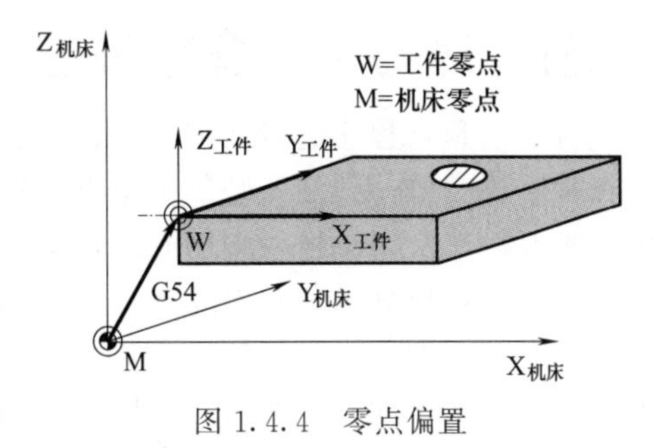

图 1.4.4　零点偏置

格式：G54　第一可设定零点偏置

G55　第二可设定零点偏置

G56　第三可设定零点偏置

G57　第四可设定零点偏置

G500　取消可设定零点偏置，模态有效

G53　取消可设定零点偏置，程序段方式有效，可编程的零点偏置也一起取消

2. 零点偏置举例及注意事项

表 1.4.4 详细描述了零点偏置举例及注意事项。

表 1.4.4　零点偏置举例及注意事项

<table>
<tr><th>序号</th><th>零点偏置举例及注意事项</th></tr>
<tr><td>1</td><td>在编写程序时，需在程序的开头写出 G54（或其他零点偏置指令）即可，可以理解为：零点偏置指令是编程开始部分的固定格式，必须给定。
如：N010 G54 M03 S1500……</td></tr>
<tr><td>2</td><td>在同一个程序中允许出现多个零点偏置，如图 1.4.5 所示。
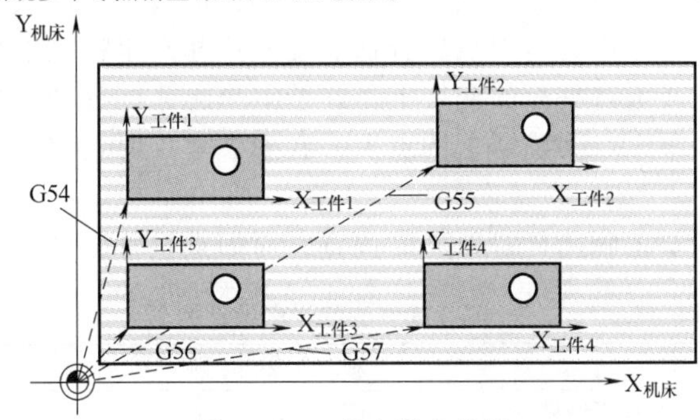

图 1.4.5　多个零点偏置
加工程序如下：
<table>
<tr><td>N10 G54</td><td>设定工件原点为工件 1 的角上</td></tr>
<tr><td>……</td><td>加工工件 1 的程序</td></tr>
<tr><td>N30 G55</td><td>设定工件原点为工件 2 的角上</td></tr>
<tr><td>……</td><td>加工工件 2 的程序</td></tr>
<tr><td>N50 G56</td><td>设定工件原点为工件 3 的角上</td></tr>
<tr><td>……</td><td>加工工件 3 的程序</td></tr>
<tr><td>N70 G57</td><td>设定工件原点为工件 4 的角上</td></tr>
<tr><td>……</td><td>加工工件 4 的程序</td></tr>
<tr><td>N90 G500</td><td>取消可设定零点偏置</td></tr>
</table>
</td></tr>
<tr><td>3</td><td>G54～G59 工件坐标系原点是固定不变的，它在机床坐标系建立后即生效，在程序中可以直接选用，不需要进行手动对基准点操作，原点精度高；且在机床关机后亦能记忆，适用于批量加工时使用</td></tr>
</table>

五、对刀点概念与设置

对刀点是指程序起点处刀具位置点。刀具究竟从什么位置开始移动到指定的位置呢？所以在程序执行的一开始，必须确定刀具在工件坐标系下开始运动的位置，这一位置即为程序执行时刀具相对于工件运动的起点，所以称程序起始点或起刀点。此起始点一般通过对刀来确定，所以，该点又称对刀点。

对刀的目的是确定编程原点在机床坐标中的位置。对刀点可以选择在零件上的某一点，也可以选择在零件外（如夹具或机床上）的某一点，应选择在机床上容易找正，加工中便于检查，编程时便于数值计算的地方。所选择的对刀点必须与零件的定位基准有一定的坐标尺寸关系，如图 1.4.6 以左下角上表面点作为对刀点和图 1.4.7 以工件顶面中心作为对刀点。

图 1.4.6　以左下角上角点作为对刀点

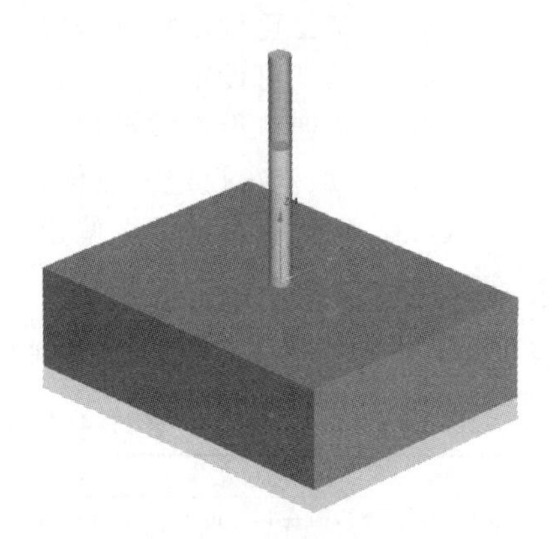

图 1.4.7　以工件顶面中心作为对刀点

当对刀精度要求较高时，对刀点应尽量选在零件的设计基准或工艺基准上。例如以孔定位的零件，选用孔的中心作为对刀点较合适。在利用相对坐标系编程的数控机床上，对刀点可选在零件中心孔上或垂直平面的交线上。在绝对坐标系编程的数控机床上，对刀点可选在机床坐标系的原点或距原点为确定值的点上。在安装零件时，零件坐标系与机床坐标系要有确定的尺寸关系。

在编制程序时，要正确选择对刀点的位置。对刀点设置原则见表 1.4.5。

表 1.4.5　对刀点设置原则

序号	对刀点设置原则
1	便于数值处理和简化程序编制
2	易于找正并在加工过程中便于检查；引起的加工误差小
3	对刀点可以设置在加工零件上，也可以设置在夹具上或机床上，为了提高零件的加工精度，对刀点应尽量设置在零件的设计基准或工艺基准上
4	实际操作机床时，可通过手工对刀操作把刀具的刀位点放到对刀点上，即“刀位点”与“对刀点”的重合

六、刀位点概念

所谓“刀位点”是指刀具的定位基准点，车刀的刀位点为刀尖或刀尖圆弧中心。平底立铣刀是刀具轴线与刀具底面的交点；球头铣刀是球头的球心，钻头是钻尖等。用手动对刀操作，对刀精度较低，且效率低。而有些工厂采用光学对刀镜、对刀仪、自动对刀装置等，以减少对刀时间，提高对刀精度。如图 1.4.8 所示。图中红色的点为该类型刀具的刀位点，黄色点有时也可作为刀位点。

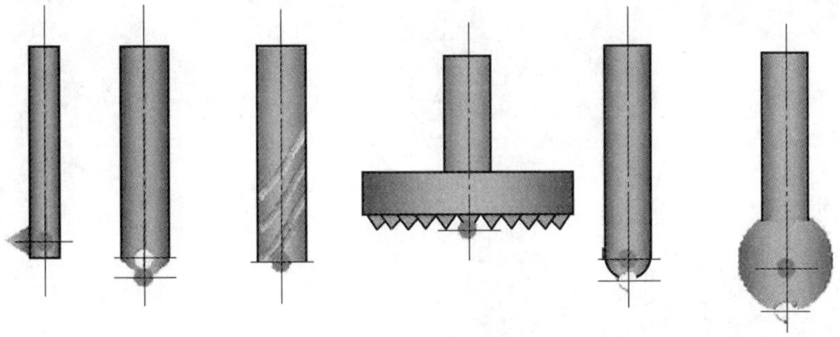

镗刀　钻头　立铣刀、端铣刀　面铣刀　指状铣刀　球头铣刀

图 1.4.8　刀位点

●—红色点；○—黄色点

七、换刀点的概念与设置

换刀点是指加工过程中需要换刀时刀具的相对位置点。带有多刀加工的数控机床，在加工过程中如需换刀，编程时要设置一个换刀点。换刀点是转换刀位置的基准点。换刀点应选在零件的外部，如图 1.4.9 所示，以避免加工过程中换刀时划伤工件或夹具。

图 1.4.9　换刀点的位置

第五节　数控加工工艺

数控铣削是数控加工中加工箱体零件、复杂曲面的加工方法。本节介绍数控铣削工艺拟定的过程、工序的划分方法、工序顺序的安排和进给路线的确定等工艺知识。图 1.5.1 为正在进行的铣削加工。

一、数控铣削加工工艺分析

1. 数控铣削的主要加工对象。

表 1.5.1 详细描述了数控铣削的主要加工对象。

图 1.5.1　铣削加工

表 1.5.1　数控铣削的主要加工对象

序号	数控铣削加工对象	详细说明
1	平面类零件	加工面平行或垂直于水平面，或加工面与水平面的夹角为定角的零件称为平面类零件，如图 1.5.2 所示。其特点是各个加工面是平面，或可以展开成平面。 (a) 带平面轮廓的平面零件　(b) 带斜平面的平面零件　(c) 带正圆台和斜筋的平面零件 图 1.5.2　平面类零件
2	变斜角类零件	加工面与水平面的夹角呈连续变化的零件称为变斜角类零件，如图 1.5.3 所示。变斜角类零件的变斜角加工面不能展开为平面，但在加工中，加工面与铣刀圆周接触的瞬间为一条线。最好采用四轴或五轴联动数控铣床摆角加工 图 1.5.3　变斜角类零件
3	曲面类零件	加工面为空间曲面的零件称为曲面类零件，如图 1.5.4 所示的叶轮。曲面类零件的加工面不能展开为平面，加工时加工面与铣刀始终为点接触。一般采用三轴联动数控铣床加工；当曲面较复杂、通道较狭窄，会伤及相邻表面，以及需刀具摆动时，要采用四轴甚至五轴联动数控铣床加工 图 1.5.4　叶轮加工

续表

序号	数控铣削加工对象	详细说明
4	箱体类零件	一般是指具有孔系和平面，内部有一定型腔，在长、宽、高方向有一定比例的零件，如图1.5.5所示  图1.5.5　箱体类零件
5	异形零件(外形不规则的零件)	大多要采用点、线、面多工位混合加工，如图1.5.6所示 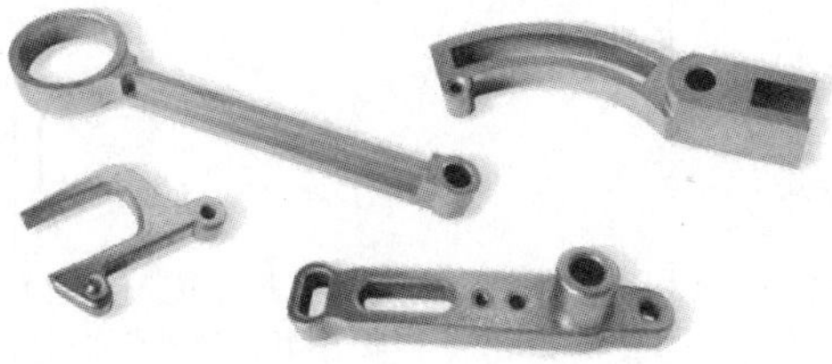 图1.5.6　异形零件

2. 数控机床铣削加工内容的选择

表1.5.2详细描述了数控铣削加工的内容。

表1.5.2　数控铣削加工的内容

序号	数控铣削内容选择	详细说明
1	数控铣削加工内容	①工件上的内、外曲线轮廓，特别是由数学表达式给出的非圆曲线与列表曲线等曲线轮廓； ②已给出数学模型的空间曲线； ③形状复杂，尺寸繁多，划线与检测困难的部位； ④用通用铣床加工时难以观察、测量和控制进给的内、外凹槽； ⑤以尺寸协调的高精度孔或面；能在一次安装中顺带铣出来的简单表面或形状； ⑥采用数控铣削能成倍提高生产率，大大减轻体力劳动的一般加工内容
2	不宜采用数控铣削加工内容	①需要进行长时间占机和进行人工调整的粗加工内容，如以毛坯粗基准定位划线找正的加工； ②必须按专用工装协调的加工内容(如标准样件、协调平板、胎模等)； ③毛坯上的加工余量不太充分或不太稳定的部位； ④简单的粗加工面； ⑤必须用细长铣刀加工的部位，一般指狭长深槽或高筋板的小转接圆弧部位

3. 数控铣削加工零件的结构工艺性分析

表1.5.3详细描述了数控铣削加工零件的结构工艺性分析。

表1.5.3　数控铣削加工零件的结构工艺性分析

序号	加工零件的结构工艺性分析	详细说明
1	零件图样的尺寸	零件图样尺寸的正确标注构成零件轮廓的几何元素(点、线、面)的相互关系(如相切、相交、垂直和平行等)要正确标注

续表

序号	加工零件的结构工艺性分析	详细说明
2	保证获得要求的加工精度	检查零件的加工要求，如尺寸加工精度、形位公差及表面粗糙度在现有的加工条件下是否可以得到保证，是否还有更经济的加工方法或方案
3	零件内腔外形的尺寸统一	尽量统一零件轮廓内圆弧的有关尺寸，这样不但可以减少换刀次数，还有可能应用零件轮廓加工的专用程序。 ①内槽圆弧半径 R 的大小决定着刀具直径的大小，所以内槽圆弧半径 R 不应太小，工件圆角的大小决定着刀具直径的大小，如果刀具直径过小，在加工平面时，进给的次数会相应增多，影响生产率和表面加工质量，如图1.5.7所示。一般，当 $R<0.2H$（H 为被加工轮廓面的最大高度）时，可以判定零件上该部位的工艺性不好。 图1.5.7　筋板高度与内孔的转接圆弧对零件铣削工艺性的影响 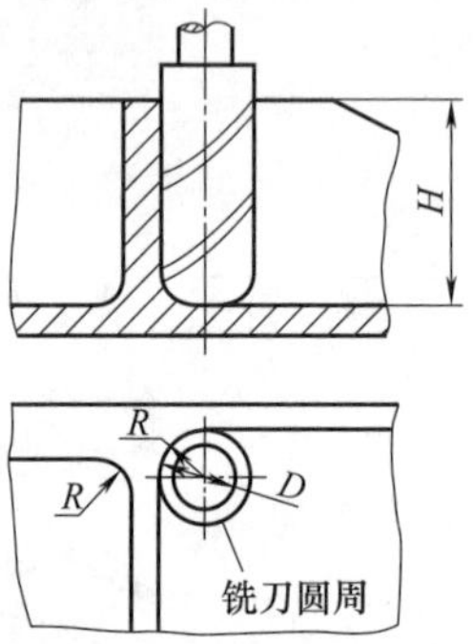 ②铣削零件槽底平面时，槽底平面圆角或底板与筋板相交处的圆角半径 r 不要过大，如图1.5.8所示。因为铣刀与铣削平面接触的最大直径为 $d=D-2r$，D 为铣刀直径，当 D 越大而 r 越小时，铣刀端刃铣削平面的面积越大，加工平面的能力越强，铣削工艺性当然也越好；反之，r 越大，铣刀端刃铣削平面的能力越差，效率越低，工艺性也越差 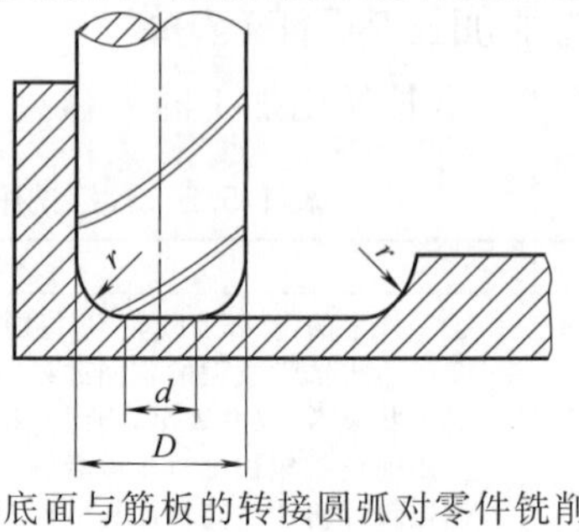 图1.5.8　零件底面与筋板的转接圆弧对零件铣削工艺性的影响
4	保证基准统一	最好采用统一基准定位，零件应有合适的孔作为定位基准孔，也可以专门设置工艺孔作为定位基准。若无法制出工艺孔，则至少也要用精加工表面作为统一基准，以减少二次装夹产生的误差
5	分析零件的变形情况	零件在数控铣削加工中变形较大时，就应当考虑采取一些必要的工艺措施进行预防

4. 数控铣削零件毛坯的工艺性分析

表1.5.4详细描述了数控铣削零件毛坯的工艺性分析

表1.5.4　数控铣削零件毛坯的工艺性分析

序号	零件毛坯的工艺性分析	详细说明
1	毛坯的加工余量	毛坯应有充分的加工余量，稳定的加工质量。毛坯主要指锻、铸件，其加工面均应有较充分的余量

续表

序号	零件毛坯的工艺性分析	详细说明
2	分析毛坯的装夹适应性	主要考虑毛坯在加工时定位和夹紧的可靠性与方便性，以便充分发挥数控铣削在一次安装中加工出较多待加工面。对于不便装夹的毛坯，可考虑在毛坯上另外增加装夹余量或工艺凸台来定位与夹紧，也可以制出工艺孔或另外准备工艺凸耳来特制工艺孔作为定位基准，如图1.5.9所示 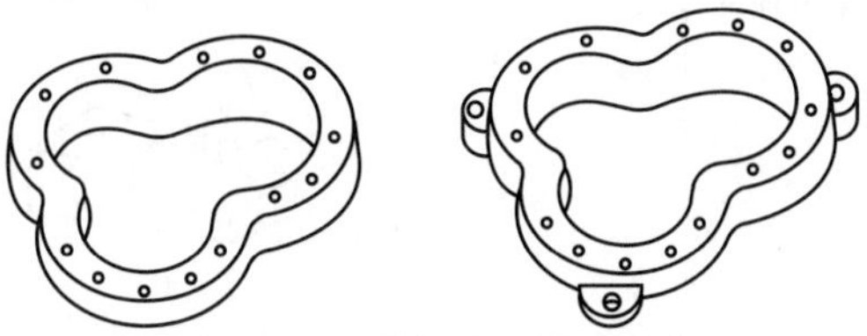 图1.5.9　增加毛坯辅助基准
3	分析毛坯的余量大小及均匀性	主要是考虑在加工时要不要分层切削，分几层切削，也要分析加工中与加工后的变形程度，考虑是否应采取预防性措施与补救措施。如对于热轧中、厚铝板，经淬火时效后很容易在加工中与加工后变形，最好采用经预拉伸处理后的淬火板坯
4	尽量统一零件轮廓内圆弧的有关尺寸	主要考虑在加工时是否要分层切削，分几层切削。也要分析加工中与加工后的变形程度，考虑是否采取预防性措施与补救措施

二、数控铣削加工工艺路线的拟定

1. 数控铣削加工方案的选择

表1.5.5详细描述了数控铣削加工方案的选择。

表1.5.5　数控铣削加工方案的选择

序号	加工方案的选择	详细说明
1	平面轮廓的加工方法	这类零件的表面多由直线和圆弧或各种曲线构成，通常采用三轴数控铣床进行两轴半坐标加工，如图1.5.10所示 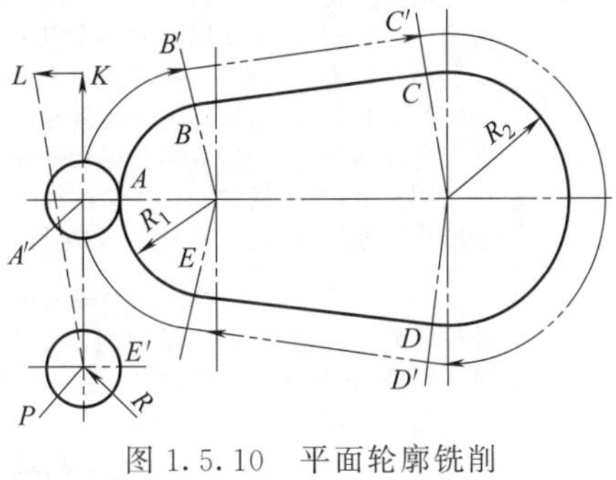 图1.5.10　平面轮廓铣削
2	固定斜角平面的加工方法	固定斜角平面是与水平面成一固定夹角的斜面，常用的加工方法如下。 当零件尺寸不大时，可用斜垫板垫平后加工；如果数控铣床主轴可以摆角，则可以摆成适当的定角，用不同的刀具来加工，如图1.5.11所示。当零件尺寸很大、斜面斜度又较小时，常用行切法加工，但加工后，会在加工面上留下残留面积，需要用钳修方法加以清除。用三轴数控铣床加工飞机整体壁板零件时常用此法。当然，加工斜面的最佳方法是采用五轴数控铣床，主轴摆角后加工，可以不留残留面积。 对于图1.5.11(c)所示的正圆台和斜筋表面，一般可采用专用的角度成形铣刀加工。其效果比采用五轴数控铣床摆角加工好

续表

序号	加工方案的选择	详 细 说 明
2	固定斜角平面的加工方法	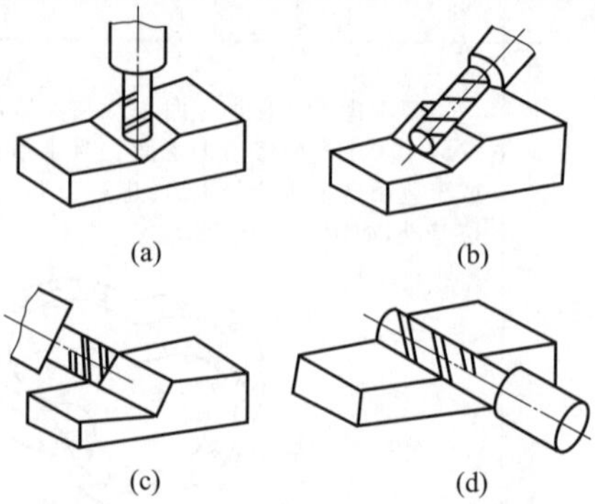 (a) (b) (c) (d) 图 1.5.11　主轴摆角加工固定斜面
3	变斜角面的加工方法	对曲率变化较小的变斜角面,用四轴联动的数控铣床,采用立铣刀(但当零件斜角过大,超过机床主轴摆角范围时,可用角度成形铣刀加以弥补)以插补方式摆角加工。 对曲率变化较大的变斜角面,用四轴联动机床加工难以满足加工要求,最好用五轴联动数控铣床,以圆弧插补方式摆角加工。 采用三轴数控铣床两坐标联动,利用球头铣刀和鼓形铣刀,以直线或圆弧插补方式进行分层铣削加工,加工后的残留面积用钳修方法清除
4	曲面轮廓的加工方法	曲率变化不大和精度要求不高的曲面,常用两轴半的行切法进行粗加工,即 X、Y、Z 三轴中任意两轴作联动插补,第三轴作单独的周期进给。 曲率变化较大和精度要求较高的曲面,常用 X、Y、Z 三轴联动插补的行切法进行精加工。 像叶轮、螺旋桨这样的零件,因其叶片形状复杂,刀具容易与相邻表面干涉,常用五轴联动机床加工

2. 进给路线的确定

表 1.5.6 详细描述了数控铣削加工方案的选择。

表 1.5.6　数控铣削加工方案的选择

序号	进给路线的确定	详 细 说 明
1	顺铣和逆铣的进给路线	铣削有顺铣和逆铣两种方式。顺铣在铣削加工中,铣刀的走刀方向与在切削点的切削分力方向相同;而逆铣则在铣削加工中,铣刀的走刀方向与在切削点的切削分力方向相反。当工件表面无硬皮,机床进给机构无间隙时,应选用顺铣,按照顺铣安排进给路线。顺铣加工时,零件已加工表面质量好,刀齿磨损小。精铣时,尤其是零件材料为铝镁合金、钛合金或耐热合金时,应尽量采用顺铣。当工件表面有硬皮,机床的进给机构有间隙时,应选用逆铣,按照逆铣安排进给路线。逆铣时,刀齿是从已加工表面切入,不会崩刀;机床进给机构的间隙不会引起振动和爬行
2	铣削外轮廓的进给路线	铣削平面零件的外轮廓时,一般采用立铣刀侧刃切削。刀具切入工件时,应避免沿零件外轮廓的法向切入,而应沿切削起始点的延伸线逐渐切入工件,保证零件曲线的平滑过渡。同理,在切离工件时,也应避免在切削终点处直接抬刀,要沿着切削终点的延伸线逐渐切离工件,如图 1.5.12 所示。 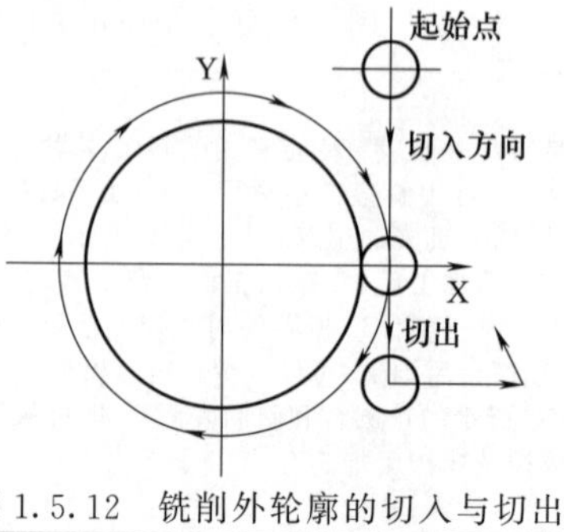 起始点 Y 切入方向 X 切出 图 1.5.12　铣削外轮廓的切入与切出 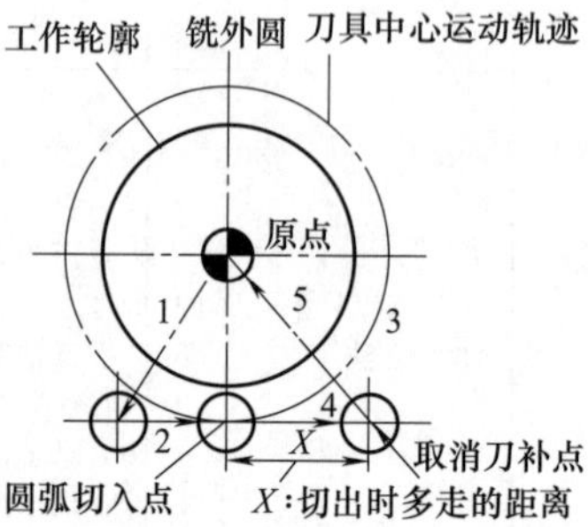 工作轮廓 铣外圆 刀具中心运动轨迹 原点 1 2 3 4 5 X 取消刀补点 圆弧切入点 X:切出时多走的距离 图 1.5.13　外圆铣削

续表

序号	进给路线的确定	详 细 说 明
2	铣削外轮廓的进给路线	当用圆弧插补方式铣削外整圆时，如图 1.5.13 所示，要安排刀具从切向进入圆周铣削加工；当整圆加工完毕后，不要在切点处直接退刀，而应让刀具沿切线方向多运动一段距离，以免取消刀补时，刀具与工件表面相碰，造成工件报废
3	铣削内轮廓的进给路线	铣削封闭的内轮廓表面时，若内轮廓曲线不允许外延，如图 1.5.14 所示，刀具只能沿内轮廓曲线的法向切入、切出，此时刀具的切入、切出点应尽量选在内轮廓曲线两几何元素的交点处 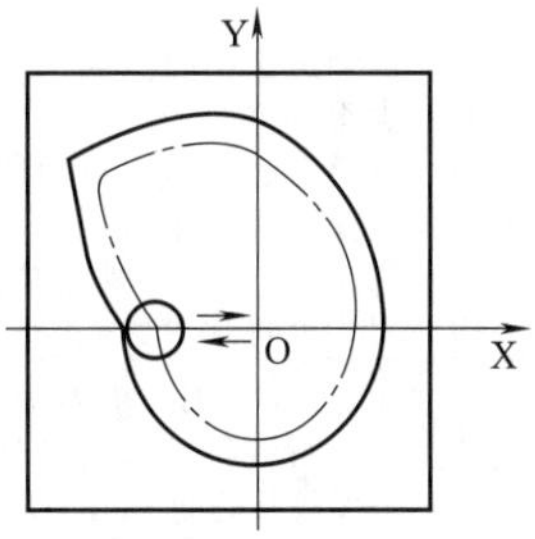 图 1.5.14　铣削内轮廓加工刀具的切入与切出 当内部几何元素相切无交点时，如图 1.5.15 所示，为防止刀补取消时在轮廓拐角处留下凹口[见图 1.5.15(a)]，刀具切入、切出点应远离拐角[见图 1.5.15(b)]。 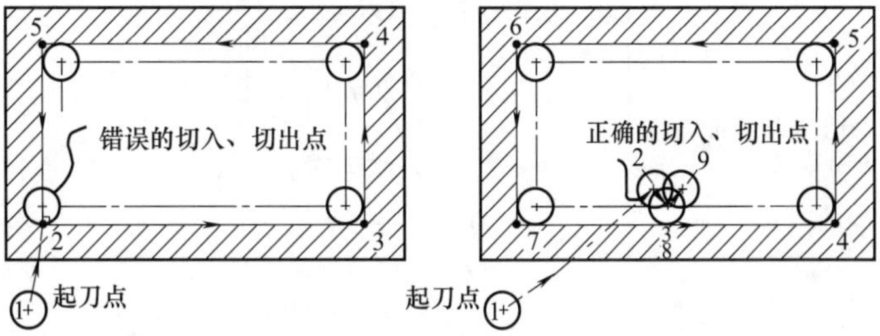 (a)　(b) 图 1.5.15　无交点内轮廓加工刀具的切入和切出 当用圆弧插补方式铣削内圆弧时也要遵循从切向切入、切出的原则，最好安排从圆弧过渡到圆弧的加工路线，如图 1.5.16 所示，以提高内孔表面的加工精度和质量 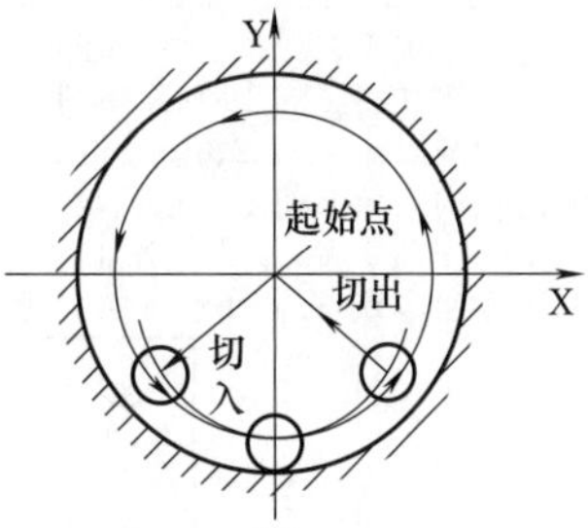 (b) 图 1.5.16　内圆铣削
4	铣削内槽的进给路线	内槽是指以封闭曲线为边界的平底凹槽。一律用平底立铣刀加工，刀具圆角半径应符合内槽的图样要求。图 1.5.17 所示为加工内槽的三种进给路线。图 1.5.17(a)和图 1.5.17(b)所示分别为用行切法和环切法加工内槽的路线

续表

序号	进给路线的确定	详细说明
4	铣削内槽的进给路线	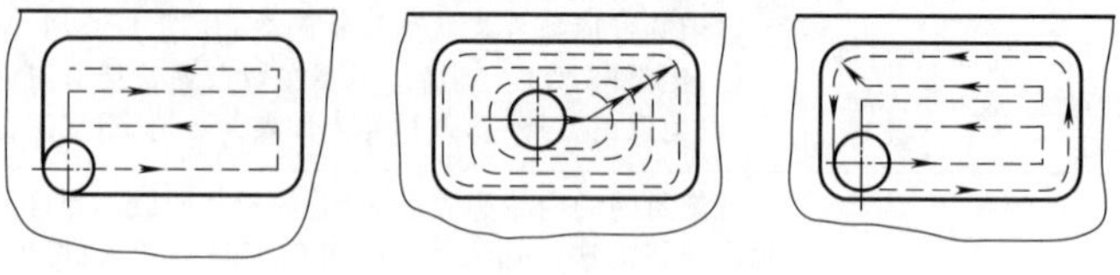 (a) (b) (c) 图 1.5.17 内槽加工的进给路线 两种进给路线的共同点是，都能切净内腔中的全部面积，不留死角，不伤轮廓，同时尽量减少重复进给的搭接量。不同点是，行切法的进给路线比环切法的短，但行切法将在每两次进给的起点与终点间留下残留面积，而达不到所要求的表面粗糙度；用环切法获得的表面粗糙度要好于行切法，但环切法需要逐次向外扩展轮廓线，刀位点计算稍微复杂一些。采用图 1.5.17(c)所示的进给路线，即先用行切法切去中间部分余量，最后用环切法环切一刀光整轮廓表面，既能使总的进给路线较短，又能获得较好的表面粗糙度
5	铣削曲面轮廓的进给路线	铣削曲面时，常用球头刀采用行切法进行加工。所谓行切法是指刀具与零件轮廓的切点轨迹是一行一行的，而行间的距离是按零件加工精度的要求确定的。 对于边界敞开的曲面加工，可采用两种加工路线，如图 1.5.18 所示发动机大叶片，当采用图 1.5.18(a)所示的加工方案时，每次沿直线加工，刀位点计算简单，程序少，加工过程符合直纹面的形成，可以准确保证母线的直线度。当采用图 1.5.18(b)所示的加工方案时，符合这类零件数据给出情况，便于加工后检验，叶形的准确度较高，但程序较多。由于曲面零件的边界是敞开的，没有其他表面限制，所以曲面边界可以延伸，球头刀应由边界外开始加工。 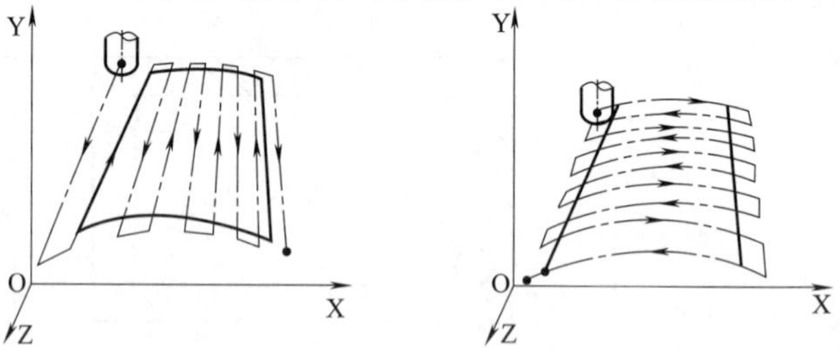 (a) (b) 图 1.5.18 曲面加工的进给路线 在走刀路线确定中要注意一些问题：轮廓加工中应避免进给停顿，否则会在轮廓表面留下刀痕；若在被加工表面范围内垂直下刀和抬刀，也会划伤表面。为提高工件表面的精度和减小表面粗糙度，可以采用多次走刀的方法，精加工余量一般以 0.2～0.5 mm 为宜。 选择工件在加工后变形小的走刀路线。对横截面积小的细长零件或薄板零件，应采用多次走刀加工达到最后尺寸，或采用对称去余量法安排走刀路线
6	孔系加工	孔系加工在保证尺寸要求的前提下，选择最短的加工路线。 加工如图 1.5.19 所示零件上的四个孔，加工路线可采用两种方案，方案 1[图 1.5.19(a)]按照孔 1、孔 2、孔 3、孔 4 顺序完成，由于孔 4 与孔 1、孔 2、孔 3 的定位方向相反，X 轴的反向间隙会使定位误差增加，而影响孔 4 与其他孔的位置精度。方案 2[图 1.5.19(b)]，加工完孔 2 后，刀具向 X 轴反方向移动一段距离，超过孔 4 后，再折回来加工孔 4，由于定位方向一致，提高了孔 4 与其他孔的位置精度 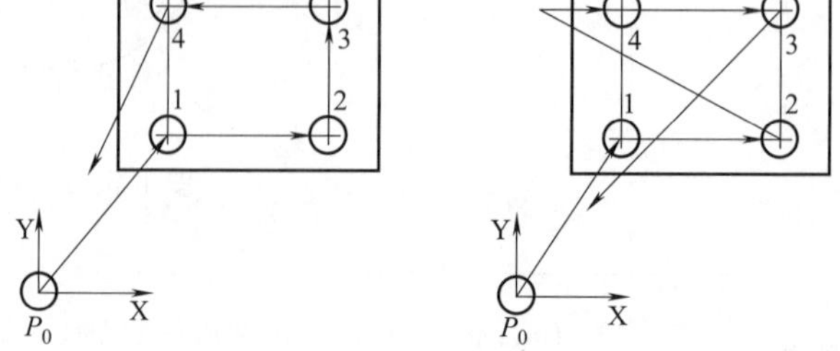 (a) 按顺序加工 (b) 按方向加工 图 1.5.19 孔系加工路线

第六节 数控加工常用夹具

一、数控铣削对夹具的基本要求

实际上数控铣削加工时一般不要求很复杂的夹具，只要求有简单的定位、夹紧机构就可以了。其设计原理也与通用铣床夹具相同，结合数控铣削加工的特点，这里只提出几点基本要求，见表1.6.1。

表1.6.1 数控铣削对夹具的要求

序号	数控铣削对夹具的要求
1	为保持工件在本工序中所有需要完成的待加工面充分暴露在外，夹具要做得尽可能开敞，因此夹紧机构元件与加工面之间应保持一定的安全距离，同时要求夹紧机构元件的高度能低则低，以防止夹具与铣床主轴套筒或刀套、刃具在加工过程中发生碰撞
2	为保持零件安装方位与机床坐标系及编程坐标系方向的一致性，夹具应能保证在机床上实现定向安装，还要求能协调零件定位面与机床之间保持一定的坐标联系
3	夹具的刚度与稳定性要好。尽量不采用在加工过程中更换夹紧点的设计，当非要在加工过程中更换夹紧点时，要特别注意不能因更换夹紧点而破坏夹具或工件定位精度

二、常用夹具种类

表1.6.2详细描述了常用夹具种类。

表1.6.2 常用夹具种类

序号	常用夹具种类	详细说明
1	万能组合夹具	该夹具适合于小批量生产或研制时的中、小型工件在数控铣床上进行铣削加工。图1.6.1为一种典型铣削的万能夹具  图1.6.1 典型铣削的万能夹具
2	专用铣削夹具	该夹具是特别为某一项或类似的几项工件设计制造的夹具，一般在年产量较大或研制时采用。其结构固定，仅适用于一个具体零件的具体工序。这类夹具设计时应力求简化，使制造时间尽可能缩短。图1.6.2为自行设计制造的卧式加工中心的专用夹具  图1.6.2 自行设计制造的卧式加工中心的专用夹具

续表

序号	常用夹具种类	详细说明
3	多工位夹具	该夹具可以同时装夹多个工件，可减少换刀次数，也便于边加工边装卸工件，有利于缩短辅助时间，提高生产率，较适宜于中批量生产。图 1.6.3 为加工中心多工位弹性夹头液压夹具  图 1.6.3　加工中心多工位弹性夹头液压夹具
4	气动或液压夹具	该夹具适用于生产批量较大，采用其他夹具又特别费工、费力的工件，能减轻工人劳动强度和提高生产率。但此类夹具结构较复杂，造价往往较高，而且制造周期较长。图 1.6.4 为典型的液压夹具  图 1.6.4　典型的液压夹具
5	通用铣削夹具	数控回转台(座)，一次安装工件，同时可从四面加工坯料；双回转台可用于加工在表面上成不同角度布置的孔，可进行五个方向的加工。图 1.6.5 为一种典型的数控回转台  图 1.6.5　典型的数控回转台

三、常用夹具

表 1.6.3 详细描述了常用夹具。

表 1.6.3　常用夹具

序号	常用夹具	详细说明
1	机用平口钳	又称为机用虎钳或者台虎钳，常用来安装矩形和圆柱形工件，用扳手转动丝杠，通过丝杠螺母带动活动钳身移动，形成对工件的加紧与松开，如图 1.6.6 所示。 机用平口钳装配结构是将可拆卸的螺纹连接和销连接的铸铁合体；活动钳身的直线运动是由螺旋运动转变的；工作表面是螺旋副、导轨副及间隙配合的轴和孔的摩擦面。设计结构简练紧凑，夹紧力度强，易于操作使用。内螺母一般采用较强的金属材料，使夹持力保持更大，一般都会带有底盘，底盘带有 180°刻度线可以 360°平面旋转  图 1.6.6　机用平口钳
2	压板	对于中型、大型和形状比较复杂的零件，一般采用压板将工件紧固在工作台台面上，压板装夹工件时所用的工具比较简单，主要是压板、垫铁、T 型槽螺栓、螺母等，为了满足不同形状零件的装夹需要，压板的形状种类也较多。图 1.6.7 为工作台上安装好的压板夹具  图 1.6.7　压板夹具
3	气动夹紧通用虎钳	该系统夹具夹紧工件时由压缩空气使活塞移动，带动杠杠使钳口左移夹紧工件，如图 1.6.8 所示 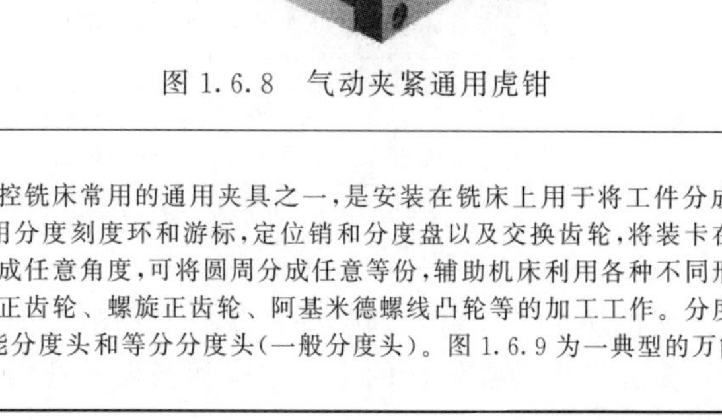 图 1.6.8　气动夹紧通用虎钳
4	分度头	分度头是数控铣床常用的通用夹具之一，是安装在铣床上用于将工件分成任意等份的机床附件，利用分度刻度环和游标，定位销和分度盘以及交换齿轮，将装卡在顶尖间或卡盘上的工件分成任意角度，可将圆周分成任意等份，辅助机床利用各种不同形状的刀具进行各种沟槽、正齿轮、螺旋正齿轮、阿基米德螺线凸轮等的加工工作。分度头分为万能分度头、半万能分度头和等分分度头（一般分度头）。图 1.6.9 为一典型的万能分度头

续表

序号	常用夹具	详细说明
4	分度头	图 1.6.9 万能分度头

四、数控铣削夹具的选用原则

在选用夹具时，通常需要考虑产品的生产批量、生产效率、质量保证及经济性，选用原则见表 1.6.4。

表 1.6.4 数控铣削夹具的选用原则

序号	数控铣削夹具的选用原则
1	在生产量小或研制时，应广泛采用万能组合夹具，只有在组合夹具无法解决工件的装夹时才考虑采用其他夹具
2	在小批量或成批生产时可考虑采用专用夹具，但应尽量简单
3	在生产批量较大时可考虑采用多工位夹具和气动、液压夹具
4	在选用夹具卡盘时，通常需要考虑产品的生产批量、生产效率、实用、卡盘安装方便、质量保证及经济性等

第七节 数控加工刀具的选用

一、数控铣削刀具的基本要求

表 1.7.1 详细描述了数控铣削刀具的要求。

表 1.7.1 数控铣削刀具的要求

序号	常用夹具种类	详细说明
1	铣刀刚性强	一是为提高生产效率而采用大切削用量的需要；二是为适应数控铣床加工过程中难以调整切削用量的特点。当工件各处的加工余量相差悬殊时，通用铣床遇到这种情况很容易采取分层铣削方法加以解决，而数控铣削就必须按程序规定的走刀路线前进，遇到余量大时无法像通用铣床那样“随机应变”，除非在编程时能够预先考虑到，否则铣刀必须返回原点，用改变切削面高度或加大刀具半径补偿值的方法从头开始加工，多走几刀。但这样势必造成余量少的地方经常走空刀，降低了生产效率，如刀具刚性较好就不必这么办
2	铣刀耐用度要高	尤其是当一把铣刀加工的内容很多时，如刀具不耐用而磨损较快，就会影响工件的表面质量与加工精度，而且会增加换刀引起的调刀与对刀次数，也会使工作表面留下因对刀误差而形成的接刀台阶，降低了工件的表面质量
3	其他	铣刀切削刃的几何角度参数的选择及排屑性能等也非常重要，切屑粘刀形成积屑瘤在数控铣削中是十分忌讳的

总之，根据被加工工件材料的热处理状态、切削性能及加工余量，选择刚性好、耐用度高的铣刀，是充分发挥数控铣床的生产效率和获得满意的加工质量的前提。

二、常用铣刀的种类

表 1.7.2 详细描述了常用铣刀的种类。

表 1.7.2　常用铣刀的种类

序号	铣刀	详细说明
1	面铣刀	如图 1.7.1 所示，面铣刀的圆周表面和端面上都有切削刃，端部切削刃为副切削刃。面铣刀多制成套式镶齿结构，刀齿材料为高速钢或硬质合金，刀体材料为 40Cr。  图 1.7.1　面铣刀 面铣刀主要用于面积较大的平面铣削和较平坦的立体轮廓的多坐标加工。高速钢面铣刀按国家标准规定，直径 $d=80\sim250$mm，螺旋角 $\beta=10°$，刀齿数 $z=10\sim26$。 硬质合金面铣刀与高速钢铣刀相比，铣削速度较高、加工效率高、加工表面质量也较好，并可加工带有硬皮和淬硬层的工件，故得到广泛应用。硬质合金面铣刀按刀片和刀齿的安装方式，可分为整体焊接式（见图 1.7.2）、机夹焊接式（见图 1.7.3）和可转位式三种（见图 1.7.4）。 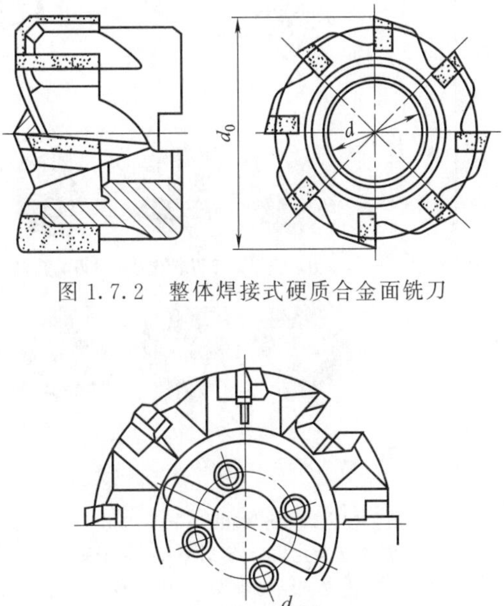 图 1.7.2　整体焊接式硬质合金面铣刀 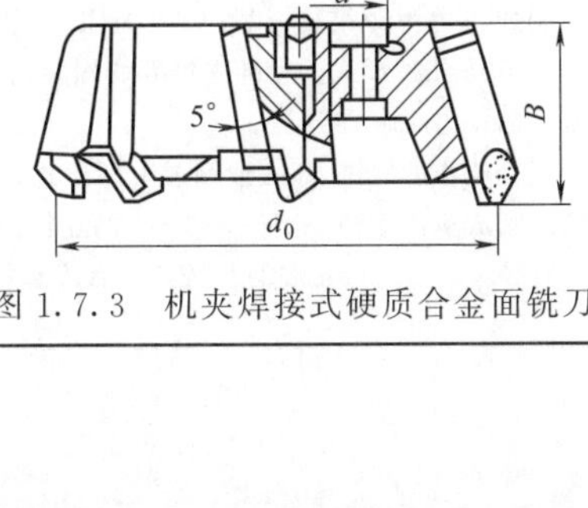 图 1.7.3　机夹焊接式硬质合金面铣刀

续表

序号	铣刀	详 细 说 明
1	面铣刀	图 1.7.4　可转位式硬质合金面铣刀
2	立铣刀	立铣刀也称为圆柱铣刀，广泛用于加工平面类零件。立铣刀的圆柱表面和端面上都有切削刃，它们可同时进行切削，也可单独进行切削。立铣刀圆柱表面的切削刃为主切削刃，端面上的切削刃为副切削刃。主切削刃一般为螺旋齿形的，这样可以增加切削平稳性，提高加工精度。一种先进的结构为切削刃是波形的，其特点是排屑更流畅，切削厚度更大，利于刀具散热且提高了刀具寿命，且刀具不易产生振动。 立铣刀按端部切削刃的不同可分为过中心刃和不过中心刃两种。过中心刃立铣刀可直接轴向进刀。不过中心刃立铣刀的端面中心处无切削刃，所以它不能作轴向进给，端面刃主要用来加工与侧面相垂直的底平面。端铣刀除用其端刃铣削外，也常用其侧刃铣削，有时端刃、侧刃同时进行铣削，端铣刀也可称为圆柱铣刀(见图 1.7.5)。 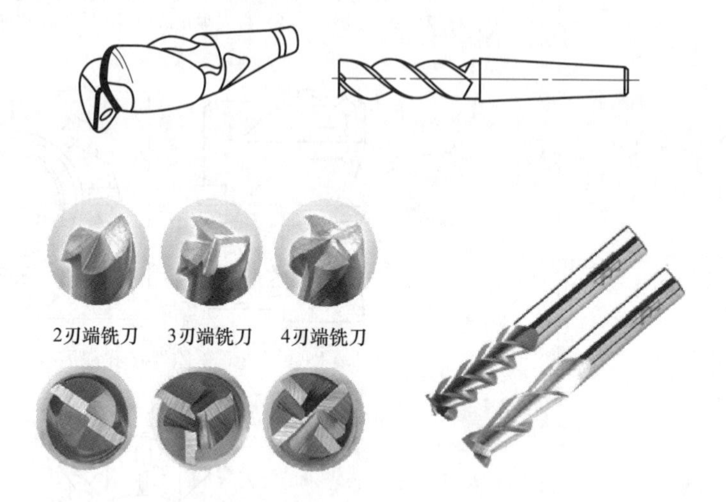 图 1.7.5　端铣刀 立铣刀按齿数可分为粗齿、中齿、细齿三种。为了改善切屑卷曲情况，增大容屑空间，防止切屑堵塞，刀齿数比较少，容屑槽圆弧半径则较大。一般粗齿立铣刀齿数 $z=3\sim4$，细齿立铣刀齿数 $z=5\sim8$，套式结构齿数 $z=10\sim20$，容屑槽圆弧半径 $r=2\sim5$mm。当立铣刀直径较大时，还可制成不等齿距结构，以增强抗振作用，使切削过程平稳。立铣刀按螺旋角大小可分为 30°、40°、60°等几种形式。标准立铣刀的螺旋角 β 有 40°～45°(粗齿)和 60°～65°(细齿)，套式结构立铣刀的 β 为 15°～25°。 直径较小的立铣刀，一般制成带柄形式。$\phi2\sim\phi71$mm 的立铣刀制成直柄；$\phi6\sim\phi66$mm 的立铣刀制成莫氏锥柄；$\phi25\sim\phi80$mm 的立铣刀制成 7∶24 锥柄，内有螺孔用来拉紧刀具。 直径 $\phi40\sim\phi160$mm 的立铣刀可做成套式结构

续表

序号	铣刀	详 细 说 明
3	模具铣刀	模具铣刀由立铣刀发展而成，它是加工金属模具型面的铣刀的统称，可分为圆锥形立铣刀（圆锥半角为3°、5°、7°、10°）、圆柱形球头立铣刀和圆锥形球头立铣刀三种，其柄部有直柄、削平型直柄和莫氏锥柄。如图1.7.6所示为模具铣刀。 它的结构特点是球头或端面上布满了切削刃，圆周刃与球头刃圆弧连接，可以作径向和轴向进给。铣刀工作部分用高速钢或硬质合金制造，国家标准规定直径$d=4\sim66$mm。小规格的硬质合金模具铣刀多制成整体结构，$\phi16$mm以上直径的制成焊接式或机夹可转位式刀片结构 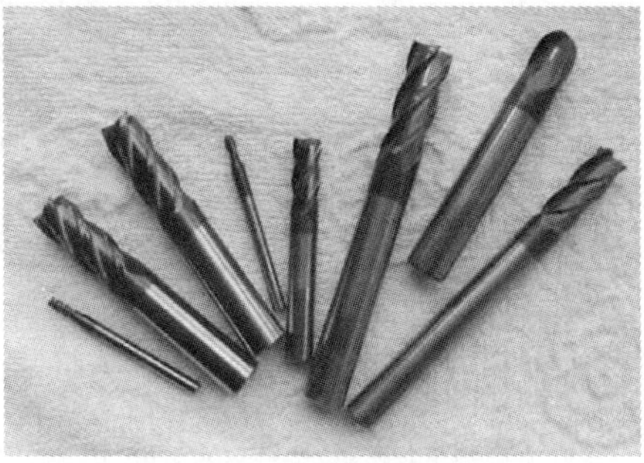 图1.7.6　模具铣刀
4	键槽铣刀	键槽铣刀有两个刀齿，圆柱面和端面上都有切削刃，端面刃延至中心，既像立铣刀，又像钻头。用键槽铣刀铣削键槽时，先轴向进给达到槽深，然后沿键槽方向铣出键槽全长。由于切削力会引起刀具和工件的变形，一次走刀铣出的键槽形状误差较大，槽底与槽边一般不是直角。为此，通常采用两步法铣削键槽，即先用小号铣刀粗加工出键槽，然后以逆铣方式精加工四周，可得到真正的直角。如图1.7.7所示为键槽铣刀。  图1.7.7　键槽铣刀 直柄键槽铣刀直径$d=2\sim22$mm，锥柄键槽铣刀直径$d=14\sim50$mm。键槽铣刀直径工时控制刀具上下位置，相应改变刀刃的切削部位，可以在工件上切出从负到正的不同斜角。R越小，鼓形铣刀所能加工的斜角范围越广，但所获得的表面质量也越差。这种刀具的缺点是刃磨困难，切削条件差，而且不适于加工有底的轮廓表面，主要用于对变斜角面的近似加工
5	成形铣刀	成形铣刀一般都是为特定的工件或加工内容专门设计制造的，适用于平面类零件的特定形状（如角度面、凹槽面等）的加工，也适用于特形孔或台的加工。如图1.7.8所示为常用的成形铣刀 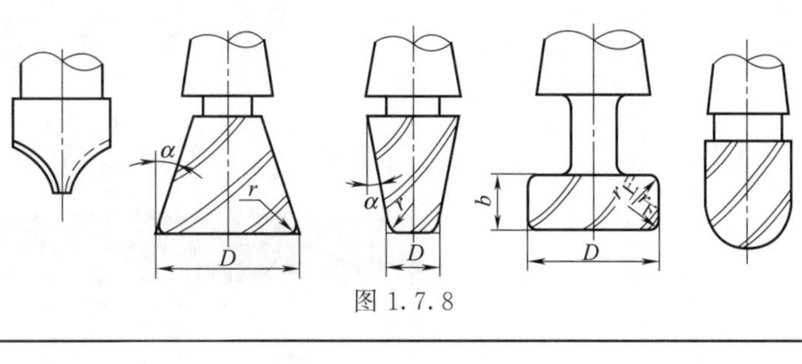 图1.7.8

续表

序号	铣刀	详细说明
5	成形铣刀	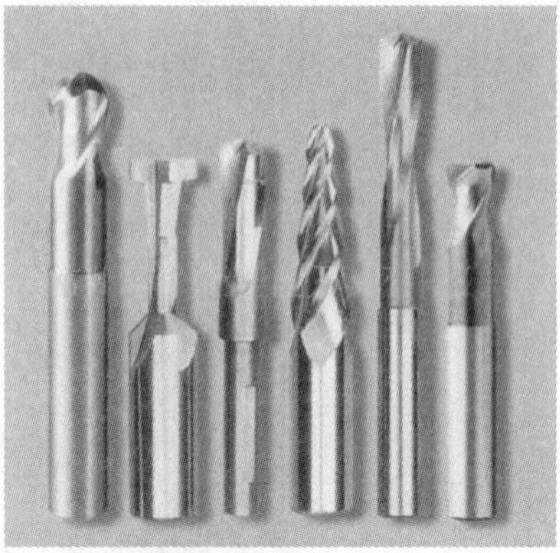 图1.7.8 常用的成形铣刀
6	锯片铣刀	锯片铣刀可分为中小型规格的锯片铣刀和大规格的锯片铣刀，数控铣床和加工中心主要用中小型规格的锯片铣刀。锯片铣刀主要用于大多数材料的切槽、切断、内外槽铣削、组合铣削、缺口实验的槽加工、齿轮毛坯的粗齿加工等。如图1.7.9所示为锯片铣刀  图1.7.9 锯片铣刀
7	球头铣刀	适用于加工空间曲面零件，有时也用于平面类零件较大的转接凹圆弧的补加工。如图1.7.10所示为球头铣刀 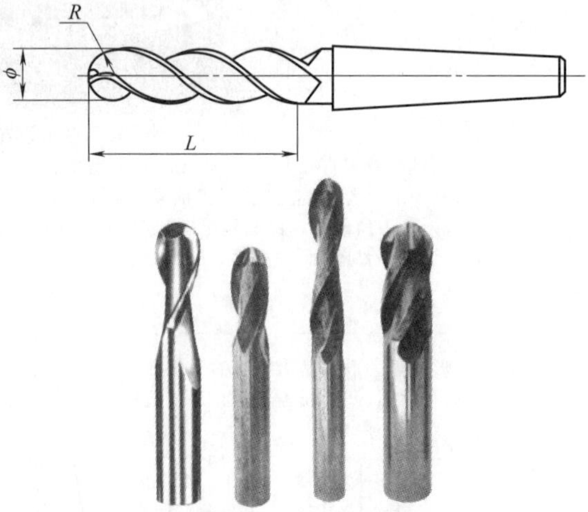 图1.7.10 球头铣刀
8	螺纹铣刀	如图1.7.11所示为螺纹铣刀，主要用于工件中螺纹的攻牙、攻丝的操作 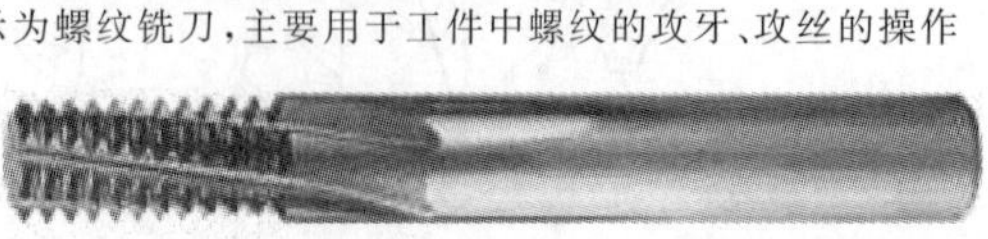 图1.7.11 螺纹铣刀

除上述几种类型的铣刀外，数控铣床也可使用各种通用铣刀。但因不少数控铣床的主轴内有特殊的拉刀装置，或因主轴内孔锥度有别，须配制过渡套和拉杆。

三、铣削刀具的选择

1. 铣削用刀具的选择

表 1.7.3 详细描述了铣削刀具的选择方法。

表 1.7.3　铣削刀具的选择

序号	铣削刀具的选择
1	铣削平面时，应选硬质合金片铣刀
2	铣削凸台和凹槽时，选高速钢立铣刀
3	加工余量小，并且要求表面粗糙度较低时，多采用镶立方氮化硼刀片或镶陶瓷刀片的端铣刀
4	铣削毛坯表面或孔的粗加工，可选镶硬质合金的玉米铣刀进行强力切削
5	铣削较大的平面应选择面铣刀
6	铣削平面类零件的周边轮廓、凹槽、较小的台阶面应选择立铣刀
7	铣削空间曲面、模具型腔或凸模成形表面等多选用模具铣刀
8	铣削封闭的键槽选用键槽铣刀
9	铣削变斜角零件的变斜角面应选用鼓形铣刀
10	铣削立体型面和变斜角轮廓外形常采用球头铣刀、鼓形铣刀
11	铣削各种直的或圆弧形的凹槽、斜角面等应选用成形铣刀

2. 铣刀主要参数的选择

下面以面铣刀为例介绍铣刀主要参数的选择。

标准的可转位面铣刀的直径为 $\phi16 \sim \phi660$mm，铣刀直径（一般比切宽大 20%～50%）尽量包容工件整个加工宽度。粗铣时，铣刀直径要小些；精铣时，铣刀直径要大些。为了获得最佳的切削效果，推荐采用不对称铣削位置。另外，为提高刀具寿命宜采用顺铣。

可转位面铣刀有粗齿、中齿和密齿三种。粗齿铣刀容屑空间较大，常用于粗铣钢件；粗铣带断续表面的铸件和在平稳条件下铣削钢件时，可选用中齿铣刀。密齿铣刀的每齿进给量较小，主要用于加工薄壁铸件。

用于铣削的切削刃槽形和性能都较好，很多新型刀片都有用于轻型、中型和重型加工的基本槽形。

前角的选择原则与车刀的基本相同，只是由于铣削时有冲击，故前角数值一般比车刀的略小，尤其是硬质合金面铣刀，前角数值减小得更多些。铣削强度和硬度都较高的材料时，可选用负前角的刀刃，前角的数值主要根据工件材料和刀具材料来选择。

铣刀的磨损主要发生在后刀面上，因此适当加大后角，可减少铣刀磨损。后角常取为 $\alpha_o = 5° \sim 12°$，工件材料软时后角取大值，工件材料硬时后角取小值；粗齿铣刀的后角取小值，细齿铣刀的后角取大值。铣削时冲击力大，为了保护刀尖，硬质合金面铣刀的刃倾角常取 $\lambda_s = 15° \sim 15°$。只有在铣削低强度材料时，取 $\lambda_s = 5°$。主偏角 κ_r 在 45°～90°范围内选取，铣削铸铁常用 45°，铣削一般钢材常用 75°，铣削带凸肩的平面或薄壁零件时要用 90°。

四、切削用量选择

切削用量包括主轴转速（切削速度）、切削深度、进给速度。切削用量选择的原则是：粗加工为了提高生产率，首先选择一个尽可能大的切削深度，其次选择一个较大的进给速度，最后确定一个合适的主轴转速；精加工时为了保证加工精度和表面粗糙度要求，选用较小的切削深度、进给速度和较大的主轴转速。具体数值应根据机床说明书中规定的要求以及刀具耐用度，并结合实际经验采用类比法来确定。

1. 切削三要素选择的原则

表1.7.4详细描述了切削三要素选择的原则。

表1.7.4 切削三要素选择的原则

序号	切削三要素	选择的原则
1	切削深度	在机床、夹具、刀具、零件等刚度允许条件下，尽可能选较大的切削深度，以减少走刀次数，提高生产率。对于表面粗糙度和精度要求高的零件，要留有足够的精加工余量，一般取0.1～0.5mm
2	主轴转速	根据允许的切削速度来选择
3	进给速度	进给速度是切削用量中的一个重要参数，通常根据零件加工精度及表面粗糙度要求来选择，要求较高时，进给速度应选取得小一些

2. 相关切削用量简表

(1) 表1.7.5列出了$\phi 8$～$\phi 20$高速钢立铣刀粗铣切削用量参考值。

表1.7.5 $\phi 8$～$\phi 20$高速钢立铣刀粗铣切削用量参考值

序号	直径	刀槽数	铝				钢			
			转速/(r/min)	切削速度/(m/min)	进给速度/(mm/min)	每齿进给/(mm/齿)	转速/(r/min)	切削速度/(m/min)	进给速度/(mm/min)	每齿进给/(mm/齿)
1	8	2	5000	126	500	0.05	1000	25	100	0.05
2	10	2	4100	129	490	0.06	820	26	82	0.05
3	12	2	3450	130	470	0.07	690	26	84	0.06
4	14	2	3000	132	440	0.07	600	26	80	0.07
5	16	2	2650	133	420	0.08	530	27	76	0.07
6	20	2	2200	136	400	0.09	430	27	75	0.08

(2) 表1.7.6列出了硬质合金面铣刀加工平面时的切削用量。

表1.7.6 硬质合金面铣刀加工平面时的切削用量

序号	材料:45	表面质量要求	进给量	切削速度/(m/min)
1	粗铣	—	0.12～0.18mm/齿	160～180
2	精铣	Ra3.2	0.5～0.8mm/r	200～220
		Ra1.6	0.4～0.6mm/r	200～220
		Ra0.8	0.2～0.3mm/r	200～220

(3) 表1.7.7列出了涂层硬质合金铣刀的切削用量。

表1.7.7 涂层硬质合金铣刀的切削用量

序号	状态	硬度	铣削深度a_p/mm	端铣平面		铣侧面和槽	
				进给量/(mm/齿)	切削速度/(m/min)	进给量/(mm/齿)	切削速度/(m/min)
1	正火 退火 热轧	175～225HBS	1	0.20	250	0.13	190
			4	0.30	190	0.18	140
			8	0.40	150	0.23	110

注：铣削端面时切削深度为轴向切削深度，铣削侧面时切削深度为径向切削深度。

(4) 表1.7.8列出了高速钢钻头切削用量选择。

表1.7.8 高速钢钻头切削用量选择

序号	钻头直径d_o/mm	钻孔的进给量/(mm/r)				
		钢σ_b <800MPa	钢σ_b 800～1000MPa	钢σ_b >1000MPa	铸铁、铜及铝合金 HB≤200	铸铁、铜及铝合金 HB>200
1	≤2	0.05～0.06	0.04～0.05	0.03～0.04	0.09～0.11	0.05～0.07
2	2～4	0.08～0.10	0.06～0.08	0.04～0.06	0.18～0.22	0.11～0.13

续表

序号	钻头直径 d_o /mm	钻孔的进给量/(mm/r)				
		钢 σ_b <800MPa	钢 σ_b 800～1000MPa	钢 σ_b >1000MPa	铸铁、铜及铝合金 HB≤200	铸铁、铜及铝合金 HB>200
3	4～6	0.14～0.18	0.10～0.12	0.08～0.10	0.27～0.33	0.18～0.22
4	6～8	0.18～0.22	0.13～0.15	0.11～0.13	0.36～0.44	0.22～0.26
5	8～10	0.22～0.28	0.17～0.21	0.13～0.17	0.47～0.57	0.28～0.34
6	10～13	0.25～0.31	0.19～0.23	0.15～0.19	0.52～0.64	0.31～0.39
7	13～16	0.31～0.37	0.22～0.28	0.18～0.22	0.61～0.75	0.37～0.45
8	16～20	0.35～0.43	0.26～0.32	0.21～0.25	0.70～0.86	0.43～0.53
9	20～25	0.39～0.47	0.29～0.35	0.23～0.29	0.78～0.96	0.47～0.56
10	25～30	0.45～0.55	0.32～0.40	0.27～0.33	0.9～1.1	0.54～0.66
11	30～50	0.60～0.70	0.40～0.50	0.30～0.40	1.0～1.2	0.70～0.80

注：1. 表列数据适用于在大刚性零件上钻孔，精度在H12～H13级以下（或自由公差），钻孔后还用钻头、扩孔钻或镗刀加工，在下列条件下需乘修正系数：

(1) 在中等刚性零件上钻孔（箱体形状的薄壁零件、零件上薄的突出部分钻孔）时，乘系数0.75；

(2) 钻孔后要用铰刀加工的精确孔，低刚性零件上钻孔，斜面上钻孔，钻孔后用丝锥攻螺纹的孔，乘系数0.50。

2. 钻孔深度大于3倍直径时应乘修正系数：

孔深度（孔深以直径的倍数表示）	$3d_o$	$5d_o$	$7d_o$	$10d_o$
修正系数 K_{lf}	1.0	0.9	0.8	0.75

3. 为避免钻头损坏，建议当刚要钻穿时应停止自动走刀而改用手动走刀。

(5) 表1.7.9列出了硬质合金钻头切削用量选择

表 1.7.9　硬质合金钻头切削用量选择

序号	钻头直径 d_o/mm	钻孔的进给量/(mm/r)						
		σ_b 550～850MPa①	淬硬钢硬度≤40HRC	淬硬钢硬度40HRC	淬硬钢硬度55HRC	淬硬钢硬度64HRC	铸铁硬度≤170HB	铸铁硬度>170HB
1	≤10	0.12～0.16	0.04～0.05	0.03	0.025	0.02	0.25～0.45	0.20～0.35
2	10～12	0.14～0.20	0.04～0.05	0.03	0.025	0.02	0.30～0.50	0.20～0.35
3	12～16	0.16～0.22	0.04～0.05	0.03	0.025	0.02	0.35～0.60	0.25～0.40
4	16～20	0.20～0.26	0.04～0.05	0.03	0.025	0.02	0.40～0.70	0.25～0.40
5	20～23	0.22～0.28	0.04～0.05	0.03	0.025	0.02	0.45～0.80	0.30～0.50
6	23～26	0.24～0.32	0.04～0.05	0.03	0.025	0.02	0.50～0.85	0.35～0.50
7	26～29	0.26～0.35	0.04～0.05	0.03	0.025	0.02	0.50～0.90	0.40～0.60

① 为淬硬的碳钢及合金钢。

注：1. 大进给量用于在大刚性零件上钻孔，精度在H12～H13级以下或自由公差，钻孔后还用钻头、扩孔钻或镗刀加工。小进给量用于在中等刚性条件下，钻孔后要用铰刀加工的精确孔，钻孔后用丝锥攻螺纹的孔。

2. 钻孔深度大于3倍直径时应乘修正系数：

孔　深	$3d_o$	$5d_o$	$7d_o$	$10d_o$
修正系数 K_{lf}	1.0	0.9	0.8	0.75

3. 为避免钻头损坏，建议当刚要钻穿时应停止自动走刀而改用手动走刀。

4. 钻削钢件时使用切削液，钻削铸铁时不使用切削液。

第八节　切　削　液

在金属切削过程中，为提高切削效率，提高工件的精度和降低工件表面粗糙度，延长刀具使用寿命，达到最佳的经济效果，就必须减少刀具与工件、刀具与切屑之间摩擦，及时带走切削区内因材料变形而产生的热量。要达到这些目的，一方面是通过开发高硬度耐高温的刀具材料和改进刀具的几何形状，如随着碳素钢、高速钢、硬质合金及陶瓷等刀具材料的相继问世以及使用转位刀具等，使金属切削的加工率得到迅速提高；另一方面采用性能优良的切削液往往可以明显提高切削效率，降低工件表面粗糙度，延长刀具使用寿命，取得良好的经济效益。图 1.8.1 为实际应用中切削液使用情况。

图 1.8.1　实际应用中切削液使用情况

一、切削液的分类

目前，切削液的品种繁多，作用各异，但归纳起来分为两大类，即油基切削液和水基切削液，详细分类说明见表 1.8.1。

表 1.8.1　切削液的分类

序号	切削液分类	切削用量选择原则	
1	油基切削液	油基切削液即切削油，它主要用于低速重切削加工和难加工材料切削加工	
		①矿物油	常用作为切削液的矿物油有全损耗系统用油、轻柴油和煤油等。它们具有良好的润滑性和一定的防锈性，但生物降解性差
		②动植物油	常用作为切削液的动植物油有鲸鱼油、蓖麻油、棉籽油、菜籽油和豆油。它们具有优良的润滑性和生物降解性，但易氧化变质
		③普通复合切削液	是在矿物油中加入油性剂调配而成，比单用矿物油性能好
		④极压切削油	是在矿物油中加入含硫、磷、氯、硼等极压添加剂、油溶性防锈剂和油性剂等调配而成的复合油
2	水基切削液	水基切削液分为三大类，即乳化液、合成切削液和半合成切削液	
		①乳化液	它由乳化油与水配置而成。乳化油主要是由矿物油（含量为 50%～80%）、乳化剂、防锈剂、油性剂、极压剂和防腐剂等组成。稀释液不透明，呈乳白色。但由于其工作稳定性差，使用周期短，溶液不透明，很难观察工作时的切削状况，故使用量逐年减少
		②合成切削液	它的浓缩液不含矿物油，由水溶性防锈剂、油性剂、极压剂、表面活性剂和消泡剂等组成。稀释液呈透明状或半透明状。主要优点是：使用寿命长；优良的冷却和清洗性能，适合高速切削；溶液透明，具有良好的可见性，特别适合数控机床、加工中心等现代加工设备使用。但合成切削液容易洗刷掉机床滑动部件上的润滑油，造成滑动不灵活，润滑性能相对差些
		③半合成切削液	也称微乳化切削液。它的浓缩液由少量矿物油（含量为 5%～30%）、油性剂、极压剂、防锈剂、表面活性剂和防腐剂等组成。稀释液油滴直径小于 1μm，稀释液呈透明状或半透明状。它具备乳化液和合成切削液的优点，又弥补了两者的不足，是切削液发展的趋势

二、切削液的作用与性能

表 1.8.2 详细描述了切削液的作用与性能。

表 1.8.2　切削液的作用与性能

序号	切削液的作用	切削液的选择原则
1	冷却作用	冷却作用是依靠切削液的对流换热和汽化把切削热从固体(刀具、工件和切屑)带走,降低切削区的温度,减少工件变形,保持刀具硬度和尺寸。 切削液的冷却作用取决于它的热参数值,特别是比热容和热导率。此外,液体的流动条件和热交换系数也起重要作用,热交换系数可以通过改变表面活性材料和汽化热大小来提高。水具有较高的比热容和大的导热率,所以水基的切削性能要比油基切削液好。 改变液体的流动条件,如提高流速和加大流量可以有效地提高切削液的冷却效果,特别对于冷却效果差的油基切削液,加大切削液的供液压力和加大流量,可提高冷却性能。在枪钻深孔和高速滚齿加工中就采用这个办法。采用喷雾冷却,使液体易于汽化,也可明显提高冷却效果。在切削加工中,不同的冷却润滑材料的冷却效果见图 1.8.2 图 1.8.2　不同的冷却润滑材料的冷却效果
2	润滑作用	在切削加工中,刀具与切削、刀具与工件表面之间产生摩擦,切削液就是减轻这种摩擦的润滑剂。 刀具方面,由于刀具在切削过程中带有后角,它与被加工材料接触部分比前刀面少,接触压力也低,因此,后刀面的摩擦润滑状态接近于边界润滑状态,一般使用吸附性强的物质,如油性剂和抗剪强度降低的极压剂,能有效地减少摩擦。前刀面的状况与后刀面不同,剪切区经变形的切削在受到刀具推挤的情况下被迫挤出,其接触压力大,切削液因塑性变形而达到高温,在供给切削液后,切削液因受到骤冷而收缩,使前刀面上的刀与切屑接触长度及切屑与刀具间的金属接触面积减少,同时还使平均剪切应力降低,这样就导致了剪切角的增大和切削力的减少,从而使工件材料的切削加工性能得到改善。 切削液的润滑作用,一般油基切削液比水基切削液优越,含油性、极压添加剂的油基切削液效果更好。油性添加剂一般是带有机化合物,如高级脂肪酸、高级醇、动植物油脂等。油基添加剂是通过极性基吸附在金属的表面上形成一层润滑膜,减少刀具与工件、刀具与切屑之间的摩擦,从而达到减少切削阻力,延长刀具寿命,降低工件表面粗糙度的目的。油性添加剂的作用只限于温度较低的状况,当温度超过 200℃,油性剂的吸附层受到破坏而失去润滑作用,所以一般低速、精密切削使用含有油性添加剂的切削液,而在高速、重切削的场合,应使用含有极压添加剂的切削液。 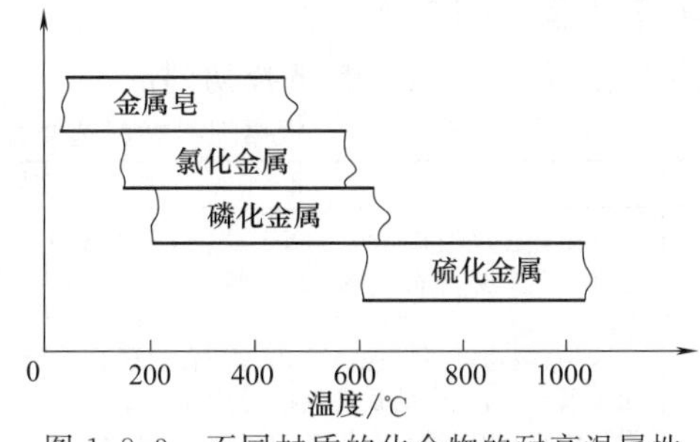 图 1.8.3　不同材质的化合物的耐高温属性 所谓极压添加剂是一些含有硫、磷、氯元素的化合物,这些化合物在高温下与金属起化学反应,生成硫化铁、磷化铁、氯化铁等具有低切削强度的物质,从而降低了切削阻力,减少了刀具与工件、刀具与切屑的摩擦,使切削过程易于进行。含有极压添加剂的切削液还可以抑制积屑瘤的生成,改善工件表面粗糙度。图 1.8.3 所示为不同材质的化合物的耐高温属性

续表

序号	切削液的作用	切削液的选择原则
3	清洗作用	在金属切削过程中，切屑、铁粉、磨屑、油污等物易粘附在工件表面和刀具、砂轮上，影响切削效果，同时使工件和机床变脏，不易清洗，所以切削液必须有良好的清洗作用，对于油基切削液，黏度越低，清洗能力越强，特别是含有柴油、煤油等轻组分的切削液，渗透和清洗性能就更好。含有表面活性剂的水基切削液，清洗效果较好。表面活性剂一方面能吸附各种粒子、油泥，并在工件表面形成一层吸附膜，阻止粒子和油泥粘附在工件、刀具和砂轮上，另一方面能渗入到粒子和油污粘附的界面上把粒子和油污从界面上分离，随切削液带走，从而起到清洗作用。切削液的清洗作用还应表现在对切屑、磨屑、铁粉、油污等有良好的分离和沉降作用。循环使用的切削液在回流到冷却槽后能迅速使切屑、铁粉、磨屑、微粒等沉降于容器的底部油污等物悬浮于液面上，这样便可保证切削液反复使用后仍能保持清洁，保证加工质量和延长使用周期
4	防锈作用	在切削加工过程中，工件如果与水和切削液分解或氧化变质所产生的腐蚀介质接触，如与硫、二氧化硫、氯离子、酸、硫化氢、碱等接触就会受到腐蚀，机床与切削液接触的部位也会因此而产生腐蚀，在工件加工后或工序间存放期间，如果切削液没有一定的防锈能力，工件会受到空气中的水分及腐蚀介质的侵蚀而产生化学腐蚀和电化学腐蚀，造成工件生锈，因此，要求切削液必须具有较好的防锈性能，这是切削液最基本的性能之一。切削油一般都具备一定有防锈能力。对于水基切削液，要求 pH=9.5，有利于提高切削液对黑色金属的防锈作用，延长切削液的使用周期

三、切削液的选取

1. 金属切削液的选取原则

表 1.8.3 详细描述了切削液选取原则。

表 1.8.3 切削液选取原则

序号	选 取 原 则
1	切削液应无刺激性气味，不含对人体有害添加剂，确保使用者的安全
2	切削液应满足设备润滑、防护管理的要求，即切削液应不腐蚀机床的金属部件，不损伤机床密封件和油漆，不会在机床导轨上残留硬的胶状沉淀物，确保使用设备的安全和正常工作
3	切削液应保证工件工序间的防锈作用，不锈蚀工件。加工铜合金时，不应选用含硫的切削液。加工铝合金时，应选用 pH 值为中性的切削液
4	切削液应具有优良的润滑性能和清洗性能。选择最大无卡咬负荷 PB 值高、表面张力小的切削液，并经切削试验评定
5	切削液应具有较长的使用寿命
6	切削液应尽量适应多种加工方式和多种工件材料
7	切削液应低污染，并有废液处理方法
8	切削液应价格适宜，配制方便

2. 根据刀具材料选择切削液

表 1.8.4 详细描述了根据刀具材料选择切削液。

表 1.8.4 根据刀具材料选择切削液

序号	刀具类型	选择相应的切削液
1	刀具钢刀具	其耐热温度约在 200～300℃之间，只能适用于一般材料的切削，在高温下会失去硬度。由于这种刀具耐热性能差，要求冷却液的冷却效果要好，一般采用乳化液为宜
2	高速钢刀具	这种材料是以铬、镍、钨、钼、钒(有的还含有铝)为基础的高级合金钢，它们的耐热性明显地比工具钢高，允许的最高温度可达 600℃。与其他耐高温的金属和陶瓷材料相比，高速钢有一系列优点，特别是它有较高的坚韧性，适合于几何形状复杂的工件和连续的切削加工，而且高速钢具有良好的可加工性，价格上容易被接受。 使用高速钢刀具进行低速和中速切削加工，建议采用油基切削液或乳化液。在高速切削时，由于发热量大，以采用水基切削液为宜。若使用油基切削液会产生较多油雾，污染环境，而且容易造成工件烧伤，加工质量下降，刀具磨损增大

续表

序号	刀具类型	选择相应的切削液
3	硬质合金刀具	它的硬度大大超过高速钢，最高允许工作温度可达1000℃，具有优良的耐磨性能，在加工钢铁材料时，可减少切屑间的黏结现象。 一般选用含有抗磨添加剂的油基切削液为宜。在使用冷却液进行切削时，要注意均匀地冷却刀具，在开始切削之前，最好预先用切削液冷却刀具。对于高速切削，要用大流量切削液喷淋切削区，以免造成刀具受热不均匀而产生崩刃，亦可减少由于温度过高产生蒸发而形成的油烟污染
4	陶瓷刀具	采用氧化铝、金属和碳化物在高温下烧结而成，这种材料的高温耐磨性比硬质合金还要好，一般采用干切削，但考虑到均匀的冷却和避免温度过高，也常使用水基切削液
5	金刚石刀具	具有极高的硬度，一般使用于强力切削。为避免温度过高，也像陶瓷材料一样，通常采用水基切削液

四、切削液在使用中出现的问题及其对策

切削液在使用中经常出现变质发臭、腐蚀、产生泡沫、操作者皮肤过敏等问题，表1.8.5中结合工作中的实际经验，列出了切削液使用中的问题及其对策。

表 1.8.5　切削液在使用中出现的问题及其对策

序号	问题	产生原因	解决方法
1	变质发臭	①配制过程中有细菌侵入，如配制切削液的水中有细菌。 ②空气中的细菌进入切削液。 ③工件工序间的转运造成切削液的感染。 ④操作者的不良习惯，如乱丢脏东西。机床及车间的清洁度差	①使用高质量、稳定性好的切削液。用纯水配制浓缩液，不但配制容易，而且可改善切削液的润滑性，且减少被切屑带走的量，并能防止细菌侵蚀。使用时，要控制切削液中浓缩液的比例不能过低，否则易使细菌生长。 ②由于机床所用油中含有细菌，所以要尽可能减少机床漏出的油混入切削液。 ③切削液的pH值在8.3～9.2时，细菌难以生存，所以应及时加入新的切削液，提高pH值。保持切削液的清洁，不要使切削液与污油、食物、烟草等污物接触。 ④经常使用杀菌剂，保持车间和机床的清洁。 ⑤设备如果没有过滤装置，应定期撇除浮油，清除污物
2	腐蚀	①切削液中浓缩液所占的比例偏低。 ②切削液的pH值过高或过低。例如pH＞9.2时，对铝有腐蚀作用。 ③不相似的金属材料接触。 ④用纸或木头垫放工件。 ⑤零部件叠放。 ⑥切削液中细菌的数量超标。 ⑦工作环境的湿度太高	①用纯水配制切削液，并且切削液的比例应按所用切削液说明书中的推荐值使用。 ②在需要的情况下，要使用防锈液。 ③控制细菌的数量，避免细菌的产生。 ④检查湿度，注意控制工作环境的湿度在合适的范围内。 ⑤要避免切削液受到污染。 ⑥要避免不相似的材料接触，如铝和钢、铸铁(含镁)和铜等
3	产生泡沫	①切削液的液面太低。 ②切削液的流速太快，气泡没有时间溢出，越积越多，导致大量泡沫产生。 ③水槽设计中直角太多，或切削液的喷嘴角度太直	①在集中冷却系统中，管路分级串联，离冷却箱近的管路压力应低一些。保证切削液的液面不要太低，及时检查液面高度，及时添加切削液。 ②控制切削液流速不要太快。 ③在设计水槽时，应注意水槽直角不要太多。 ④在使用切削液时应注意切削液喷嘴角度不要太直
4	皮肤过敏	① pH值太高。 ②切削液的成分。 ③加工中的金属及机床使用的油料。 ④浓缩液使用配比过高。 ⑤切削液表面的保护性悬浮层，如气味封闭层、防泡沫层。杀菌剂及不干净的切削液	①操作者应涂保护油，穿工作服，戴手套，应避免皮肤与切削液直接接触。 ②切削液中浓缩液比例一定要按照切削液的推荐值使用。 ③使用杀菌剂要按说明书中的剂量使用

总之，在正常生产中使用切削液，如果能注意以上问题，可以避免不必要的经济损失，有效地提高生产效率。

第九节　数控加工工艺文件的编制

一、工艺文件的编制原则和编制要求

1. 工艺文件的编制原则

编制工艺文件应在保证产品质量和有利于稳定生产的条件下，用最经济、最合理的工艺手段并坚持少而精的原则。为此，要做到以下几点，见表1.9.1。

表1.9.1　工艺文件的编制原则

序号	工艺文件的编制原则
1	既要具有经济上的合理性和技术上的先进性，又要考虑企业的实际情况，具有适应性
2	必须严格与设计文件的内容相符合，应尽量体现设计的意图，最大限度地保证设计质量的实现
3	要力求文件内容完整正确，表达简洁明了，条理清楚，用词规范严谨。并尽量采用视图加以表达。要做到不需要口头解释，根据工艺规程，就可以进行一切工艺活动
4	要体现品质观念，对质量的关键部位及薄弱环节应重点加以说明
5	尽量提高工艺规程的通用性，对一些通用的工艺应上升为通用工艺
6	表达形式应具有较大的灵活性及适应性，当发生变化时，文件需要重新编制的比例压缩到最低程度

2. 工艺文件的编制要求

表1.9.2详细描述了工艺文件的编制要求。

表1.9.2　工艺文件的编制要求

序号	工艺文件的编制原则
1	工艺文件要有统一的格式、统一的幅面，其格式、幅面的大小应符合有关规定，并要装订成册和装配齐全
2	工艺文件的填写内容要明确，通俗易懂，字迹清楚，幅面整洁。尽量采用计算机编制
3	工艺文件所用的文件名称、编号、符号和元器件代号等，应与设计文件一致
4	工艺安装图可不完全照实样绘制，但基本轮廓要相似，安装层次应表示清楚
5	装配接线图中的接线部位要清楚，连接线的接点要明确
6	编写工艺文件要执行审核、会签、批准手续

二、工艺文件填写（工艺卡片）

编写数控加工专用技术文件是数控加工工艺设计的内容之一。这些专用技术文件既是数控加工、产品验收的依据，也是需要操作者遵守、执行的规程；有的则是加工程序的具体说明或附加说明，目的是让操作者更加明确程序的内容、定位装夹方式、各个加工部位所选用的刀具及其他问题。

这里所列举的机械加工工艺过程卡片、数控加工工序卡片、数控刀具卡片等工艺卡片，根据实际情况选用即可。

1. 机械加工工艺过程卡片（表1.9.3）

2. 数控加工工序卡片（表1.9.4）

3. 数控刀具卡片（表1.9.5）

4. 刀具调整单

数控机床上所用刀具一般要在对刀仪上预先调整好直径和长度。将调整好的刀具及其编号、型号、参数等填入刀具调整单中，作为调整刀具的依据。刀具调整单见表1.9.6。

表 1.9.3 机械加工工艺过程卡片

	机械加工工艺过程卡片	产品型号		零件图号		文件编号	
		产品名称		零件名称		共 页	第 页

材料牌号		毛坯种类		毛坯外形尺寸		每毛坯件数		每台件数		备注	

	工序号	工序名称	工序内容	车间	工段	设备	工艺装备	工时	
								准终	单件
描图									
描校									
底图号									
装订号									

											设计（日期）	校核（日期）	标准化（日期）	会签（日期）	审核（日期）
	标记	处理	更改文件号	签字	日期	标记	处理	更改文件号	签字	日期					

表 1.9.4 数控加工工序卡片

	数控加工工序卡片	产品名称		共 页	第 页
		工序号		工序名称	
		零件图号		夹具名称	
		零件名称		夹具编号	
		材 料		设备名称	
		程序编号		车 间	
		编 制		批 准	
		审 核		日 期	

序号	工步工作内容	刀具号	刀具规格	主轴转速 r/min	进给速度 mm/min	切削深度 mm
1						
2						
3						
4						
5						
6						
7						
8						

表 1.9.5 数控刀具卡片

数控加工刀具卡片			产品名称				零件图号		
			零件名称				程序编号		
编制		审核	批准		年 月 日		共 页		第 页
工步序号	刀具号	刀具名称	刀具/mm		补偿值/mm		刀补地址		备注
			直径	长度	直径	长度	直径	长度	
1									
2									
3									
4									
5									
6									
7									
8									

表 1.9.6 刀具调整单

零件号				零件名称				工序号	
工步号	刀具码	刀具号	刀具种类	直径		长度		备注	
				设定值	实测值	设定值	实测值		
					制表	日期	测量员	日期	

5. 机床调整单

机床调整单是操作人员在加工零件之前调整机床的依据。机床调整单应记录机床控制面板上的“开关”的位置、零件安装、定位和夹紧方法及键盘应键入的数据等。表 1.9.7 为自动换刀数控镗铣床的机床调整单。

表 1.9.7 机床调整单

零件号		零件名称		工序号		制表	

位码调整旋钮									
F1		F2		F3		F4		F5	
F6		F7		F8		F9		F10	

刀具补偿拨盘									
1					6				
2					7				
3					8				
4					9				
5					10				

对称切削开关位置											
X	N010～N080	0	Y	0	0	Z	0	0	B	N010～N080	0
	N081～N110	1			0			0		N081～N110	1
垂直校验开关						0					
零件冷却						1					

6. 加工程序单

零件加工程序单是记录加工工艺过程、工艺参数和位移数据的表格，也是手动数据输入和置备纸带、实现数控加工的主要依据。表 1.9.8 为字地址可变程序段格式的加工程序单。

加工程序单样式可根据实际加工的需求而有所变化。

表 1.9.8　加工程序单

N	G	X	Y	Z	I	J	R	F	S	T	M
0010 0020 0030 · · · · · · n											

第二章

数控高速加工技术

第一节　高速加工概述

一、高速加工的概念

高速加工也称为高速切削，是指在高的主轴旋转速度和高的进给速度下的切削加工。合理而科学地应用高速加工技术，已经成为提高加工效率、提高加工质量、缩短加工时间的重要途径之一。高速加工是集高效、优质、低耗于一身的先进切削技术。它是在高的主轴旋转速度和高的进给速度下的切削加工，能极大地提高加工效率，代表了切削加工的发展方向，并逐渐成为切削加工的主流技术。在制造业的各个领域，如航空、航天、汽车、摩托车、模具、精密机械等的零件加工中有着日益广泛的应用。

高速加工对机床、刀具等都有特别的要求，而数控编程是影响高速机床发挥效益的最关键因素之一。它包含了数控加工工艺设计、CAD/CAM 软件中适合高速加工的选项设置等多方面知识与经验，特别是对刀具路径的规划比普通数控加工提出了更高的要求。

高速加工是一个相对概念，到目前为止对高速加工的速度范围尚未作出明确的定义，通常把切削速度、进给速度比常规值高 5～10 倍以上的加工称为高速加工。因而，不同的材料高速加工速度的范围也不同，铝合金为 1000～7000mm/min，铜为 900～5000mm/min，钢为500～2000mm/min，灰铸铁为 800～3000mm/min，钛合金为 100～1000mm/min，镍基合金为50～500mm/min，图 2.1.1 所示为不同工件材料大致的切削速度范围。

当前的高速加工技术还在进一步发展中，预计铣削加工铝的切削线速度可达到 10000m/min，加工铸铁的可达到 5000mm/min，加工普通钢的也将达到 2500mm/min；钻削加工铝的切削速度可达到 30000mm/min，加工铸铁的可达到 20000mm/min，加工普通钢的可达到 10000mm/min。

通常所称的高速加工是指高速铣削加工。事实上也可以简单地以主轴转速来判断是否为高速切削，通常可以认为机床的主轴转速超过 20000r/min 的为高速加工机床，而机床主轴转速超过 10000 r/min 的可作为准高速加工机床。

高速加工最突出的特点是高的主轴转速和进给速度；在切削加工中，通常以相对较小的背吃刀量以及切削步距来实现低负荷、高效率的加工。相对于普通切削而言，采用高速切削技术可使单位时间内的材料切除率提高3～5倍或更高，同时加工成本可降低20%～50%，加工精度和加工表面质量可提高1～2级，这就是世界各国竞相研究高速切削技术的重要原因。此外，应用高速切削技术还可改变对某些难加工材料的切削加工方式，如直接对淬硬材料工件进行车削或铣削加工，实现“以切代磨”等。

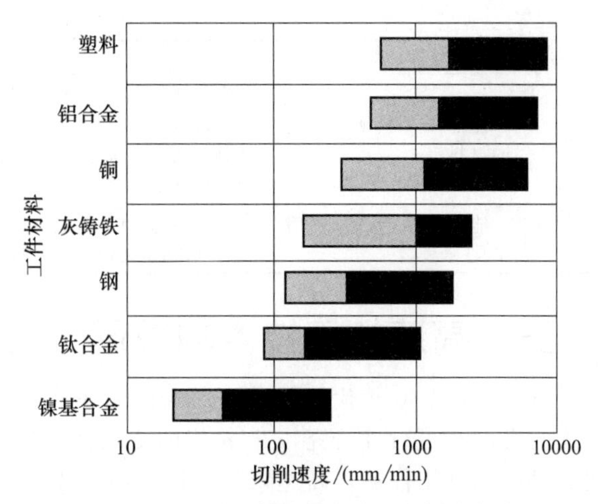

图2.1.1　不同工件材料大致的切削速度范围

—过渡区域　—高速加工区域

二、高速加工技术的特点

由于切削速度的大幅度提高，最明显的效益是提高了切削加工的生产率，采用高速切削技术能使整体加工效率提高几倍乃至几十倍。但是高速加工不只是提升加工速度，同时还有其他优势，和常规切削相比，高速切削的主要特点见表2.1.1。

表2.1.1　高速切削的主要特点

序号	特　点	详细描述
1	能获得很高的加工效率	切削时间的多少取决于进给速度或进给量的大小。很显然，若保持进给速度与切削速度的比值不变，随着切削速度的提高，切削时间将迅速缩短。高速加工虽然切削深度和切削厚度小，但由于主轴转速高、进给速度快，因此使单位时间内的金属切除量反而增加，由此加工效率也提高了。通常使用高速加工中心进行铣削加工时，其主轴转速在10000r/min以上，进给率在2000mm/min以上，是普通铣削转速的几十倍，加工效率自然远远高于普通铣削加工
2	能获得较高的加工精度	在加工过程中，切削力的降低对减小振动和偏差非常重要。由于切削速度高，吃刀量很小，剪切变形区变窄，变形系数ξ减小，切削力降低。这使工件在切削过程的受力变形显著减小，有利于提高加工精度。同时加工时可将粗加工、半精加工、精加工合为一体，全部在一台机床上完成，即减少了机床台数，避免由于多次装夹使精度产生误差。特别是对于大型框架件、薄板件、薄壁槽形件的高精度、高效加工，高速铣削是很有效的方法。同时当前使用的高速加工机床以及高速加工刀具都具有相当高的精度
3	能获得较高的加工表面完整性	高速切削使传入工件的切削热比例大幅度减少，加工表面受热时间短、切削温度低，因此热影响区和热影响程度都较小，有利于获得低损伤的表面结构状态和保持良好的表面物理性能及力学性能。如常用电火花加工模具型腔，电火花加工后型腔内表面处于拉应力状态；而使用高速铣削加工后，零件表面是压应力状态
4	能降低加工能耗，节省制造资源	高速切削时，单位功率所切削的切削层材料体积显著增大。以美国洛克希德飞机公司的铝合金高速铣削为例，主轴转速如从4000r/min提高到20000r/min时，切削力下降30%，而材料切除率增加3倍。由于切除率高、能耗低，工件制造的时间短，提高了能源和设备的利用率，降低了切削加工在制造系统资源总量中的比例。由于采用小的切削深度和切削厚度，刀具每刃的切削量很小，因而机床主轴、导轨的受力小，机床的精度寿命长，同时刀具寿命也延长了。因此，高速切削符合可持续发展的要求。高速加工机床振动小、噪声低，少用或不用切削液，符合环境要求
5	能有效抑制切削振动的影响，提高加工表面的表面质量	一方面，高速切削的力值及其变化幅度小，与主轴转速有关的激振频率也远远高于切削工艺系统的高阶固有频率，因此切削振动对加工质量的影响很小。另一方面，高速切削即使采用较小的进给量，仍能获得很高的加工效率，表面质量却得以极大的改善

续表

序号	特 点	详 细 描 述
6	能加工一些硬度较高的材料	高速切削在刀具能满足切削条件的情况下，在一定范围内可以对硬表面进行加工，可以加工高硬度、难加工材料(可达62HRC以上)。在同样的加工时间内，它所达到的表面质量比电火花还要好。所以高速加工可以用来加工硬度较高的航空材料和模具型腔
7	能实现生产管理的简单化	使用高速切削可以将一个零件的大部分工序进行整合，在一台高速切削机床上进行加工，从而简化工艺过程，简化生产管理

三、高速加工技术的发展

自20世纪30年代德国Carl Salomon博士首次提出高速切削概念以来，经过20世纪50年代的机理与可行性研究，70年代的工艺技术研究，80年代全面系统的高速切削技术研究，到20世纪90年代初，高速切削（HSM或HSC）已成为开始迅速走向实际应用的先进加工技术。现在，商品化高速切削机床大量涌现，高速切削技术在工业发达国家得到普遍应用，正成为切削加工的主流技术。表2.1.2列出了高速加工技术的发展，表2.1.3列出了部分高速加工中心。

表2.1.2 高速加工技术的发展

序号	发展阶段	详 细 描 述
1	初始理论形成阶段	1924年，德国切削物理学家Carl Salomon博士开始高速切削技术的试验与研究，1931年4月，他发表了高速切削理论，提出了高速切削假设：在高速区，当切削速度超过切削温度最高的区域，继续提高切削速度将会使切削温度明显下降，单位切削力也随之降低，例如图2.1.2所示的高速切削基础理论的Salomon曲线。1949年，美国工程师William Coomly发现切削功率随转速提高而下降的现象。实验表明，不同的材料均有这种现象 切削力 刀具寿命 常规切削 高速切削 切削速度 图2.1.2 高速切削基础理论的Salomon曲线
2	20世纪50年代～70年代高速加工技术的发展	美国洛克希德飞机公司R. L. Vanghn研究小组，于1958—1960年进行了高速切削加工的切削力、切削温度、刀具磨损、切削振动和切削形成机理试验研究。试验结果表明，高速切削可以通过用能承受被加工工件熔点以上温度的刀具材料来实现，切削速度的提高有助于表面加工质量的改善。 美国洛克希德导弹与空间公司R. I. King领导的研究小组，对铝合金和镍铝铜合金的高速切削进行了研究，该研究在试验和生产应用领域都取得了积极的进展，研究小组试制出转速达18000r/min，功率为25马力(1马力≈735.499W)的卧式高速加工中心。在1978年的CIRP年度会议上，美国Cincinati金属切削研究小组公布了他们调研所得的高速切削加工生产数据，数据一部分来自文献，一部分来自对CIRP会员的问卷调查。 1979年，美国防卫高技术研究总署(DARPA)发起了一项为期4年的现代加工技术研究计划，该计划对高速切削机理、高速切削用刀具和高速切削工艺进行了十分全面的研究，为快速切除金属材料提供科学依据。经过4年的努力，切削速度高达7600mm/min，获得了丰硕的成果。研究指出：随着切削速度的提高，切削力下降，加工表面质量提高。刀具磨损主要取决于刀具材料的导热性，并确定铝合金的最佳切削速度范围是1500～4500mm/min

续表

序号	发展阶段	详细描述
3	20世纪80年代高速加工技术的发展	在德国，达姆施塔特工业大学的H. Schulz教授在铝、镁、灰铸铁等金属和石墨等非金属高速切削机理及工艺方面作出了卓有成效的工作，有力地促进了高速切削技术的应用。达姆施塔特工业大学于1981年成功研制由磁悬浮轴承支持的高速主轴系统，并得到了国家研究技术部的支持，1984年该部拨款1160万马克，组织了以达姆施塔特工业大学的生产工程与机床研究所(PTW)为首的、有41家公司参加的两项联合研究计划，全面而系统地研究了高速切削机床、刀具、控制系统等相关的工艺技术，分别对各种工件材料(钢、铸铁、特殊合金、铝合金、铝镁铸造合金、铜合金和纤维增强塑料等)的高速切削性能进行了深入的研究与试验，取得了国际公认的高水平研究成果，并在德国工厂广泛应用，获得了良好的经济效益
4	20世纪90年代至今高速加工技术的发展	进入20世纪90年代以后，各工业发达国家陆续投入到高速切削技术的研发中来，尤其是高速切削机床和刀具技术的研发，与之相关的技术也得到迅速发展，1993年直流电动机的出现实现了高速进给。快速换刀和装卸工件的结构日益完善，辅助加工时间逐渐缩短。新型自动电主轴高速铣削加工中心不断投放到国际市场。另外，高速切削加工设备不断投放到国际市场上，高速切削刀具的材料、结构和可靠的刀具主轴连接刀柄的出现与使用，标志着高速切削技术已从理论研究进入工业应用阶段。高速切削加工已成为现代数控加工技术的重要发展方向之一。在大型的机床展览会中，如芝加哥机床展览会EMO、中国国际机床展览会CIMT，展出的高速加工机床的比例越来越高，而且主轴转速一届比一届有较大幅度提高。当前在工业发达国家，高速切削加工技术已成为切削加工的主流，高速机床的单元技术和整机技术水平正在逐步提高。技术基础雄厚的机床厂推出了多种高速、高精度的机床产品，并且在航空航天制造、汽车工业和模具制造、轻工产品制造等重要工业领域创造了惊人的效益。目前高速切削的主要应用领域是铝合金一般精度的切削，以及钢、钛合金和镍基合金的半精及精加工。商品化的高速加工成为各机床厂的主打产品

表2.1.3　部分高速加工中心

序号	制造厂家(国家)	机床型号	主轴最高转速/(r/min)	最大进给速度/(m/min)	主轴驱动功率/kW
1	HAAS(美国)	VM-3	12000	18	22.4
2	Ingersoll(美国)	HV800	20000	76	45
3	MIKRON(瑞士)	HSM800	36000	90	32
4	DMG(德国)	105V LINEAR	18000	90	30
5	Ex-cell-O(德国)	XHC241	24000	120	40
6	MAZAK(日本)	SM-2500	50000	50	45
7	MAKINO(日本)	V33	40000	20	22

四、我国高速加工技术的发展

我国的高速切削技术起步较晚，直到20世纪80年代中后期，当高速切削技术在国外工业生产中不断得到应用的时候，我国才开始注意到高速切削技术的巨大发展潜力和应用前景，并着手开始研究。同时，我国的企业通过与国外著名企业合资或者引进国外先进技术，也开始生产高速加工机床；也有企业通过自主研发，在普通加工中心上进行改造，使用不同的控制系统、主轴系统与改进的进给系统，如沈阳机床（集团）有限责任公司、大连机床集团有限责任公司等先后生产了多种高速加工中心，见表2.1.4。

表2.1.4　部分国产高速加工中心

序号	生产企业	机床型号	主轴最高转速/(r/min)	最大进给速度/(m/min)	主轴驱动功率/kW	刀柄接口	备注
1	北京机电研究院	VS1250立式加工中心	15000	20	13.8	HSK-A63	—
2	北京机床研究所	μ1000立式加工中心	15000	36	22	BT40	可选
3	沈阳机床	D165立式加工中心	40000	30	7	HSK-E40	—

续表

序号	生产企业	机床型号	主轴最高转速/(r/min)	最大进给速度/(m/min)	主轴驱动功率/kW	刀柄接口	备注
4	大连机床	HDS500 卧式高速加工中心	18000	62	15	HSK-A63	—
5	宁江机床	NJ-5HMC40 五轴联动加工中心	40000	60	12	HSK-E40	—
6	台湾匠泽	H10 龙门高速加工中心	36000	32	20	HSK-E40	主轴可选其他配置
7	台湾快捷	GTV-96 高速立式加工中心	24000	40	29	HSK-A63	—

五、高速加工的应用

表 2.1.5 详细描述了高速加工的应用范围。

表 2.1.5 高速加工的应用范围

序号	应用领域	详细描述
1	航空行业	航空行业是高速切削加工的主要应用行业。飞机上的一些零件为了提高可靠性和降低成本，采用整体制造法，将原来由多个铆接或焊接而成的部件，改用整体实心材料制造，有的整体构件的材料去除率高达 90%。而其中许多零件为薄壁、细筋结构，厚度甚至不到 1mm，由于刚度差，不允许有较大的背吃刀量，因此，高速切削成为此类零件加工工艺的唯一选择。采用高速切削可大大提高生产率和产品质量，降低制造成本，这也是高速切削技术在飞机制造业获得广泛应用的主要原因。例如，波音公司在生产波音 F15 战斗机时，采用“整体制造法”，飞机零件数量减少了 42%，用高速铣削代替组装方法得到大型薄壁构件，减少了装配等工艺过程。在高速切削加工时，采用小切削量、高切削速度代替大切削量、低切削速度，提高了加工效率和加工精度，加工时间减少，精度和表面质量都达到了无需补充光整加工的水平。图 2.1.3 所示为飞机结构件。图 2.1.4 所示为飞机机头风挡窗框零件  图 2.1.3 飞机结构件 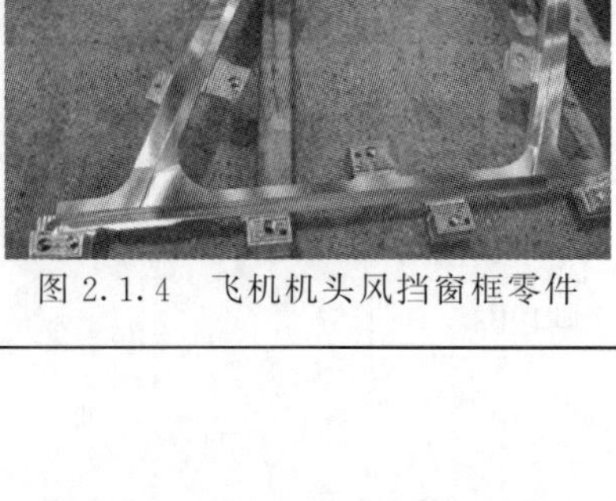 图 2.1.4 飞机机头风挡窗框零件

续表

序号	应用领域	详细描述
2	汽车行业	当前汽车用户对汽车的多样化、个性化的要求，迫使汽车企业的产品换型越来越快，产品品种纷繁多样，原来单一工件的大批量生产变成了多种工件的较小批量叠加成的大批量生产，因此，多年来在汽车制造行业占统治地位的组合机床（专机）生产线已无法满足汽车行业快速更新的现实需要，专机或专机自动线虽然效率高，却限制了加工的柔性，使得机床对加工零件品种变化的适应性非常差。以高速加工技术为基础的敏捷柔性自动生产线被越来越多的国内外汽车制造厂家使用。国内如一汽大众轿车自动生产线，由冲压、焊接、涂装、总装、发动机及传动器等高速生产线组成，年产轿车能力 15 万辆，制造节拍 1150 辆/min；上海大众的系列轿车自动生产线等。国外如美国 GM 发动机总成工厂的高速柔性自动生产线、福特汽车公司和因戈索尔机床公司合作研制的以卧式加工中心为主的汽车生产线等。大批量生产的汽车行业面临产品快速更新换代而形成的多品种生产线（FTL）代替了组合机床生产线，高速加工中心则将柔性生产线的生产率提升到组合机床生产线水平，广泛应用于气缸体、气缸盖、差速器壳、连杆、变速箱壳、万向节及其他多种零件的生产流水线，实现多品种、中小批量的高效生产，实现平面铣削、轮廓铣削与孔系、螺孔的高速加工。图 2.1.5 所示为汽车轮毂加工，图 2.1.6 所示为发动机缸体加工  图 2.1.5　汽车轮毂加工 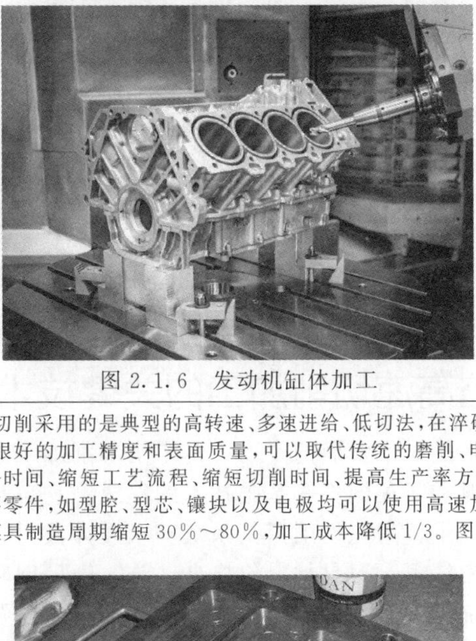 图 2.1.6　发动机缸体加工
3	模具行业	在模具行业，高速切削采用的是典型的高转速、多速进给、低切法，在淬硬钢模具加工方面有惊人效果，可以获得很好的加工精度和表面质量，可以取代传统的磨削、电火花加工及光整加工。在减少加工准备时间、缩短工艺流程、缩短切削时间、提高生产率方面具有极大的优势。在模具生产中的主要零件，如型腔、型芯、镶块以及电极均可以使用高速加工。在模具行业采用高速切削可以将模具制造周期缩短 30%～80%，加工成本降低 1/3。图 2.1.7 所示为模具高速加工应用示例  图 2.1.7　模具高速加工

续表

序号	应用领域	详细描述
4	其他行业	军事电子行业也将成为高速切削加工的重点应用行业。据介绍雷达产品微波零件的加工中，如采用小尺寸刀具（$\phi0.3\sim\phi0.98$mm），主轴转速为7500～10000r/min，进给速度为5～10m/min，不仅防止了这类薄壁零件在数控设备上加工易产生弯曲和膨胀的风险，而且工效提高了20倍以上。 另外，在医疗器械产业以及信息产业等涉及精密加工的行业中，应用高速加工将可以完成极精细结构的加工。图2.1.8所示为医疗电极暗扣，图2.1.9所示为医疗电极暗扣的生产模具 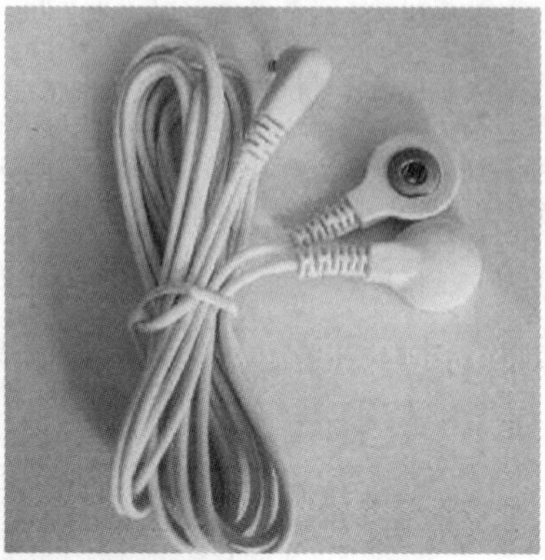 图2.1.8　医疗电极暗扣 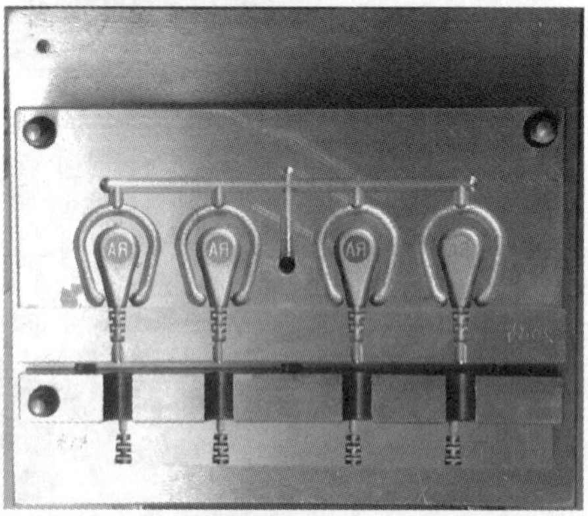 图2.1.9　医疗电极暗扣的生产模具

六、数控高速切削加工的关键技术

高速切削技术是时代发展的产物，是未来切削加工的方向之一。它依赖于数控技术、微电子技术、新材料和新颖构件等基础技术的集成。它自身亦存在着等待攻克的一系列技术问题，如刀具磨损严重，高速切削刀具系统安全设计及刀具切入、切出时的破损问题，而且高速切削用刀具寿命较短、刀具材料价格高，铣、镗等回转刀具及主轴需要动平衡，刀具需牢靠夹持，主轴系统昂贵而且寿命短，所用高速加工机床及其控制系统价格昂贵，使得高速切削的一次性投入较大，这些问题在一定程度上制约了高速切削技术的应用和推广。

数控高速切削加工的关键技术主要有以下几个方面，见表2.1.6。

表2.1.6　数控高速切削加工的关键技术

序号	关键技术	详细描述
1	高速切削机理	高速切削技术的应用和发展是以高速切削机理为理论基础的。通过对高速加工中切屑形成机理、切削力、切削热、刀具磨损、表面质量等技术的研究，为开发高速机床、高速加工刀具提供了理论指导。高速切削机理的研究主要有高速加工基本规律的研究；高速切削过程和切屑形成机理的研究；各种材料的高速切削机理研究；高速切削虚拟技术研究几个方面

续表

序号	关键技术	详细描述
2	高速切削机床	高速切削机床是实现高速加工的前提和基本条件。一个国家高速加工技术水平的高低，很大程度反映在高速机床的设计制造技术上。在现代机床制造中，机床的高速化是一个必然的发展趋势。在要求机床高速的同时，还要求机床具有高精度和高的静、动刚度。高速机床技术主要包括高速主轴单元，CNC控制系统，高速进给系统，床身、立柱和工作台，切屑处理和冷却系统几个单元
3	高速切削刀具	高速切削刀具技术是实现高速加工的关键技术之一。切削刀具的性能在很大程度上会制约高速切削技术的应用和推广。目前，高速切削刀具的国产化也是机械制造行业急需解决的问题。 高速切削刀具和普通加工的刀具有很大不同。目前，在高速切削中使用的刀具有陶瓷、聚晶金刚石(PCD)、压层硬质合金、聚晶立方氮化硼、钛基硬质合金和超细晶粒硬质合金等材料。在我国，一些高校和研究单位也在进行这些新刀具材料的研究，但规模很小，距实用化还有一定的距离
4	高速切削工艺	高速切削的工艺技术也是成功进行高速加工的关键技术之一。它主要研究加工轨迹的优化；切削方法和切削参数的选择；刀具材料和刀具几何参数的选择几个方面
5	高速加工测试技术	由于高速加工是在密封的机床工作区间里进行的，所以在零件加工过程中，操作人员很难对其直接进行观察、操作和控制，因此机床本身就有必要对加工情况、刀具的磨损状态等进行监控，实时地对加工过程实现在线监测。只有这样才能保证产品质量，提高加工效率，延长刀具寿命，确保人员和设备的安全。高速加工测试技术包括传感技术、信号分析和处理、在线测试等技术
6	高速加工编程技术	在高速数控机床上加工时，数控编程是一项繁重的工作，编程质量在很大程度上决定了加工质量。影响加工零件编程质量的主要因素有加工工艺路线、刀具类型、切削用量、转角清根的处理以及加工精度与过切的检查等。高速加工的工艺路线是影响制造质量的主要因素。使用CAD/CAM软件进行编程时，作出合理的路径规划是非常重要的

七、高速五轴加工的概念

五轴加工中心适用于加工复杂形状的零件和模具，比如复杂曲面零件、异形零件等这些形状怪异的零件使用五轴加工中心才能加工，而且使用五轴加工中心加工出来的精度非常高，工件可以获得高质量的表面。五轴加工中心涉及的领域比较广泛，主要有航空、航天、军事、科研、高精度医疗设备和高精密模具等国内核心行业，五轴加工中心对这些国家核心行业的发展有着举足轻重的影响力。五轴加工中心有很多种类型，在国内市场常见有三种类型，这三种类型都是根据五轴加工中心的两个旋转轴安装位置不同来进行分类的。而选择哪种类型的五轴加工中心是根据客户加工什么类型的产品或什么类型的模具而定的，所以应选择不同类型的五轴加工中心加工不同类型的产品或者模具。

五轴机床是在传统三轴机床的三个直线轴外，再加两个回转轴组成的，旋转轴C绕直线轴Z旋转，而旋转轴A、B分别绕直线轴X、Y旋转。五轴机床一般由X、Y、Z三个直线轴和C轴，再加上A、B旋转轴中的一个组成。其结构方式见表2.1.7。

表2.1.7　五轴加工中心的结构

序号	五轴加工中心结构	详细描述
1	工作台安装两个旋转轴	此类的五轴加工中心在市场上比较常见，而且加工小型复杂曲面的零件或模具都是使用此类五轴加工中心。此类五轴加工中心的两个旋转轴都是安装在工作台上，分别是旋转A轴和C轴或者是旋转B轴和C轴这两种形式。此类五轴加工中心不适合重载，由于旋转轴的工作台尺寸大小有限，所以不能加工较大的零件。如图2.1.10所示为工作台安装两个旋转轴

续表

序号	五轴加工中心结构	详细描述
1	工作台安装两个旋转轴	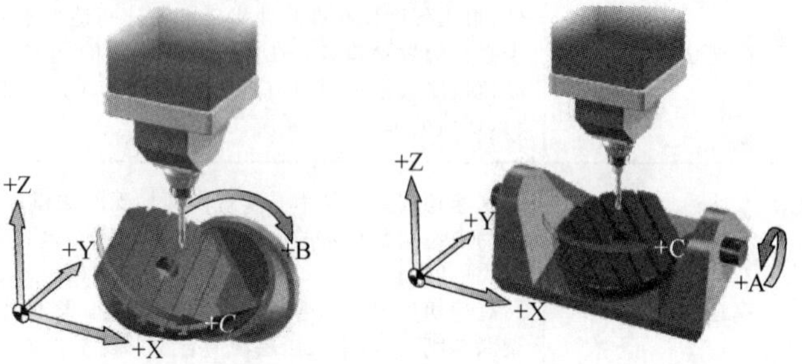 图 2.1.10　工作台安装两个旋转轴
2	主轴安装两个旋转轴	这类五轴加工中心在市场上很少见，而且使用的客户比较少，它可以加工较大工件。这类五轴加工中心的两个旋转轴安装在主轴上，分别是旋转 B 轴和 C 轴或是旋转 A 轴和 C 轴这两种形式，此类五轴加工中心比较适合重载。如图 2.1.11 所示为主轴安装两个旋转轴 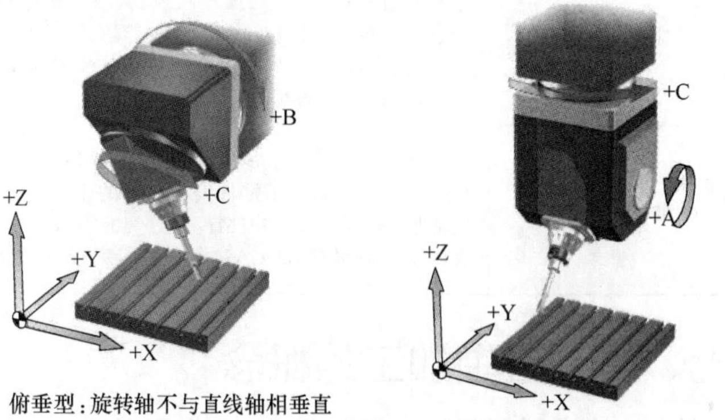 俯垂型：旋转轴不与直线轴相垂直 图 2.1.11　主轴安装两个旋转轴
3	主轴和工作台各安装一个旋转轴	这种五轴加工中心在市场上并不多见，只是特殊的复杂形状零件才会使用到这类五轴加工中心。此类五轴加工中心分别在工作台和主轴上各安装一个旋转轴，这两个旋转轴分别是 A 轴和 C 轴。此类五轴加工中心可安装较大的工件，主轴对工件摇摆加工方向很灵活。如图 2.1.12 所示为主轴和工作台各安装一个旋转轴 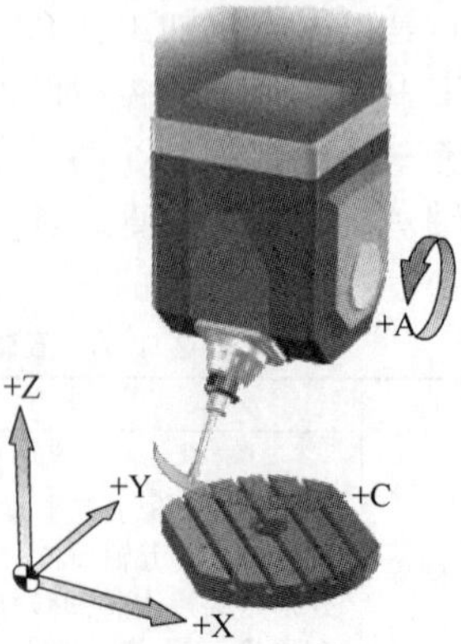 图 2.1.12　主轴和工作台各安装一个旋转轴

八、五轴加工的优点

理论上讲，五轴加工是用三个直线轴和两个旋转轴按需求的刀具方向趋近工作区域中的任意一点。相对于传统的三轴加工而言，多轴加工改变了加工模式，增强了加工能力，提高了加工零件的复杂度和精度，解决了许多复杂零件的加工难题。高速和多轴加工技术的结合，使多轴数控铣削加工在很多领域都替代了原先效率很低的复杂零件的电火花加工。

使用五轴联动加工，使得工件的装夹变得容易。加工时无需特殊夹具，降低了夹具的成本，避免了多次装夹，提高了工件加工精度。另外，由于五轴联动机床可在加工中省去许多特殊刀具，所以降低了刀具成本。五轴联动机床在加工中能增加刀具的有效切削刃长度，减小切削力，提高刀具寿命，降低成本。

在表 2.1.8 所列几种零件的加工中应用五轴加工最能体现五轴加工的优点。

表 2.1.8　五轴加工的优点

序号	优　　点	详细描述
1	顶部干涉零件的加工	加工整体叶轮(图 2.1.13)、空间管道、圆柱凸轮等零件时，由于其结构复杂，部分加工区域应用三轴加工会发生刀具与叶片的干涉，而使用五轴加工可以将刀轴矢量作倾斜，从而一次性加工出整体叶轮，并且可以保证很高的加工精度 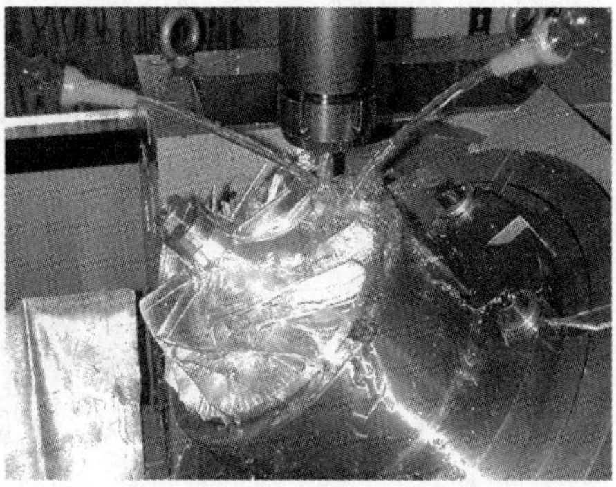 图 2.1.13　加工整体叶轮
2	大型深槽零件的加工	使用五轴加工机床，可以用更短的刀具伸长加工陡峭侧面，如图 2.1.14 所示。较短的刀具伸长可以保证刀具的刚性，提高切削的稳定性，提高加工的表面质量和效率  图 2.1.14　刀具伸长加工陡峭侧面
3	复杂结构零件的加工	模具上的斜顶、滑块和电极的加工均属于复杂结构零件的加工。如图 2.1.15 所示零件，零件有多个面均需要加工，使用传统三轴机床加工，将需要对各个面分别装夹加工；而使用五轴加工，可以一次装夹完成三轴加工多次装夹才能完成的加工内容，即五轴加工提高了加工精度，并大幅度缩短了加工时间

续表

序号	优　　点	详细描述
3	复杂结构零件的加工	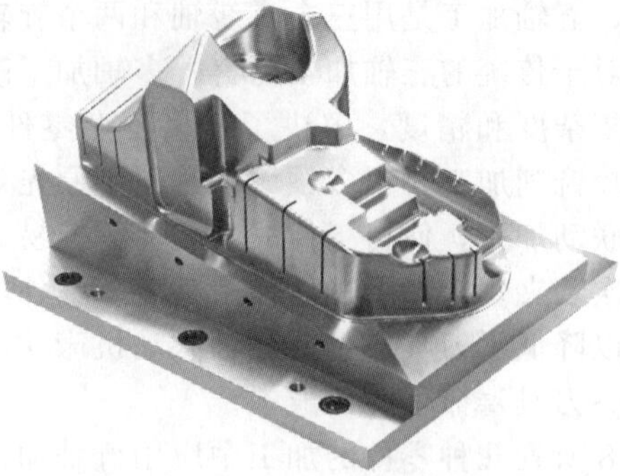 图 2.1.15　复杂结构零件的加工
4	模具的清角加工	加工分型面比较复杂的模具时，其清角加工是一大难题，需要很长的电加工与手工修整才能完成，甚至要将模具做成多个镶块组合。五轴加工和高速加工结合后，可以直接加工模具清角，如图 2.1.16 所示，从而改变模具的零部件和制造工艺，大大缩短模具制造周期  图 2.1.16　模具的清角加工
5	侧面倾斜的零件加工	使用五轴加工时，可把点接触改为线接触从而提高加工质量，如图 2.1.17 所示，调整刀具倾角与零件的直纹面或斜平面相对应，可充分利用刀具侧刃和平刀底面进行加工，加工效率和质量更高  图 2.1.17　侧面倾斜的零件加工

续表

序号	优　　点	详细描述
6	复杂曲面的精密光顺加工	利用球头刀加工时，倾斜刀具轴线后可以避开刀具中心旋转速度为“0”而产生的不良表面，提高了加工质量和切削效率。如图 2.1.18 复杂曲面的精密光顺加工 图 2.1.18　复杂曲面的精密光顺加工

第二节　高速加工机床

一、高速加工机床的结构要求

高速加工中心是最典型的高速数控加工设备，它可以满足不同结构零件的加工需求，并且相对于普通机床而言，其速度更高、精度更高、加工适应性更高，因而对高速加工机床的主机结构的基本要求更高，表 2.2.1 详细描述了高速加工机床的主机结构的基本要求。

表 2.2.1　高速加工机床的主机结构的基本要求

序号	高速加工机床的主机结构的基本要求
1	机床结构要有优良的静、动态特性和热态特性
2	主轴单元能够提供高转速、大功率、大转矩
3	进给单元能够提供大进给量
4	主轴和进给单元都能够提供高的加(减)速度
5	高速 CNC 控制系统不仅运算速度快，且能有效地控制误差
6	用于支持高速的辅助装置，如冷却润滑系统、安全防护装置、快速换刀装置等

二、高速加工中心的类型

高速加工中心按结构类型，分为高速卧式加工中心、高速立式加工中心、高速龙门加工中心与高速虚拟轴加工中心。表 2.2.2 详细描述了高速加工中心的类型。

表 2.2.2　高速加工中心的类型

序号	分类	详细描述
1	高速卧式加工中心	高速卧式加工中心与普通卧式加工中心相同的部分有：其刀具主轴水平设置，通常带有回转工作台，具有 3～5 个运动坐标，适宜加工箱体类零件，一次装夹可对工件的多个面进行加工。不同的是高速卧式加工中心除了主轴采用电主轴外，在结构上也有多种改变，以适应高速进给和高的加(减)速度的要求。 高速卧式加工中心大多采用新设计的立柱移动式结构，由于立柱移动式加工中心立柱本身是一种悬臂梁结构，切削力产生的颠覆力矩将使立柱产生变形和位移，影响机床的精度，所以立柱一般设计得较重，当驱动立柱移动时，较高的立柱将因头重脚轻而不适合较高的速度和加速度，因此高速移动的立柱一般不宜太高因而影响上下移动的行程。为了减小切削力产生的颠覆力矩，机床设计时常把立柱的后导轨加高，与前导轨不在一个平面上，但是后导轨因空间限制不能提得太高，太高将与主轴电动机相干涉。

续表

序号	分类	详 细 描 述
1	高速卧式加工中心	当把后导轨提到立柱上端的问题解决后，就产生了框架式结构，即原来的立柱变成了有着上下导轨的滑架。加上前面支承主轴滑枕的框架合在一起形成了“箱中箱”结构。其上下两个导轨支承的滑架就相当于动柱式机床的立柱，这样这个立柱就由悬臂梁结构变成具有两端支承的简支梁结构。简支梁的最大变形点在中间，同等条件下，它的最大变形仅有悬臂梁的1/16。滑架就可以在不影响刚性的情况下做得比较轻，为高速度和高加速度提供了条件。图2.2.1所示为高速卧式加工中心的“箱中箱”结构。“箱中箱”结构的特点是采用框架式的箱形结构，将一个移动部件嵌入另一个部件的框架箱中，达到提高刚度，减轻移动部件质量的目的，可以适应60m/min以上快速移动和进给的要求。“箱中箱”结构通常采用双丝杠同步驱动，把Z轴和Y轴的运动组件配置在两根滚珠丝杠之间，形成一个理想的却是虚拟的重心，但能产生与实际的驱动力通过重心完全相同的效果。这极好地抑制了各轴进行驱动时产生的振动和弯曲，即使运动组件在进行高速运动时，重心也不会发生变化，从而实现了稳定驱动  图2.2.1　高速卧式加工中心的“箱中箱”式结构
2	高速立式加工中心	立式数控机床是传统的数控加工中心最主要的结构形式。图2.2.2所示为一典型的高速立式加工中心的结构。其特点是刀具主轴垂直设置，能完成铣削、镗削、钻削等多工序加工，其加工适应性较好。 传统的立式加工中心布局是定立柱十字工作台，即X、Y方向由工作台移动，而Z方向由主轴箱在立柱上移动，刀库在立柱一侧。立式的高速加工中心要求速度加快后，由于工作台的质量较大，不易实现高速移动，特别是严重影响加速度，因而立式的高速加工中心通常采用的方式是将其中的一个轴保留由工作台移动，而其他两个轴进给集中在立柱上方。如图2.2.2所示，将X轴导轨置于立柱上方，Z轴导轨置于X轴滑板上。机床结构设计时保证了X、Y、Z轴均无悬臂现象，从而保证了机床在全程内都有良好的加工精度。导轨和机床设计成一体铸件，保证了机床良好的刚性和超高的精度  图2.2.2　高速立式加工中心

续表

序号	分类	详细描述
2	高速立式加工中心	高速立式加工中心可以采用定梁顶置滑枕式，如图2.2.3所示。这种布局结构的优点是：床身、立柱分体，且主要构件均呈箱形结构，加工中不易变形，加工工艺性好；结合面较大，基础稳固，主轴悬伸小，整体结构刚度高；左右完全对称式设计，主轴的X向热平衡较好；Y向悬伸小，热变形影响小；X、Y、Z轴移动部件质量轻，加速性好；构件结构稳固易于保证导轨运动精度，精度稳定性好。滑座采用顶置式结构，其特点为高刚性轻型设计，使运动单元灵活，适应高速要求。滑座沿立柱导轨作X向运动，加长导轨支承长度，运动时滑座始终不离开导轨，易保证直线度、定位精度和加工精度。工作台只作单方向（Y向）移动，与十字工作台结构相比，其移动部件质量轻，且承重大。工作台沿导轨方向运动，结构刚性好，运动精度高，避免了传统机床工作台移动到两端后直线度降低或超差的问题。扁长的主轴箱结构，使主轴重心尽量靠近X向导轨，主轴中心与导轨距离比传统机床减少近一半，这样主轴悬伸小，受弯矩小。另外导轨安装在主轴箱上，滑块在滑座上，大大增强了Z向刚性，提高了加工精度和运动稳定性，以及定位精度。 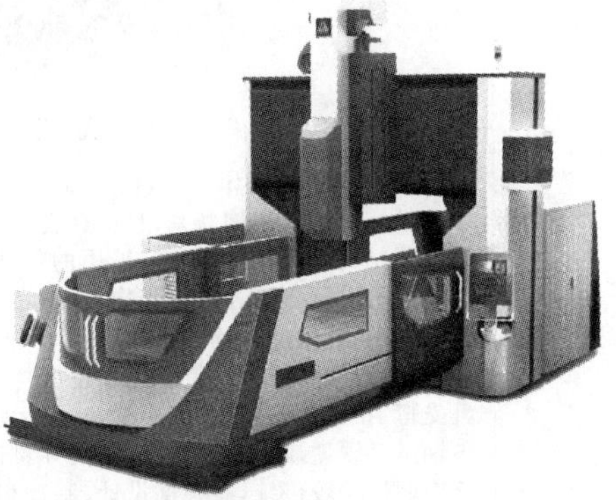 图2.2.3　定梁顶置滑枕式高速立式加工中心 高速加工中心的刀库和换刀装置因安装在工作台的一侧，由立柱快速移动到换刀位置进行换刀，这样可以减轻移动立柱的总体质量
3	高速龙门加工中心	高速龙门加工中心的外形与龙门铣床相似，如图2.2.4所示。高速龙门加工中心的主轴垂直设置，并且安装在可移动的桥式横梁上，由工作台的移动或者支承横梁的移动实现X轴的移动，而主轴箱在横梁上移动实现Y轴的移动，主轴在立柱箱内移动实现Z轴的移动。龙门式高速加工中心可以做成大型或者特大型的机床，可以加工重型零件。龙门式结构相比立柱式结构更容易实现高速运动，并且结构简单，已经成为高速数控加工中心的主流发展方向，不少小型的高速加工中心也采用龙门式结构。 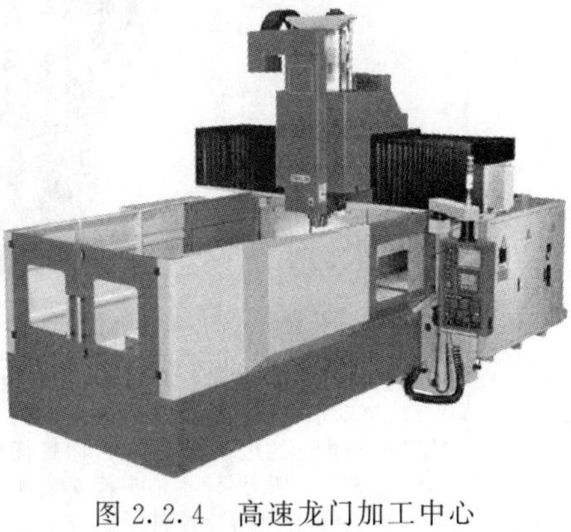 图2.2.4　高速龙门加工中心 当主轴及横梁的结构较大时，其重量也相当大，支承柱也需要有很高的强度，此时整体需要移动的结构部件重量很大，将很难实现高速度与高的加速度。作为改进，采用双墙式结构支承横梁，如图2.2.5所示。横梁在双墙式支承上可以进行快速进给运动

续表

序号	分类	详细描述
3	高速龙门加工中心	图 2.2.5　双墙式结构支承横梁高速龙门加工中心
4	高速虚拟轴加工中心	如同一般加工机床一样，高速加工机床一般都有两个以上，多至五个进给运动轴，这些运动轴间的相互结构联系，目前存在着串联、并联和混联三种形式。 串联结构是传统机床普遍采用的形式，其特点是各运动轴的布局采用笛卡儿直角坐标系，机床床身、立柱、溜板、工作台/转台和主轴箱等部件分别通过相应的导轨支承面串联在一起的，各轴运动均可独立进行。由于是串联，各运动部件的重量往往都较大，且不一致，需特殊调整方可保持各轴加速度特性的一致性；进给系统的结构件不仅受拉、压力，而且受弯、扭力矩的作用，变形复杂，后运动部件受到先运动部件的牵动和加速，加工误差由各轴运动误差线性叠加而成，且受导轨精度的影响等，这些都是串联结构的缺点。然而由于串联结构较传统，有长期设计、制造和应用的经验，技术较成熟，故迄今仍为大多数高速加工机床所采用。但串联结构中还有着不同的各运动轴的相互组合配置方式，其所获得的应用效果是不一样的，设计时应以高速加工的特点及其对机床结构设计的要求出发来确定。 并联结构的典型代表是stewart平台式虚拟轴机床，如图2.2.6所示。  图 2.2.6　stewart平台式虚拟轴机床 它的特点是运动部件是一个由伺服电动机分别控制六根可自由伸缩的杆子所支承的动平台，该动平台可同时作六个自由度的运动，但没有像串联结构那样的物理上固定的X、Y、Z轴和相应的运动支承导轨，而且任何一轴运动都必须由六根可自由伸缩的杆协同运动来完成。一般刀具/主轴头就安装在该动平台上，工件则固定在机床的机架上，此外就不再有溜板、导轨等支承件了。 与传统串联结构的机床相比，并联结构形式的机床主要有如下优点： ①运动部件重量轻，惯量小，更有利于实现进给运动高的速度和加速度。 ②刀具主轴头可同时实现五轴联动，结构简单，且主要的六根可自由伸缩杆具有相同的结构和驱动方式，便于模块化、标准化和系列化生产。

续表

序号	分类	详细描述
4	高速虚拟轴加工中心	③自由伸缩杆的两端分别由球铰和胡克铰与相关件连接，使杆子只受拉、压力，不受弯扭力作用，刚度高，并易于通过预加载荷来提高整个进给系统的综合刚度。 ④ 理论精度高，因为它不像串联结构那样，各轴运动误差有可能被累积和放大，故并联结构进给运动的综合误差一般不会大于六根可自由伸缩杆运动误差的平均值。 并联结构机床的缺点是： ①在同一台机床上，其进给的行程随着各自由伸缩杆的伸出长度和动平台的位姿角变化而变化，故由行程所决定的可加工空间是非规则形，不方便应用。 ②因受球铰和胡克铰转角的限制，带主轴头的动平台所能倾斜的角度较小(一般只有±40°)，从而影响了机床的可加工范围。 ③运动编程较复杂，而且在任一轴向上的简单直线运动，也要有六根可自由伸缩杆的协调运动才能完成。 由于有这些问题的存在，目前并联结构的应用尚不十分广泛，还有待进一步的研究和发展

三、电主轴

1. 电主轴概述

高速数控机床要求主轴高速工作时，尽量扩大主轴恒功率的工作范围，缩短主轴的加速时间、减速时间和定位时间，实现高速、高精度控制。另外，高速数控机床要求主轴的刚度要高、转速波动要小、发热量要小、定位精度要高、稳定性要好。为了达到上述要求，理论上电动机与主轴之间的连接不能有任何机械传动机构（如齿轮传动、带传动等），只能采用电动机与主轴直接连接驱动的方式，从而把机床主传动链的长度缩短为零，实现了机床的“零传动”。这种主轴电动机与机床主轴“合二为一”的传动结构形式，通常简称为“电主轴”。

电主轴将电动机的转子和主轴集成为一个整体，中空的、直径较大的转子轴同时也是机床的主轴，并具备足够的空间容纳刀具夹紧机构，成为一种结构复杂、功能集成的机电一体化的功能部件。

图 2.2.7 所示为电主轴的结构示意图，电主轴采用无壳电动机，由内装变频电动机直接驱动，将其空心转子用压配合的形式直接装在机床主轴上，内置有脉冲编码器，以实现准确的相位控制。电动机定子带有冷却套，主轴轴承带有冷却和润滑装置。

电主轴最早是用在磨床上，后来才发展到加工中心。现在的机械加工工艺要求主轴的转速越来越高，高转速也越来越成为衡量一个产品水平的标志，成为商家竞争的焦点，谁先采用了更高转速的主轴，谁便在激烈的竞争中拥有了一张硬牌。各机床厂家通常选择由专业厂家生产的高质量的电主轴取代自己生产的传统主轴，主要有瑞士的 Fisher、IBAG，德国的 GMN 等。IBAG 公司提供几乎任何转速、转矩、功率、尺寸的电主轴，产品范围很宽，其电主轴最大转速可达 140000r/min，直径范围为 33～300mm，功率范围为 125W～80kW，转矩范围为 0.02～300N·m。图 2.2.8 所示为瑞士的 IBAG 电主轴。

图 2.2.7　电主轴的结构示意图

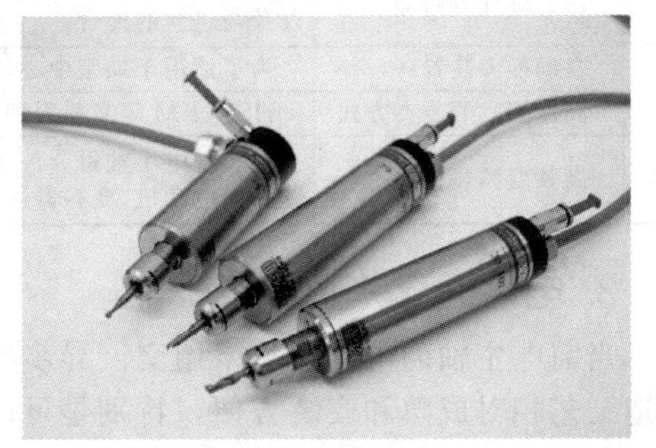

图 2.2.8　瑞士的 IBAG 电主轴

2. 电主轴的结构组成技术

电主轴不能简单理解为只是一根光主轴套筒，它是高速加工的核心部件，是一个完整的系统，主要由主轴、轴承、内装式电动机、刀具夹持装置、传感器及反馈装置、冷却和润滑装置等部分组成。图 2.2.9 所示为电主轴结构和系统组成示意图。

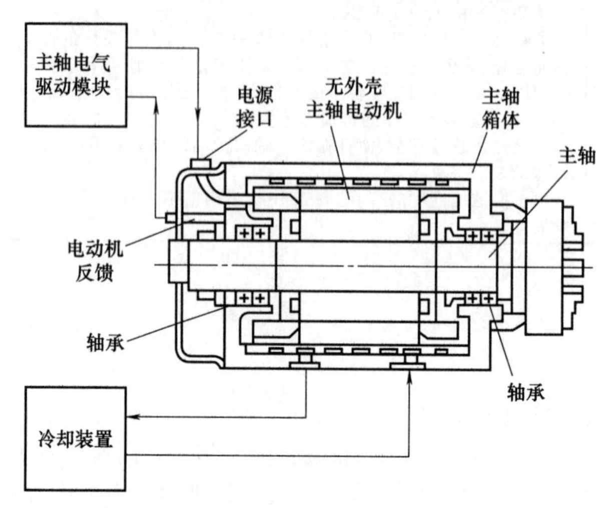

图 2.2.9 电主轴结构和系统组成示意图

电主轴与传统带传动和齿轮传动机构相比，它具有结构紧凑、重量轻、惯性小、响应性能好，并可避免振动和噪声的干扰，精度高（径向圆跳动可达 2μm，轴向圆跳动可达 1μm）等特点，是高速主轴单元的理想结构。

电主轴所融合的技术见表 2.2.3。

表 2.2.3 电主轴所融合的技术

序号	电主轴融合技术	详细描述
1	高速轴承技术	电主轴通常采用复合陶瓷轴承，耐磨耐热，寿命是传统轴承的几倍；也有的采用电磁悬浮轴承，或静压轴承，内外圈不接触，理论上寿命无限长
2	高速电动机技术	电主轴是电动机与主轴融合在一起的产物，电动机的转子即为主轴的旋转部分，理论上可以把电主轴看作一台高速电动机，其关键技术是高速度下的动平衡
3	润滑技术	电主轴的润滑一般采用定时、定量油气润滑；也可以采用润滑脂润滑，但相应的速度要打折扣。所谓定时，就是每隔一定的时间间隔注一次油；所谓定量，就是通过一个定量阀的器件，精确地控制每次润滑油的注油量。而油气润滑，指的是润滑油在压缩空气的携带下，被吹入陶瓷轴承。油量控制很重要，太少，起不到润滑作用；太多，在轴承高速旋转时会因油的阻力而发热
4	冷却装置	为了尽快给高速运行的电主轴散热，通常对电主轴的外壁通以循环冷却剂，冷却装置的作用是保持冷却剂的温度
5	内置脉冲编码器	为了实现自动换刀以及刚性攻螺纹，电主轴内置一脉冲编码器，以实现准确的相位控制以及与进给的配合
6	自动换刀装置	为了适用于加工中心，电主轴配备了能进行自动换刀的装置，包括碟形弹簧、拉刀油缸
7	高速刀具的装夹方式	HSK、KM 等高速刀柄
8	高频变频装置	要实现电主轴每分钟几万甚至十几万转的转速，必须用高频变频装置来驱动电主轴的内置高速电动机，变频器的输出频率甚至需要达到几千赫兹

3. 电动机及其驱动

当前电主轴的电动机均采用交流异步感应电动机，异步型电主轴的优点是结构较简单，制造工艺相对成熟和安装方便，特别是可以更大限度地减弱磁场，易于实现高速化。交流异步感应电动机有两种驱动和控制方式，见表 2.2.4。

表 2.2.4　电主轴交流异步感应电动机的驱动和控制方式

序号	驱动和控制方式	详细描述
1	普通变频器驱动和控制	IBAG 公司的 HFK90s 型普通变频器为标量驱动和控制，其驱动控制特性为恒转矩驱动，输出功率和转速成正比。其转矩和功率分别与转速的关系如图 2.2.10 和图 2.2.11 所示。 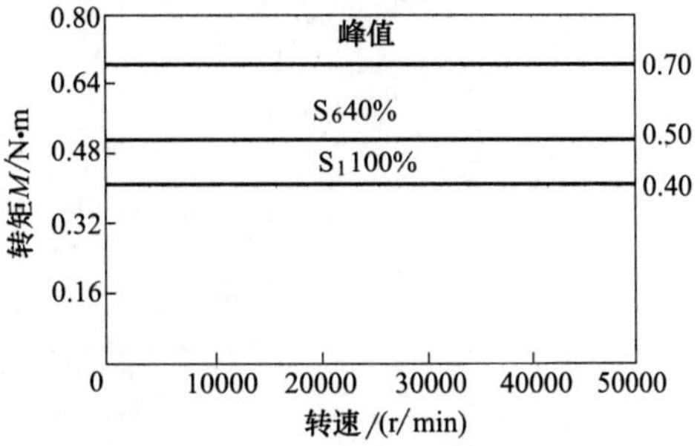 峰值 0.70　$S_6$40% 0.50　$S_1$100% 0.40 转矩 M/N·m：0.80 0.64 0.48 0.32 0.16 0 10000 20000 30000 40000 50000 转速/(r/min) 图 2.2.10　转矩与转速的关系 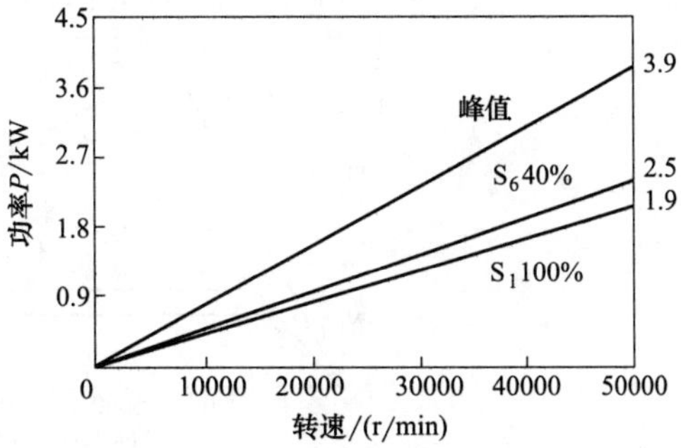 峰值 3.9　$S_6$40% 2.5　$S_1$100% 1.9 功率 P/kW：4.5 3.6 2.7 1.8 0.9 0 10000 20000 30000 40000 50000 转速/(r/min) 图 2.2.11　功率与转速的关系 这类驱动器在低速时输出功率不够稳定，不能满足低速大转矩的要求，也不具备主轴定向停止和 C 轴功能，但价格便宜。一般应用于主要在高速端工作的电主轴，如磨削、小孔钻削、雕刻铣和普通高速加工中心的电主轴。 近来出现了采用电压/频率≠常数控制策略的新型变频器，使得电动机在计算转速以上可以实现恒功率驱动；在计算转速以下，随着转速的升高，转矩由零迅速达到恒转矩驱动，如图 2.2.12 所示，改善了驱动的品质 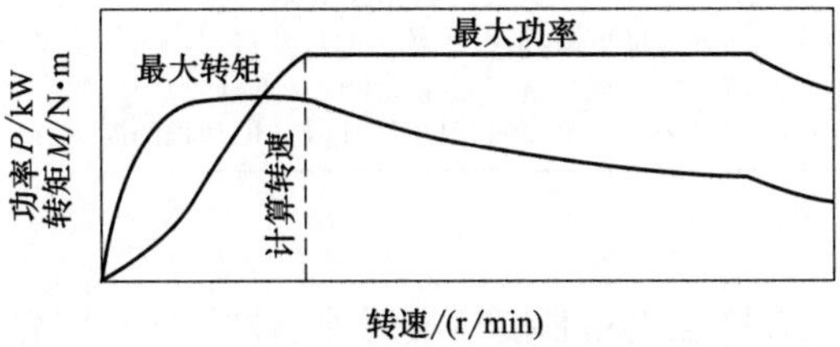 最大功率　最大转矩　计算转速 功率 P/kW　转矩 M/N·m 转速/(r/min) 图 2.2.12　新型变频器转矩、功率与转速曲线
2	矢量控制驱动器的驱动和控制	矢量控制驱动器的驱动和控制的特性为：在低速端为恒转矩驱动，在中、高速端为恒功率驱动，某型号电主轴的转矩和功率分别与转速的关系如图 2.2.13 和图 2.2.14 所示。 有的矢量控制驱动器在高速端或最高速端的功率和转矩均略有下降的特性，从上述矢量控制的转矩与转速关系图中可以看出，矢量控制驱动器在刚启动时仍具有很大的转矩值。再加上电主轴的转动惯量很小，这就可以保证实现启动时瞬时达到最高速。这种驱动器又有开环和闭环两种，后者在主轴上装有位置传感器，可以实现位置和速度的反馈，不仅具有更好的动态性能，还可以实现主轴定向停止于某一设定位置和 C 轴功能；而前者动态性能稍差，也不具备定向停止和 C 轴功能，但价格较为便宜。以上转矩、功率与转速关系图中，每个图中均有三根曲线，分别为 S_1、S_6 和峰值(PEAK)，这是因为电动机和驱动器均具有允许短时间或瞬时超载的能力。掌握这个特性，可在不同的情况下，最大限度利用电动机和驱动器的工作潜力，以提高经济效益。根据 ISO 定义，S_1 为在电动机 100％运转时间内，负载是连续不变的；而 S_6 为在电动机运转时间内，负载是断续的，即在每个 2min 的周期内，有 60％的时间承受负载，另有 40％的时间为空载，这种电动机运行方式称为 S_6。

续表

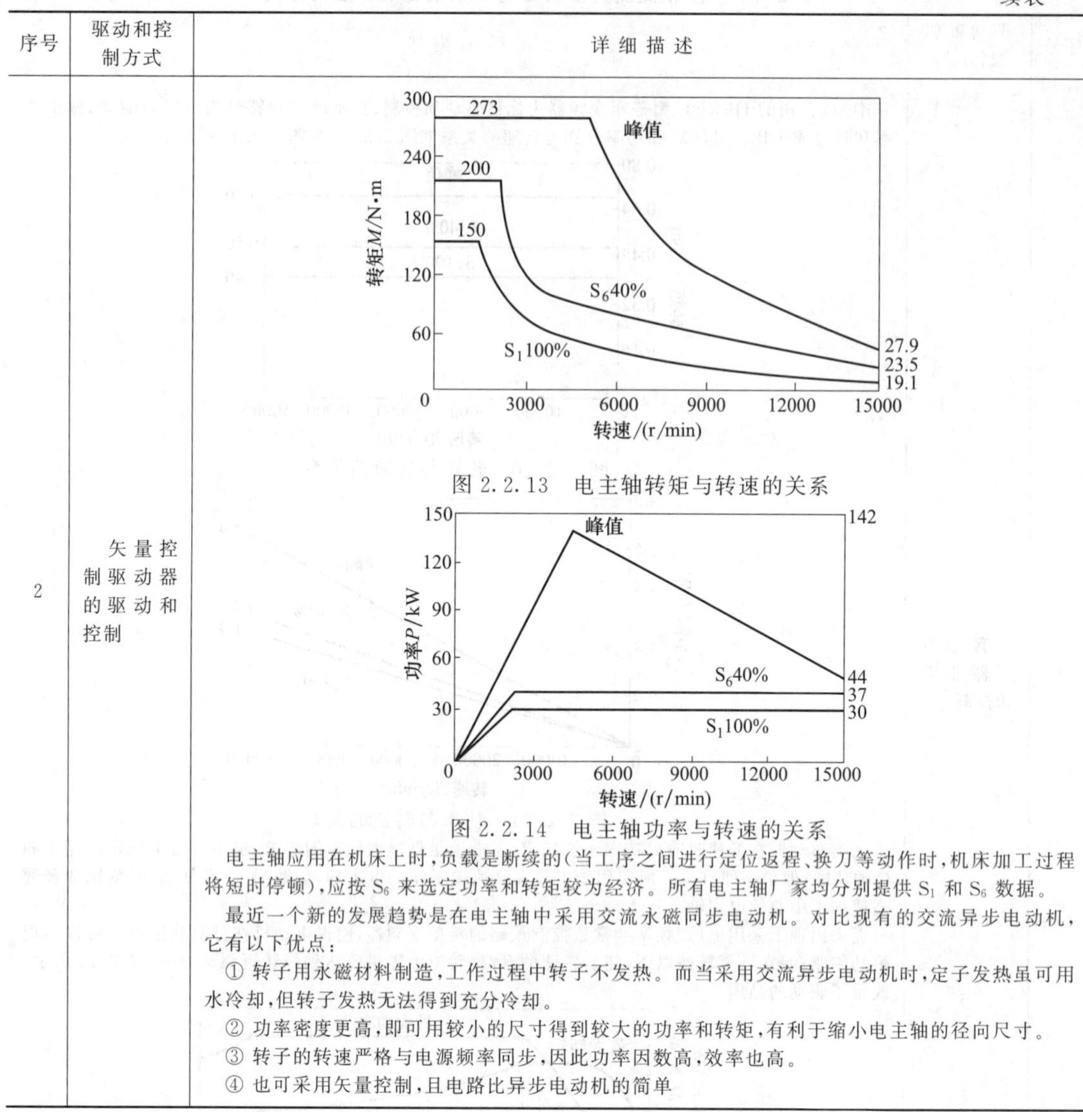

序号	驱动和控制方式	详细描述
2	矢量控制驱动器的驱动和控制	图 2.2.13　电主轴转矩与转速的关系 图 2.2.14　电主轴功率与转速的关系 电主轴应用在机床上时，负载是断续的（当工序之间进行定位返程、换刀等动作时，机床加工过程将短时停顿），应按 S_6 来选定功率和转矩较为经济。所有电主轴厂家均分别提供 S_1 和 S_6 数据。 最近一个新的发展趋势是在电主轴中采用交流永磁同步电动机。对比现有的交流异步电动机，它有以下优点： ① 转子用永磁材料制造，工作过程中转子不发热。而当采用交流异步电动机时，定子发热虽可用水冷却，但转子发热无法得到充分冷却。 ② 功率密度更高，即可用较小的尺寸得到较大的功率和转矩，有利于缩小电主轴的径向尺寸。 ③ 转子的转速严格与电源频率同步，因此功率因数高，效率也高。 ④ 也可采用矢量控制，且电路比异步电动机的简单

4. 轴承

电主轴的轴承有接触式和非接触式两种。接触式有陶瓷球轴承，非接触式有流体静压轴承、磁悬浮轴承和气浮轴承等，见表 2.2.5。

表 2.2.5　电主轴的轴承类型

序号	轴承类型	详细描述
1	接触式陶瓷球轴承	机床高速主轴的性能在一定程度上取决于主轴轴承及其润滑。接触式陶瓷球轴承具有耐温高、转速高、寿命长、绝缘的特点，且其本身具有自润滑性，常用的陶瓷球材料有氧化锆（ZrO_2）和氮化硅（Si_3N_4）；常用的套圈材料有轴承钢（GCr15）和不锈铁（440、440C）及不锈钢。与钢球相比，接触式陶瓷球轴承的优点是： ① 陶瓷球密度减小 60%，可大大降低离心力。 ② 弹性模量比钢高 50%，使轴承具有更高刚度。 ③ 陶瓷摩擦因数低，可减小轴承发热、磨损和功率损失。 ④ 陶瓷耐磨性好，轴承寿命长。 滚动轴承由于刚度好、精度可以制造得较高、承载能力强和结构相对简单，不仅是一般切削机床主轴的首选，也受到高速切削机床的青睐。从高速性的角度看，滚动轴承中角接触球轴承最好，圆柱滚子轴承次之，圆锥滚子轴承最差。

续表

序号	轴承类型	详细描述
1	接触式陶瓷球轴承	角接触球轴承的球(即滚珠)既公转又自转,会产生离心力 F_c 和陀螺力矩 M_g。随着主轴转速的增加,离心力 F_c 和陀螺力矩 M_g 也会急剧加大,使轴承产生很大的接触应力,从而导致轴承摩擦加剧、温升增高、精度下降和寿命缩短。因此,要提高这种轴承的高速性能,就应想方设法抑制其 F_c 和 M_g 的增加。从角接触球轴承 F_c 和 M_g 的计算公式得知,减少球材料的密度、球的直径和球的接触角都有利于减少 F_c 和 M_g,所以现在高速主轴多使用接触角为 15°或 20°的小球径轴承。可是,球径不能减少过多,基本上只能是标准系列球径的 70%,以免削弱轴承的刚度,更关键的还是要在球的材料上寻求改进。 高速电主轴滚动轴承的配置形式有多种,但比较典型的是前、后轴承呈"O"形布局的两对角接触球轴承。图 2.2.15 所示为一种陶瓷轴承高速电主轴实物,图 2.2.16 所示为一种陶瓷轴承高速电主轴结构。  图 2.2.15　陶瓷轴承高速电主轴实物 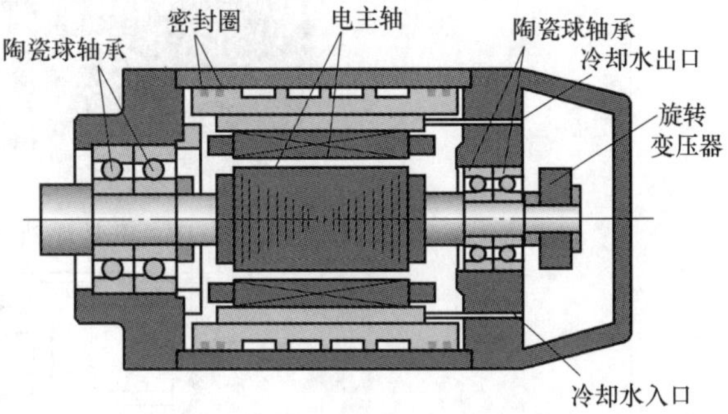 图 2.2.16　陶瓷轴承高速电主轴结构 由于后轴承也是角接触球轴承,一般要设置滚珠套以便让后轴承能沿壳体轴向移动,使得主轴受热后可自由向后方膨胀。一般说来,角接触球轴承需要在轴向有预加载荷才能正常工作,预加载荷越大,轴承的刚度越高,但温升也越大。比较简单的办法是,根据电主轴的转速范围和所要承受的负载,选定一个最佳的固定预加载荷值;更好的办法则是预加载荷能随主轴转速改变而调整,在高转速时减小预加载荷,在低转速时增加预加载荷
2	流体静压轴承	接触式轴承因为存在金属接触,摩擦因数大,其最高转速受到一定限制。高速主轴单元使用非接触式轴承是发展的方向,图 2.2.17 所示为一种流体静压轴承实物。  图 2.2.17　流体静压轴承实物 流体静压轴承有液体静压轴承和气体静压轴承两种,具有磨损小、寿命长、旋转精度高、振动小等优点。

续表

序号	轴承类型	详细描述
2	流体静压轴承	液体静压轴承刚度高、承载能力强，但结构复杂，使用条件苛刻。油静压轴承在高速回转时，油囊内产生紊流，液体摩擦力也随转速增高而增大，会造成大的功率损失和引起严重的发热。若用油作介质，在高速条件下，液面搅动，消耗功率大，温升较高，若用水（加入防锈蚀添加剂）替代油，由于水的黏度远低于油，温升高的难题就迎刃而解。瑞士 IBAG 公司生产的水静压电主轴 170HA40 最高转速可达 40000r/min，其最大的特点是回转精度高，径向圆跳动误差小于 2μm。FISCHER 公司 Hrdro-F 的静压轴承电主轴以水为介质，最高转速 36000r/min，功率达 67kW。 气体静压轴承电主轴的转速可高达 100000r/min，优点是高精度（径向圆跳动误差小于 0.05μm）、高转速和低温升，缺点是承载能力低，在机床上一般只限用于小孔磨削和钻孔。如日本东芝机械公司制造的 ASV40 加工中心采用气浮轴承，主轴转速可达 30000r/min；瑞士 Westwind 公司生产的加工中心采用气浮轴承，主轴转速在其驱动功率为 9.1kW 时达到 55000r/min。我国洛阳轴承研究所生产的用于印制电路板钻孔和小孔磨削的气压轴承电主轴 62ZDS90Q 转速可达 90000r/min，功率只有 0.45kW
3	磁悬浮轴承	磁悬浮轴承是利用电磁力将主轴无机械接触地悬浮起来的一种新型智能化轴承。磁悬浮轴承由转子和定子两部分组成，转子由铁磁材料（如硅钢片）制成，压入回转轴承回转筒中，定子电磁铁绕组通过电流，对转子产生吸力，与转子重量平衡，转子处于悬浮平衡位置。转子受扰动后，偏离其平衡位置。传感器检测出转子位移，并将位移信号送至控制器。控制器将位移信号转换成控制信号，经功率放大器变换为控制电流，改变吸力方向，使转子重新回到平衡位置。图 2.2.18 所示为一种磁悬浮轴承实物截面，磁悬浮轴承的工作原理如图 2.2.19 所示。  图 2.2.18　磁悬浮轴承实物截面 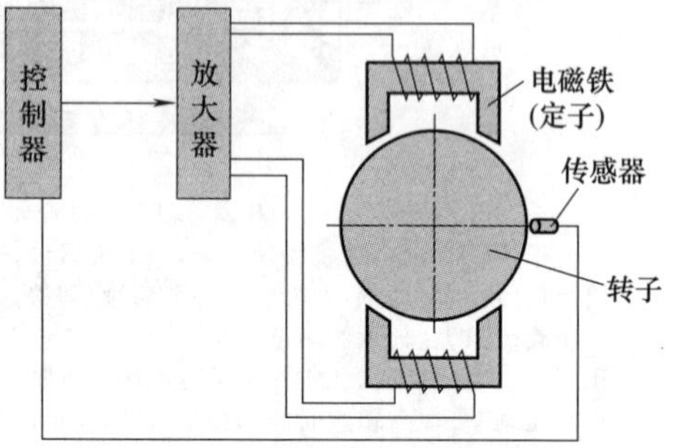 图 2.2.19　磁悬浮轴承的工作原理 图 2.2.20 所示为装有磁悬浮轴承的高速电主轴结构，磁悬浮轴承主轴单元的转子和定子之间的单边间隙为 0.3～1.0mm，未开动以前，主轴由左右两端的“辅助轴承”支承，其间隙小于磁悬浮轴承的间隙，用以防止磁悬浮轴承在电磁系统失灵时发生故障。工作时，转子的位置用高灵敏度的传感器不断进行检测，其信号传给 PID（比例-积分-微分）控制器，以每秒 10000 次左右的运算速度对数据进行分析和处理，算出用于校正转子位置所需的电流值，经功率放大后，输入定子电磁铁，改变电磁力，从而始终保持转子（主轴）的正确位置。 由于无机械接触，磁悬浮轴承不存在机械摩擦与磨损，寿命很长。转子线速度可高达 200m/s（极限速度只受硅钢片离心力强度的限制），无需润滑和密封，结构大大简化，能耗很小（仅为滚动轴承的 1/50），无振动、无噪声、温升小、热变形小。可在真空或有腐蚀介质的环境中工作，工作可靠，几乎不用维修。所以其性能优于陶瓷滚动轴承。 由于磁悬浮轴承是用电磁力进行反馈控制的智能型轴承，转子位置能够自律，主轴刚度和阻尼可调。因此当由于负载变化使主轴轴线偏移时，磁悬浮轴承能迅速克服偏移而回到正确位置，实现实时诊断和在线监控，使主轴始终绕惯性轴回转，消除了振动，并可使主轴平稳地越过各阶临界转速，实现超高速运转，回转精度高达 0.2μm。 装有磁悬浮轴承的主轴可以适应控制，通过监测定子线圈的电流，灵敏地控制切削力，通过检测切削力微小变化控制机械运动，以提高加工质量。因此，磁悬浮轴承主轴单元特别适用于高速、超高速数控精密加工。

续表

序号	轴承类型	详细描述
3	磁悬浮轴承	磁悬浮轴承必须根据具体机床专门设计，单独生产，标准化程度低，价格昂贵，控制系统复杂，维护保养困难。德国 Huller-Hille 生产的加工中心主轴单元，采用磁悬浮轴承，在主轴驱动功率为 12kW 时，其转速能达到 60000r/min。德国 GMN 公司、瑞士 IBAG 公司、法国 S2M 公司等均已有成熟磁悬浮轴承电主轴供应。我国洛阳轴承研究所也已向用户提供轴向为磁力轴承的电主轴 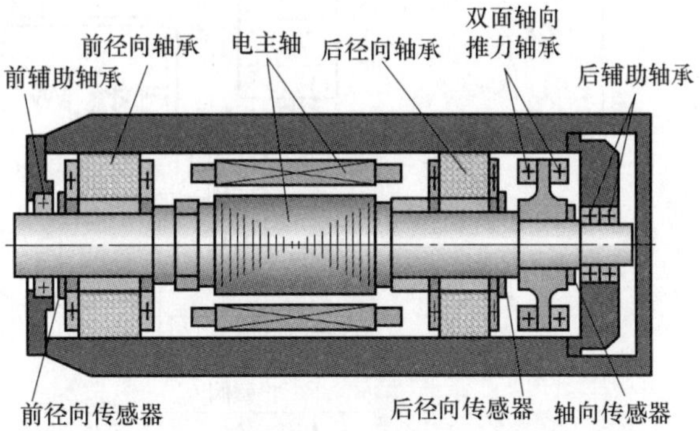 图 2.2.20　装有磁悬浮轴承的高速电主轴结构

5. 润滑

滚动轴承在高速回转时，正确的润滑极为重要，稍有不慎，将会造成轴承因过热而烧坏。当前电主轴主要有喷射润滑与油气润滑两种润滑方式，见表 2.2.6。

表 2.2.6　电主轴润滑方式

序号	润滑方式	详细描述
1	喷射润滑	喷射润滑是通过轴承圈和保持架中心之间的一个或几个口径为 0.5～1mm 的喷嘴，以一定的压力，将流量大于 500mL/min 的润滑油喷射到轴承上，使之穿过轴承内部，经轴承的另一端流入油槽，达到对轴承润滑和冷却的目的。当轴承高速旋转时，滚动体和保持架也以相当高的速度旋转，并使其周围空气形成气流，采用传统的润滑方法很难将润滑油输入到轴承中。这就必须要用高压喷射的方法，才能将润滑油送到预定的区域。喷射润滑通常用于 DN 系数(直径转数积)大于 1000000mm·r/min 并承受重载荷的轴承。图 2.2.21 所示为其润滑系统原理。 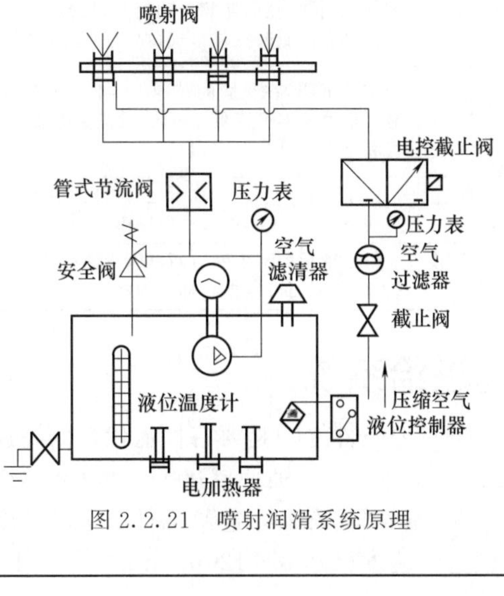 图 2.2.21　喷射润滑系统原理

续表

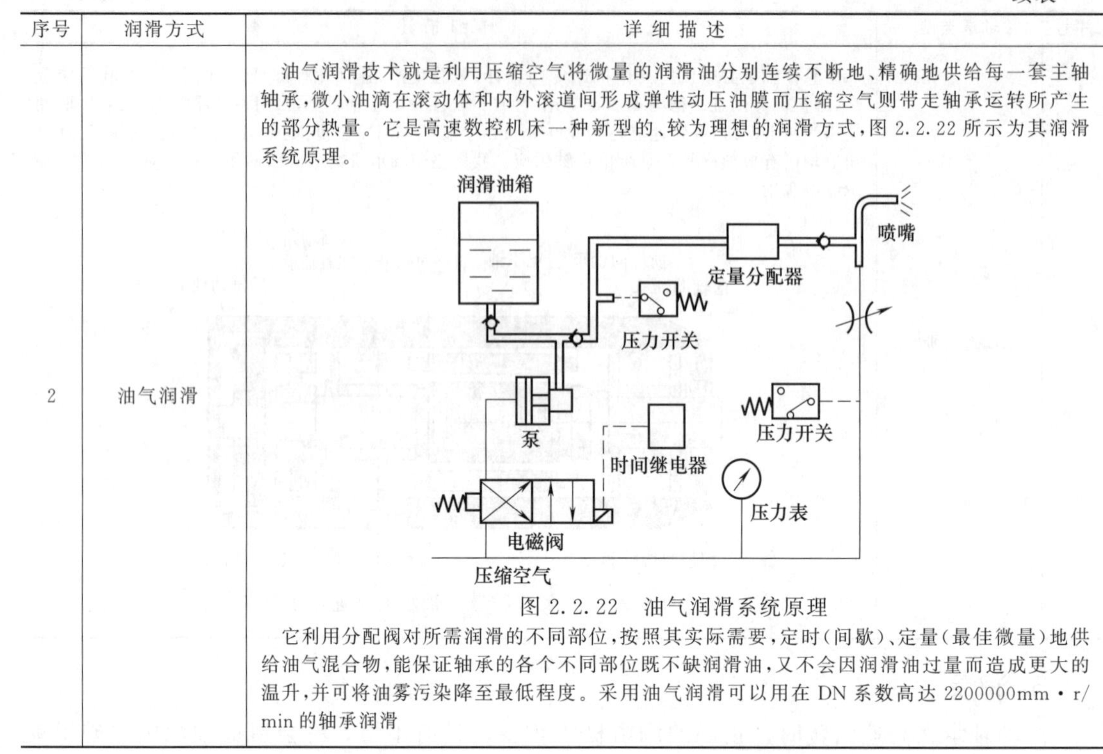

序号	润滑方式	详细描述
2	油气润滑	油气润滑技术就是利用压缩空气将微量的润滑油分别连续不断地、精确地供给每一套主轴轴承，微小油滴在滚动体和内外滚道间形成弹性动压油膜而压缩空气则带走轴承运转所产生的部分热量。它是高速数控机床一种新型的、较为理想的润滑方式，图 2.2.22 所示为其润滑系统原理。 图 2.2.22 油气润滑系统原理 它利用分配阀对所需润滑的不同部位，按照其实际需要，定时(间歇)、定量(最佳微量)地供给油气混合物，能保证轴承的各个不同部位既不缺润滑油，又不会因润滑油过量而造成更大的温升，并可将油雾污染降至最低程度。采用油气润滑可以用在 DN 系数高达 2200000mm·r/min 的轴承润滑

油气润滑系统克服了油雾润滑及油脂润滑的缺点，具有众多的优点，见表 2.2.7。

表 2.2.7 油气润滑系统的优点

序号	油气润滑系统优点	详细描述
1	节约润滑剂	可以根据实际需要选择润滑点数和各润滑点所需要的油量，并节约润滑剂。因为油雾可以任意扩散，几乎不可能对单个轴承定量供油，油脂润滑的一次加脂根本谈不上定量供应，而油气润滑的油则以微滴形式进入轴承，所以润滑点数可以在油路设计时任意控制，各润滑点的油量可以通过油气装置定时、定量单独供应，这样就易于实现按需供应，避免浪费，因而油的用量只占油雾润滑的 1/10
2	润滑剂保持新鲜	油气润滑可保持轴承承载部位的摩擦点总有新鲜的润滑剂。而油脂润滑的油脂有一定的使用周期，在前期润滑油较多，易搅动发热，到后期则不足，不能形成良好的润滑条件，由于补充油脂时操作繁琐，在实际应用中大多是一次性加脂直到轴承更换为止
3	油气润滑可使轴承温升减小	试验证明，在相同的转速下，同一型号、同样工况的主轴轴承使用油气润滑可以比用油雾润滑外圈温升降低 9～16℃；若保持轴承外圈温升相同，则油气润滑可使轴承速度因数提高 25%以上
4	油气润滑对环境无污染或少污染	由于“油＋气”通过轴承之后排出的基本是压缩空气，本身不含油或含油量极少，较之油雾润滑，更利于操作人员的健康
5	提高轴承的使用寿命	由于轴承内部不断有新鲜润滑油补充和新鲜空气流出，外来杂质很难进入，内部污物也易排出，因而可以提高轴承的使用寿命

四、高速进给系统

实现高速加工的首要条件之一是要有性能优良的高速机床。目前高速加工机床的最高转速已达 60000～100000r/min，主轴功率达 15～80kW。而为保证每齿进给量不变，确保零件的加工精度、表面质量和刀具寿命，进给部件的运动速度也必须相应提高 5～10 倍，目前机床快速运动和切削进给速度已达 3～120m/min。在加工过程中，机床的工作行程一般只有几毫米到几百毫米，在这样短的行程中要实现稳定的高速加工，除了要有高的进给速度外，还要求进给系统有很高的加（减）速度，其范围高达（1～10）g，以尽量缩短启动、变速、停止的过渡时间，实现平稳的高速切削。

高速进给系统是高速加工机床极其重要的组成部分，对它的设计要求，首先应当是能提供高速切削时所要求的高的进给/快移速度和加减速度；其次是应具有所要求的调速宽度和轨迹跟踪精度；同时还应有很好承受动、静载荷的能力和刚度，从而保证高速加工应有的效率和质量。

目前广为应用的高速进给运动的传动方式主要有两种：一种是回转伺服电动机通过滚珠丝杠的间接传动；另一种是采用直线电动机直接驱动。

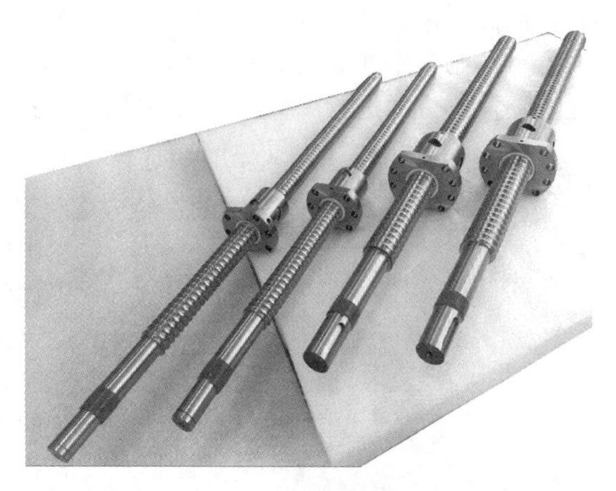

图 2.2.23　滚珠丝杠

1. 滚珠丝杠传动的进给系统

数控机床进给系统主要采用"旋转电动机+滚珠丝杠"的传动方式。随着高速加工技术的不断发展，这种传动方式的许多弊端也逐渐表现出来。图 2.2.23 所示为常用的滚珠丝杠，表 2.2.8 详细描述了滚珠丝杠传动的进给系统的缺点。

表 2.2.8　滚珠丝杠传动的进给系统的缺点

序号	滚珠丝杠传动的进给系统的缺点详细描述
1	电动机输出的旋转运动需经过联轴器、滚珠丝杠、螺母等一系列中间传动和变换环节，变为溜板和刀具的直线运动。由于中间传动环节的存在，使得传动系统的刚度降低，启动和制动初期的能耗都用在克服中间环节的弹性变形上。尤其细长的滚珠丝杠是刚度的薄弱环节，其弹性变形可使系统的阶次变高，鲁棒性降低，性能下降。滚珠丝杠弹性变形是数控机床产生机械谐振的主要根源
2	中间传动环节增加了运动体的惯量，在不增加系统放大倍数的情况下，系统的速度、位移响应变慢，而放大系数的增大又受系统稳定性的限制，过大的放大倍数会使系统不稳定
3	由于制造精度的限制，中间传动环节不可避免地存在间隙、摩擦及弹性变形等影响，使系统的非线性误差增加，要进一步提高系统的精度变得很困难

通过滚珠丝杠间接传动方式的优点是技术成熟，结构相对简单，加速度特性受运动部件载荷变化的影响较小，且目前已有许多国内外厂家进行标准化、系列化和模块化的专业化生产。但是普通传动用的滚珠丝杠，由于存在惯量大，导程小，又受到临界转速的限制等，其所能提供的进给/快移速度只有 10～20m/min，加速度为 0.3g，满足不了高速加工的要求，因此，高速加工用的进给滚珠丝杠普遍采取改进措施，见表 2.2.9。

表 2.2.9　高速加工滚珠丝杠的改进措施

序号	高速加工滚珠丝杠的改进措施
1	加大丝杠的导程和增加螺纹的线数，前者为提高丝杠每转的进给量（即进给速度），后者则为弥补丝杠导程增大后所带来的轴向刚度和承载能力的下降
2	将实心丝杠改为空心的，这既是为减少丝杠的重量和惯量，也是为便于对丝杠采取通水内冷，以利于提高丝杠转速，提高进给/快移速度和加速的能力，减少热影响
3	改进回珠器和滚道的设计制造质量，使滚珠的循环更流畅，摩擦损耗更少
4	采用滚珠丝杠固定，螺母与连接在移动部件上的伺服电动机集成在一起完成旋转和移动，从而避开了丝杠受临界转速的限制等

经过采取这些改进措施后，滚珠丝杠传动的进给方式可提供的进给/快移速度达 60～

90m/min，加速度可达1～2g。但是由于受到原理结构的限制，要想进一步提高滚珠丝杠传动的运动速度和加速度就很难了，而且受丝杠的可制造长度限制，滚珠丝杠传动所能提供的运动行程也是有限的。目前日本在用滚珠丝杠实现高速进给方面处于比较领先的地位。MAZAK公司的FJV-20、FJV-25立式加工中心和FFSlO、FF660卧式加工中心系列全部采用自产的高速滚珠丝杠副，后者的快移速度达90m/min、加（减）速度为1.5g、重复精度0.002μm。在高速进给领域中，从性价比、切削时间与空行程时间比、加减速出现的频率、节能和环保等方面进行综合考虑，精密高速滚珠丝杠副仍有一定的发展前景。

2. 直线电动机进给驱动系统

“旋转电动机＋滚珠丝杠”的进给方案受其结构的限制（刚度低、惯量大、非线性严重、加工精度低、传动效率低、结果不紧凑等），采用先进的液压丝杠轴承，其加速度可达1g，进给速度可达40～60m/min。当伺服电动机最高转速一定时，要提高其轴向进给速度，必须降低运动系统的转动惯量和运动质量以及增加丝杠导程，而导程的增加势必导致运动系统的静刚度急剧降低，机床加工精度下降。直线电动机驱动实现了无接触直接驱动方式，无扭曲变形，避免了滚珠丝杠传动中的反向间隙、惯性、摩擦力和刚度不足等缺点，可使得高精度的高速度移动少，具有极好的稳定性。图2.2.24所示为典型的直线电动机进给驱动系统。

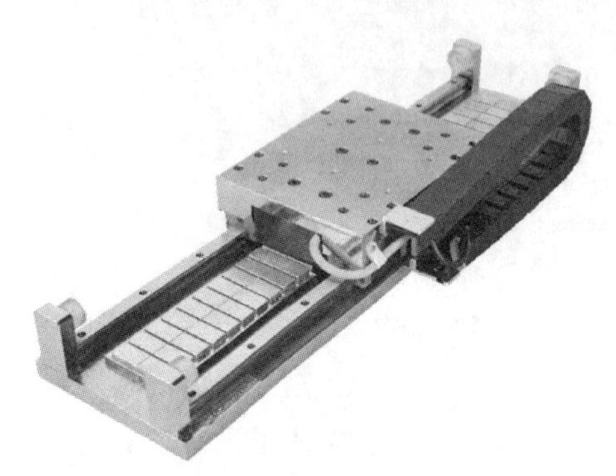

图2.2.24　典型的直线电动机进给驱动系统

1993年，德国Excell-O公司推出了世界上第一个由直线电动机驱动的工作台HSC-240型高速加工中心，机床最高主轴转速达到24000r/min，最大进给速度为60m/min，加速度达到1g，当进给速度为20m/min时，其轮廓精度可达0.004mm。美国的Ingersoll公司紧接着推出了HVM 800型高速加工中心，最高主轴转速为20000r/min，最大进给速度为75.2m/min。

直线电动机是一种将电能直接转换成直线运动的机械能，而不需要任何中间转换机构的传动装置。它可以看成是一台旋转电动机按径向剖开，并展成平面而成，如图2.2.25所示。

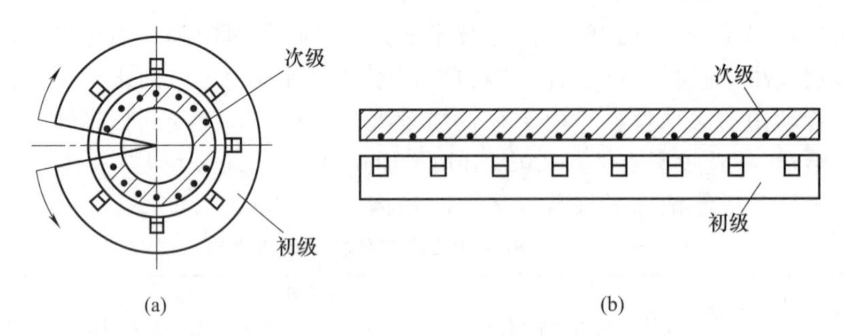

图2.2.25　旋转电动机的展开

直线电动机的工作原理与旋转电动机相似。以直线感应电动机为例：当初级绕组通入交流电源时，便在气隙中产生行波磁场，次级在行波磁场切割下，将感应出电动势并产生电流，该电流与气隙中的磁场相作用就产生电磁推力。如果初级固定，则次级在推力作用下做直线运动，反之，则初级做直线运动。

将直线电动机应用到机床上，如图2.2.26所示。由定子演变而来的一侧称为初级，由转子演变而来的一侧称为次级。在实际应用时，将初级和次级制造成不同的长度，以保证在所需行程范围内初级与次级之间的耦合保持不变。直线电动机可以是短初级、长次级，也可以是长初级、短次级。考虑到制造成本、运行费用，目前一般采用短初级、长次级。

一台采用直线电动机的加工中心内部结构如图 2.2.27 所示，该机床主轴部件沿横梁导轨左右移动，横梁沿立柱导轨上下移动，工作台沿床身导轨前后移动，三个坐标运动皆采用直线电动机。移动速度高达 120m/min，加速度高达 $2g$，机床的动态性能有明显提高。

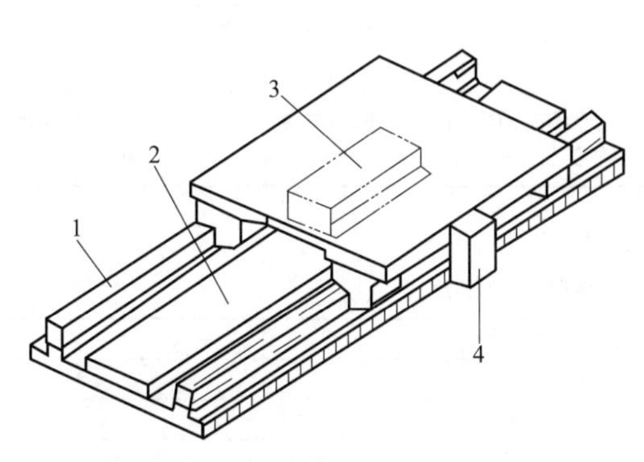

图 2.2.26　直线电动机的应用

1—导轨；2—次级；3—初级；4—位置传感器

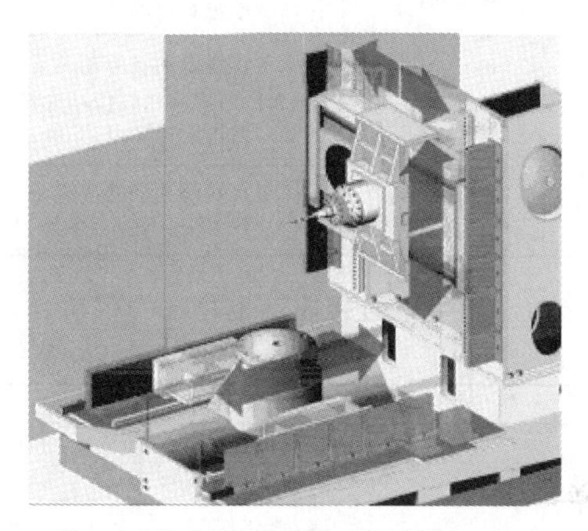

图 2.2.27　采用直线电动机的加工中心

在效率、精度和实用性方面，机床制造达到了应用传统滚珠丝杠所无法达到的水平。表 2.2.10 列出了直线电动机高速进给单元与滚珠丝杠进给系统的性能比较，而表 2.2.11 列出了使用直线电动机进给单元前后机床性能的比较。

表 2.2.10　直线电动机高速进给单元与滚珠丝杠进给系统的性能比较

性能比较	滚珠丝杠进给系统	直线电动机高速进给单元	
		现状	展望
最高速度/(m/s)	0.67	2	3～4
最高加速度/(m/s^2)	(0.5～1)g	(1～1.5)g	(2～10)g
静刚度/(N/μm)	88～167	69～265	—
动刚度/(N/μm)	88～167	157～206	—
稳定时间/ms	100	10～12	—
最大进给力/N	26700	9000	15000
工作可靠性/h	6000～10000	50000	—

表 2.2.11　使用直线电动机进给单元前后机床性能的比较

比较性能	滚珠丝杠进给机床	直线电动机驱动机床
速度/(m/min)	12.7～25.4	38.1
加速度/(m/s^2)	0.5g	(1～1.5)g
加工精度/mm	0.02～0.025	0.003～0.005

与通过滚珠丝杠间接传动的方式相比，采用直线电动机直接驱动的主要优点见表 2.2.12。

表 2.2.12　直线电动机直接驱动的主要优点

序号	直线电动机优点	详细描述
1	刚度、定位精度高	定位精度高直线电动机工作时，电磁力直接作用于机床工作台而无需传统的进给系统的机械传递元件，并消除机械摩擦。该系统不存在机械元件变形和间隙造成的机械滞后、滚珠丝杠导程误差、齿轮传动齿距误差以及机械摩擦对系统产生的扰动影响，其精度完全取决于反馈系统本身的精度。其进给系统常采用光栅尺作为工作台的测量元件，闭环控制，通过反馈，对工作台的位移精度进行精确控制，因而刚度高，定位精度高达 0.1～0.01μm

续表

序号	直线电动机优点	详细描述
2	响应速度快	直线电动机的启动推力大，结构简单、重量轻，运动变换时的过渡过程短，可实现灵敏的加速和减速，其加速度可高达(2～10)g。由于直线电动机与工作台无机械连接，且电气时间常数小，因此，直线电动机驱动机构有高的固有频率和高刚度，伺服性能较好。这样，工作台对指令的响应快，跟踪误差小，加工轮廓精度就得到很大提高
3	效率高	由于直线电动机驱动机构为“零传动”(工作台和驱动源间中间传动元件的效率损失)，因而传递效率得到提高
4	高进给速度	由于直线电动机驱动单元不存在因滚珠丝杠造成的提高进速度的制约因素，直接驱动工作台，无任何中间机械传动元件，无旋转运动，不受离心力作用，可容易地实现高速直线运动，目前其最大进给速度可达80～180m/min
5	行程不受限制	由于直线电动机的次级是一段一段地、连续地铺在机床上的，次级铺到哪里，初级工作台就可运动到哪里，不管有多远，对整个系统刚度不会有任何影响。机械磨损小，无需定期维护

直线电动机直接驱动也存在一些缺点，见表2.2.13。

表2.2.13　直线电动机直接驱动的缺点

序号	直线电动机缺点
1	效率低，功耗大，结构尺寸和自重也相对较大
2	工作过程温升高，要求强冷却
3	受磁场力影响易于吸引铁屑和金属物，故需考虑防磁措施等，特别要注意的是它的加速度值直接反比于运动部件的载荷量(工作台、滑座自重再加上工件及其他外载荷)，即对运动载荷较敏感，故宜用于运动件载荷恒定或变化量不大的场合，在载荷变化重大的情况下，必须能在数控编程时予以考虑，否则不能保证加工所要求的效率和质量
4	直线电动机直接驱动不具自锁能力，设计和使用中应注意考虑外加制动措施，特别是在垂直轴进给系统中使用时，尤其要注意

五、高性能数控系统

高速切削加工机床的数控系统，从基本原理上与传统数控加工没有本质区别。由于主轴转速、进给速度和其加(减)速度都非常高，高速切削加工机床采用的CNC数控系统也必须具有很高的数据处理和运算速度很高的功能特性，特别是在(4～5轴)坐标联动加工复杂曲面时仍具有良好的性能，保证实现快速插补、程序快速处理和有效的超前处理能力，提高进给刀具或工件的进给运动轨迹控制精度。

高速切削加工CNC系统性能包括加减预插补、前馈控制、精确矢量补偿、最佳拐角减速度。在高速加工过程中，高的切削速度与进给速度要求数控系统具有足够高的运算速度，因此高速加工CNC系统应满足表2.2.14的要求。

表2.2.14　高速加工对CNC系统的要求

序号	高速加工对CNC系统的要求	详细描述
1	能快速地处理数据	采用32位CPU、多CPU微处理器以及64位芯片结构，以保证快速处理程序段，伺服周期短。 在高速下要生成光滑、精确的复杂轮廓，会产生一个程序段的运动距离只等于1mm的几分之一，其结果将使NC程序包括几千个程序段。这样的处理负荷，不但超过了大多数16位控制系统，甚至超过某些32位系统的处理能力。超载的原因之一是控制系统必须提高阅读程序段的速度，以达到高的切削速度和进给速度要求；其二是控制系统必须预先作出加速或减速的决定，以防止滞后现象发生。FANUC系统的64位系统，可达到提前处理6个程序段且跟踪误差为零，这样在加工直角时几乎不会产生伺服滞后。而16位CPU一个程序段处理的速度在60ms以上，而大多数32位控制系统的程序段处理速度在10ms以下。甚至在条件允许情况下，采用64位多核CPU进行程序处理

续表

序号	高速加工对CNC系统的要求	详细描述
2	能有效地控制误差	能够迅速、准确地处理和控制信息流，把加工误差控制在最小，同时保证控制执行机构运动平滑、机械冲击小；具有多种曲线插补功能，采用NURBS(非均匀有条理B样条)插补、回冲加速、平滑插补、钟形加速等轮廓控制技术；具有误差补偿功能，从而减少机床因机械零件精度、热变形及测量系统等引起的误差；具有预处理功能以及速度和加速度的前馈控制，从而保证加工过程中预判加工轨迹，防止过切
3	提供良好的操作体验	采用PC结构具有足够大的内存空间，开放性能好，计算能力强；能提供足够大的缓冲内存，保证大容量的加工程序高速运行；采用PC体系结构的系统还可以具有网络传输功能，便于实现复杂曲面的CAD/CAM一体化；同时可以提供友好的人机交互界面。 除了机床厂家自主开发的系统以外，在高速加工中心中，经常使用专业厂家生产的数控系统，如日本的发那科(FANUC)、三菱(Mitsubishi)，德国的西门子(Siemens)、海德汉(Heidenhan)等

六、高速加工机床床身

高速加工机床的基本组成部分与普通数控机床相似，但由于高速加工中的切削速度、进给速度和加减速度都大，因此机床的发热量、运动部件的惯量也大，容易导致机床结构的过量温升、热变形和产生冲击振动，最终会影响到加工精度、质量乃至机床和刀具的工作寿命和可靠性。所以，高速加工对机床结构的基本要求，首先是要“三高”，即静刚度高、动刚度高和热刚度高；其次是运动部件要轻量化，即要尽量减少传动系统的惯量。高速切削时，虽然切削力一般比普通切削时低，但产生很大的惯性力，因此机床的支承部件（如床身、立柱等）必须具有足够的强度和刚度，高结构刚度和高阻尼特性使机床受到的激振力很快衰减。此外，高刚度和高阻尼特性也是高速加工中保证加工表面质量和提高刀具寿命的基本要求。为此，机床结构设计应采取的原则措施见表2.2.15。

表2.2.15　机床结构设计的原则措施

序号	原则措施	详细描述
1	提高结构的静刚度	为了提高结构的静刚度，首先是选择弹性模量大的材料，如钢、铸铁等作为结构件的基本材料；其次是根据受力的性质(拉、压或扭)和条件(力的大小、方向和作用点)选择合理的结构截面形状、尺寸、筋壁布置和机床的总体布局；三是结构件间的接合面要平整，面积大小要适当，接触点在接合面上的分布要均匀，连接要牢固等；四是尽量采用箱型和整体型结构
2	提高结构的动刚度	为了提高结构的动刚度，首先是在保证静刚度的前提下，选择阻尼系数大的材料，如人造花岗岩、铸铁等作为基础结构件的材料，对于床身基体等支承部件采用非金属环氧树脂、人造花岗岩、特种钢筋混凝土或热膨胀系数比灰铸铁低1/3的高镍铸铁等材料制作；二是通过模型试验或模态分析合理设计和调整结构的质量分布和结构接合面的刚度值，以改变结构系统本身的固有振动频率，使其远离切削过程中所产生的强迫振动频率，避免产生共振的可能性；三是采用能增加附加阻尼的结构设计，如带夹芯的双层壁铸件和非连续焊接的焊件等；四是直线运动部件的支承导轨面之间距离要尽可能宽阔，驱动力的作用线要居中并尽可能靠近运动部件的重心，传动链中应无反向间隙，以保证运动平稳，无冲击。为了提高结构的热刚度，原则上首先采用热容量大、热胀系数小的材料和热胀系数相近的材料作为结构材料；其次是根据机床上的热源和温度场的分布情况，尽量采用热对称和方便散热或强迫冷却的结构，包括采用热补偿措施的结构等，以减少热变形带来的对机床几何精度和工作性能的影响
3	减少运动部件的重量和传动系统的惯量	为了减少运动部件的重量和传动系统的惯量，一是选用密度小的材料，如铝合金和复合材料等，作为运动部件的结构材料；二是在保证刚度和承载能力的前提下，尽量去除多余的材料；三是采用直接传动，简化传动系统，缩短传动链，以提高机床的运动品质

七、辅助装置

高速机床进行高速加工离不开辅助装置的协作，具体工作见表2.2.16。

表 2.2.16 高速机床的辅助装置

序号	辅助装置	详细描述
1	高效的冷却润滑系统	作为高速切削加工技术的配套技术，在切削区，把大量的热切屑立即冲走，始终保持工作台的清洁，以免妨碍高速切削加工的正常进行，避免产生机床、刀具和工件的热变形，影响加工精度和机床的使用。 采用高压大流量喷射冷却系统，日本公司开发的 HJH 系列高压喷射中心(High Jet Center)，对加工中心切削区供给压力为 7MPa、流量达 60L/min 的高压切削液，来消除产生的瞬时热量，提高了加工效率，延长了刀具使用寿命 3～5 倍；还有“FineFlush”(精冲)冲洗系统，其压力为 6.9MPa 等；有的还采用大量的切削液以瀑布形式从机床顶部淋向机床加工区，使大量切屑被立即从工件上冲走，始终保持工作台的清洁，并形成一个恒温的小环境，使加工精度得到进一步提高。 可在刀具系统开设一个直接供给切削液的通路进行冷却：从刀具的侧面供液，从刀具的凸缘供液，由主轴中心供液。
2	安全防护与实施监控系统	高速切削加工中当主轴转速达 40000r/min 时，若有刀片开裂，飞出的刀具碎片能量会很大，非常危险。为了防止切屑和切削液外溅，污染环境和意外伤人，高速切削加工机床采取必要的措施，必须用防护罩把切削区完全包裹起来。 高速切削加工的安全保障包括以下各方面： ①机床操作人员及机床周围现场人员的安全保障。 ②避免机床、刀具、工件及有关设施的损伤。 ③识别和避免可能引起重大事故的工况。 在机床结构方面，用足够强度的优质钢板和防弹玻璃做成安全罩和观察窗进行密封和遮挡。特别是抗弯强度低的材料制成的机夹刀片，除结构上防止离心力作用下产生飞离倾向外，还要进行极限转速的测定。刀具夹紧、工件夹紧必须绝对安全可靠，故工况检测系统的可靠性就变得非常重要。主轴在线监控系统对刀具磨损、破损和主轴状况进行监控，可采用： ①切削力检测以控制刀具磨损，机床功率检测可间接获得刀具磨损的信息。 ②主轴转速检测以辨别切削参数与进给系统之间的关系。 ③刀具破损检测。 ④主轴轴承状况检测。 ⑤电气控制系统过程稳定性检测等。
3	快速换刀装置	普通加工中心的换刀时间一般为 3～10s，随着切削速度的提高，切削时间不断缩短，对换刀时间的要求也在逐步提高，以尽量缩短辅助时间。快速自动换刀技术包括刀库的设置、换刀方式、换刀执行机械和适应高速机床结构特点的多方面问题，主要通过以下方法解决。 ①在传统的自动换刀装置基础上提高动作速度，或者采用速度更快的机构与驱动元件，如使用凸轮机构替代液压缸和齿轮齿条机构。 ②按高速机床新的结构特点设计刀库和换刀装置的形式和位置，如将刀库与换刀装置放在工作台的一侧，而不装在立柱上。 ③采用短锥度刀柄。短锥度刀柄相对传统的 BT 刀具而言，其刀柄质量轻，拔插刀的行程短，可以提高自动换刀速度。结合高速加工的需求，可使用 HSK 等类型的空心短锥度刀柄。 ④ 用新方法进行刀具快速交换，即不用刀库与机械手方式，改用其他方式换刀，如采用双主轴换刀或者多主轴换刀方式

八、高速加工中心的选用

高速加工中心价格昂贵，而且性能或者某项参数的差别都会造成价格的巨大差异，因而必须选择适用的机床。选择高速加工中心时考虑因素见表 2.2.17。

表 2.2.17 高速加工中心选用的考虑因素

序号	高速加工中心选用的考虑因素	详细描述
1	被加工对象的选定	确定选购对象之前，首先要明确准备加工的对象。一般来说，具备下列特点的零件适合在高速加工中心加工： ①复杂形状的零件模具、航空零件等复杂形状工件　能借助自动程序编制技术在加工中心上加工各种异形零件。 ②精度和表面粗糙度要求高的工件　高速加工中心能保证足够高的精度和表面粗糙度。

续表

序号	高速加工中心选用的考虑因素	详细描述
1	被加工对象的选定	③定位繁琐的工件　如有一定位孔距精度要求的多孔加工，利用机床定位精度高的特点，很方便实施。 ④多工序集约型工件　它是指在一个工件上需要用许多把刀具进行加工。 ⑤ 使用普通加工中心难以满足要求的零件　如高硬度的零件、有窄槽的零件等。 箱体类、板类零件在卧式加工中心上利用回转工作台，对箱体零件进行多面加工，如主轴箱体、泵体、阀体、内燃机缸体等。如果连顶面也要一次装夹完成加工，可选用五面体加工中心。立式加工中心适合加工缸盖、平面凸轮等。龙门加工中心用于加工大型箱体、板类零件，如内燃机缸体、加工中心立柱、床身、印刷墙板机等。
2	机床主要部件的选定	机床的主要部件决定了机床的性能能否满足零件的高速加工要求，以下是主要部件的基本要求： ①高速主轴系统　主轴的转速和功率应根据本单位生产零件的工件材料、刀具、生产工艺流程等确定，高速加工的主轴转速通常不低于8000r/min；此外，主轴应满足可长时间高速运转工作，而且精度高，刚性好，运行平稳；应具备高效的主轴冷却系统，以减小主轴的热变形。 ②高速进给系统　高速进给系统满足高进给速度、高加速度、高精度、高可靠性和高安全性要求，进给速度通常不低于5m/min；采用小运动惯量、轻质量移动部件，以实现高加速度。 ③机床结构　确保机床的承载能力、高刚性、热稳定性、耐冲击性和抗振性。 ④温控系统　应有效地改善机床的热稳定性。 ⑤高速CNC控制系统　不仅要求运算速度快，工作稳定性好，且应具有NURBS插补、加工残余分析，待加工轨迹监控等高速、高精度控制功能，以确保高速加工的成功实现。 ⑥冷却润滑系统　适当的冷却方式和喷射压力有利于实现高精度和高效率加工。 ⑦刀柄系统　满足刚性好、传递转矩大、体积小、动平衡好、高速切削振动小等要求。 ⑧切屑处理系统　可有效地排出切屑，石墨加工专用机床必须带有抽尘装置
3	机床规格的选定	根据确定的加工工件的大小尺寸，相应确定所需机床的工作台尺寸和三个直线坐标系的行程。工作台尺寸应保证工件在其上面能顺利装夹工件，加工尺寸则必须在各坐标行程内，此外还要考虑换刀空间和各坐标干涉区的限制；根据零件的加工工艺要求，确定所需主轴转速和功率、进给速度和加速度等
4	机床精度的选定	用户根据工件加工精度的要求，选用相应公差等级的机床，批量生产的零件实际加工出的精度数值可能是定位精度的1.5～2倍。普通型机床批量加工工件的公差等级为IT6～IT7，精密型机床加工精度可达IT5～IT6，甚至更高但要有恒温等工艺条件，所以精密型机床使用严格，价格高
5	刀库容量的选定	加工中心的制造厂家对同一种规格的机床，通常都设2～3种不同容量的刀库，如卧式加工中心刀库容量有30把、60把、80把等，立式加工中心有16把、24把、32把。用户在选定时，可以根据被加工工件的工艺分析结果来确定所需数量，通常以需要一个零件在一次装夹中所需刀具数来确定刀库的容量，因为换另一零件加工时，需要重新安排刀具，否则刀具管理复杂并容易出错
6	机床选择功能及附件的选定	选用加工中心时，除了基本功能和基本件以外，还有用户根据自身要求选用的功能和附件，称选择功能和选择附件(任选附件)。随着数控技术的发展，可供选择的内容越来越多，其构成价格在主机中所占的比例也越来越大，所以不明确目的大量选用附件也是不经济的，因此选订时要全面分析，还要适当考虑长远因素。选择功能主要对于数控系统而言，对那种价格增加不多，但对使用带来许多方便的功能，应适当配置齐全一点，而对可以多台机床公用的附件，就可以考虑一机多用，但接口必须是通用的
7	加工节拍与机床台数的估算	根据已经选定的工件，分析工艺路线，在这个工艺路线中选出准备在加工中心上加工的工序，对这些工序作工时节拍估算。据现用工艺参数，估算每道工序的切削时间，而辅助时间通常取切削时间的10%～20%。如果计算结果产量达不到目标值，但相差不多，可修改工艺参数；如果差距很大，则应考虑增加机床台数配置
8	关键技术参数与规格比较	购买高速加工中心之前，可以通过机床厂商所提供的技术参数进行比较，特别是关键技术参数与规格。这些技术参数主要包括有：主轴最高转速；主轴功率；X、Y、Z轴快速进给速度；X、Y、Z轴切削进给速度；X、Y、Z轴进给加速度；定位精度；重复定位精度；工作台尺寸(长×宽)；工作台承重轴位移量(X、Y、Z轴)；主轴鼻端至工作台台面距离；刀库容量；最大刀具直径和长度；刀柄规格；换刀时间；床身材料和数控系统以及附件装置的配置。表2.2.18列出了部分高速加工中心的规格对照

表 2.2.18　部分高速加工中心的规格对照

机型		SMM2500	V33	YBM 640V	MF-46VA	VCP800	RP 800	DMC 70V hi-dyn
生产厂家		MAZAK	MAKINO	YASDA	OKUMA	MIKRON	Roeders	DMG
主轴	转速/(r/min)	25000	20000	30000	15000	42000	36000	18000
	功率/kW	AC22/18.5	AC15/11	AC15/20	AC15/11	14	17/25	AC10/15
加工范围/mm	X	1020	600	600	762	700	800	700
	Y	510	400	400	560	550	600	550
	Z	460	350	350	460	450	400	500
工作台/长(mm)×宽(mm)		1200×550	750×400	700×450	760×460	900×550	900×700	900×550
主轴锥孔		40;HSK-63A	40	40	40;HSK-63A	HSK-40E	HSK-50E	HSKE-50E
进给速度/(m/min)	快进速度	50	20	5	40(z;32)	22	60	50
	工作速度	50	20	5	32	15	60	50
数控系统		Mazatrol Fusion 640	FANUC -16iM	FANUC 16i-MA	OSP-U100M	Heidenhain iTNC430	Roeders RMS6	Heidenhain iTNC530
定位精度/mm		±0.0025	±0.0015	±0.0005	±0.001	0.008 (DIN/ISO 230)	0.008	0.008 (VDI/DCQ)
重复定位精度/mm		±0.0007	±0.0010	±0.0005	±0.002	—	—	—
刀库容量/把		30	15	30	20	12	30	30
机床重量/kg		8100	10300	10000	7900	6500	13000	10300

第三节　高速加工刀具系统

一、高速加工刀具概述

高速加工刀具系统是由装夹刀柄与切削刀具组成的完整刀具体系，如图 2.3.1 所示。刀具系统的装夹刀柄与机床接口相配，切削刀具直接加工被加工零件。在主轴转速大幅度提高后，高速加工对整个刀具系统提出了更高的要求，不仅要求切削刀具具有很高的刚性、安全性、柔性、动平衡特性和操作方便性，而且对刀具系统与机床接口的连接刚度、精度以及刀柄对刀具的夹持力与夹持精度等都提出了很高的要求。传统刀具系统已不能满足高速加工的需要，因而必须研究开发适宜高速加工的刀具系统。

图 2.3.1　高速加工刀具系统

高速加工的刀具系统要求见表 2.3.1。

表 2.3.1　高速加工的刀具系统要求

序号	刀具系统的要求	详细描述
1	刀具结构的高安全性	作为应用于高速加工的刀具系统，其结构必须具有很高的安全性，以防止刀具在高速回转时刀片飞出，并保证旋转刀片在2倍于最高转速时不破裂
2	高系统精度	系统精度包括刀具本身的精度、系统定位夹持精度和刀具重复定位精度，以及良好的精度保持性。只有具备很高精度的刀具系统，才能保证高速加工整个系统的静态和动态稳定性，从而满足高速、高精加工工件的要求
3	高系统刚性	刀具系统的静、动刚性是影响加工精度及切削性能的重要因素。刀具系统刚性不足将导致刀具系统振动或倾斜，使加工精度和加工效率降低。同时，系统振动又会使刀具磨损加剧，降低刀具和机床的使用寿命

续表

序号	刀具系统的要求	详细描述
4	刀具系统优异的动平衡性	高速加工的刀具系统的动平衡性能是至关重要的。由理论力学知识可知，离心力 $F=mrw^2$（m 为运动体质量，kg；r 为转速，r/min；w 为动平衡性能），当刀具系统动平衡性能较差时，高速旋转的刀具会产生很大的离心力，从而引起刀杆弯曲并产生振动，其结果将使被加工零件质量降低，甚至导致刀具损坏
5	高耐用性	高速切削一般在数控机床或加工中心上进行，要求刀具材料必须十分可靠，否则，将会增加换刀时间，降低生产率，使高速加工失去了意义；另外，刀具可靠性差还将产生废品，损坏机床与设备，甚至造成人员伤亡。高速加工时切削温度很高，因此，要求刀具材料熔点高、氧化温度高、耐热性好、抗热冲击性能强，且具有很高的高温力学性能，如高温强度、高温硬度、高温韧性等
6	高互换性	对模块式刀具系统而言，需要刀具系统具有更高的灵活性，以便通过调整或组装，迅速适应不同零件的加工需要。此外，刀具与机床的接口应采用相同的刀柄系统，以减少不必要的库存
7	高效性	刀具系统必须具备高质量、高使用寿命的刀具，以满足高速、高效加工工件的要求
8	高适应性	刀具系统应具有加工多种硬度材质的能力，以满足高速加工各种工件的要求

二、刀具结构

在高速加工中，可以应用各种形状与结构的刀具，通常直径较大的刀具会使用可转位刀具，而直径较小的刀具为整体式。高速加工的刀具与常规铣削刀具有较大的区别，有其特殊的要求，必须专门设计。高速加工的刀具必须高度旋转对称，具有高度的动平衡性，以免在铣削过程中产生跳动，使切削刃上载荷平衡，减少切削力的波动。

表 2.3.2 详细描述了高速加工的刀具结构。

表 2.3.2　高速加工的刀具结构

序号	刀具结构	详细描述
1	整体式刀具	整体式刀具具有很高的精度，整体硬质合金涂层刀具在高速加工中应用最为普遍。整体式刀具可以有平底刀、球头刀、圆角刀等不同形式，并且可以有不同的切削刃数，图 2.3.2 所示为常用的不同形状的整体式刀具示例。 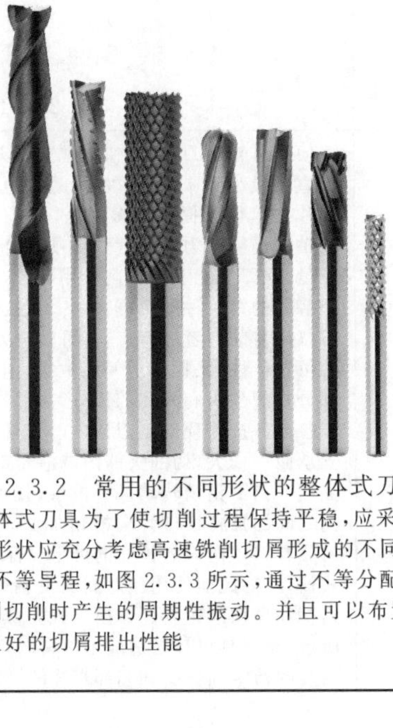 图 2.3.2　常用的不同形状的整体式刀具 高速加工中应用的整体式刀具为了使切削过程保持平稳，应采用多切削刃或大螺旋角的刀具。切削刃的几何形状应充分考虑高速铣削切屑形成的不同特点。在刀具的切削刃设计中采用不等分割与不等导程，如图 2.3.3 所示，通过不等分配切削刃角度和改变每个切削刃的扭转角度，抑制切削时产生的周期性振动。并且可以布置大容量容屑槽，即便在高进给加工时，仍具备良好的切屑排出性能

续表

序号	刀具结构	详细描述
1	整体式刀具	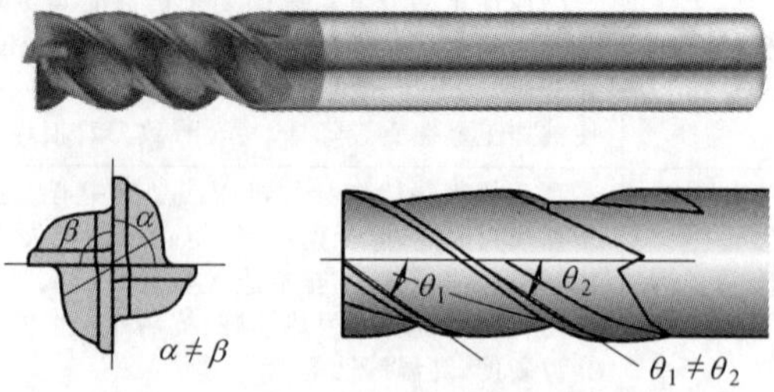 图 2.3.3　不等分割、不等导程刀具
2	可转位刀具	可转位刀具技术是刀具发展史上的一个重要创新，它具有不经焊接、无裂纹缺陷，充分发挥原有刀片的切削性能，并减少机床停机磨刀、装卸刀具的辅助时间等优点。由于不断提高的铣床主轴速度和工作台进给会带来高离心力，由此产生的在刀片固定元件上的大载荷，因而安全的刀片固定是重中之重。结构设计应充分考虑切削时的高转速，压块、螺钉、销等必须可靠地紧固，以防在高离心力的作用下产生松动。同时刀具应具备最佳的切削液通道和出口结构，从而以最佳的方法帮助排屑。 图 2.3.4 所示为可转位刀具刀片的固定，刀片槽底面和刀片背面的锯齿状接触面设计不仅最大限度提高了高速铣削加工中的安全性，同时也保证了加工精确性。刀片受力均匀，使加工更流畅、更安全，延长了刀具使用寿命 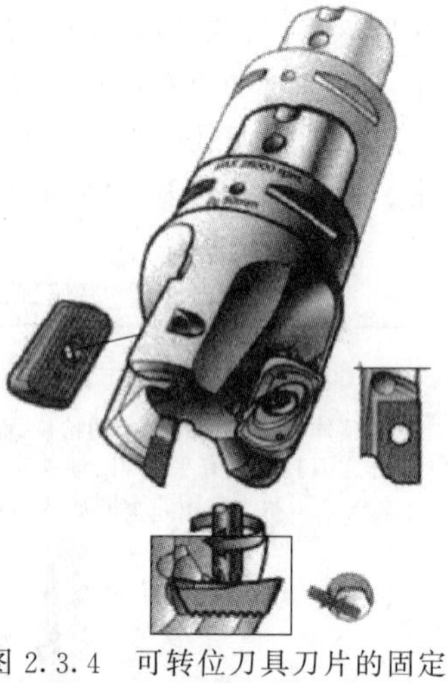 图 2.3.4　可转位刀具刀片的固定
3	可换头式刀具	使用可转位刀具，能快捷地更换刀具的切削部分，增加了使用优势。可转位刀片立铣刀的直径最小到 ϕ12mm，小于这个直径时，刀片的安装和夹紧都变得不实际。尽管可转位刀片技术可以提供许多好处，但是，在刀具直径不大的情况下，具有较长的径向切削刃以及轴向进给能力的现代整体硬质合金切削方式提供了很重要的优势，包括高精度、高表面质量、吃刀性能和轻切削作用等。在可转位刀片和整体硬质合金刀具两者之间，现在有一个替代的第三种解决方案——可换头式立铣刀(如图 2.3.5)，这种解决方案在某种程度上可以涵盖前两者的特点，将可转位刀片和整体硬质合金刀具完美结合，它既提供了切削刃的可转位性，又提供了使用中小直径整体硬质合金立铣刀的好处。可换头式刀具的关键部分是切削头和刀体的接口。接口的最重要部分之一是具有专门开发的自对中螺纹，用于拉起并按住顶部到刀柄内(用于拉紧刀头与刀体)，没有丝毫间隙。轴向支承面和径向支承面一样大，切削头的内端沿着锥面被支承在刀柄的内部，这样就可以提供最高的弯曲强度。只需稍稍转动一下扳手，就可以轻松固定和拧紧切削刀具的切削头。切削头和刀柄之间的独特接口为全槽粗加工工序提供了高刚性，为精密精加工工序提供了高精度。刀具具有轴向刀具长度的可重复性和限制在 0.02mm 内的径向圆跳动量刀具具有的平衡式设计，因此能使用相对高的主轴转速。高转速和多齿切削头的组合提供了非常高的进给率和高切削速度。可换头式刀具的一个刀体可以配置多个不同的切削头，如图 2.3.5 所示，使刀具可轻松适应工件材料，而无需过多地考虑刀具稳定性。传统的整体硬质合金刀具的稳定性会受到芯部直径的影响

续表

序号	刀具结构	详细描述
3	可换头式刀具	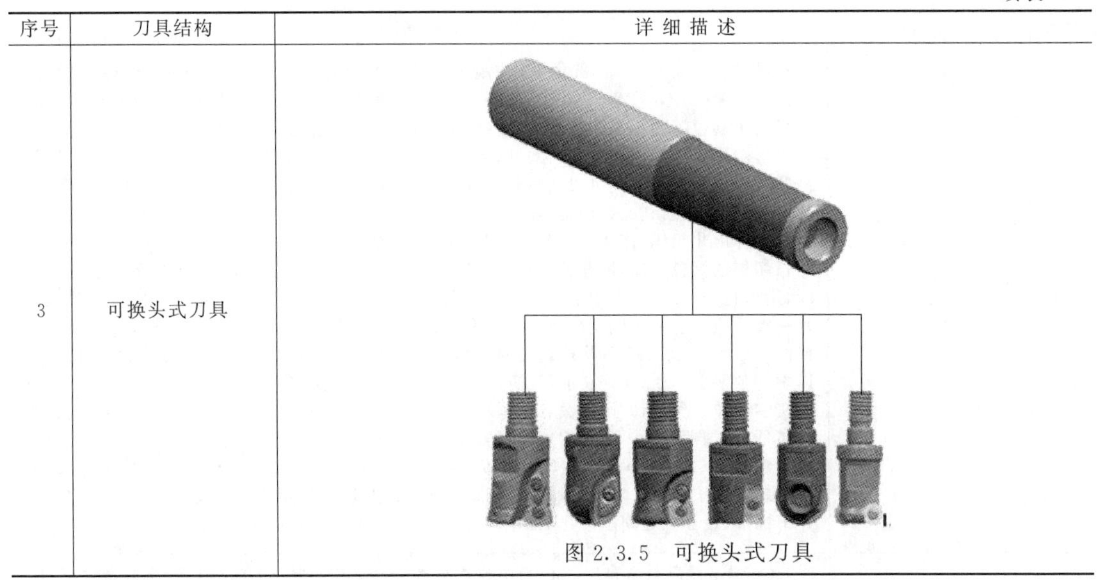 图 2.3.5　可换头式刀具

三、刀具材料

刀具切削性能的好坏取决于构成刀具的材料、几何参数及其结构，其中刀具材料对刀具寿命、加工效率和加工质量等的影响最大。由于高速加工所采用的速度比常规切削速度高几倍甚至十几倍，切削温度很高。因此，高速加工对刀具材料提出了更高的要求。高速加工刀具的失效主要是由于刀具材料的热性能（包括熔点、耐热性、抗氧化性、高温力学性能、抗热冲击性能等）不足所引起的。高速干切削和硬切削加工黑色金属的最高速度主要受限于刀具材料的耐热性。如加工钢和铸铁等黑色金属时，最高速度只能达到加工铝合金的 1/3～1/5，原因是切削热使刀尖发生热破损。而高速铣削中则会产生厚度变化的断续切屑，它们都会导致刀具内热应力高频率地周期变化，加速刀具的磨损。因此，高速加工除了要求刀具材料具备普通刀具材料的一些基本性能之外，还突出要求刀具材料具备高耐热性、抗热冲击性、良好的高温力学性能及高可靠性。

近 30 多年来世界各工业发达国家都在大力发展与高速切削条件相匹配的先进切削刀具材料。目前国内外用于高速切削的刀具材料主要有：TiC（N）基硬质合金（也称为金属陶瓷）、聚晶金刚石和立方氮化硼等。它们各有优点，高速切削用刀具材料必须根据所加工的工件材料和加工性质来选择。

表 2.3.3 详细描述了高速加工的刀具材料。

表 2.3.3　高速加工的刀具材料

序号	刀具材料	详细描述
1	硬质合金	硬质合金是高硬度、难熔的金属化合物粉末，用钴或镍等金属做黏结剂压坯、烧结而成的粉末冶金制品。硬质合金刀具材料的问世，使切削加工水平出现了一个飞跃。硬质合金刀具能实现高速切削和硬切削，在数控加工中普遍使用。为满足各种难加工材料的切削要求，开发了许多硬质合金加工技术，研制出多种新型硬质合金，包括： ①采用高纯度的原材料，如采用杂质含量低的钨精矿及高纯度的三氧化钨等。 ②采用先进工艺，如以真空烧结代替氢气烧结，以石蜡工艺代替橡胶工艺，以喷雾或真空干燥工艺代替蒸汽干燥工艺。 ③改变合金的化学组分。 ④调整合金的结构。 ⑤采用表面涂层技术；研制出的新型硬质合金有添加钽、铌的硬质合金，添加细晶粒与超细晶粒硬质合金，添加稀土元素的硬质合金等。

续表

序号	刀具材料	详细描述
1	硬质合金	在晶粒尺寸为0.2～1μm的碳化钨硬质合金晶粒中加入更高硬度(90～93HRA)和强度(2000～3500MPa,最高5000MPa)的TaC、NbC等颗粒,可以制成整体超细晶粒硬质合金刀具或可转位刀片。晶粒细化后,硬质相尺寸变小,黏结相更均匀地分布在硬质相周围,可以提高硬质合金的硬度与耐磨性,能显著提高刀具寿命。如适当增加钴含量,还可以提高抗弯强度。这种刀具可以高速切削铁族元素材料、镍基和钴基高温合金、钛基合金、耐热不锈钢、焊接材料和超硬材料等。 国际标准化组织(ISO)将切削加工用的硬质合金分为P、M、K三大类,其中P类用于加工长切屑的黑色金属,用蓝色作标志;M类用于加工长切屑或短切屑的黑色金属和有色金属,用黄色作标志;K类用于加工短切屑的黑色金属、有色金属和非金属,用红色作标志。每一类硬质合金又按硬质合金的性能和被加工材料的材质及加工条件不同,又在其后缀以两位数字10、20、30等构成组别号,根据需要可在两个组别号之间插入一个中间代号,以中间数字15、25、35等表示,若需再细分时,则在分组代号后加一位阿拉伯数字1、2等或英文字母作细分号,并用小数点"."隔开,以示区别。每类合金的组别号数字越大,其耐磨性越低,而韧性越高。我国按硬质合金按其成分分为钨钴类硬质合金YG、钨钛钴类硬质合金YT、钨钛钽(铌)类硬质合金YW、碳化钛类硬质合金YN、超细晶粒硬质金YS、YD等。表2.3.4列出了常用切削刀具硬质合金牌号及性能与用途。不同企业所采用的代号并不标准,表2.3.5列出了几个常用刀具厂商的硬质合金刀具材料对照
2	TiC(N)基硬质合金	TiC(N)基硬质合金是以TiC为主要成分的合金,其性能介于陶瓷和硬质合金之间,因此,也称为金属陶瓷。由于TiC(N)基硬质合金有接近陶瓷的硬度和耐热性,加工时与钢的摩擦因数小,耐磨性好,且抗弯强度和断裂韧性比陶瓷高。因此,TiC(N)基硬质合金可作为高速切削加工刀具材料,用于精车时,切削速度可比普通硬质合金提高20%～50%。TiC(N)基硬质合金按其成分和性能不同可分为:①成分为TiC-Ni-Mo的TiC(N)基合金。②添加其他碳化物(如WC、TaC)和金属(如Co)的强韧TiC(N)基合金。③添加TiN的TiC(N)基合金。④以TiN为主要成分的TiC(N)基合金等。 TiC-Ni-Mo是TiC(N)基硬质合金中典型成分,如国内使用代号为YN05。在TiC-Ni-Mo合金中以WC和TaC等碳化物取代部分TiC可以提高硬质合金的韧性、弹性模量和高温强度,此外还可改善硬质合金的导热性能和抗热冲击性,使刀具更适合于断续切削。我国生产的强韧TiC基合金有YN10、YN15、YN501等。由于TiN的热稳定性比TiC高,导热系数大,与金属的亲和力小,润湿性能好,因此,在TiC-Ni-Mo合金中添加氮化物可显著提高硬质合金的性能,并扩大其应用范围。 TiC(N)基硬质合金既具有陶瓷的高硬度,又具有硬质合金的高强度,用于可转位刀片,还能焊接。因此TiC(N)基硬质合金不仅可用于精加工,而且也扩大到用于半精加工、粗加工和断续切削
3	陶瓷刀具	陶瓷刀具具有很高的硬度、耐磨性能及良好的高温性能,与金属的亲合力小,并且化学稳定性好。陶瓷刀具在1200℃以上的高温下仍能进行切削,这时陶瓷的硬度与200～600℃时硬质合金的硬度相当。陶瓷刀具优良的高温性能使其能够以比硬质合金刀具高3～10倍的切削速度进行加工。它与钢铁金属的亲和力小、摩擦因数低、抗黏结和抗扩散能力强、加工表面质量好。另外,它的化学稳定性好,陶瓷刀具的切削刃即使处于红热状态也能长时间连续使用。因此,陶瓷刀具可以加工传统刀具难以加工的高硬材料,实现以切代磨,从而可以免除退火、简化工艺,大幅度地节省工时和电力。陶瓷刀具的最佳切削速度可比硬质合金刀具高3～10倍,而且寿命长,可大大提高切削效率。 现代陶瓷刀具材料大多数为复合陶瓷,其种类及可能的组合如图2.3.6所示。目前国内外广泛使用的,以及正在开发的陶瓷刀具材料基本上都是根据图2.3.6组合的,采取不同的增韧补强机理来进行显微结构设计的,其中以氧化铝系和氮化硅系陶瓷刀具材料应用最为广泛。 20世纪70年代投入使用的Al_2O_3/TiC热压陶瓷材料,其强度、硬度和韧性均较高,仍是国内外使用最多的陶瓷刀具材料之一。此后在Al_2O_3中添加TiB、Ti(C或N)、SiCW、ZrO_2等陶瓷刀具也相继研制成功,其力学性能进一步提高,广泛应用于碳钢、合金钢或铸铁的精加工或半精加工。 目前世界上生产的陶瓷刀具95%属于Al_2O_3系,其他多为Si_3N_4系。可用于高速加工的陶瓷刀具包括金属陶瓷、氧化铝陶瓷、氮化硅陶瓷、Sialon陶瓷、晶须强化陶瓷以及涂层陶瓷材料等。 现在使用的是碳化钛基的钛氮金属陶瓷(TiC/TiN),由于在陶瓷材料中加入了金属,因而提高了强度,也改善了切削性能。金属陶瓷刀具可用于高速切削,中、低进给的成形加工,刀具寿命比硬质合金长。金属陶瓷的切削速度接近陶瓷刀具,但韧性比陶瓷刀具好,

续表

序号	刀具材料	详细描述
3	陶瓷刀具	可以在一定程度上代替非涂层硬质合金。金属陶瓷适用于干切削，可铣削淬硬的模具钢。在突破了金属陶瓷的PCD涂层技术后，目前在刀具表面可涂覆一层或多层超硬材料。 20世纪70年代中期研制成功80年代初推广使用的Si_3N_4陶瓷刀具材料，是陶瓷刀具品种的一大突破，其断裂韧性显著提高，达到6～7MPa/m^2。Si_3N_4基陶瓷刀具的热稳定性和抗热裂性高于Al_2O_3基陶瓷刀具，热膨胀系数低，化学稳定性好，抗热冲击性能好。Si_3N_4陶瓷刀具更适合于高速加工铸铁及铸铁合金、冷硬铸铁等高硬度材料。 20世纪80年代初研制成功Si_3N_4/TiC陶瓷刀具具有良好的耐磨性、热硬性和抗热冲击性，但由于碳化钛和氮化硅的热膨胀系数相差较大，高速切削时因刀尖温度急剧升高，会产生较大的热应力，降低了刀具的使用寿命。为此，许多国家又开发了Sialon陶瓷刀具，Sialon陶瓷刀具是用氮化铝、氧化铝和氮化硅的混合物在高温下进行热压烧结而得到的材料。Sialon陶瓷刀具材料具有很高的强度和韧性，已成功应用于铸铁、镍基合金、硅铝合金等难加工材料的加工，是高速粗加工铸铁和镍基合金的理想刀具材料之一。 陶瓷刀具已应用于加工各种铸铁、钢件、热喷涂喷焊材料、镍基高温合金等。Al_2O_3基陶瓷刀具适用范围最广，其耐磨性和耐热性均高于Si_3N_4基陶瓷刀具。如Al_2O_3/TiC复合陶瓷刀具可在30～100m/min时高速切削钢、铸铁及其合金。Si_3N_4基陶瓷刀具的断裂韧性和抗热裂性高于Al_2O_3基陶瓷刀具，因此Si_3N_4更适于断续加工铸铁及铸铁合金。添加SiC晶须的陶瓷刀具最适于加工镍基高温合金、纯镍和高镍合金等，但不适于加工钢和铸铁，因其中的硅在高温下扩散严重，当切削温度达到1000℃时，SiC晶须与钢会产生化学反应，从而降低了刀具的耐磨性 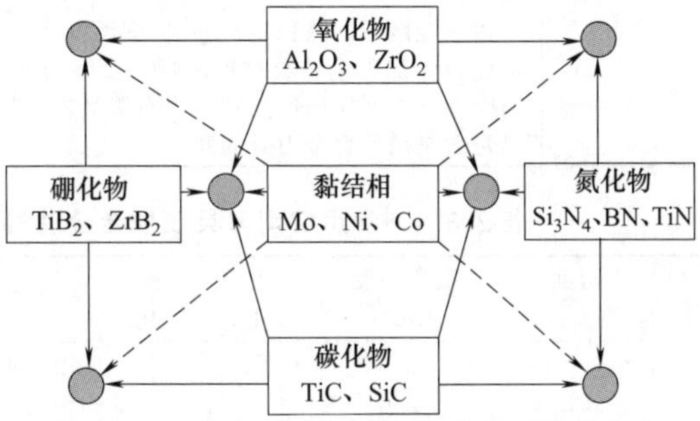 图2.3.6 陶瓷刀具材料的种类及可能的组合
4	立方氮化硼刀具	1917年美国通用电气首先合成了立方氮化硼(CBN)。由于CBN具有超硬特性、高热稳定性和高化学稳定性而引起广泛关注。立方氮化硼是BN(氮化硼)同素异构体之一，其结构与金刚石相似，不仅晶格常数相近，而且晶体中的结合键也基本相同。由于立方氮化硼与金刚石在晶体结构与结合上的相似和差异，其具有与金刚石相近的硬度，又具有高于金刚石的热稳定性和对铁族元素的高化学稳定性。CBN具有很高的热稳定性，可承受1200℃以上的切削温度，并且在高温下(1200～1300℃)不与铁族金属发生化学反应。 PCBN(Polycrystalline Cubic Boron Nitride，聚晶CBN)是在高温高压下将微细的CBN材料通过结合相烧结在一起的多晶材料，由于其具有独特的结构和特性，近年广泛应用于黑色金属的切削加工。由于受CBN制造技术的限制，目前制造直接用于切削刀具大颗粒的CBN仍很困难，为此PCBN得到了很快发展。PCBN的性能受其中的CBN含量、CBN粒径和结合剂的影响。CBN含量越高，PCBN的硬度和耐磨性就越高。目前，PCBN刀具有3种结构形式，即整体PCBN刀具、PCBN复合刀片及电镀立方氮化硼刀具。PCBN复合刀片是在强度和韧性较好的硬质合金基体上烧结或压制一层0.5～1mm厚的PCBN而成的，它解决了CBN刀片抗弯强度低和焊接困难等问题。 目前已有多个品种、不同CBN含量的PCBN用于车刀、镗刀、铣刀等，主要用于高速加工淬硬钢和高硬铸铁以及某些难加工材料。PCBN既能胜任淬硬钢(45～65HRC)、轴承钢(60～62HRC)、高速工具钢(>62HRC)、工具钢(57～60HRC)、冷硬铸铁的粗车和精车，又能胜任高温合金、热喷涂材料、硬质合金及其他难加工材料的高速切削加工
5	金刚石刀具	金刚石是碳的同素异构体，它是自然界已经发现最硬的材料，其显微硬度达到10000HV。金刚石刀具有两种，即天然金刚石刀具和人造金刚石刀具。天然金刚石的性质较脆，容易沿晶体的解理面破裂，导致大块崩刃，并且天然金刚石价格昂贵，因此很多场合下已经被人造金刚石代替。 人造聚晶金刚石(Polycrystalline Diamond，简称PCD)是20世纪60年代发展起来的，它

续表

序号	刀具材料	详细描述
5	金刚石刀具	是以石墨为原料，加入催化剂，经高温高压烧结而成。PCD刀片可分为整体人造聚晶金刚石刀片和聚晶金刚石复合刀片。目前，大多数使用的PCD都是与硬质合金基体烧结而成的复合刀片，便于焊接。随着制造业的快速发展，PCD刀具的生产和应用逐年增加。 金刚石刀具具有如下的特点： ①极高的硬度和耐磨性：金刚石刀具在加工高硬度材料时，刀具寿命为硬质合金刀具的10～100倍，甚至高达几百倍。 ②很低的摩擦因数：金刚石与一些有色金属之间的摩擦因数约为硬质合金刀具的一半。 ③ 切削刃非常锋利：金刚石刀具的切削刃可以磨得非常锋利，因此，金刚石刀具能进行超薄切削和超精密加工。 ④很高的导热性能：金刚石的导热系数为硬质合金的1.5～9倍。由于导热系数及热扩散率高，切削热容易散出，故切削温度低。 ⑤较低的热膨胀系数：金刚石的热膨胀系数比硬质合金小很多，约为高速工具钢的1/10。 金刚石刀具适合于加工非金属材料、有色金属及其合金，已广泛应用于汽车、航空航天、国防工业中关键零部件的高速精密加工。多用于加工有色金属及其合金和一些非金属材料，是目前超精密切削加工中最主要刀具。金刚石刀具在汽车和摩托车行业中主要用于加工发动机铝合金活塞的裙部、销孔、气缸体、变速箱等。由于这些部件材料含硅量较高(10%以上)，对刀具的寿命要求较高，硬质合金刀具难以胜任，而金刚石的刀具寿命是硬质合金的10～50倍，可保证零件的尺寸稳定性，并可大大提高切削速度、加工效率和加工质量。 由于金刚石的热稳定性差，切削温度达到800℃时，就会失去其硬度。因此，金刚石刀具不适合于加工钢铁类材料，因为，金刚石和铁有很强的化学亲合力，在高温下铁原子容易与碳原子相互作用使其转化为石墨结构，刀具极容易损坏。在切削有色金属时，PCD的刀具寿命是硬质合金刀具的几十甚至几百倍

表2.3.4 常用切削刀具硬质合金牌号及性能与用途

牌号	相当于ISO分组代号	密度/(g/cm³)	抗弯强度/MPa	硬度/HRA	用途
YT15 YT05	P10	11.3 12.6	1300 1260	91 92.5	适用于钢、铸钢的精加工和半精加工，宜采用中等进给量和较高的切削速度
YC201 YT14 YS25	P20	11.79 11.4 13.0	1400 1400 1780	91.8 90.5 90.5	适用于钢、铸钢的精加工和半精加工，宜采用中等进给量，YS25专用于钢、铸钢的铣削加工
YT5	P30	12.8	1570	89.5	适用于钢、铸钢的重切削加工，作业条件不好的中、低速度大进给量粗加工
YC45	P40	12.75	2250	90	适用于钢、铸钢的重力切削，可采用大切削用量，亦用于端面铣削
YS8	M05	13.9	1720	92.5	适用于铁基、镍基高温合金、高强度钢的精加工，亦适用于冷硬铸铁、耐热不锈钢、高锰钢、淬火钢的精加工
YW3 YW1	M10	12.9 13	1390 1290	92 91.5	适用于不锈钢、普通合金钢的精加工和半精加工
YN201 YS2T YW2	M20	13.9 14.4 12.9	1600 1960 1460	93.0 91.5 90.5	适用于不锈钢、低合金钢的半精加工
YM30	M30	14.5	2000	91.5	适用于耐热合金粗加工
YG3X YG3	K05	15.1 15.0	1300 1300	91.5 90.5	适用于铸铁、有色金属的精加工
YM201 YG6X	K10	13.9 14.8	1600 1560	93.0 91.0	适用于铸铁、有色金属的精加工、半精加工，亦可用于锰钢、淬火钢加工
YD201 YG6 YG8	K20	14.89 14.9 14.6	1800 1670 1840	91.0 89.5 89	适用于铸铁、轻合金的半精加工、粗加工，亦可作铸铁、低合金钢铣削加工

表 2.3.5　常用刀具厂商的硬质合金刀具材料对照

ISO 分类分组代号		株洲钻石	自贡 764	山特维克	肯纳公司	伊斯卡公司	三菱公司	黛杰公司
P	P10	YT15 YC10	YT15	S1P	—	—	—	SRT
	P20	YT14 YC10 YS25	ZP25 YT798 YT14	SMA	K125	1C50M 1C28	UTi20T	SRT DX30
	P30	YT5 YS25 YC30S YS30	ZP35 YT5	SM30	GX K600	1C50M 1C28	UTi20T	SR30 DX30
	P40	YC40	YT535			1C28		SR30
M	M10	YW1 YW3	YW1		K110M			UMN
	M20	YW2 YW3 YS25 YS30	YW2 YW2A YT798		K313		UTi20T	DX25 UMS
	M30	YS25 YS30 YC30S YC30T		SM30	KFM K600	1C28	UTi20T	DX25 UMS
	M40	YC40T YC40				1C28		
K	K01	YG3X YD05	YG3X YG610				HTi05T	KG03
	K05	YD05 YD051	YG610	H1P				
	K10	K10	YG6 YG6X YG643	H1P	K110M K313	K20	HTi10	KG10
	K20	K20	YG6 YG643 YG813 K20UF	HM	KFM	1C20 1C10	UTi20T	KT9 CR1 KG20
	K30	YG8 YG8N YDS15	YG8 YG813 2K30UF			1C10 1C28	UTi20T	KG30

四、刀具涂层

对刀具进行涂层处理是提高刀具性能的重要途径之一，在高速加工中使用的绝大部分刀具都是涂层刀具。涂层刀具是在韧性较好的刀体上，涂覆一层或多层耐磨性好的难熔化合物，使刀具既有较高的韧性，又有很高的硬度和耐磨性，涂层刀具的寿命比未涂层的刀具要高 2～5 倍。近些年来，刀具涂层技术取得了飞速发展，涂层工艺越来越成熟。图 2.3.7 所示为涂层刀具。

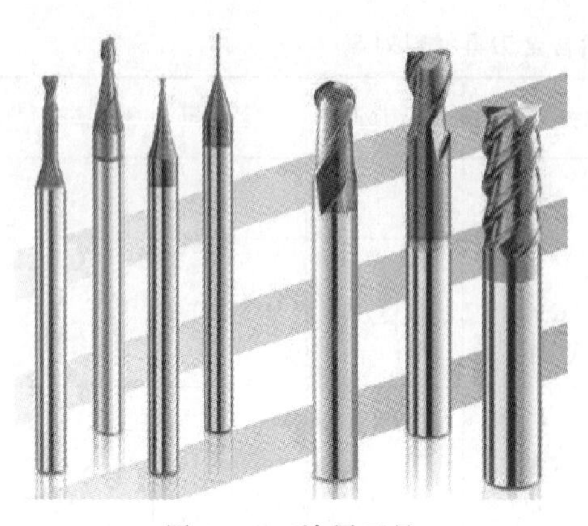
图 2.3.7 涂层刀具

涂层刀具结合了基体高强度、高韧性和涂层高硬度、高耐磨性的优点，提高了刀具的耐磨性而不降低其韧性。涂层刀具通用性广，加工范围显著扩大，使用涂层刀具可以获得明显的经济效益。一种涂层刀具可以代替数种非涂层刀具使用，因而可以大大减少刀具的品种和库存量，简化刀具管理，降低刀具和设备成本。但是刀具在现有的涂层工艺进行涂层后，因基体材料和涂层材料性质差别较大，涂层残留内应力大，涂层和基体之间的界面结合强度低，涂层易剥落，而且涂层过程中还造成基体强度下降、涂层刀片重磨性差、涂层设备复杂、昂贵、工艺要求高、涂层时间长、刀具成本上升等缺点。

常用的涂层材料有碳化物、氮化物、碳氮化物、氧化物、硼化物、硅化物、金刚石及复合涂层八大类数十个品种。根据化学键的特征，可将这些涂层材料分成金属键型、共价键型和离子键型。

金属键型涂层材料（如 TiB_2、TiC、TiN、VC、WC 等）熔点高、脆性低、界面结合强度高、交互作用趋势强、多层匹配性好，具有良好的综合性能，是最普通的涂层材料。共价键型涂层材料（如 B_4C、SiC、BN、金刚石等）硬度高、热胀系数低、与基体界面结合强度差、稳定性和多层匹配性差。而离子键型材料化学稳定性好、脆性大、热胀系数大、熔点较低、硬度不太高。常见的单涂层及多涂层组合有 TiC、TiN、TiCN、TiAiN、TiC/TiN、TiC/TiCN/TiN、TiC/Al_2O_3/TiN 等。多涂层及其相关技术的出现，使涂层既可提高与基体的结合强度，又能具有多种材料的综合性能。图 2.3.8 所示为典型的涂层结构，目前应用较多的有单涂层、多涂层、金刚石薄膜涂层、纳米涂层等。

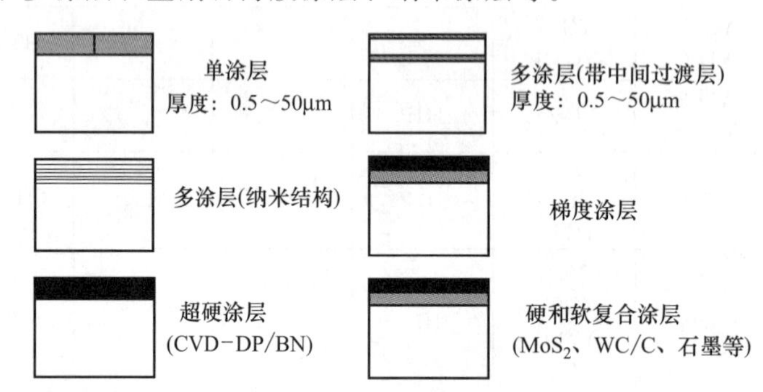

图 2.3.8 典型的涂层结构

表 2.3.6 详细描述了常用的刀具涂层种类。

表 2.3.6 常用的刀具涂层种类

序号	涂层	详细描述
1	TiC 涂层	TiC 是一种高硬度的耐磨化合物，有良好的抗后刀面磨损和抗月牙洼磨损能力。TiN 的硬度稍低，但它与金属的亲和力小，润湿性能好，在空气中抗氧化能力比 TiC 好。TiCN 具有 TiC 和 TiN 的综合性能，其硬度高于 TiC 和 TiN，因此是一种较为理想的刀具涂层材料。TiAiN 是含有铝的 PVD 涂层，在切削过程中铝氧化而形成氧化铝，从而起到抗氧化和抗扩散磨损的作用，在高速切削时，TiAiN 涂层刀具的切削效果优于 TiN 和 TiCN 涂层刀具，主要原因是 TiAiN 涂层刀具的硬度、抗氧化和抗黏结能力高。尤其是由于 TiAiN 涂层刀具具有很高的高温硬度。目前，TiAiN/Al_2O_3 多层 PVD 涂层，其涂层硬度达 4000HV，涂层数为 400 层（总厚度为 5μm），切削性能优于 TiC/Al_2O_3/TiN 涂层刀具

续表

序号	涂层	详细描述
2	金刚石薄膜涂层	金刚石薄膜涂层刀具是近年研究成功的新型刀具涂层材料，它采用化学气相沉积（CVD）法在硬质合金基体沉积一层极薄（50μm 以下）的金刚石膜制成。这种工艺可在形状复杂的刀具基体制作大面积高质量的金刚石薄膜。CVD 金刚石薄膜涂层刀具不仅冲击无涂层硬质合金刀具和陶瓷刀具市场，而且还成为聚晶金刚石刀具强有力的竞争对手。这种涂层刀具特别适合于加工有色金属及纤维材料
3	纳米涂层	纳米涂层技术可采用多种涂层材料的不同组合以满足不同的功能和性能要求，特别适合于高速干切削。 硬质合金刀具的多层纳米涂层可分为 4 大类： ①硬/硬组合，如 B_4C/SiC、TiC/TiB_2、TiC/TiN 等。 ②硬/软组合，如 B_4C/W、SiC/W、SiC/Ti 等。 ③软/软组合，如 Ni/Cu 等。 ④具有润滑性能的软/软组合，如 MoS_2/Mo、WS_2/W、TaS_2/Ta 等。 这些复合涂层每层由两种材料组合而成，厚度仅为几纳米，根据切削需要，可相互叠加涂覆上百层，总厚度可达 2～5μm

目前常用的涂层方法是 CVD（化学气相沉积法）和 PVD（物理气相沉积法），其他方法如等离子喷涂、火焰喷涂、电镀、溶盐电解等还存在较大的应用局限性。

表 2.3.7 详细描述了刀具常用的涂层方法。

表 2.3.7 刀具常用的涂层方法

序号	常用的涂层方法	详细描述
1	CVD 法	CVD 法是利用金属卤化物的蒸气、氢气和其他化学成分，在 950～1050℃的高温下，进行分解、热合等气、固反应，或利用化学传输作用，在加热基体表面形成固态沉积层的一种方法。CVD 法工艺要求高，而且由于氯的侵蚀及氢脆变形可能导致涂层易碎裂、基体断面强度下降，涂层硬质合金时还易产生脱碳现象。近年来，中、低温 CVD 法和 PCVD（等离子体增强化学气相沉积）法开发成功，改善了原有 CVD 工艺
2	PVD 法	PVD 法起步晚、发展快、温度低（300～500℃），优点很多，但涂层的均匀性不如 CVD 法，涂层与基体结合不太牢固，涂层硬度比较低，涂层优越性未得到充分体现。PVD 法工艺要求比 CVD 法高，设备更复杂，涂层循环周期长。目前常用的 PVD 法有低压电子束蒸发法、阴极电子弧沉积法、晶体管高压电子束蒸发法、非平衡磁控溅射法、离子束协助沉积法和动力学离子束混合法，其主要差别在于沉积材料的气化方法以及产生等离子体的方法不同而使得成膜速度和膜层质量存在差异

五、加工中心高速切削刀具材料的合理选用

一般而言，PCBN 刀具、陶瓷刀具、涂层刀具及金属陶瓷刀具适合钢铁等黑色金属的高速加工；而 PCD 刀具适合对铝、镁、铜等有色金属及其合金和非金属材料的高速加工。

表 2.3.8 详细描述了高速切削刀具材料的合理选用。

表 2.3.8 高速切削刀具材料的合理选用

序号	切削材料	详细描述	
1	铝合金	易切削铝合金	这类材料在航空航天工业中应用较多，适用的刀具有 K10、K20、PCD，切削速度为 2000～4000mm/min，进给率为 3000～12000mm/min，刀具前角为 12°～18°，后角为 10°～18°，刃倾角可达 25°
		铸铝合金	铸铝合金根据其 Si 含量的不同，选用的刀具也不同，对 Si 含量小于 12% 的铸铝合金可采用 K10、Si_3N_4 刀具，当 Si 含量大于 12% 时，可采用 PKD（人造金刚石）、PCD（聚晶金刚石）及 CVD 金刚石涂层刀具。对于 Si 含量达 16%～18% 的过硅铝合金，最好采用 PCD 或 CVD 金刚石涂层刀具，其切削速度可为 1100mm/min，每齿进给量为 0.125mm/r

续表

序号	切削材料	详细描述
2	铸铁	对铸件，切削速度大于350mm/min时，称为高速加工，切削速度对刀具的选用有较大影响。当切削速度低于750mm/min时，可选用涂层硬质合金、金属陶瓷；切削速度为510～2000mm/min时，可选用Si_3N_4陶瓷刀具；切削速度为2000～4500mm/min时，可使用CBN刀具。 铸件的金相组织对高速切削刀具的选用有一定影响，加工以珠光体为主的铸件在切削速度大于500mm/min时，可使用CBN或Si_3N_4；当以铁素体为主时，由于扩散磨损的原因，使刀具磨损严重，不宜使用CBN，而应采用陶瓷刀具。如黏结相为金属Co，晶粒尺寸平均为3μm，CBN含量为90%～95%的BZN6000刀具在$V=700$mm/min时，宜加工高铁素体含量的灰铸铁；黏结相为陶瓷（AlN＋AlB_2）、晶粒尺寸平均为10μm、CBN含量为90%～95%的Amborite刀片，在加工高珠光体含量的灰铸铁，且切削速度小于1100mm/min时，随切削速度的增加，刀具寿命也增加
3	普通钢	切削速度对钢的表面质量有较大的影响，根据德国Darmstadt大学PTW所的研究，其最佳切削速度为500～800mm/min。 目前，涂层硬质合金、金属陶瓷、非金属陶瓷、CBN刀具均可作为高速切削钢件的刀具材料。其中涂层硬质合金可用切削液。用PVD涂层方法生产的TiN涂层刀具其耐磨性能比用CVD涂层法生产的涂层刀具要好，因为前者可很好地保持刃口形状，使加工零件获得较高的精度和表面质量。 金属陶瓷刀具占日本刀具市场的30%，以TiC-Ni-Mo为基体的金属陶瓷化学稳定性好，但抗弯强度及导热性差，适于切削速度为400～800mm/min的小进给量、小切削深度的精加工；Carboly公司用TiCN作为基体、结合剂中少钼多钨的金属陶瓷将强度和耐磨两者结合起来；Kyocera公司用TiN来增加金属陶瓷的韧性，其加工钢或铸铁的切削深度可达2～3mm。CBN可用于铣削含有微量或不含铁素体组织的轴承钢或淬硬钢
4	高硬度钢	高硬度钢(40～70HRC)的高速切削刀具材料可用金属陶瓷、陶瓷、TiC涂层硬质合金、PCBN等。金属陶瓷刀具可用基本成分为TiC添加TiN的金属陶瓷材料，其硬度和断裂韧性与硬质合金大致相当，而导热系数不到硬质合金的1/10，并具有优异的耐氧化性、抗黏结性和耐磨性。另外其高温下力学性能好，与钢的亲和力小，适合于中、高速（在200mm/min左右）的模具钢SKD加工。金属陶瓷刀具尤其适合于切槽加工。 采用陶瓷刀具可切削硬度达63HRC的工件材料，如进行工件淬火后再切削，实现“以切代磨”。切削淬火硬度达48～58HRC的45钢时，切削速度可取150～180mm/min，进给量可取0.3～0.4r/min，切削深度可取2～4mm。粒度在1μm，TiC含量在20%～30%的Al_2O_3-TiC陶瓷刀具，切削速度为100mm/min左右时，可用于加工具有较高抗剥落性能的高硬度钢。 当切削速度高于1000mm/min时，PCBN是最佳刀具材料，CBN含量大于90%的PCBN刀具适合加工淬硬工具钢（如55HRC的H13工具钢）
5	高温镍基合金	Inconel718镍基合金是典型的难加工材料，具有较高的高温强度、动态剪切强度，热扩散系数较小，切削时易产生加工硬化，这将导致刀具切削区温度高、磨损速度加快。高速切削该合金时，主要使用陶瓷和CBN刀具。 碳化硅晶须增强氧化铝陶瓷在100～300mm/min时可获得较长的刀具寿命，切削速度高于500mm/min时，添加TiC氧化铝陶瓷刀具磨损较小，而在100～300mm/min时其缺口磨损较大。氮化硅陶瓷（Si_3N_4）刀具也可用于Inconel718合金的加工。 氮氧化硅铝（Sialon）陶瓷刀具韧性很高，适合于切削过固溶处理的Inconel718（45HRC）合金，Al_2O_3-SiC晶须增强陶瓷刀具适合于加工硬度低的镍基合金
6	钛合金	Ti6A16V2Sn钛合金强度、冲击韧性大，硬度稍低于Inconel718，但其加工硬化非常严重，故在切削加工时出现温度高、刀具磨损严重的现象。用硬质合金K10两刃螺旋铣刀（螺旋角为30°）高速铣削钛合金，可达到满意的刀具寿命
7	复合材料	航天用的先进复合材料（如Kevlar和石墨类复合材料），以往用硬质合金和PCD刀具，硬质合金刀具的切削速度受到限制，而在900℃以上的高温下PCD刀片与硬质合金或高速钢刀体焊接处熔化，用陶瓷刀具则可实现300mm/min左右的高速切削

六、刀具-刀柄接口技术

随着数控机床的普及应用和切削加工向高速、高精度方向发展，对带柄刀具的夹紧系统提出很高的要求，传统的刀具夹紧方法已不能适应新的要求。如果刀柄对刀具夹持不牢固，轻则降低加工精度，重则导致刀具及工件损坏，甚至引发安全事故。

为此，近些年来国外相继开发了一些夹紧精度高、传递转矩大、结构对称性好、外形尺寸小的新型刀具夹头。

1. 常用的刀具夹头

表 2.3.9 详细描述了常用的刀具夹头类型。

表 2.3.9　常用的刀具夹头类型

序号	刀具夹头类型	详细描述
1	高精度弹簧刀具夹头	高精度弹簧刀具夹头与普通弹簧夹头相似，采用锥角 12°锥套，所有夹头都经平衡修整，以适应高速加工的要求。典型产品如日本大昭和公司生产的 HMC 和 MEGA 夹头，如图 2.3.9 所示，主要用于夹持立铣刀进行强力粗铣和模具加工，夹紧力可达 3000N · m，使用速度可达 40000r/min  图 2.3.9　大昭和公司生产的 MEGA 夹头系列
2	热缩式刀具夹头	利用刀柄装刀孔的热胀冷缩使刀具可靠夹紧。它是一种无夹紧元件的刀具夹头，结构简单对称、夹紧力大，应用非常广泛，图 2.3.10 所示为热缩式刀具夹头刀柄  图 2.3.10　热缩式刀具夹头刀柄
3	高精度静压膨胀式刀具夹头	典型产品如由德国雄克公司生产的高精度静压膨胀式刀具夹头，如图 2.3.11 所示。通过拧紧加压螺栓提高油腔内的油压，使油腔内壁均匀对称地向轴线方向膨胀，以夹紧刀具。该刀具夹头夹持精度极高，其径向圆跳动小于 3μm  图 2.3.11　高精度静压膨胀式刀具夹头

续表

序号	刀具夹头类型	详细描述
4	应力锁紧式刀具夹头	典型产品为德国雄克公司的 TRIBOS 应力锁紧式刀具夹头，该刀具夹头利用夹头本身的变形力夹紧刀具，其自由状态为三棱形，装夹刀具时，利用外力作用使夹头内孔变为圆形，撤销外力后，内孔重新收缩为三棱形，以实现对刀具三点夹紧。该刀具夹头具有结构紧凑、定位精度高（可达 3μm 以下）且对称、刀具装夹简单等特点。应力锁紧式刀具夹头如图 2.3.12 所示  图 2.3.12　应力锁紧式刀具夹头
5	新颖结构刀具夹头	由 Sandvik 公司新推出的 Coro Grip 夹头（如图 2.3.13），借助液压装置推动锥套，在 3D 处测量，其径向圆跳动可达 2～6μm，这种刀具夹头夹紧更为可靠，其刚性高于液压刀具夹头，装夹时间短于热缩刀具夹头。  图 2.3.13　Sandvik 公司的 Coro Grip 夹头 ISCAR 公司推出的圆柱柄新型夹头（如图 2.3.14），不仅保证端面接触，而且能在半个圆周面上形成夹紧力，提高了夹持刚性  图 2.3.14　ISCAR 公司推出的圆柱柄新型夹头

其中热缩式刀具夹头、静压膨胀式刀具夹头、应力锁紧式刀具夹头是高速铣削最常用的

三种刀柄与刀具连接方式，在实际使用中，需要考虑刀柄与刀具的实际情形进行选择。

2. 刀具夹头的比较

表 2.3.10 列出了静压膨胀式、应力锁紧式、热缩式三种刀具夹头的性能比较。

表 2.3.10　三种刀具夹头性能比较

种类	静压膨胀式刀具夹头	应力锁紧式刀具夹头		热缩式刀具夹头
		TRIBOS-S	TRIBOS-R	
优点	阻尼减振，装卸刀具无需专用装置	超细外形	阻尼减振，高径向刚度	大切削扭矩，高径向刚度
夹持范围/mm	3～32	0.3～32	3～32	3～32
径向圆跳动/mm	＜0.003	＜0.003	＜0.003	＜0.003②
工作转速/(r/min)	＜50000	＜85000	＜55000	＜50000
切削转矩①/N·m	≥280	≥150	≥240	≥500
改变夹持直径	使用减径套	使用减径套	使用减径套	—
装卸工具	内六角扳手	加载器	加载器	加热装置

① 夹持直径 20mm。
② 夹持孔口处的径向圆跳动。

静压膨胀式刀具夹头具有环形封闭油腔，应力锁紧式刀具夹头 TRIBOS-R 有减振空腔结构，这两种刀具夹头在切削加工时具有阻尼减振性能，可以减小刀具的振动，大幅度提高刀具的使用寿命；而热缩式刀具夹头是一种纯刚性夹持。

三种刀具夹头的夹持精度（径向圆跳动）都为 0.003mm，静压膨胀式和应力锁紧式刀柄的径向圆跳动是在夹持孔外 $2.5\times D_{max}$ 或 50mm 处测量的；热缩式刀具夹头的径向圆跳动值是在夹持孔口处测量的。静压膨胀式刀具夹头用一把内六角扳手就可以装卸刀具，应力锁紧式刀具夹头要借助于加载器装卸刀具，热缩式刀具夹头要借助于加热装置装卸刀具。

刀具夹头的夹持力属热缩式刀具夹头最大，静压膨胀式刀具夹头次之，应力锁紧式刀具夹头相对最小，但应力锁紧式刀具夹头的夹持力已足以保证刀具在切削加工中不会打滑。热缩式刀具夹头加热时除了径向膨胀外，在轴向也有膨胀伸长，冷却时轴向的收缩会使刀柄孔和刀杆之间产生微量的相对移动以及轴向的残余应力，微量的相对移动会使刀柄孔在多次使用后产生磨损，孔径变大；轴向的残余应力当刀具受到径向载荷时会产生不均匀释放，影响刀具的夹持精度。

3. 热缩式刀具夹头优点

与传统的弹性刀具夹头相比较，热缩式刀具夹头具有许多优点，见表 2.3.11。

表 2.3.11　热缩式刀具夹头具有的优点

序号	切削材料	详细描述
1	具有稳定的高精度	传统的弹性夹套式刀柄由本体、弹性夹套、拧紧螺母等零件组合构成，同时，夹紧时夹套沿锥面很可能产生收缩不均、倾斜、变形，因而其组合精度低。热缩式刀具夹头由于是刀柄单体构成的，没有零件组合带来的精度低的缺点，并且是依靠金属的收缩方式夹持刀具，比机械性收缩方式离散度小，精度稳定性高
2	对刀具能进行强力夹持	热缩式刀具夹头是依靠刀具安装孔的内径与刀具柄部外径的配合过盈量来进行夹持刀具的，配合过盈量的大小决定夹持力的大小。因此，希望刀具安装孔内径和刀具柄部外径的尺寸公差尽可能小，以保证它们的配合松紧要求。在此条件下，夹持转矩可达到弹性夹套式刀柄和油压刀柄的 3 倍，实现强力夹持。图 2.3.15 所示为热缩式刀具夹头和弹性夹头的夹持转矩比较。

续表

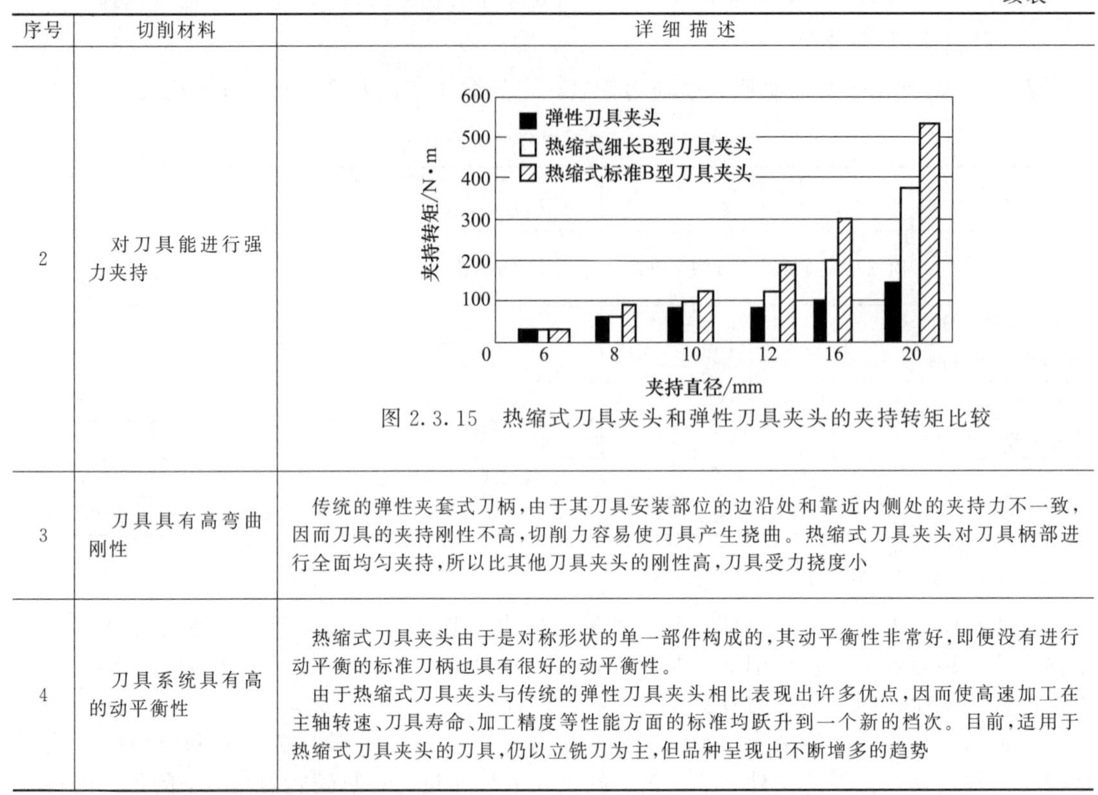

序号	切削材料	详细描述
2	对刀具能进行强力夹持	图 2.3.15 热缩式刀具夹头和弹性刀具夹头的夹持转矩比较
3	刀具具有高弯曲刚性	传统的弹性夹套式刀柄，由于其刀具安装部位的边沿处和靠近内侧处的夹持力不一致，因而刀具的夹持刚性不高，切削力容易使刀具产生挠曲。热缩式刀具夹头对刀具柄部进行全面均匀夹持，所以比其他刀具夹头的刚性高，刀具受力挠度小
4	刀具系统具有高的动平衡性	热缩式刀具夹头由于是对称形状的单一部件构成的，其动平衡性非常好，即便没有进行动平衡的标准刀柄也具有很好的动平衡性。 由于热缩式刀具夹头与传统的弹性刀具夹头相比表现出许多优点，因而使高速加工在主轴转速、刀具寿命、加工精度等性能方面的标准均跃升到一个新的档次。目前，适用于热缩式刀具夹头的刀具，仍以立铣刀为主，但品种呈现出不断增多的趋势

七、刀柄-机床接口技术

刀柄-机床接口即刀柄与机床的连接端所选的工具系统必须与机床主轴相对应。

1. BT刀柄的缺陷

在常规的数控切削中，传统的BT（7∶24锥度）工具系统占据了十分重要的地位（如图2.3.16BT刀柄）。高速加工时，主轴工作转速达到每分钟数万转，在离心力作用下主轴孔的膨胀量比实心的刀柄大，使锥柄与主轴的接触面积减少，导致BT工具系统的径向刚度、定位精度下降；在夹紧机构拉力的作用下，BT刀柄的轴向位置发生变化，轴向精度下降，从而影响加工精度。机床停车时，刀柄内陷于主轴孔内将很难拆卸。另外，由于BT工具系统仅使用锥面定位、夹紧，还存在换刀重复精度低、连接刚度低、传递转矩能力差、尺寸大、重量大、换刀时间长等缺点。

图 2.3.16 BT刀柄

BT刀柄的锥度为7∶24，转速在10000r/min以下时，刀柄与主轴系统还不会出现明显的变形，但当主轴从10000r/min升高到20000r/min时，由于离心力的作用，主轴系统的端部将出现较大变形，其径向圆跳动公差急剧增加。主轴转速超过10000r/min时，刀柄与主轴锥孔间将出现明显的间隙，如图2.3.17所示为BT刀柄变形结构图，图2.3.18为BT刀柄变形实物图，严重影响刀具的切削特性，因此BT刀柄一般不能用于高速切削。

2. 高速刀柄的应用

为了克服传统刀柄仅依靠锥面定位导致的不利影响，一些科研机构和刀具制造商研究开发了一种能使刀柄在主轴内孔锥面和端面同时定位的新型连接方式——两面约束过定位夹持系统。两面约束过定位夹持系统弥补了传统工具系统的许多不足，代表了刀柄-机床接口技术的主流方向，得到越来越广泛的应用。目前，国外已研发了多种结构形式的两面约束过定位夹持系统，由于该系统具有重复定位精度高，动、静刚度高等一系列优点，可满足高速加工的要求。目前，该系统主要有短锥柄和 7∶24 长锥柄两种形式，具有代表性的主要有 HSK、KM、NC5、Big-plus 等几种。

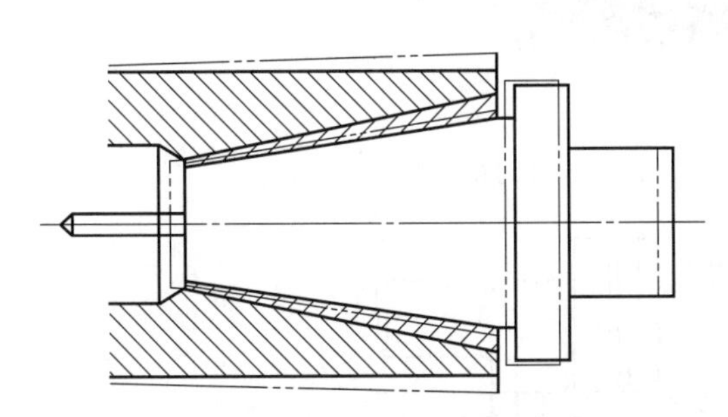

图 2.3.17　BT 刀柄变形结构图

图 2.3.18　BT 刀柄变形实物图

表 2.3.12 详细描述了高速刀柄的特点、结构和原理。

表 2.3.12　高速刀柄的特点、结构和原理

序号	切削材料	详细描述
1	HSK 工具系统	HSK 刀柄是德国阿亨工业大学机床研究所研究的一种新型高速短锥刀柄，如图 2.3.19 所示为 HSK 刀柄实物图，图 2.3.20 所示为 HSK 刀柄结构图。其结构特点是空心、薄壁、短锥，锥度为 1∶10。端面与锥面同时定位、夹紧，刀柄在主轴中的定位为过定位，使用由内向外的外胀式夹紧机构。这种刀柄是目前在高速加工上应用最广泛的一种 图 2.3.19　HSK 刀柄实物 图 2.3.20　HSK 刀柄结构

续表

序号	切削材料	详 细 描 述
2	KM 工具系统	由美国肯纳公司研究开发的 KM(Kennametal)模块系统——两面夹刀具系统，如图 2.3.21 所示为 KM 刀柄实物图，图 2.3.22 所示为 KM 刀柄结构图  图 2.3.21　KM 刀柄实物 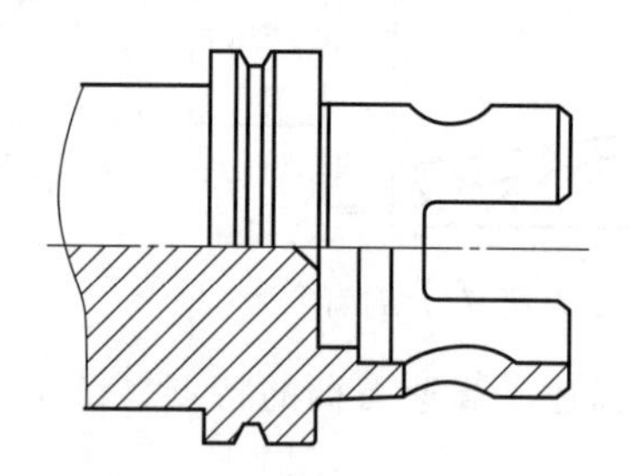 图 2.3.22　KM 刀柄结构 KM 工具系统采用了三点定位方式，既可用于车床又可用于车削中心和加工中心。由于它结构独特，具有高速、高刚性、高精度的优点，正在被越来越多的机床厂家采用。与 HSK 刀柄相比，KM 刀柄与主轴锥孔间的过盈量高 2～5 倍，如 KM6350(相当于 BT40)的过盈量为 10～25μm，其实际应用中，KM6350 和 KM4032 的转速分别达到 36000r/min 和 50000r/min。KM 工具系统具有高刚度、高精度、快速维护简单等优点。试验证实 KM 刀柄的动平衡性能比 HSK 系统更高，不过由于 KM 刀柄锥面上开的两个供夹紧用的圆弧凹槽，需要非常大的夹紧力才能正常工作。 与 HSK 很类似，KM 也是采用了 1∶10 的空心短锥配合定位方式。主要的差别在于夹紧机构的刀柄是使用钢球斜面锁紧，夹紧时钢球沿拉杆的斜面被推出，卡在刀柄上的锁紧孔斜面上，向主轴孔拉紧，刀柄产生弹性变形使刀柄端面与主轴端面贴紧，如图 2.3.23 所示 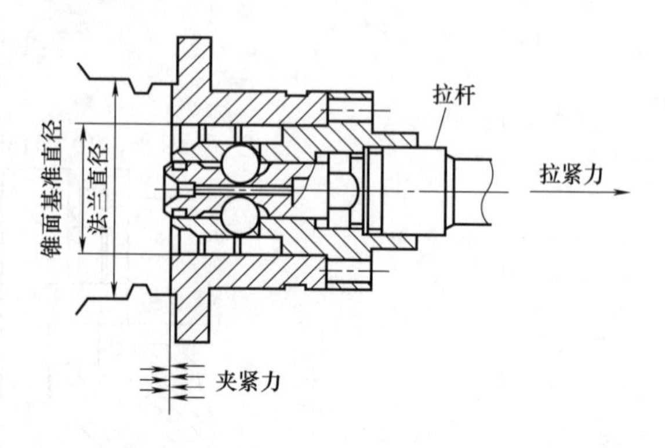 图 2.3.23　KM 刀柄的夹紧

续表

序号	切削材料	详 细 描 述
3	NC5 工具系统	NC5 工具系统是日本株式会社日研工作所开发的，采用 1：10 锥度双面定位结构。锥柄采用实心结构，使其抗高频颤振能力优于空心短锥结构，如图 2.3.24 所示为 NC5 刀柄实物图，图 2.3.25 所示为 NC5 刀柄结构图。  图 2.3.24　NC5 刀柄实物 其定位原理与 HSK、KM 相同，不同的是把 1：10 锥柄分成了锥套和锥柄两部分，锥套端面有碟形弹簧，具有缓冲抑振作用。通过锥套的微量位移，可以有效吸收锥部基准圆的微量轴向位置误差，以便降低刀柄的制造难度。碟形弹簧的预压作用还能衰减切削时的微量振动，有益于提高刀具寿命。当高速旋转的离心力导致锥孔扩张时，碟形弹簧会使轴套产生轴向位移，补偿径向间隙，确保径向精度，由于刀柄本体并未产生轴向移动，因此又能保证工具系统的轴向精度 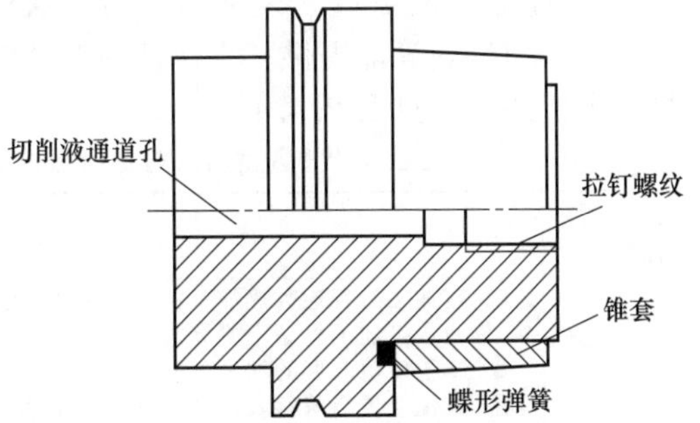 切削液通道孔 拉钉螺纹 锥套 蝶形弹簧 图 2.3.25　NC5 刀柄结构
4	Big-plus 工具系统	Big-plus 工具系统是日本大昭和精机公司开发的改进型 7：24 锥柄工具系统。如图 2.3.26 所示为 Big-plus 刀柄实物图，图 2.3.27 所示为 Big-plus 刀柄与间隙 BT 刀柄结构的对比示意图。该系统与现有的 7：24 锥柄完全兼容，它将主轴端面与刀具法兰间的间隙量分配给主轴和刀柄各一半，分别加长主轴和加厚刀柄法兰的尺寸，实现主轴端面与刀具法兰的同时接触。装入刀柄时伴随主轴孔的扩张使刀具轴向移动达到端面接触。  图 2.3.26　Big-plus 刀柄实物 与 BT 锥柄相比，Big-plus 锥柄对弯矩的承载能力因有一个加大的支承直径而提高，从而增加了装夹稳定性。Big-plus 工具系统的夹持刚性高，因此在高速加工中可减少刀柄的跳动量，提高重复换刀精度。 Big-plus 刀具系统采用 7：24 锥度，其结构设计可保证刀柄主轴与主轴端面的间隙约 0.2mm，锁紧时可利用主轴内孔的弹性膨胀对该间隙进行补偿，以确保刀柄与主轴端面贴紧

续表

序号	切削材料	详细描述
4	Big-plus 工具系统	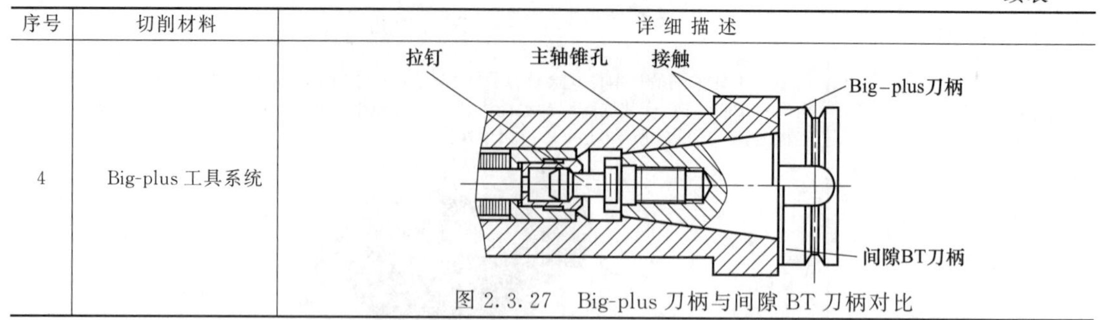 图 2.3.27　Big-plus 刀柄与间隙 BT 刀柄对比

第四节　高速加工编程策略

一、高速加工与普通数控加工的比较

高速加工从概念和应用上讲，仍然属于数控加工的范畴，但是高速加工与普通数控加工不同，具有其独特的性质，其数控加工的刀具路径与切削用量等都与普通数控加工有很大的差别，对 CAM 系统的要求也更高，现有的主流 CAM 软件，如 PowerMILL、UG NX、Cimatron、Mastercam、Creo 等都提供了高速铣削刀具轨迹策略。在 CAM 系统中，高速加工与普通数控加工主要差别，见表 2.4.1。

表 2.4.1　高速加工与普通数控加工比较

序号	高速加工与普通数控加工比较	详细描述
1	加工模型的比较	高速加工与普通数控加工在加工模型的建立上有着很大的区别。 普通数控加工模型主要有两种： ①基于残留高度的加工模型　这种加工模型在 CAM 技术发展的初始阶段应用十分广泛。其优点是当编程人员确认不发生干涉时，计算稳定、速度快，缺点是刀具干涉时需要进行人工的复杂判断。 ② 平面片离散加工模型　该模型将曲面离散成三角片或四边片，在多面体模型上计算刀位轨迹。其优点是计算稳定，缺点是离散的速度、精度和稳定性不易控制。 以上两种加工模型最大的缺点是加工过程不可知。由于在任何两道加工工序之间是没有直接联系的，所以任何一道加工工序都依赖于操作人员的参与。 在工序间检测之前操作人员并不清楚毛坯还有多少材料没有去除，往往在零件的某些部分还有很多剩余材料的时候就开始精加工，很容易引起撞刀和切削不均。而且普通数控加工的加工模型不能优化进刀，过多的空走刀，降低了加工效率，对于高速加工来说很不利。为了满足高速加工的特殊要求，就必须清楚零件在任何时候的切削状态，目前在数控高速切削加工中应用得最多的是留量加工模型。留量加工模型可以反映加工过程中各个切削点的状态，并能获得刀具的实际切削量。 所谓的留量加工模型，就是综合考虑上一道工序留下的材料余量和产品几何信息来计算刀具轨迹的加工。即： 粗加工刀具轨迹是根据毛坯和产品模型综合计算而成； 半精加工刀具轨迹是根据粗加工后半成品模型和产品模型计算而成； 精加工刀具轨迹是根据半精加工后半成品模型和产品模型计算而成； 清根轨迹是根据精加工后半成品模型和产品模型计算而成。 加工的每一个工序，CAM 系统都清楚地记得还有哪些材料未去除、哪些部分已加工到位。这样，系统就可以自动判断是否要补加工、是否清根，尽量从没有材料的方位下刀，从而实现加工的优化和智能化
2	加工参数的比较	普通数控加工中，高效率来自低转速、大切削深度、缓进给、单行程。而在高速加工中，采用高转速、小切削深度、快进给，则会更为有利。目前，一般高速切削机床主轴旋转速度达到 15000r/min 以上，刀具进给切削速度为 5000mm/min 以上，每层切削厚度介于 0.3～0.5mm 之间。当然，具体的切削参数要根据加工材料和刀具来确定。表 2.4.2 列出部分材料高速切削和普通切削的速度对比。 同时，编程者的实际数控高速切削加工经验也起着非常重要的作用

续表

序号	高速加工与普通数控加工比较	详细描述
3	加工路径的比较	高速加工虽然也属于数控加工的范围，但由于其采用很高的切削速度，所以在加工路径规划上与普通数控加工就有着很大的区别，这主要体现在进/退刀方式、移刀方式和走刀方式以及拐角处理方式上。 高速加工并不是简单地将原有的普通切削加工工艺以高的主轴转速或快速的进给速度来运行，而是在充分发挥高速机床的性能和刀具的切削效率的基础上，以小的径向和轴向切削深度、较小而恒定的切削载荷、高出普通切削几倍的切削速度和进给速度完成对工件的加工。 与传统方式相比，高速加工对加工工艺走刀方式有着特殊要求，因而要求在 CAM 编程时必须考虑以下特定的工艺要求： ①应避免刀具轨迹中走刀方向的突然变化，以避免因局部过切而造成刀具或设备的损坏。如下刀或行间过渡部分最好采用斜式下刀或圆弧下刀，避免垂直下刀直接接近工件材料；行切的端点采用圆弧连接，避免直线连接。 ②应保持刀具轨迹的平稳，避免突然加速或减速。 ③切削过程中尽可能保持恒定的切削载荷及金属去除率，除非情况必须如此，否则仍应避免全刀宽切削。在粗加工时尽量保证所留余量均匀，如有必要可以进行半精加工，以减少精加工时切削载荷的变化。 ④残余量加工或清根加工是提高加工效率的重要手段，一般应采用多次加工或系列刀具从大到小分次加工，直至达到所需尺寸，避免用小刀一次加工完成。 ⑤ 应避免多余空刀，缩短空行程，并尽可能减少刀具的换向次数与加工区域之间的跳转次数；如有必要可通过精确裁剪减少空刀，提高效率。 总之，相对于传统的数控编程而言，高速加工要求刀具路径平顺、切削载荷稳定、空行路径尽量短、切削效率更高，并且要求刀具路径必须有很高的安全性，以发挥高速加工中心的最大效能

表 2.4.2　高速切削和普通切削的速度对比

加工材料	端铣和钻削		平面和曲面铣	
	普通速度/(ft/min)	高速/(ft/min)	普通速度/(ft/min)	高速/(ft/min)
铝	1000	10000	2000	12000
灰铸铁 球墨铸铁	500 250	1200 800	1200 800	4000 3000
碳素钢 合金钢 不锈钢 淬硬钢 (62HRC)	250 250 250 80	1200 800 500 400	1200 700 500 100(WC) 300(CBN)	2000 1200 900 150(WC) 600(CBN)
钛合金	125	200	150	300

注：1. WC 为硬质合金刀具，PCD 为金刚石镀层硬质合金刀具；CBN 为立方氮化硼刀具。
2. 1ft＝0.3048m。

二、高速加工的切削参数

高速加工切削参数的确定主要考虑加工效率、加工表面质量、刀具磨损以及加工成本。不同刀具加工不同材料时，切削参数会有很大差异。切削参数的合理选取能避免对高速机床主轴的损伤和高速切削刀具的无效损耗，进而最大限度地发挥高速机床的效率。

切削参数主要包括切削速度、进给量和切削深度。高速铣削加工参数一般是采用高的切削速度，中等的每齿进给量，较小的轴向切削深度，适当放大的径向切削深度。

对切削参数的选择一般遵循以下原则：

由切削理论可知，对刀具寿命影响最大的是切削速度，其次是进给量，再次是切削深度。在实际生产中，要从考虑“刀具寿命”出发，在保证加工质量及在工艺系统刚性允许的条件下，先选用较大的切削深度，再选用较大的进给量，最后选适宜的切削速度。这也是在实际生产中相同材质的刀具加工相同材料的工件时，刀具直径越大，转速就越低，刀具直径越小，转速就越高的根本原因。高速切削铣刀价格比较贵，选择切削用量时更要遵循此原则。

高速加工机床切削用量的选择方法，见表2.4.3。

表2.4.3　高速加工机床切削用量的选择方法

序号	切削用量选择方法	详细描述
1	明确所用高速机床的最高转速	所确定的刀具转速不得超过机床的最高转速
2	明确加工工件的材料和硬度	材料越硬，切削用量相应取小值
3	明确加工性质	分清是粗加工、半精加工还是精加工。 ①转速 S：粗加工-半精加工-精加工，S 逐渐增大。 ②进给量 F：粗加工-半精加工-精加工，F 逐渐减小。 ③切削深度（轴向切削深度、径向切削深度）：粗加工-半精加工-精加工，轴向切削深度和径向切削深度逐渐减小
4	明确所用刀具的性能	选择的刀具决定最终能用的转速，决定机床的加工是普通低速加工还是高速加工。进行高速加工时，必须选择高速刀，并给出相应的高速。不同公司不同品牌的刀具之间承受高速的能力是不一样的。经销商会提供刀具相关技术资料，该资料一般有以下内容：刀具类型，大小，加工材料硬度，最大的吃刀量，推荐的V或S、F等。这些相关资料可能在预定切削用量时提供参考。参考刀具制造商提供的参数进行加工，通常会取得满意的加工效果。另外需强调一点，与普通低速CNC机床相比，当用高速机床进行高速加工时，切削深度（直径方向、轴向方向）相应要小。这是因为机床功率一定，主轴转速越快时，主轴承受切削力的能力将减小。高速加工时，讲求的是轻快。通常切削深度会在普通低速CNC机床的基础上衰减30%～50%
5	明确切削用量的选择原则	明确切削用量遵循切削用量的选择原则，确定出较合理的切削用量。然后将其运用于实际加工中加以检验修正，并结合机床、刀具、加工材料、加工性质摸索出最佳的切削用量。切削深度选用过大和主轴转速选用不当均会造成断刀和加工面粗糙

在表2.4.4中，给出了几种常用金属材料采用不同直径的硬质合金刀具进行高速加工时的切削参数。

表2.4.4　高速加工时的切削参数

工件材料	刀具直径/mm	切削深度/mm	切削宽度/mm	转速/(r/min)	切削速度/(mm/min)
钢<45HRC	$\phi10$	0.8	4	10000	2200
	$\phi8$	0.7	3	10000	2200
	$\phi6$	0.6	2	12000	2000
	$\phi4$	0.3	1.5	16000	2500
	$\phi3$	0.25	1	16000	2000
	$\phi2$	0.12	0.8	18000	1200
	$\phi1$	0.06	0.3	20000	600
淬硬钢>45HRC	$\phi10$	0.4	4	7000	2000
	$\phi8$	0.3	3	7000	2000
	$\phi6$	0.25	2	9000	1200
	$\phi4$	0.2	1.5	12000	2500
	$\phi3$	0.16	1	12000	120
	$\phi2$	0.12	0.8	18000	1000
	$\phi1$	0.04	0.3	20000	600
铜	$\phi10$	1	4	10000	3000
	$\phi8$	0.8	3	10000	3000
	$\phi6$	0.6	2	12000	3000
	$\phi4$	0.4	1.5	16000	3000
	$\phi3$	0.3	1	16000	3000
	$\phi2$	0.2	0.8	20000	2000
	$\phi1$	0.08	0.3	20000	1000

三、高速加工刀具路径的规划

1. 刀具路径的高速连接

为了避免切削速度的突然变化，输出光滑、平顺的刀位轨迹，高速加工刀具路径应从移刀方式、切入与切出等方面综合考虑，以得到最优路径。见表 2.4.5。

表 2.4.5　刀具路径的高速连接

序号	刀具路径高速连接	详细描述
1	行切连接移刀	行切的方式对于大平面或相对平坦轮廓的切削较为高效便捷。行切加工时，普通数控加工的刀具路径是直接转向的，这样将需要一个变向的过程，相当于先急刹车再调头，对加工精度不利，同时对加工效率也有影响。在高速加工中，行切连接移刀可以有以下方法： 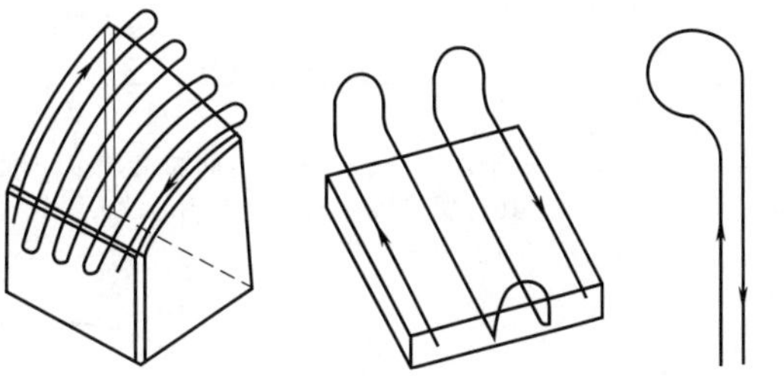 (a)　(b)　(c) 图 2.4.1　行切连接移刀 ①圆弧连接[图 2.4.1(a)]　行切的移刀直接采用圆弧连接。该方法在行切切削用量(行间距)较大的情况下处理得很好，在行切切削用量(行间距)较小的情况下会由于圆弧半径过小而导致圆弧接近一点，即近似为行间的直接直线移刀，从而导致机床预览减速，影响加工效率，对加工中心也不利。 ②采用内侧或外侧圆弧过渡移刀[图 2.4.1(b)]　该方法在一定程度上会解决在前面采用圆弧移刀的不足。但是在使用直径非常小的刀具(直径为 0.6mm 的球头刀)进行精加工时，由于刀具路径轨迹间距非常小(侧向切削用量为 0.2mm)，使得该方法也不够理想。这时可以考虑采用更为高级的移刀方式。 ③切向移刀[图 2.4.1(c)]　切向移刀采用高尔夫球竿头式移刀方式
2	环切光滑连接移刀	环切通常在对曲面或型腔的加工中使用，当采用封闭轮廓环形进给切削时，其刀具加工轨迹由从内向外或从外向内的多个环组成，其间的连接优化后为曲线连接。图 2.4.2 所示为环切光滑连接移刀 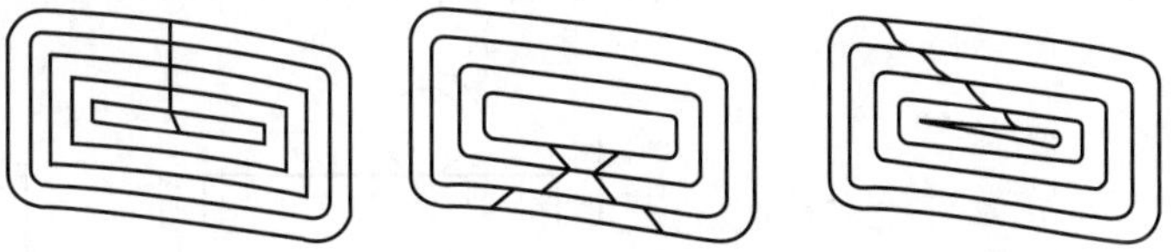 (a) 差　(b) 良好　(c) 最好 图 2.4.2　环切光滑连接移刀
3	Z 向分层加工的空间连接移刀	在对空间曲面轮廓进行等高分层加工时，刀具轨迹需要在不同高度的层之间跳转，其空间连接方式可以采用沿曲面轮廓下降或上升，亦可采用空间的螺旋线连接的方法，如图 2.4.3 所示。 无论是何种连接方法，均会造成轮廓连接处切削纹理乃至加工微观尺寸的变化，并影响到整体加工效率。在路径生成中应针对不同的加工区域特征，通过切削路径的合理安排和切削策略的设定，选用适当的连接移刀方式，尽量减少移刀次数

续表

序号	刀具路径高速连接	详细描述
3	Z 向分层加工的空间连接移刀	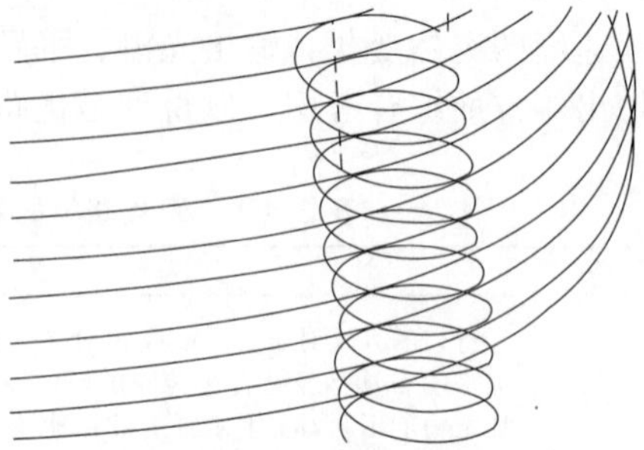 图 2.4.3　螺旋下降
4	刀具轨迹行间连接	对于加工轮廓封闭的行间加工，铣刀不能每次都在切削行之间起降，为避免切削载荷突变，其行切连接方式可以采用连续刀具路径或者采用封闭行间曲线圆滑连接的方式，如图 2.4.4 所示 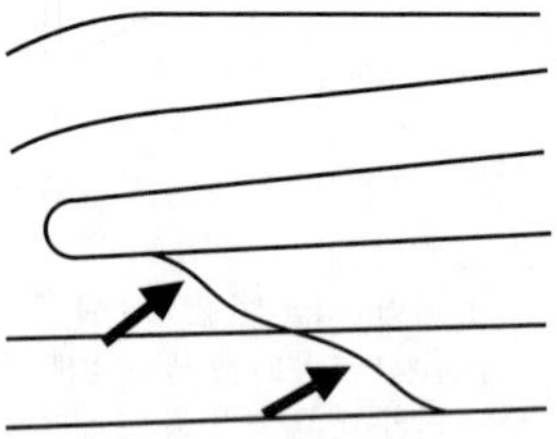 图 2.4.4　刀具轨迹行间连接
5	拐角处理	部分工件的外形轮廓为直角，刀具轨迹只能沿轮廓直角进给，刀具轨迹的优化比较困难。由于机床数控系统的响应特性、机床硬件的动态特性及传动系统的间隙等诸多因素影响，刀具高速运动到转角处可能发生前冲，越过工件实际轮廓，导致轨迹畸变。 日本牧野铣床株式会社在研究中发现，采用数控系统在高速进给的条件下按正方形轨迹走刀，实际上切削出的工件外形呈现类似于风车形的轮廓，如图 2.4.5 所示。这就是刀具前冲及传动系统振颤而导致的。 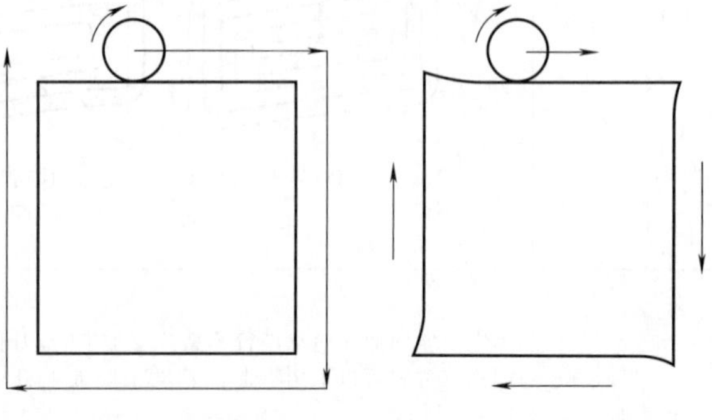 (a) 理论轮廓形状　(b) 实际轮廓形状 图 2.4.5　高速切削加工矩形时产生的轨迹畸变

续表

序号	刀具路径高速连接	详 细 描 述
5	拐角处理	针对上述问题，通常采用如下解决方法： ①在工件外轮廓转角处采用圆滑过渡的方式。刀具在转角处绕着工件尖角旋转至与下一步轮廓相切时再继续下一段直线切削，如图 2.4.6 所示。本功能除了可以由 CAM 软件实现之外，当前主流 CNC 数控系统也可提供该功能，如 FANUC 的 10、15、18 系列数控系统支持对转角模式的修改。 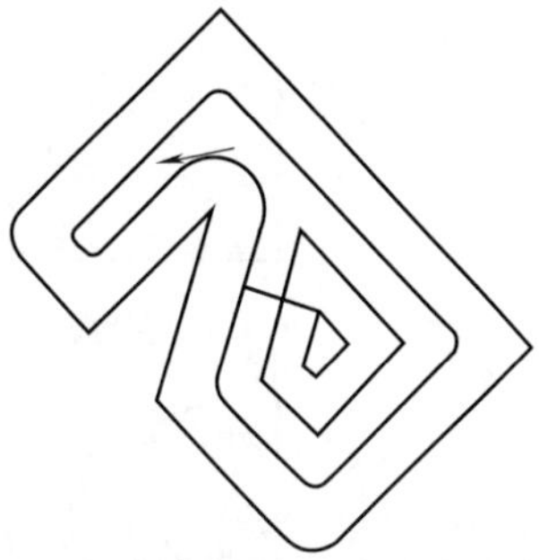 图 2.4.6　外轮廓转角处采用圆滑过渡方式 ②为避免由于轮廓尖角引起的刀具载荷急剧变化，除了在 CAD 建模阶段不应省略圆角特征之外，在 CAM 加工中可以选用较小半径的刀具(刀具半径＜0.7 圆角半径)，使拐角处的刀具路径变为平顺的圆弧，从而避免刀具的突然转向。在保证铣削方向不变的同时，调整相关的轮廓光顺值和拐角半径值，以圆滑的轨迹连接进给轮廓的内外圈，可以避免刀具的刚性转折移刀

2. Z 向刀具路径优化(见表 2.4.6)

表 2.4.6　Z 向刀具路径优化

序号	Z 向刀具路径优化	详 细 描 述
1	刀具跳转与连接优化	高速加工中，刀具可能需要在不同加工区域跳转，在同一区域加工中也需要对不同轨迹进行连接。跳转与连接有长连接与短连接之分。长、短连接一般按连接控制点之间的距离来划分，如以 10mm 为临界值，大于此值为长连接，刀具需要提起后至新的加工位置；小于此值则为短连接，刀具可以以相对快捷的方式移动至接下来的加工位置。 长连接刀具路径通常采用的方式有以下几种。 ①安全平面方式　工件毛坯最高点向上增加一预定值，将其作为刀具与工件无干涉的安全平面。刀具跳转时首先退回至此平面，再平移至下一个加工位置以快速进给速度进给至距离工件表面安全距离(如 2mm)后，再以进给速度下切。 ②相对增量方式　刀具退到指定平面后，沿平面移动，至下刀位置后以快速进给速度进给至距离工件表面进给距离(如 2mm)后，再以进给速度下切。 ③掠过方式　刀具以快速进给速度沿刀具轴向抬起，至相对的掠过高度位置(如 5mm)，然后平移到下刀接触点上方，以快速进给速度运动至靠近工件表面的预定距离(如 2mm)处，然后再以进给速度完成余下距离的进给。 如图 2.4.7 所示，安全平面高度为高于工件曲面 10mm，安全距离为 5mm，掠过距离为 2mm，进给间距为 2mm。其中虚线为快速移动轨迹，细实线为进给运动。 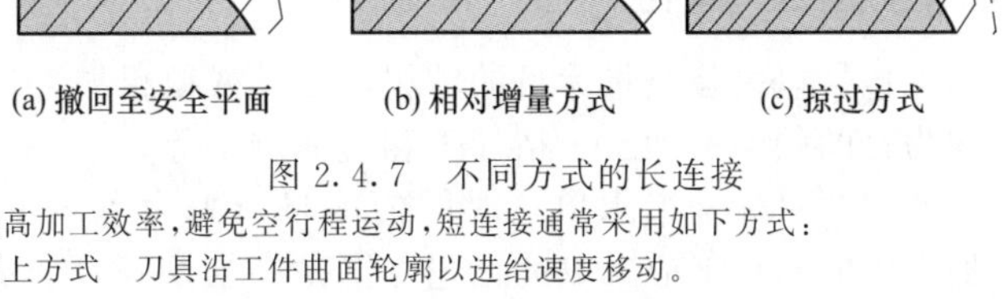 (a) 撤回至安全平面　(b) 相对增量方式　(c) 掠过方式 图 2.4.7　不同方式的长连接 为了提高加工效率，避免空行程运动，短连接通常采用如下方式： ①曲面上方式　刀具沿工件曲面轮廓以进给速度移动。

序号	Z 向刀具路径优化	详 细 描 述
1	刀具跳转与连接优化	②下切步距方式　在路径之间以预定距离（如 2mm）抬起，然后运动至进给位置后下切，刀具轨迹类似于相连的台阶。 ③直线连接方式　两条加工路径首尾之间以直线连接，对于凸形曲面轮廓，可能造成微观局部过切。 ④圆弧连接方式　以圆弧连接两条加工路径。 图 2.4.8 显示了不同方式的短连接。 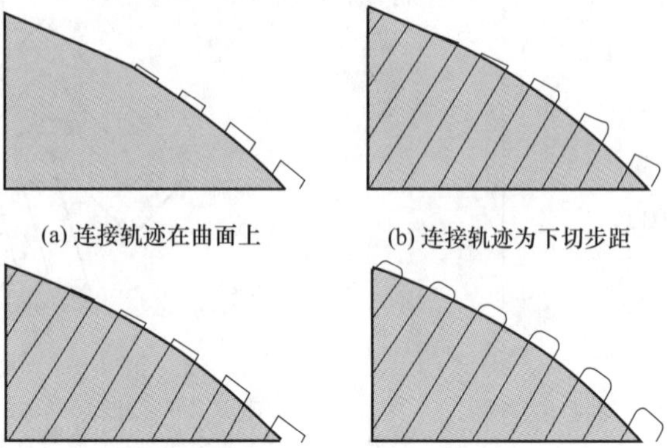 (a) 连接轨迹在曲面上　(b) 连接轨迹为下切步距 (c) 连接轨迹为直线　(d)连接轨迹为圆弧 图 2.4.8　不同方式的短连接 在主要考虑加工效率的情况下，高速加工中长连接一般采用掠过方式，短连接一般采用连接轨迹在曲面上方式。但无论哪种方式，都必须建立在刀具与工件、夹具无过切干涉的基础上
2	Z 向切入切出优化	Z 向的切入切出，传统加工通常为直上直下的插削方式，以便刀具在工件表面上平稳起降；高速加工时，需要对刀具切入工件的刀具轨迹按两次乃至三次曲线优化，以避免刚性冲击，特别是对于薄壁零件，一定要选择合适的切向进入，如图 2.4.9 所示 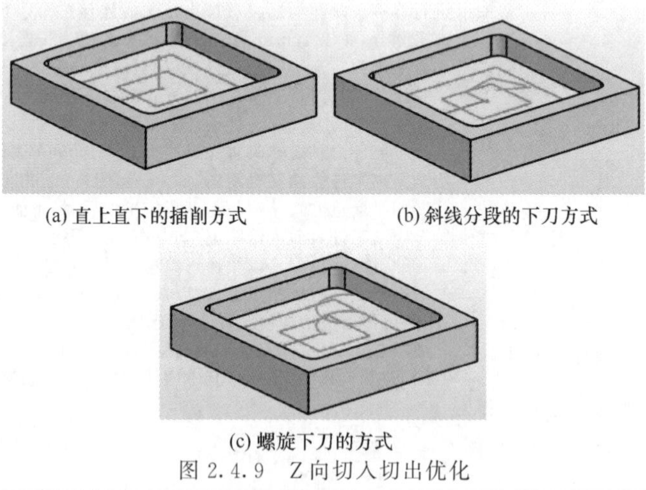 (a) 直上直下的插削方式　(b) 斜线分段的下刀方式 (c) 螺旋下刀的方式 图 2.4.9　Z 向切入切出优化

四、粗加工编程

高速加工包括以去除余量为目的的粗加工、残留粗加工，以及以获取高质量的加工表面及细微结构为目的的半精加工、精加工和镜面加工等。

粗加工的主要目标是追求单位时间内的材料去除率，并为半精加工准备工件的几何轮廓。高速加工中的粗加工应采取的工艺方案是高切削速度、高进给率和小切削用量的组合，见表 2.4.7。

表 2.4.7　粗加工编程策略

序号	粗加工编程策略	详细描述	
1	刀具的选择	刀具形式的选择	高速铣削刀具分为整体式和机夹式两类。小直径铣刀一般为整体式，而大直径铣刀采用机夹式。高转速机床对刀具直径有一定限制，整体式高速铣刀在出厂时经过动平衡检验，使用时比较方便；而机夹式需要在每次装夹刀片后进行动平衡，机床在转速比较低、能提供较大转矩时可采用机夹式铣刀。铣刀节距定义为相邻两个刀齿间的周向距离，其大小受铣刀刀齿数影响。短节距意味着较多的刀齿和中等的容屑空间，允许高的金属去除率，一般用于铸铁铣削和中等载荷铣削钢件，通常作为高速铣刀首选。大节距铣刀齿数较少，容屑空间大，常用于钢的粗加工和精加工，以及容易发生振动的场合
		刀具形状的选择	在高速粗加工中，最好的选择是圆角刀。平底立铣刀在切削时刀尖部位由于流屑干涉，切屑变形大，同时有效切削刃长度最短，导致刀尖受力大、切削温度高，磨损加快。球头立铣刀由于其有效的切削区域小，只能以很小的步距行进，加工效率较低。圆角立铣刀在加工时只有局部受力，铣削力明显小于平底立铣刀，同时在轴向切削深度较小时铣削力迅速下降，并且保持了较高的切削效率。使用可转位的圆角刀，还可以将刀片进行多个角度使用，从而大幅度降低刀具费用
		切削用量的选择	高速铣削加工用量的确定主要考虑加工效率、加工表面质量、刀具磨损以及加工成本。不同刀具加工不同工件材料时，加工用量会有很大差异，可根据实际选用的刀具和加工对象参考刀具厂商提供的加工用量选择。一般的选择原则是中等的每齿进给量，较小的轴向切削深度，适当大的径向切削深度，较高的切削速度
2	切削方式的选择	采用层切法	层切法（等高加工）是众多 CAM 软件普遍采用的一种加工方式。对于自由曲面形状的零件而言，采用层切法可以保持恒定的切削载荷，避免仿形加工向下插入时产生切削载荷突变
		顺铣与逆铣	铣刀旋转产生的切线方向与工件进给方向相同时，称为顺铣，如图 2.4.10(a)所示；铣刀旋转产生的切线方向与工件进给方向相反时，称为逆铣，如图 2.4.10(b)所示。逆铣时，切削由薄变厚，刀齿从已加工表面切入，对铣刀的使用有利。但是逆铣时，当铣刀刀齿接触工件后不能马上切入金属层，而是在工件表面滑动一小段距离，在滑动过程中，由于强烈的摩擦，会产生大量的热量，同时在待加工表面易形成硬化层，降低了刀具寿命，影响工件的表面粗糙度，给切削带来不利。顺铣时，刀齿开始和工件接触时切削厚度最大，且从表面硬质层开始切入，刀齿受很大的冲击载荷，铣刀变钝较快，但刀齿切入过程中没有滑移现象。 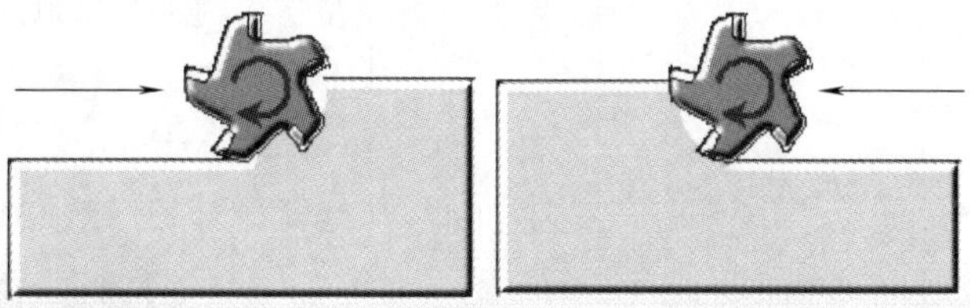 (a) 顺铣　(b) 逆铣 图 2.4.10　顺铣和逆铣 顺铣的功率消耗要比逆铣时小，在同等切削条件下，顺铣功率消耗要低5%～15%，同时顺铣也更加有利于排屑。一般应尽量采用顺铣法加工，以提高被加工零件表面质量（降低表面粗糙度值），保证尺寸精度。但是在切削面上有硬质层、积渣，工件表面凹凸不平较显著时，如加工锻造毛坯，应采用逆铣法。在实际编程中，可以选择混合铣方式，系统将计算生成更短的路径，同时可以减少抬刀，获得相对较高的加工效率

续表

<table>
<tr><th>序号</th><th>粗加工编程策略</th><th colspan="2">详细描述</th></tr>
<tr><td rowspan="3">2</td><td rowspan="3">切削方式的选择</td><td>走刀方式的选择</td><td>走刀方式通常可以选择单向、双向或者环绕方式。在高速加工中，使用单向走刀将产生较多的抬刀路径；使用双向走刀则会产生运动方向的突变，而且由于双向走刀不能保持单一的顺铣方向，因而不可取；使用环绕走刀方式，可以保持顺铣切削，并且产生全刀切削的距离最短，因而属于优先选择的走刀方式。图2.4.11所示为双向走刀与环绕走刀的对比 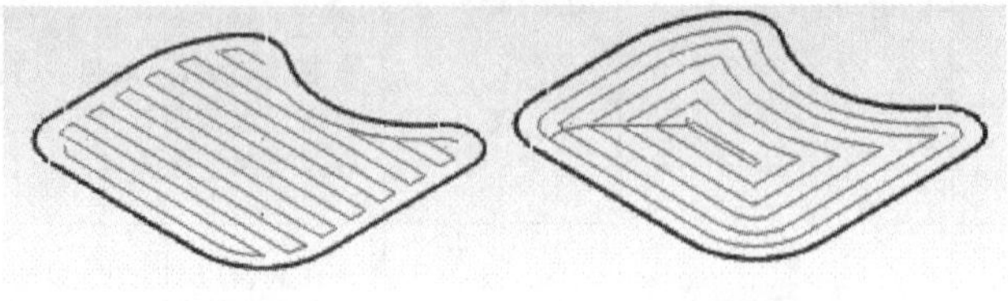
(a) 双向走刀　(b) 环绕走刀
图2.4.11　双向走刀与环绕走刀的对比</td></tr>
<tr><td>摆线切削</td><td>在窄槽加工时或者初始切削时，会产生全刀切削，按传统方式加工，在此位置将出现切削包角增大，吃刀宽度增加，刀具载荷急剧增大的情况，这样不利于加工质量的保证和切削进给的保持。而使用摆线切削进行高速加工时，进入全刀切削部位时使用摆线切削逐渐切入，其实际切削的行距变得较小，从而减少包角与切削载荷。使用摆线切削可以在全刀加工部位，产生回旋的刀具路径，如图2.4.12所示。 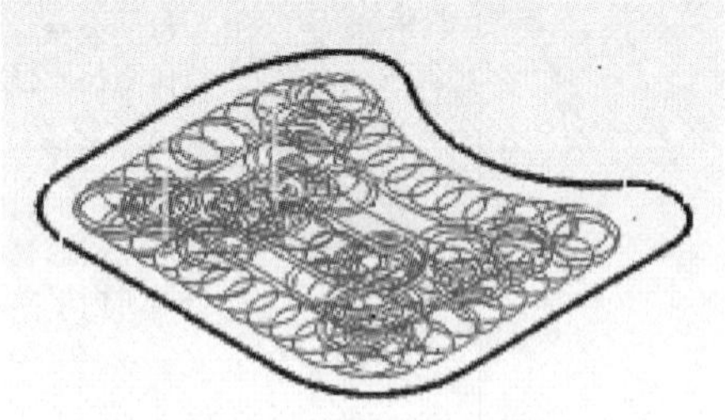
图2.4.12　摆线切削刀具路径</td></tr>
<tr><td>二次开粗</td><td>对于包含细小凹槽或角落的模具加工中，使用较大直径刀具进行粗加工时，可以采用二次开粗方式，以前面加工后残余部分作为毛坯生成刀具路径轨迹，去除拐角处的多余材料，在工件所有加工面上留下比较均匀的余量，为精加工的高速铣削做准备。图2.4.13所示为二次开粗刀轨示例。二次开粗时刀具的切削应尽量连续，避免频繁地进退刀，减少切入切出产生的冲击 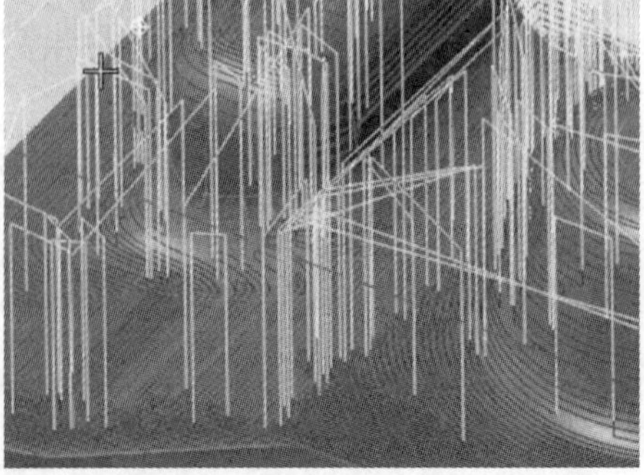
图2.4.13　二次开粗刀轨示例</td></tr>
</table>

续表

<table>
<tr><th>序号</th><th>粗加工编程策略</th><th colspan="2">详 细 描 述</th></tr>
<tr><td>2</td><td>切削方式
的选择</td><td>层间切削</td><td>层切法加工时，对于坡度较大的侧面，其残余量较小，而对于坡度较小的表面，则会留下较多的残料，并且分布极不均匀。对于这种情况，可以调用层间切削功能，在残料较多的部位增加切削层或者增加区域铣削的路径进行补充加工，在保证加工质量的前提下，提高刀具路径的运行效率。图 2.4.14 所示的体积铣削刀具路径增加了层间铣削，可以看到在主层之外，在零件轮廓周边增加一些切削层。通过层间切削，在浅面上将不会留有大量的残料 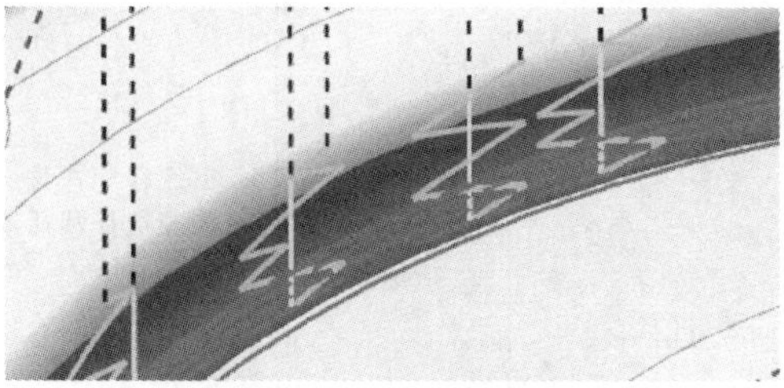

图 2.4.14　层间切削效果</td></tr>
<tr><td rowspan="3">3</td><td rowspan="3">平滑的
过渡</td><td colspan="2">在高速加工过程中，急速换向的地方要减慢速度，急停或急动均会破坏表面精度，且有可能因为过切而产生拉刀或在外拐角处咬边。因而必须要保证刀具路径轨迹的平滑过渡并且保持切削进给平稳</td></tr>
<tr><td>下刀方式的选择</td><td>加工凸台或有敞口的型腔工件，刀具可从工件外围以水平圆弧等方式切入。对于有足够刀具回旋空间的封闭型腔，可采用螺旋进刀或者往复斜线的方式切入，如图 2.4.15 所示。 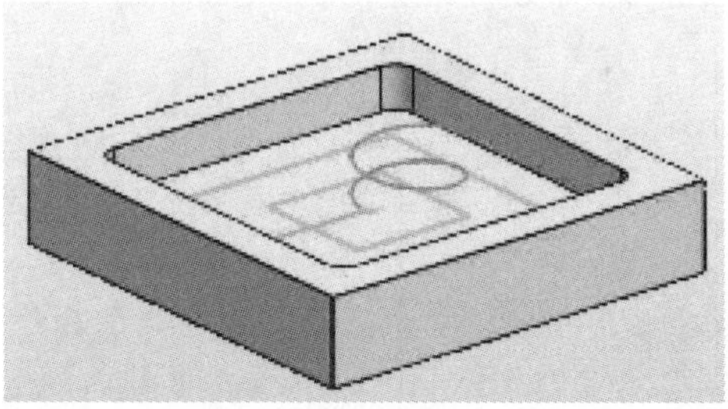

图 2.4.15　螺旋下刀
尽量避免沿刀具轴向直线下切。对于回旋空间不足的空间狭长的封闭型腔，刀具无法采用螺旋进刀时，可以采用斜线下切或由多次往复斜线下切组成的之字形入刀方式逐次进给至所需深度。对于螺旋下刀，其刀具回转轨迹直径应接近或大于刀具直径，以使得刀具中部切削盲区的料芯可以被完全切除；斜线下切的长度不应小于刀具直径，以使切屑可以顺利排出</td></tr>
<tr><td>刀轨的平滑过渡</td><td>①角部圆角过渡　为了防止切削时速度矢量方向的突然改变，在刀轨拐角处需要增加圆弧过渡，避免出现尖锐拐角。图 2.4.16 所示为角部圆角过渡的刀具轨迹，在所有的角落均以圆弧方式过渡，可以保持切削速度。</td></tr>
</table>

续表

序号	粗加工编程策略	详细描述	
3	平滑的过渡	刀轨的平滑过渡	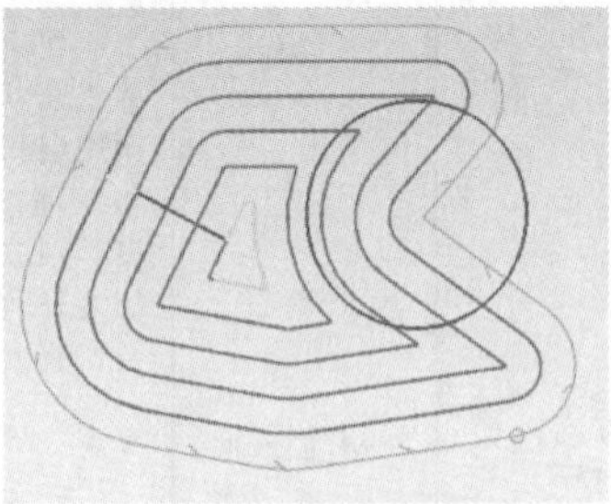 图2.4.16　角部圆角过渡的刀具轨迹 ②行间连接　在环切的切削环过渡时，使用直线方式将产生尖角，因而应该选择圆弧连接方式。而更好的方式是选择光顺所有刀路，产生螺旋状扩展的刀具路径轨迹，将消除切削行间的过渡路径，如图2.4.17所示。 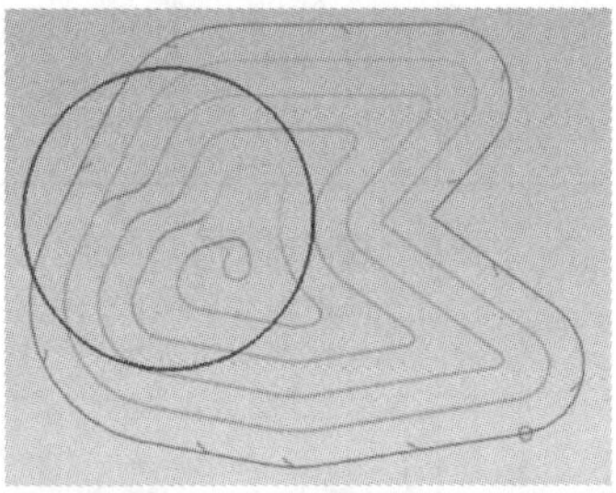 图2.4.17　光顺所有刀路 ③快速移动的圆角　在非切削运动的快速运行中，其进给速度比切削加工时更高，因而也应该进行圆角的过渡，如图2.4.18所示 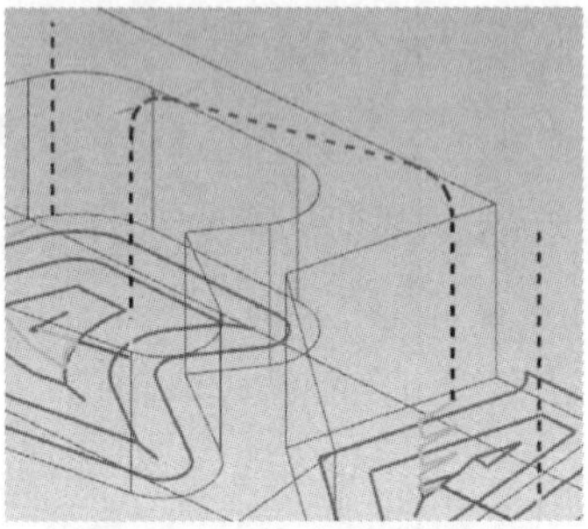 图2.4.18　快速移动的圆角
		进给控制	在高速加工中，需要设置不同的进给量，如在下刀时设置相对较小的进给值，同时在初始切削和转变切削方向时也应该考虑调低进给速度。 高速加工机床的控制器通常包含有前馈功能，但并不能完全控制机床的加减速。使用适配进给控制，可以在给定进给量变化范围内，由程序自行加减速，其示意图如图2.4.19所示。程序在运算时根据切削载荷和切削条件的变化，在转弯之前一段距离即开始减速，出弯后再加速，从而保持切削平稳 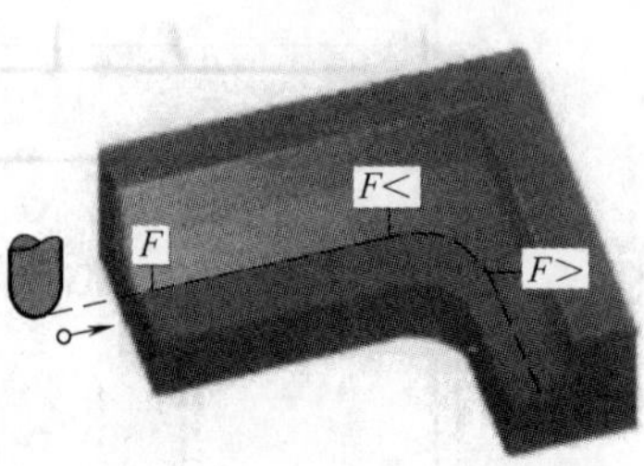 图2.4.19　适配进给控制示意

续表

<table>
<tr><th>序号</th><th>粗加工编程策略</th><th colspan="2">详 细 描 述</th></tr>
<tr><td rowspan="2">4</td><td rowspan="2">刀具路径优化</td><td>刀具路径顺直与行距微调</td><td>常规的加工路径生成中，XY平面内的刀具路径通常沿工件被加工轮廓偏置而得。如果工件轮廓包含了较多的尖锐拐角，则偏置而得到的加工路径从内至外都将继承这一形状，如图2.4.20(a)所示。多个刀具路径间的尖锐拐角将使得机床频繁地加减速，不能发挥机床的高速功能。为此，可在一定范围内(如25%的刀具直径)适当缩小刀具轨迹的行距，对远离工件轮廓的刀具路径进行光顺，如图2.4.20(b)所示，以尽可能保持高速切削状态，缩短加工时间 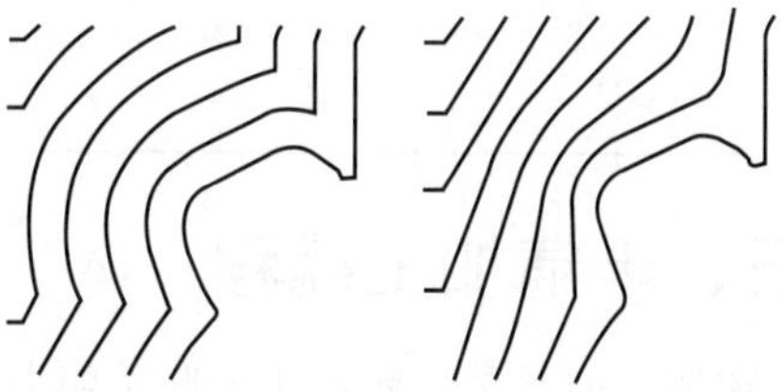
(a) 沿轮廓偏置的原始加工路径　(b) 外围优化后的加工路径
图2.4.20　顺直前后的加工路径对比</td></tr>
<tr><td>Z向分层</td><td>Z向加工层间距决定了加工的切削深度。Z向分层可由指定层数或者由指定每层间距或者由工件平面区域等方法决定。 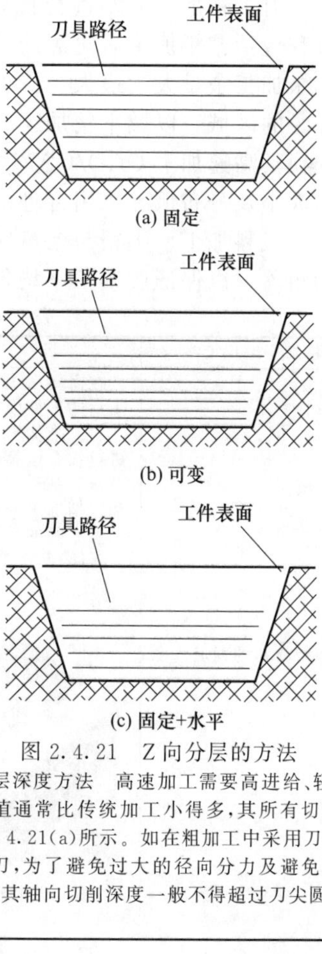
刀具路径　工件表面
(a) 固定
刀具路径　工件表面
(b) 可变
刀具路径　工件表面
(c) 固定+水平
图2.4.21　Z向分层的方法
①固定分层深度方法　高速加工需要高进给、轻负荷切削，其Z向分层值通常比传统加工小得多，其所有切削层的深度相同，如图2.4.21(a)所示。如在粗加工中采用刀尖带圆弧的铣刀或球头刀，为了避免过大的径向分力及避免刀具底部的低速切削区，其轴向切削深度一般不得超过刀尖圆弧半径。</td></tr>
</table>

续表

序号	粗加工编程策略	详细描述	
4	刀具路径优化	Z 向分层	②采用可变切削深度　如工件存在台阶平面区域，采用固定分层加工可能会由于分层不当而使该区域出现 Z 向余量较大的情况。为避免这种情况发生，分层深度需要根据工件形状而调整。其方法是对工件的平面区域进行识别与检测，并将识别后的平面区域高度作为刀具路径 Z 向分层之一。生成的刀具路径在零件表面高度上生成一层刀具路径，这样在水平的零件表面上就不会有残余，如图 2.4.21(b)所示。 ③固定分层＋水平表面　通常在粗加工划分加工 Z 向分层时，采用上述两种方法的结合，即先由固定分层深度确定最大的加工层间高度；然后判断工件平坦区域，测定 Z 向高度，加入至分层高度中，如图 2.4.21(c)所示

五、半精加工编程

半精加工的主要目标是使工件轮廓形状平整，表面精加工余量均匀，这对于工具钢模具尤为重要，因为它将影响精加工时刀具切削层面积的变化及刀具载荷的变化，从而影响切削过程的稳定性及精加工表面质量。

粗加工是基于体积模型，精加工则是基于面模型。以前开发的 CAD/CAM 系统对零件的几何描述是不连续的，由于没有描述粗加工后、精加工前加工模型的中间信息，故粗加工表面的剩余加工余量分布及最大剩余加工余量均是未知的。

因此，应对半精加工策略进行优化以保证半精加工后工件表面具有均匀的剩余加工余量。优化过程包括：粗加工后轮廓的计算、最大剩余加工余量的计算、最大允许加工余量的确定、对剩余加工余量大于最大允许加工余量的型面分区（如凹槽、拐角等过渡半径小于粗加工刀具半径的区域）以及半精加工时刀具中心轨迹的计算等。

现有的模具高速加工 CAD/CAM 软件大都具备剩余加工余量分析功能，并能根据剩余加工余量的大小及分布情况采用合理的半精加工策略。如 UG NX、PowerMILL、Cimatron 软件都提供了残料加工、半精与余量铣削（名称有所不同）等方法来清除粗加工后剩余加工余量较大的角落，以保证后续工序均匀的加工余量，见表 2.4.8。

表 2.4.8　半精加工编程策略

序号	半精加工编程策略	详细描述
1	残留材料的判定	在需要多次加工的情况下，每次加工都应基于上次加工的结果，即通过比较前次加工后的工件模型和理想工件模型，决定后面加工的区域。 对二维加工残留区域的判定，可以通过比较上次加工区域和本次加工区域，对二者进行集合运算，过滤出两次加工之间的残留区域，编程时指定相应偏置的余量即可。 对于基于实体的三维加工残留余量判定则要复杂一些，需要比较粗加工结果实体和按精加工余量向外偏置后的理想工件实体，采用近似于布尔减运算的方法来确定二者之间的差异，以得到需要去除的残留材料。图 2.4.22(a)所示为某模具粗加工的刀具路径，图 2.4.22(b)所示为进行型腔粗加工的结果。 (a) 粗加工的刀具路径　(b) 型腔粗加工的结果 图 2.4.22　粗加工结果的残留材料

续表

序号	半精加工编程策略	详细描述
2	残料加工	对于基于实体的CAM软件而言，残料加工可以理解为将上述的残留余量实体作为加工毛坯而生成的切削路径，由于采用了残留模型，其半精加工阶段的余量去除可以采用任意刀具或多工序加工，直至大于预定值的余量被完全去除。加工刀具轨迹和加工结果如图2.4.23所示 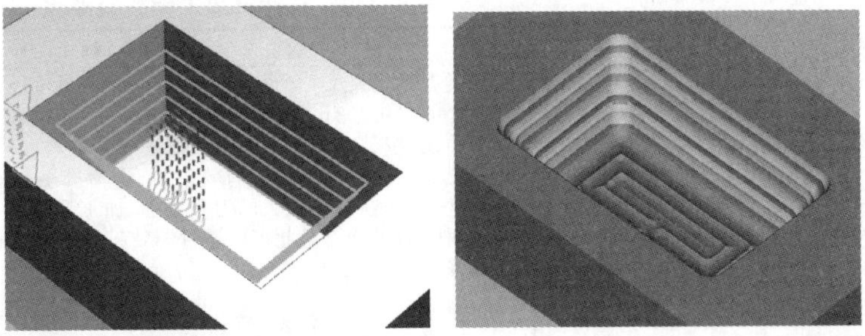 (a) 残料加工刀具轨迹　(b) 残料加工后的结果 图2.4.23　残料加工刀具轨迹与加工结果
3	清角粗加工	清角粗加工的作用类似于传统加工中的清角，但传统加工的清角通常在精加工结束后进行，而清角粗加工属于粗加工后的半精加工，其目的是事先去除在笔式加工应用场合精加工环节中无法切除的尖角处过多余量，为后续的精加工做准备。存在内角和凹槽的工件，为了保持恒定的切削载荷，在精加工之前需要进行清角粗加工。 清角粗加工可以采用残留模型的方式以定义局部余量过大的区域；也可以将粗加工中由大直径刀具加工后留下的内角凹槽与当前刀具所能加工区域进行比较，得出笔式加工区域，再采用相应的步骤以去除该部分余量。图2.4.24所示为利用笔式加工去除内角残留余量示例 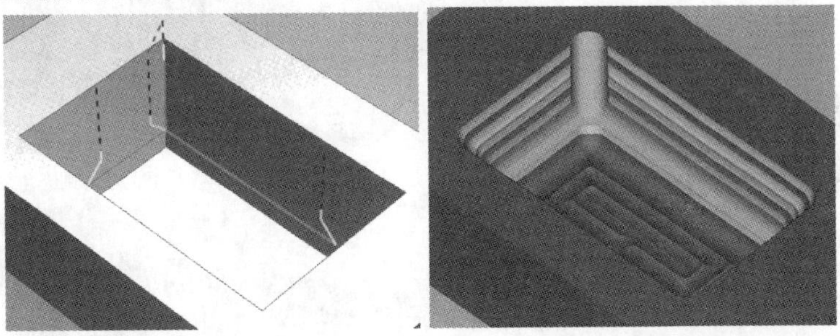 (a) 清角粗加工的刀具路径　(b) 清角粗加工的结果 图2.4.24　清角粗加工去除内角残留余量
4	余量加工	余量加工类似于笔式加工，但主要用于切除精加工之前所有加工表面的多余余量（如精加工余量设定为0.2mm，则余量加工将切除大于此值的所有区域）。 余量加工前需要对工件残留材料进行判断，以界定加工范围。另外一个需要注意的问题是相对于被加工区域的加工方向，合理的方向和连接方式可以减少离散的步长，得到合理的加工纹理和有效率的加工过程。图2.4.25所示为余量设定为0.2mm的示例。 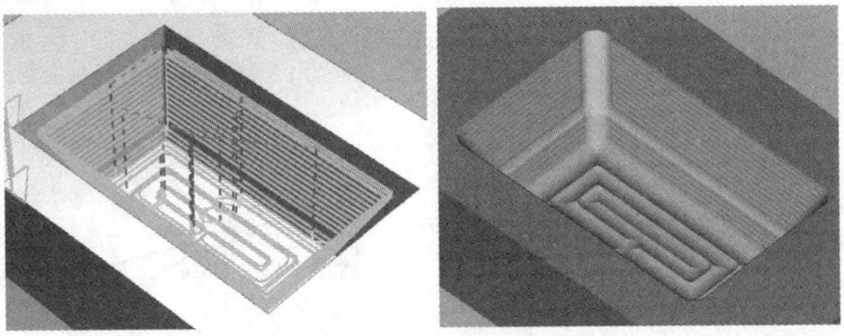 (a) 余量设定为0.2mm的刀具路径　(b) 余量设定为0.2mm的结果 图2.4.25　余量设定为0.2mm的示例

六、精加工编程

高速精加工常常是形成工件最终表面的环节，为保证加工精度，需首先保证刀具切削载荷的恒定，为此需要采取一系列必要的措施。高速精加工编程策略见表2.4.9。

表2.4.9 高速精加工编程策略

序号	精加工编程策略	详细描述
1	平行轨迹加工	该类刀具轨迹又称为扫描行切或“往复”类轨迹。该方法可建立位于零件上方某水平面上的二维平行刀具轨迹阵列(Raster Pattern)并向加工模型表面投影，从而得到包络曲线，按刀具几何形状沿曲面法线矢量进行补偿后即可得到刀具轨迹。 该类加工策略优点为切削效率高、计算量小。缺点是对于平行于刀具轨迹的陡斜面，将得到Z向间隔很大的刀具轨迹，加工质量不高，如图2.4.26(a)所示，工件局部陡斜面较为粗糙。对此可以通过调整刀具轨迹摆放角度或采用补充垂直路径的方法加以修正，如图2.4.26(b)、(c)所示。  (a) 刀具轨迹角度为0° 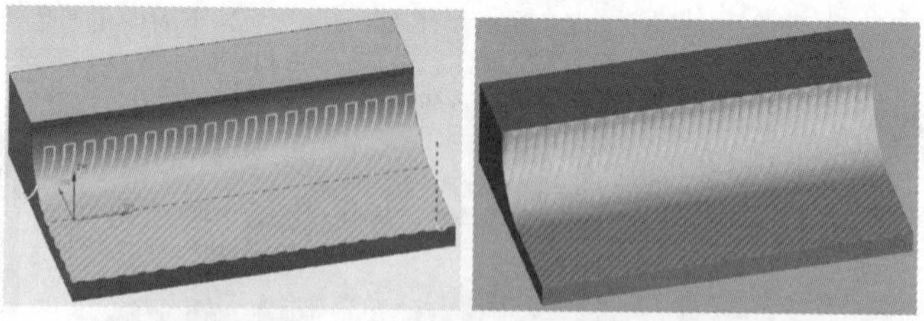 (b) 刀具轨迹角度为45° 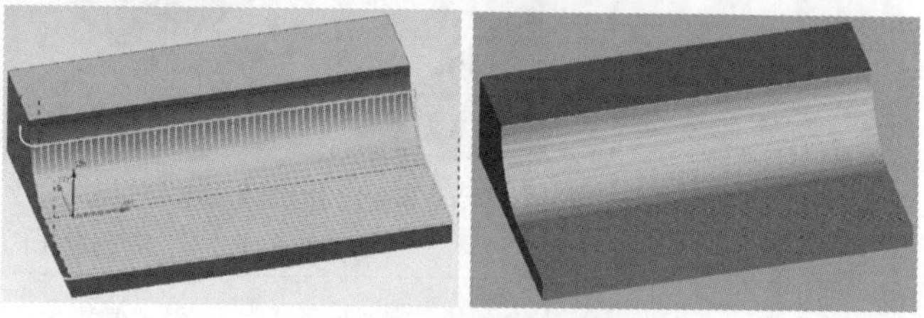 (c) 刀具轨迹为0°并补充垂直路径 图2.4.26 平行轨迹加工
2	放射状轨迹加工	放射状加工策略通常用于对称且对加工纹理有特殊要求的场合，通过建立二维的放射状刀具轨迹阵列并向工件模型表面投影得到包络曲线，再对曲线进行刀具形状补偿后即可得到刀具轨迹的数据点。 放射状加工在靠近中心的位置刀具轨迹密集重叠，如图2.4.27所示。故对于刀具轨迹延伸至中心的模型，其加工效率不高，其总体加工时间比采用平行加工策略多出20%～30%，故只用于如球面、环形圆弧面等对刀具加工纹路有特殊要求的加工区域 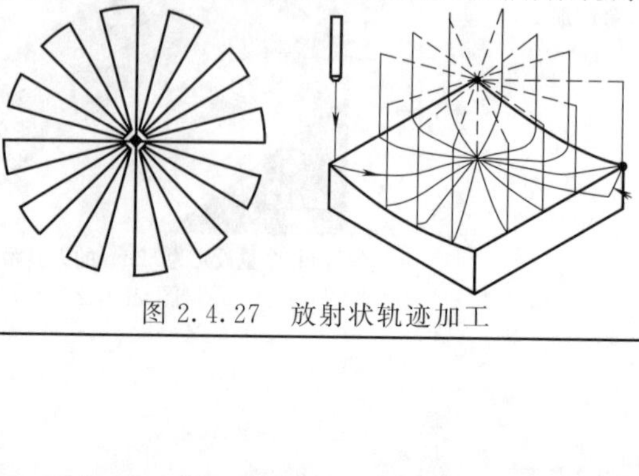 图2.4.27 放射状轨迹加工

续表

序号	精加工编程策略	详细描述
3	螺旋轨迹加工	螺旋刀具轨迹的优点是可以避免刀具的起降与行间移刀，对于特定类型工件，只需要一次切入切出即可完成对工件模型表面的包络。刀具切入后，在保证残留高度为预定值、沿工件表面轮廓起伏的同时，沿着类似于渐开线的轮廓旋转外延以包络工件轮廓，如图 2.4.28 所示。其刀具轨迹生成方式为先建立位于零件上方某水平面上的螺旋刀具轨迹，然后将该阵列沿刀具轴向投影至加工模型表面以得到包络模型曲线，补偿后可得到刀具轨迹。该类加工策略可以用于切削圆形回转特征，由于避免了刀具在工件中心的重叠，故其切削效率高于放射状轨迹。但由于螺旋曲线行距固定，如投影至加工斜度较大的工件表面时将产生类似于平行轨迹切削陡斜面的情况，刀具轨迹间 Z 向值变化较大，从而导致该区域加工质量不高，故通常适用于较平坦的区域 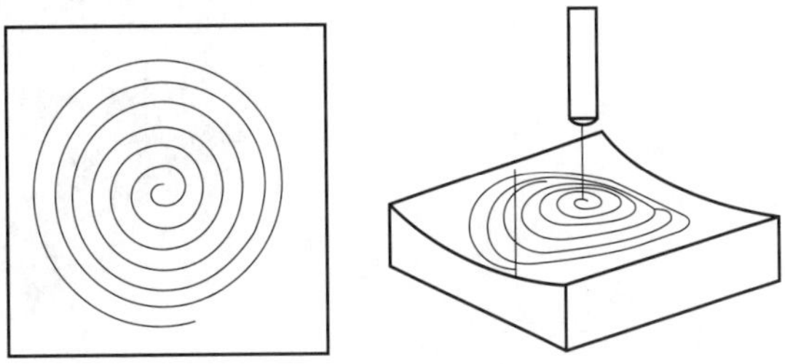 (a) 水平面螺旋曲线　(b) 螺旋加工所生成刀具路径 图 2.4.28　螺旋轨迹加工
4	Z 向等高分层轨迹加工	生成 Z 向等高分层轨迹的方法是用指定等距离的一组水平面对工件进行切片，从而得到工件加工曲面的等高线，以此作为刀具与加工曲面的接触点，补偿后得到刀具轨迹。对于该类加工策略，由于刀具轨迹为 Z 向定距下降，容易存在对水平或接近水平的浅滩平面行距过大的问题。对于陡斜面，刀具路径可能过于密集，而水平或浅滩平面，将因行距过大而得到较大的残留高度。图 2.4.29 所示为 Z 向等高分层轨迹加工 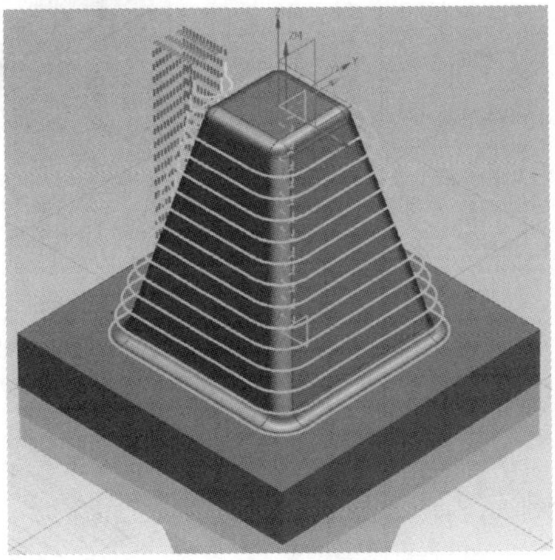 图 2.4.29　Z 向等高分层轨迹加工

续表

序号	精加工编程策略	详细描述
5	环绕加工策略	环绕加工策略即跟随周边或跟随部件的方式，由于螺旋加工和 Z 向等高分层策略各自的局限性，只能加工特定斜度的斜面。对许多形状的零件来说，精加工最有效的策略是使用环绕加工策略。使用这种策略可避免使用平行策略和偏置精加工策略中出现的频繁方向改变，从而提高加工速度，减少刀具磨损。这个策略可以在很少抬刀的情况下生成连续光滑的刀具路径，在平缓的曲面上及陡峭曲面的刀间距相对较为均匀，适用于曲面的斜度变化较多零件的半精加工和精加工，如图 2.4.30 所示。这种加工技术综合了螺旋加工和等高加工策略的优点，刀具载荷更稳定，提刀次数更少，可缩短加工时间，减小刀具损坏概率。它还可以改善加工表面质量，最大限度地减小精加工后手工打磨的工序。在许多场合，需要将陡峭区域的等高精加工和平坦区域三维等距精加工方法结合起来使用 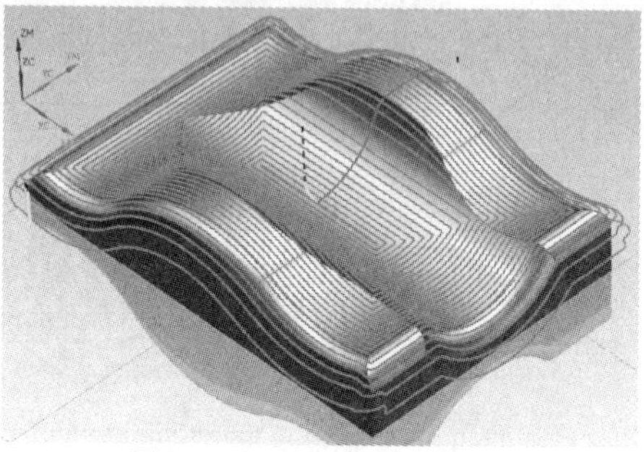 图 2.4.30　环绕加工策略
6	根据角度精铣	环绕加工和 Z 向等高分层策略各自只能加工特定斜度的斜面，而工件的表面往往斜率不同，为了简化编程，可以采取对上述两种刀具轨迹整合的优化方法。在刀具轨迹生成时，将选择曲面的加工部位进行陡峭程度的检查，区分平缓区域（水平区域）和陡峭区域（垂直区域），并可以分别选择是否加工以及各自使用的走刀方法。角度精铣是在一个程序中将零件加工曲面进行分区加工，采用不同的走刀方式，可以在每一区域均获得较好的加工质量。图 2.4.31 所示为水平区域使用环绕加工方式，而垂直区域采用 Z 向等高分层策略生成刀具路径 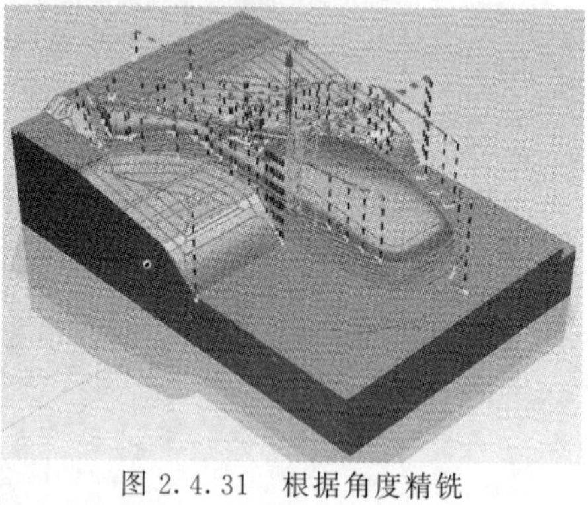 图 2.4.31　根据角度精铣
7	曲面流线加工	曲面流线加工刀具轨迹沿某曲面的曲面坐标系的 U 向或 V 向的曲面流线方向生成，可以得到沿曲面伸展的特定加工轨迹，如图 2.4.32 所示 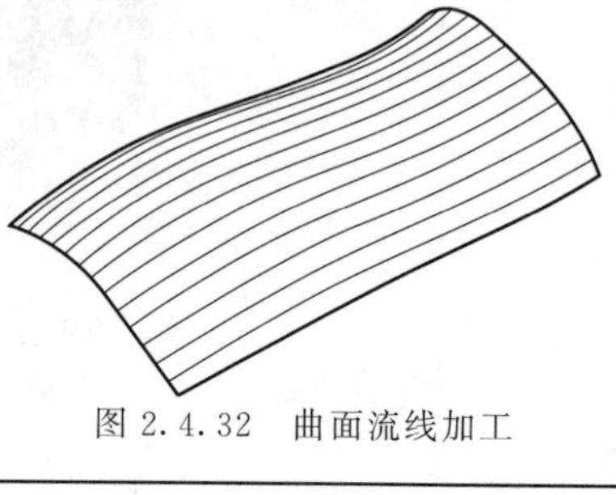 图 2.4.32　曲面流线加工

精加工的基本要求是要获得很高的精度、光滑的零件表面质量，轻松实现精细区域的加工，如小的圆角、沟槽等。高速精加工策略必须保证切削过程光顺、稳定，确保能快速切除工件上的材料，得到高精度、光滑的切削表面。

数控编程也要考虑几何设计和工艺安排，在使用 CAM 系统进行高速加工数控编程时，除刀具和加工参数根据具体情况选择外，加工方法的选择和采用的编程策略就成了关键。一名出色的使用 CAD/CAM 工作站的编程工程师，同时也应是一名合格的设计师与工艺师，他应对零件的几何结构有一个正确的理解，具备对于理想工序安排以及合理刀具轨迹设计的知识。

第三章

数控零件UG数控加工案例

凹槽配合模块数控零件

第一节　凹槽配合模块数控零件

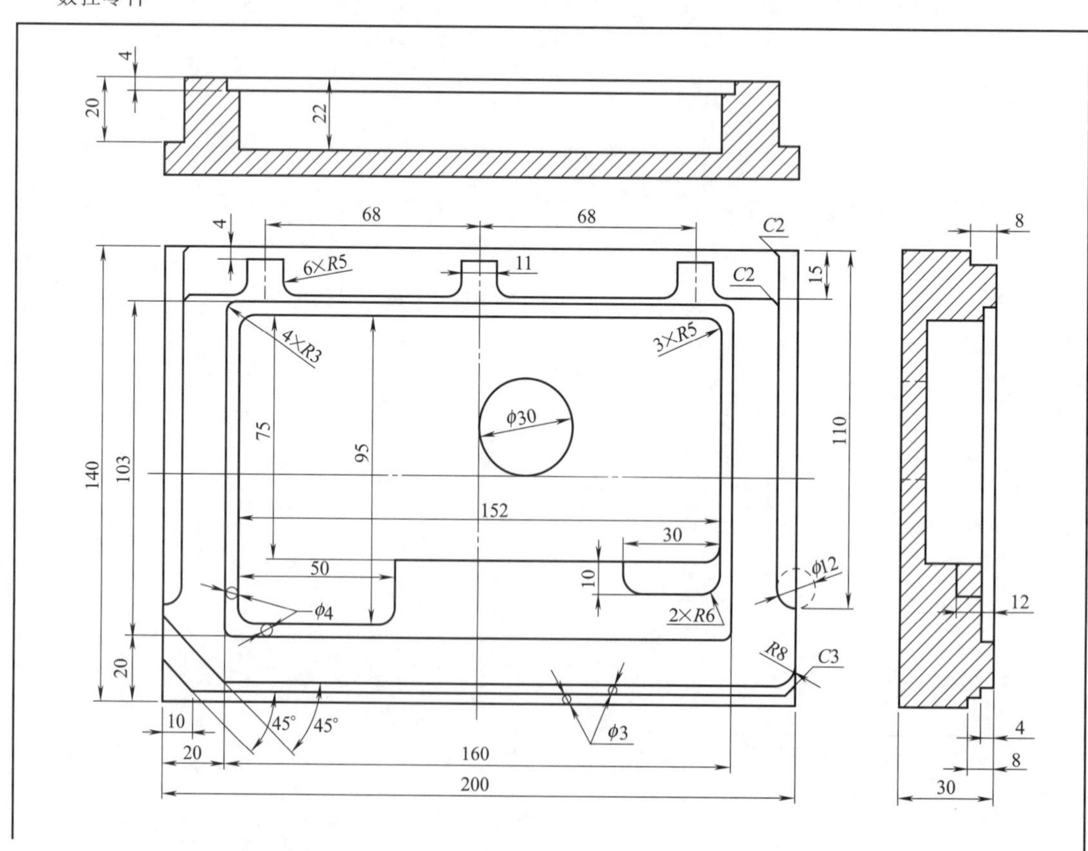

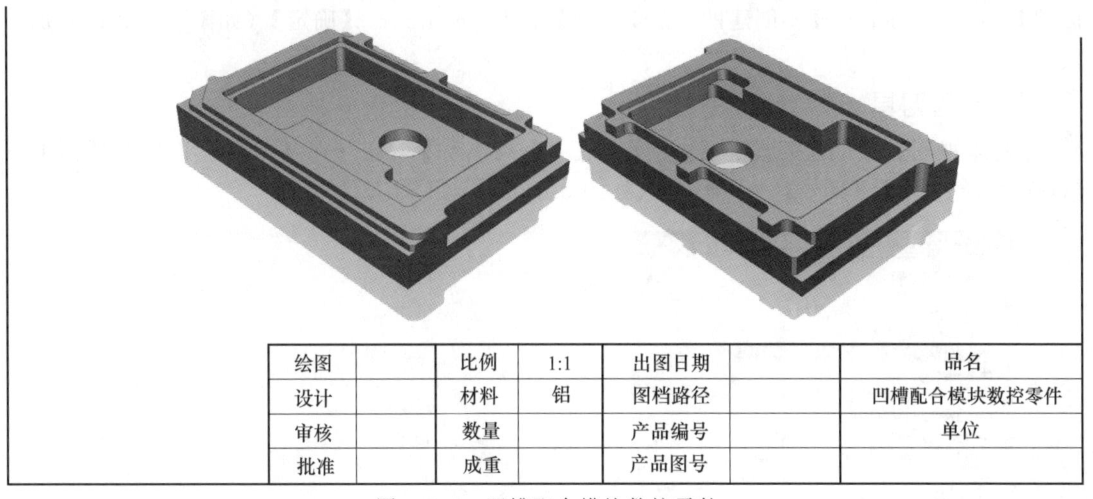

绘图		比例	1:1	出图日期		品名
设计		材料	铝	图档路径		凹槽配合模块数控零件
审核		数量		产品编号		单位
批准		成重		产品图号		

图 3.1.1 凹槽配合模块数控零件

一、工艺分析

1. 零件图工艺分析

该零件中间由一系列的凹槽组成，在外侧的区域由高度不同的台阶小平面的形状组成，(如图 3.1.1 凹槽配合模块数控零件)。

工件尺寸 200mm×140mm×30mm，无尺寸公差要求。尺寸标注完整，轮廓描述清楚。零件材料为已经加工成型的标准铝块，无热处理和硬度要求。

2. 确定装夹方案、加工顺序及进给路线

工件采用通用的虎钳装夹的方案，底部放置垫块，保证工件摆正，对刀点采用左下角的上表面点对刀，其装夹方式、加工区域和对刀点如图 3.1.2 所示。

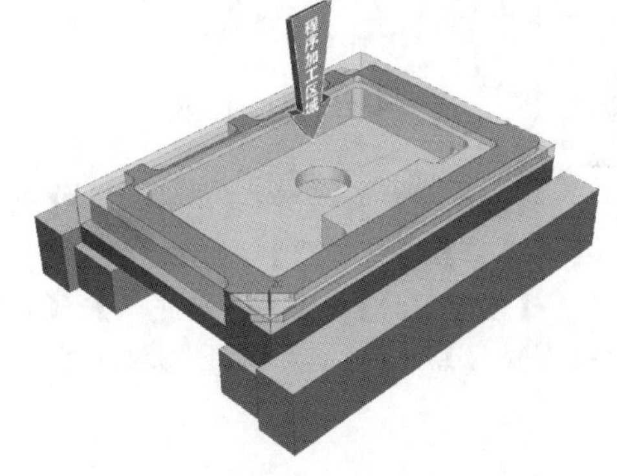

图 3.1.2 装夹方式、加工区域和对刀点

3. 刀具和加工区域选择

选用多把铣刀加工本例的区域，将所选定的刀具参数以及加工区域填入表 3.1.1 数控加工卡片中，以便于编程和操作管理。

表 3.1.1 数控加工卡片

产品名称或代号	数控零件加工综合实例	零件名称	凹槽配合模块数控零件	
序号	加 工 区 域	刀具		
		名称	规格	刀号
1	ϕ12 的平底刀型腔铣粗加工	D12	ϕ12 平底刀	1
2	ϕ8 的平底刀型腔铣精加工	D8	ϕ8 平底刀	2
3	ϕ8 的平底刀型腔铣加工孔	D8	ϕ8 平底刀	2
4	ϕ5 的平底刀加工小圆角的区域	D5	ϕ6 球刀	3
编制 ×××	审核 ×××	批准 ×××		共 1 页

二、前期准备工作

1. 进入加工模块

打开【启动】菜单→【加工】，进入加工模块→打开【加工环境】对话框→【CAM 会话

配置】cam _ general→【要创建的CAM组装】mill _ contour→【确定】(如图3.1.3进入加工模块)。

2. 创建刀具

【机床视图】→【创建刀具】→选择【平底刀】→【名称】D12→在【刀具设置】对话框中→【(D)直径】12→【刀具号】1→【确定】(如图3.1.4创建1号刀具)。

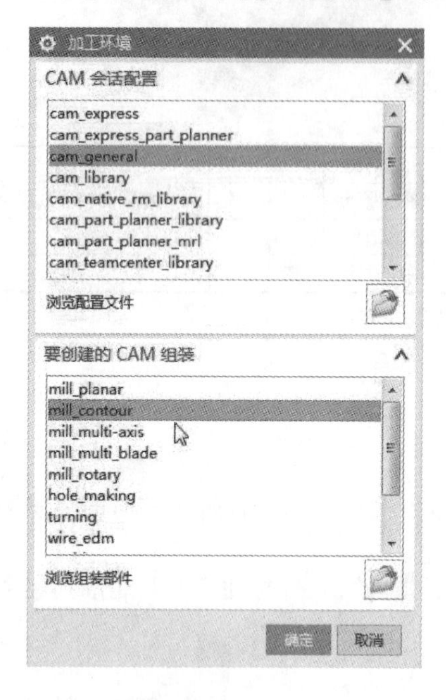

图3.1.3 进入加工模块

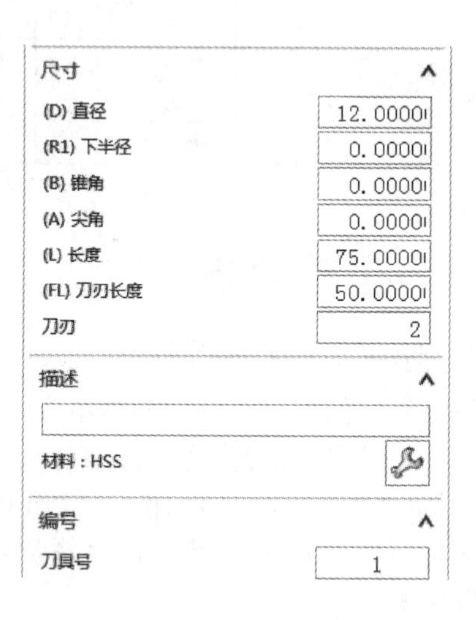

图3.1.4 创建1号刀具

→【创建刀具】→选择【平底刀】→【名称】D8→在【刀具设置】对话框中→【(D)直径】8→【刀具号】2→【确定】(如图3.1.5创建2号刀具)。

→【创建刀具】→选择【平底刀】→【名称】D5→在【刀具设置】对话框中→【(D)直径】5→【刀具号】3→【确定】(如图3.1.6创建3号刀具)。

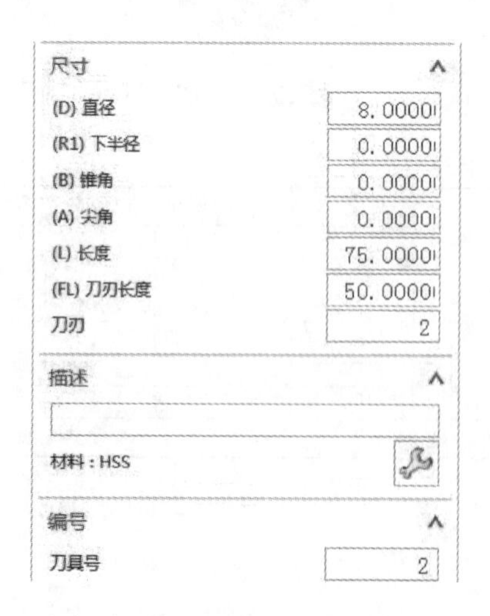

图3.1.5 创建2号刀具

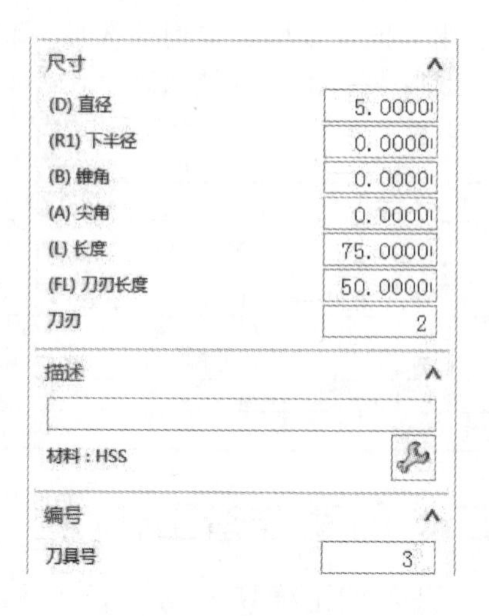

图3.1.6 创建3号刀具

3. 设置坐标系和创建毛坯

【几何视图】→双击【MCS _ MILL】→观察加工坐标系与左下角的绘图坐标系重合即可(如图)→设定【安全距离】2→【确定】(如图 3.1.7 设置坐标系)。

→打开 MCS _ MILL 前的【+】号，双击【WORKPIECE】→在【工件】对话框中→点击【指定部件】按钮→点击工件→【确定】(如图 3.1.8 指定部件)。

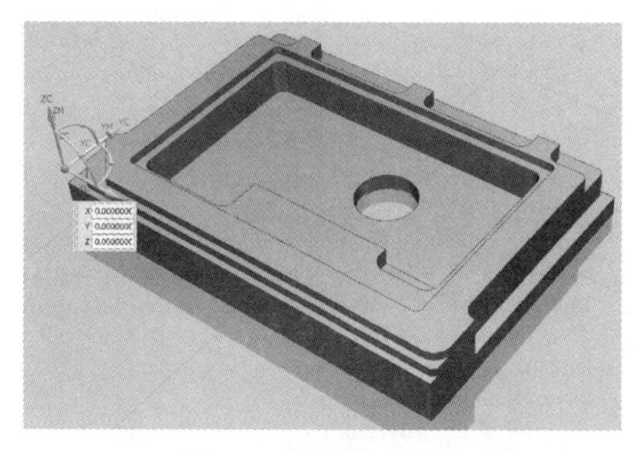

图 3.1.7　设置坐标系

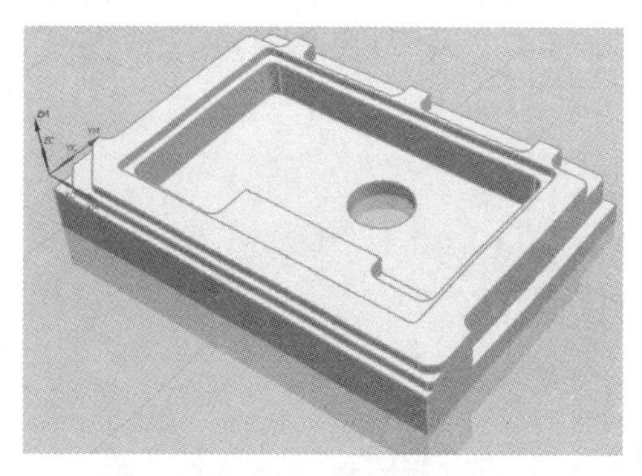

图 3.1.8　指定部件

→点击【指定毛坯】按钮→在弹出的【毛坯几何体】对话中→【类型】→选择【包容块】，设置最小化包容工件的毛坯→毛坯设置的效果如图→【确定】→【确定】(如图 3.1.9 创建毛坯)。

三、ϕ12 的平底刀型腔铣粗加工

1. 选择粗加工方法

【程序顺序视图】→【创建工序】→弹出【创建工序】对话框→【类型】mill _ contour→【工序子类型】型腔铣→【程序】PROGRAM→【刀具】D12→【几何体】WORKPIECE→【方法】MILL _ ROUGH，进行粗加工→【名称】cu→【确定】(如图 3.1.10 选择粗加工方法)。

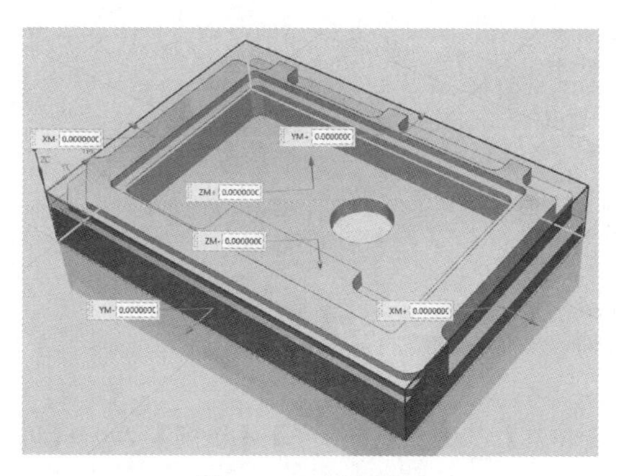

图 3.1.9　创建毛坯

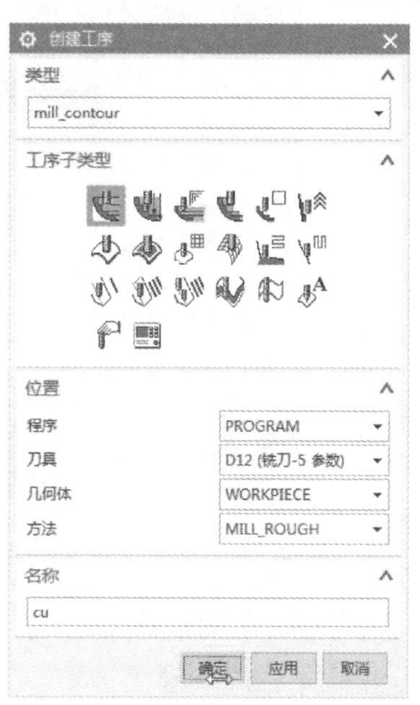

图 3.1.10　选择粗加工方法

2. 选择加工区域

在弹出的【型腔铣】对话框中→【指定切削区域】→选择要加工的曲面→【确定】(如图 3.1.11 选择加工区域)。

3. 设置加工参数

【刀轨设置】栏目中→【切削模式】跟随部件→【平面直径百分比】65→【最大距离】1(如图 3.1.12 设置加工参数)。

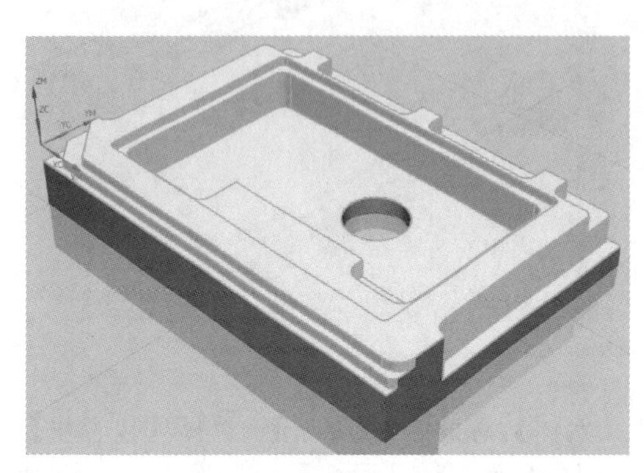

图 3.1.11　选择加工区域

图 3.1.12　设置加工参数

4. 设置切削参数

打开【切削参数】→【策略】【切削顺序】深度优先→【余量】【部件侧面余量】0.3→【确定】(如图 3.1.13 设置切削参数)。

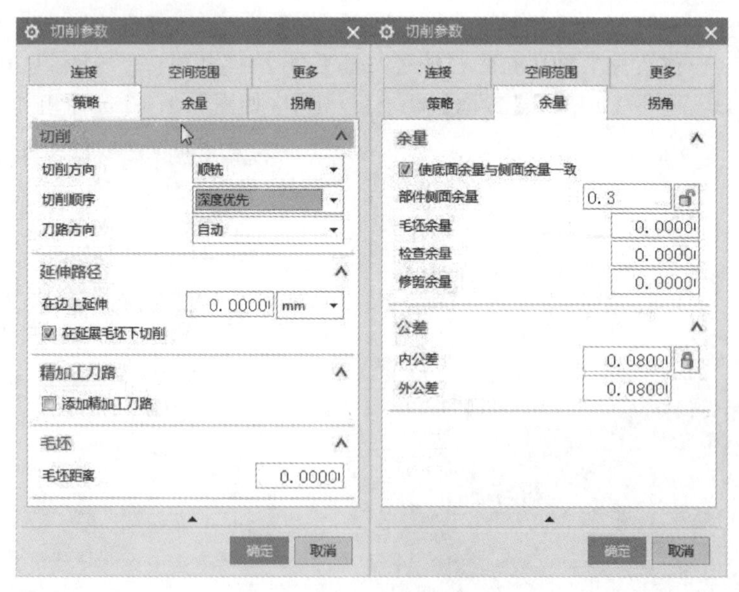

图 3.1.13　设置切削参数

5. 设置进给率和速度

打开【进给率和速度】→勾选【主轴速度(rpm)】3500→【进给率】【切削】200→【确定】(如图 3.1.14 设置进给率和速度)。

6. 生成刀具路径

【操作】栏目中→点击【生成刀具路径】，生成该步操作的刀具路径（如图 3.1.15 生成刀具路径）。

图 3.1.14 设置进给率和速度

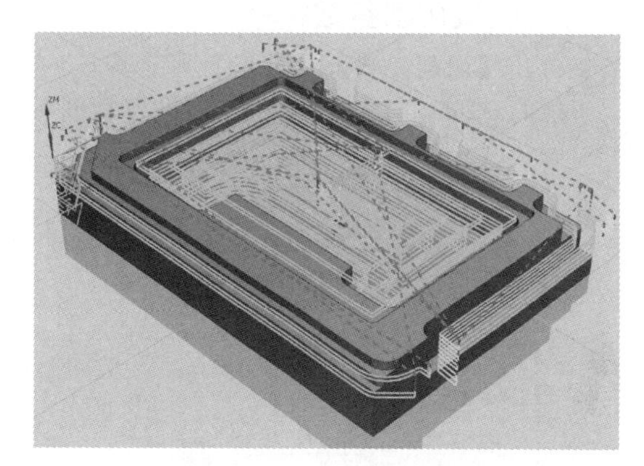

图 3.1.15 生成刀具路径

四、$\phi 8$ 的平底刀型腔铣精加工

1. 选择精加工方法

【程序顺序视图】→【创建工序】→弹出【创建工序】对话框→【类型】mill_contour→【工序子类型】型腔铣→【程序】PROGRAM→【刀具】D8→【几何体】WORKPIECE→【方法】MILL_FINISH→【名称】jing→【确定】（如图 3.1.16 选择精加工方法）。

图 3.1.16 选择精加工方法

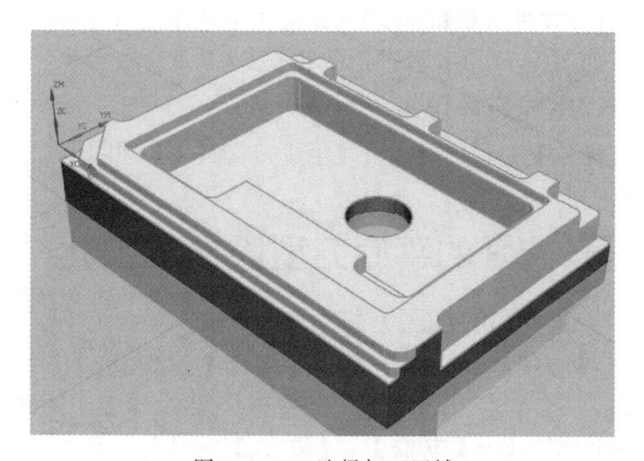

图 3.1.17 选择加工区域

2. 选择加工区域

在弹出的【型腔铣】对话框中→【指定切削区域】→选择要加工的曲面→【确定】（如图 3.1.17 选择加工区域）。

3. 设置加工参数

【刀轨设置】栏目中→【切削模式】跟随部件→【平面直径百分比】65→【最大距离】1（如图 3.1.18 设置加工参数）。

4. 设置切削参数

打开【切削参数】→【余量】所有均设为 0→【空间范围】【毛坯】【处理中的工件】使用基于层的→【确定】（如图 3.1.19 设置切削参数）。

图 3.1.18 设置加工参数

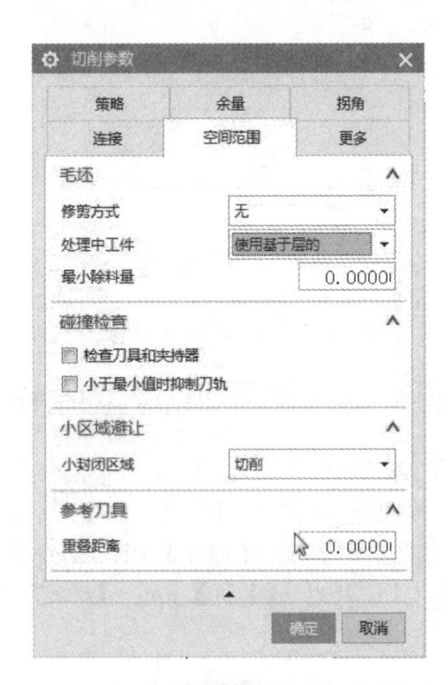

图 3.1.19 设置切削参数

5. 设置进给率和速度

打开【进给率和速度】→勾选【主轴速度（rpm）】3500→【进给率】【切削】200→【确定】（如图 3.1.20 设置进给率和速度）。

6. 生成刀具路径

【操作】栏目中→点击【生成刀具路径】，生成该步操作的刀具路径（如图 3.1.21 生成刀具路径）。

五、ϕ8 的平底刀型腔铣加工孔

1. 选择孔的加工方法

【程序顺序视图】→【创建工序】→弹出【创建工序】对话框→【类型】mill _ contour→【工序子类型】型腔铣→【程序】PROGRAM→【刀具】D8→【几何体】WORKPIECE→【方法】 【方法】MILL _ FINISH→【名称】kong→【确定】（如图 3.1.22 选择孔的加工方法）。

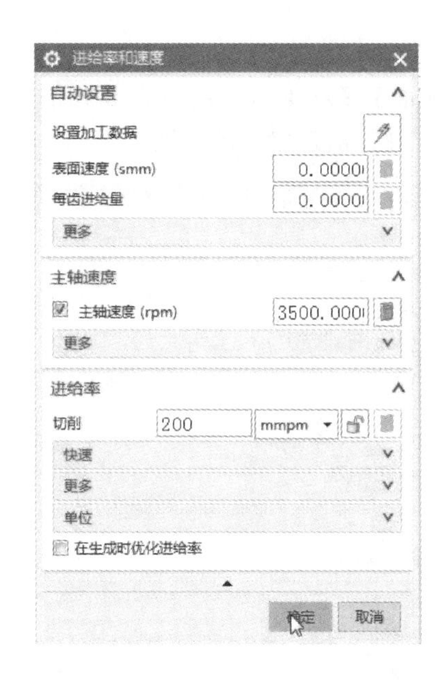

图 3.1.20　设置进给率和速度

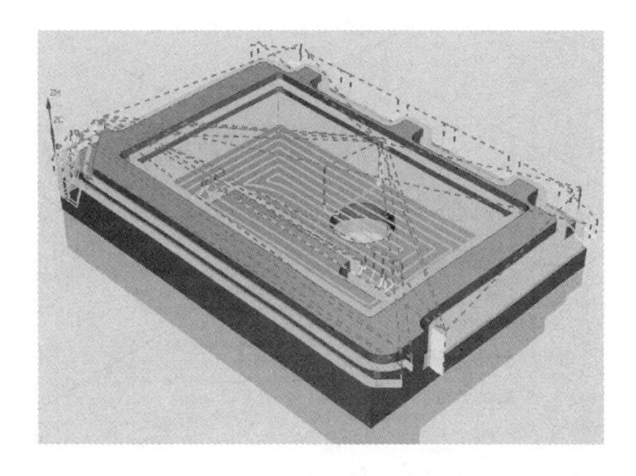

图 3.1.21　生成刀具路径

2. 选择加工区域

在弹出的【型腔铣】对话框中→【指定切削区域】→选择要加工的孔的内壁→【确定】(如图 3.1.23 选择加工区域)。

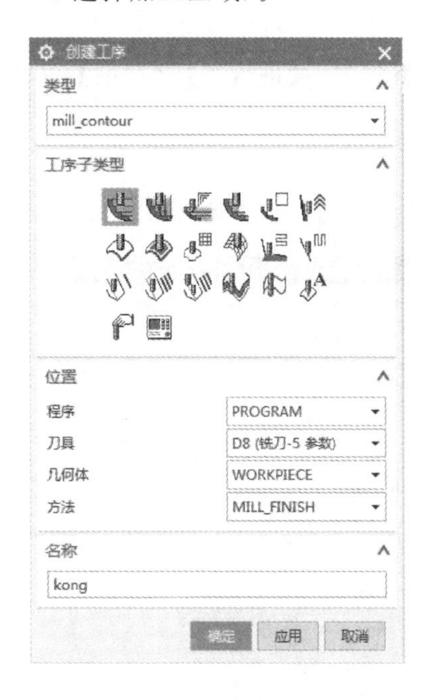

图 3.1.22　选择孔的加工方法

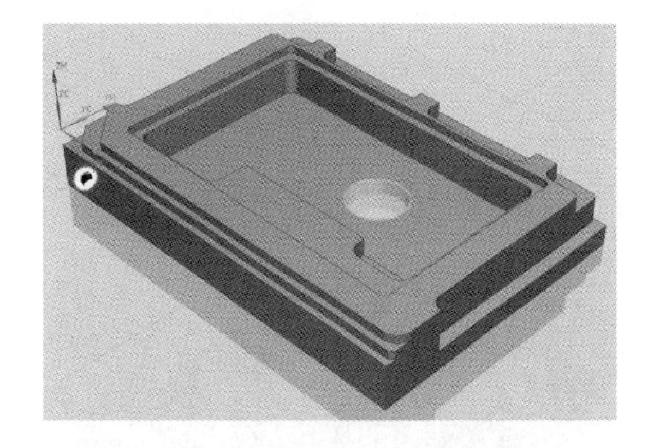

图 3.1.23　选择加工区域

3. 设置加工参数

【刀轨设置】栏目中→【切削模式】跟随部件→【平面直径百分比】65→【最大距离】2(如图 3.1.24 设置加工参数)。

4. 设置切削层

打开【切削层】→【切削层】对话框→【范围 1 的顶部】【ZC】-21，用来设置孔加工的起始平面→【确定】（如图 3.1.25 设置切削层和图 3.1.26 设置切削层后的深度）。

图 3.1.24　设置加工参数

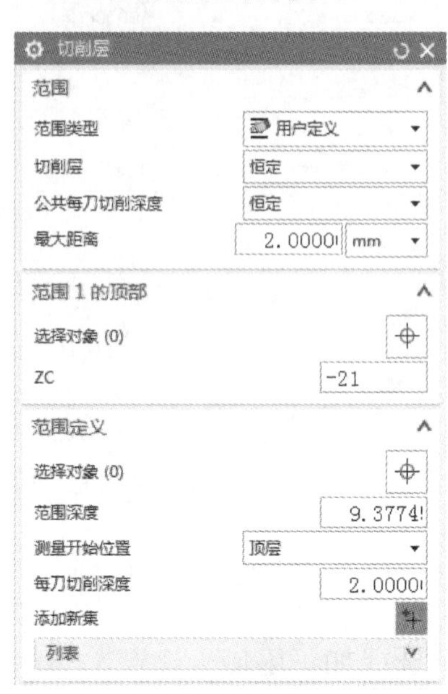

图 3.1.25　设置切削层

5. 设置切削参数

打开【进给率和速度】→勾选【主轴速度（rpm）】3000→【进给率】【切削】200→【确定】（如图 3.1.27 设置切削参数）。

6. 生成刀具路径

【操作】栏目中→点击【生成刀具路径】，生成该步操作的刀具路径（如图 3.1.28 生成

图 3.1.26　设置切削层后的深度

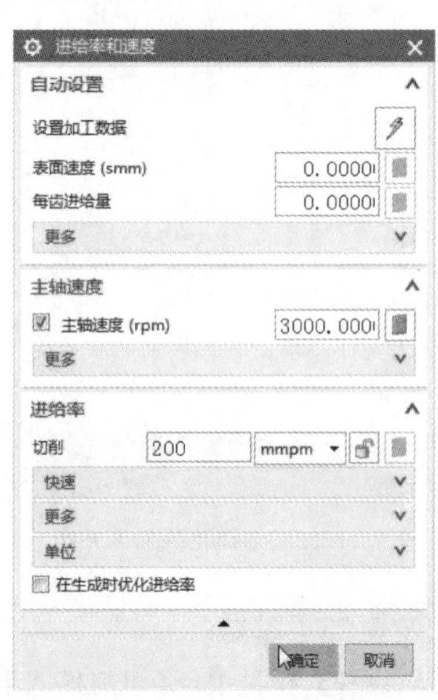

图 3.1.27　设置切削参数

刀具路径)。

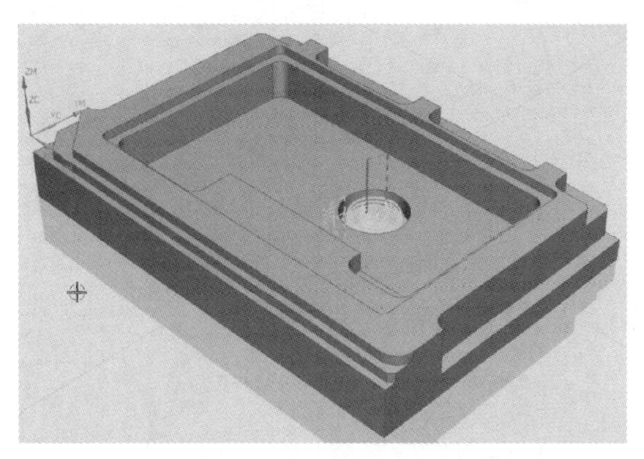
图 3.1.28　生成刀具路径

六、$\phi 5$ 的平底刀加工小圆角的区域

1. 选择精加工方法

【程序顺序视图】→【创建工序】→弹出【创建工序】对话框→【类型】mill _ contour→【工序子类型】型腔铣→【程序】PROGRAM→【刀具】D5→【几何体】WORKPIECE→【方法】MILL _ FINISH→【名称】jiao(如图 3.1.29 选择精加工方法)。

2. 选择加工区域

在弹出的【型腔铣】对话框中→【指定切削区域】→选择要加工的曲面→【确定】(如图 3.1.30 选择加工区域)

图 3.1.29　选择精加工方法

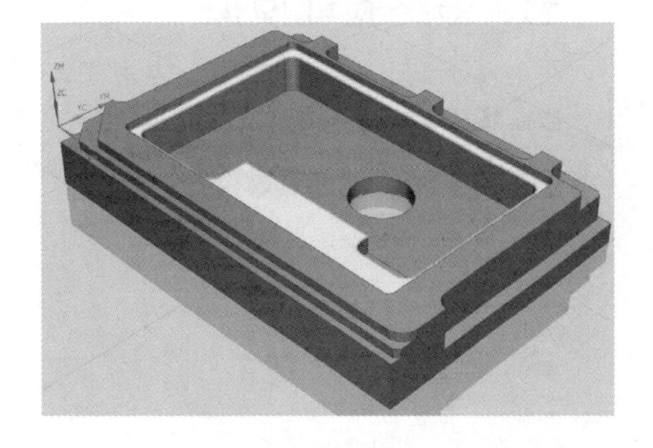
图 3.1.30　选择加工区域

3. 设置加工参数

【刀轨设置】栏目中→【切削模式】跟随部件→【平面直径百分比】50→【最大距离】1(如图 3.1.31 设置加工参数)。

4. 设置切削参数

打开【切削参数】→【余量】所有均设为 0→【空间范围】【毛坯】【处理中的工件】使用基于层的→【确定】(如图 3.1.32 设置切削参数)。

图 3.1.31　设置加工参数

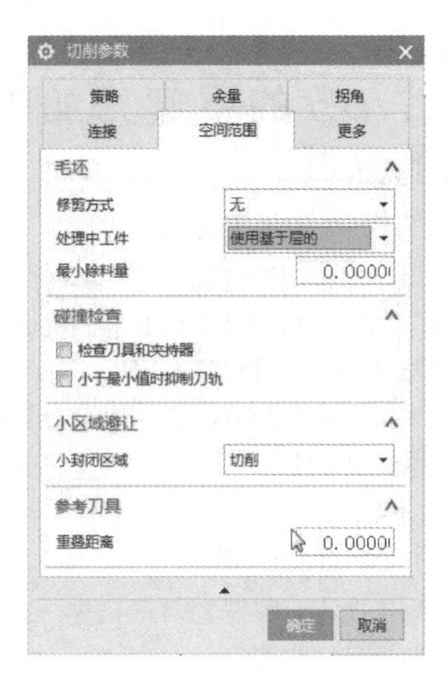

图 3.1.32　设置切削参数

5. 设置进给率和速度

打开【进给率和速度】→勾选【主轴速度（rpm）】3000→【进给率】【切削】180→【确定】（如图 3.1.33 设置进给率和速度）。

6. 生成刀具路径

【操作】栏目中→点击【生成刀具路径】，生成该步操作的刀具路径（如图 3.1.34 生成刀具路径）。

七、最终验证模拟

在左侧目录列表中选择操作→点击【确认刀轨】按钮→在弹出的【刀轨可视化】对话框中→选择【2D 动态】→调整【动画速度】→点击【播放】（如图 3.1.35～图 3.1.38）。

图 3.1.33　设置进给率和速度

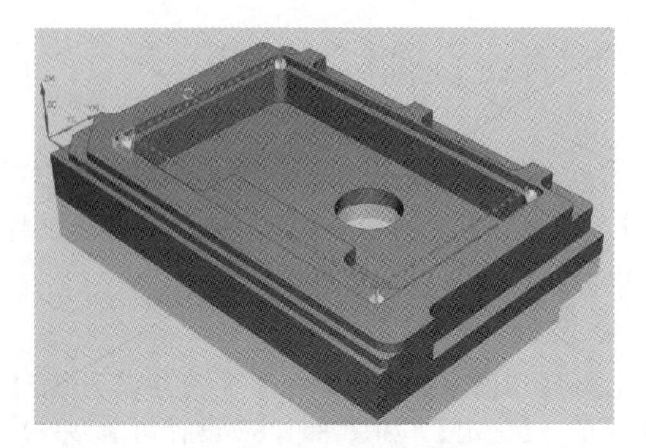

图 3.1.34　生成刀具路径

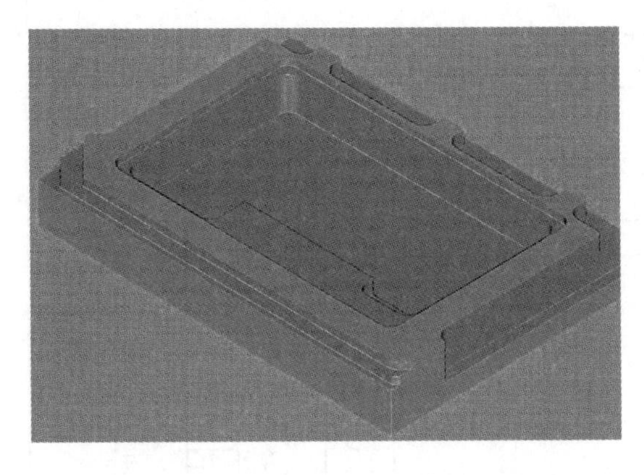

图 3.1.35　ϕ12 的平底刀型腔铣粗加工

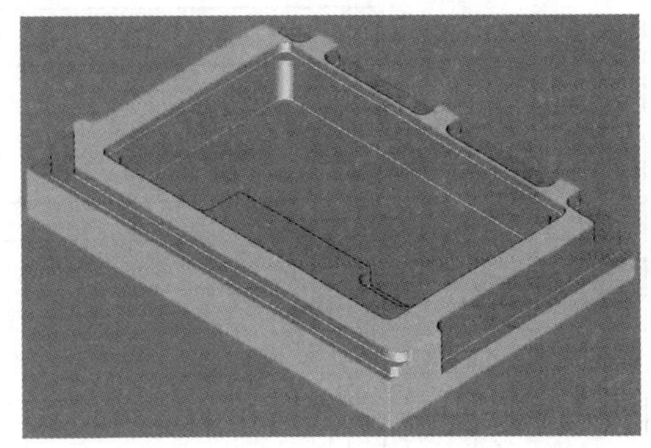

图 3.1.36　ϕ8 的平底刀型腔铣精加工

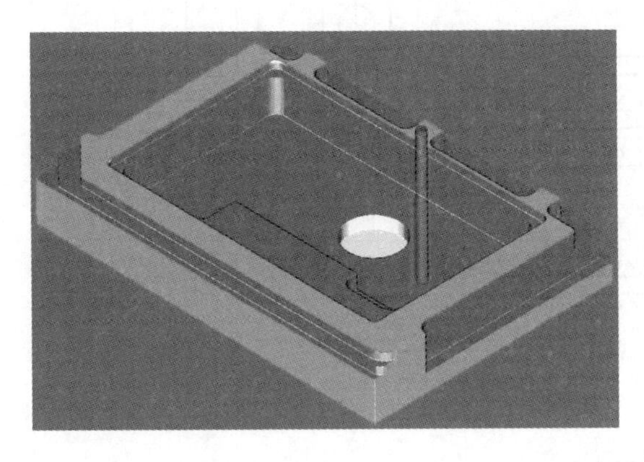

图 3.1.37　ϕ8 的平底刀型腔铣加工孔

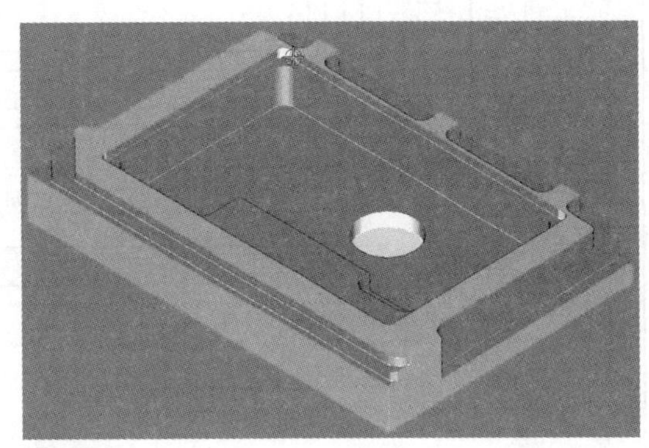

图 3.1.38　ϕ5 的平底刀加工小圆角的区域

第二节　固定板配合模块数控零件

固定板配合模块数控零件

一、工艺分析

1. 零件图工艺分析

该零件中间由一系列的凹槽组成，内侧的区域经由侧壁加工，内部加工后将没有材料（如图 3.2.1 固定板配合模块数控零件）。

工件尺寸 200mm×160mm×15mm，无尺寸公差要求。尺寸标注完整，轮廓描述清楚。零件材料为已经加工成型的标准铝块，无热处理和硬度要求。

2. 确定装夹方案、加工顺序及进给路线

工件采用通用的工艺板装夹的方案，在工件中间区域钻孔。四周底部用垫块、压块和螺栓固定，保证工件加工的稳定；中间安装两个螺栓，以固定中间切除区域，只需加工边缘虚线所标示的区域即可，不需加工整个区域，可以节省大量的加工时间。对刀点采用左下角的上表面点对刀，其装夹方式、加工区域和对刀点如图 3.2.2 所示。

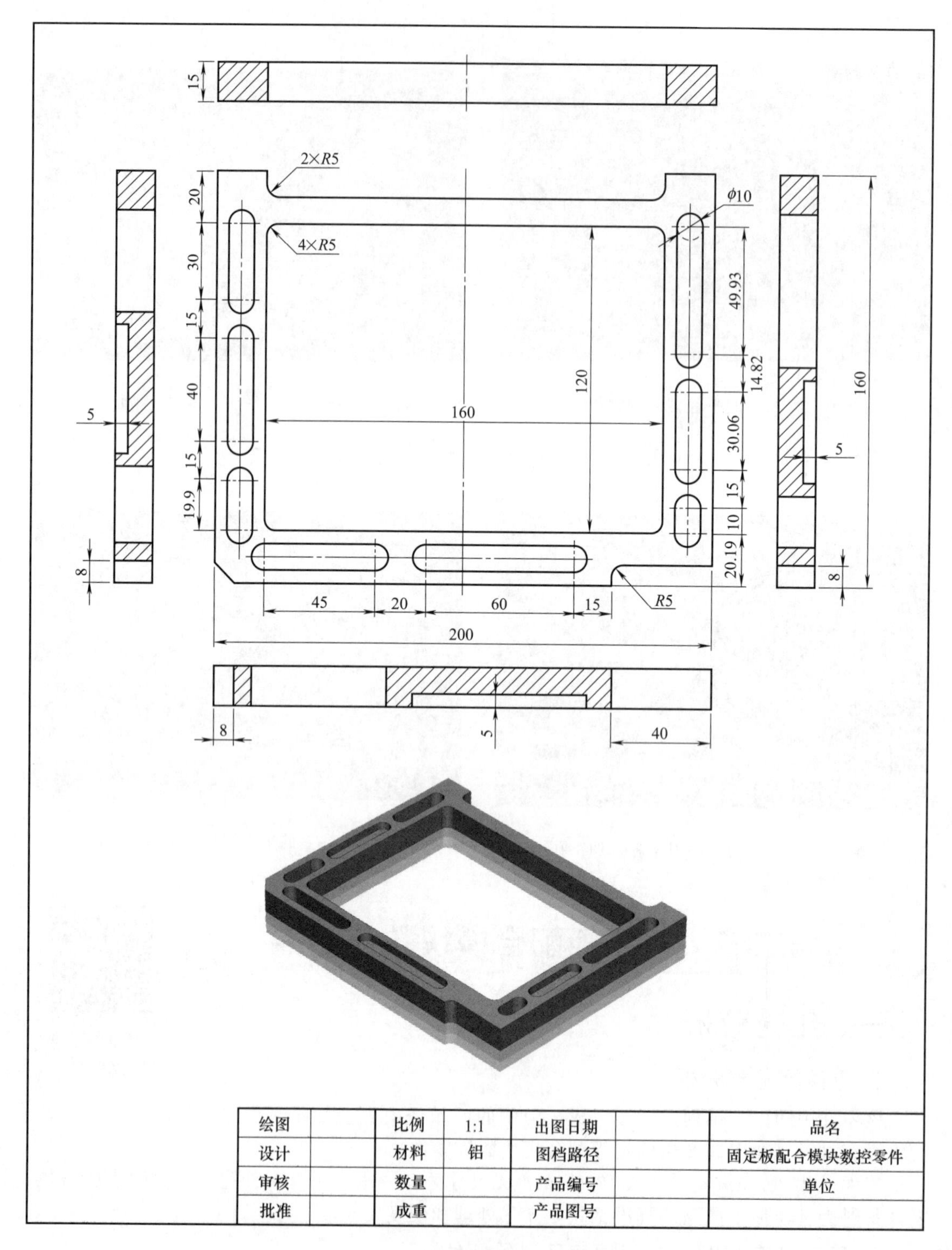

图 3.2.1　固定板配合模块数控零件

3. 刀具和加工区域选择

选用多把铣刀加工本例的区域，将所选定的刀具参数以及加工区域填入表 3.2.1 数控加工卡片中，以便于编程和操作管理。

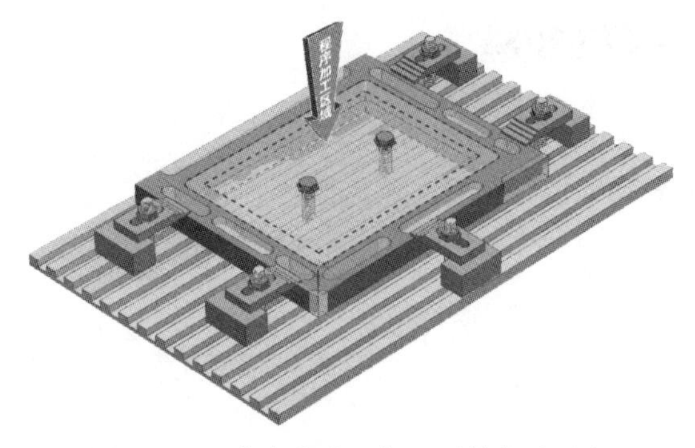

图 3.2.2　装夹方式、加工区域和对刀点

表 3.2.1　数控加工卡片

产品名称或代号	数控零件加工综合实例	零件名称	固定板配合模块数控零件	
序号	加工区域	刀具		
		名称	规格	刀号
1	ϕ8 的平底刀型腔铣精加工槽和侧面	D8	ϕ8 平底刀	1
2	ϕ8 的平底刀型腔铣精加工上方侧面	D8	ϕ8 平底刀	1
3	ϕ8 的平底刀面铣加工内壁	D8	ϕ8 平底刀	1
编制 ×××	审核 ×××	批准	×××	共 1 页

二、前期准备工作

1. 绘制辅助图形

进入【建模】模块→【草图】中绘制图形，使之作为加工坐标系的原点（如图 3.2.3 草图中绘制辅助图形和 图 3.2.4 完成后的效果）。

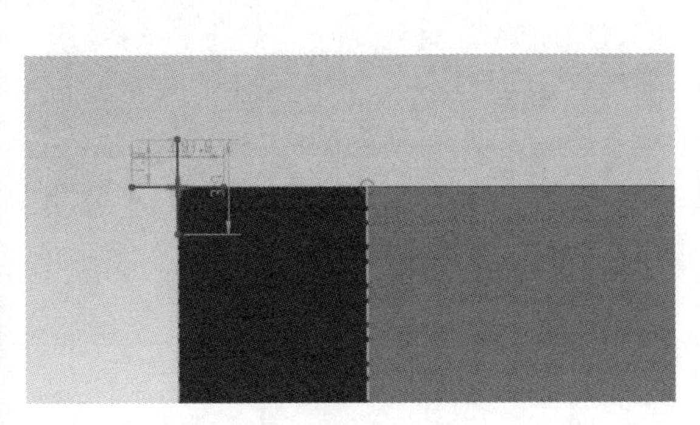

图 3.2.3　草图中绘制辅助图形

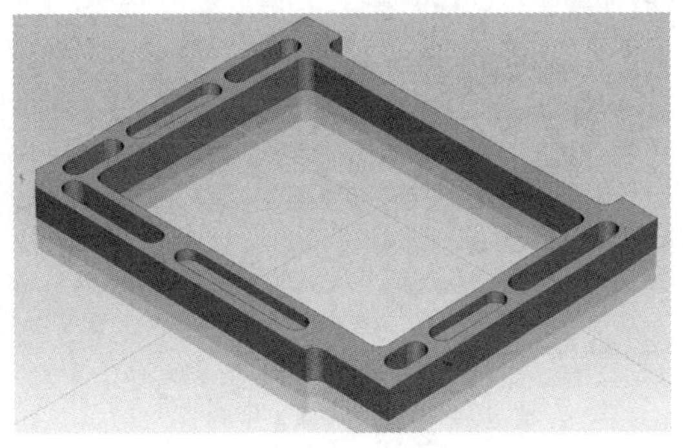

图 3.2.4　完成后的效果

2. 进入加工模块

打开【启动】菜单→【加工】，进入加工模块→打开【加工环境】对话框→【CAM 会话配置】cam _ general→【要创建的 CAM 组装】mill _ contour→【确定】（如图 3.2.5 进入加工模块）。

3. 创建刀具

【机床视图】→【创建刀具】→选择【平底刀】→【名称】D8→在【刀具设置】对话框中→【（D）直径】8→【刀具号】1→【确定】（如图 3.2.6 创建 1 号刀具）。

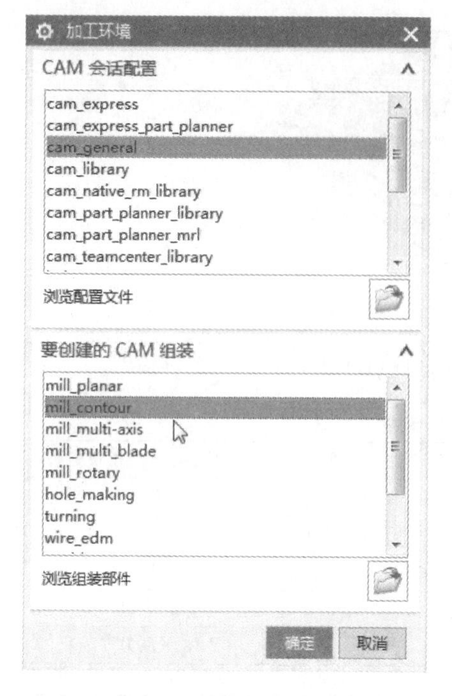

图 3.2.5 进入加工模块

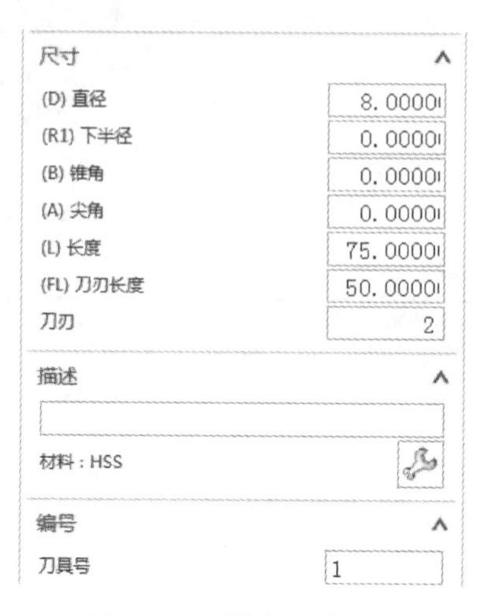

图 3.2.6 创建 1 号刀具

4. 设置坐标系和创建毛坯

【几何视图】→双击【MCS _ MILL】→点击绘制的辅助的直线的交叉点，将加工坐标系移至毛坯左下角的上平面点即可（如图 3.2.7）→设定【安全距离】2→【确定】（如图 3.2.7 设置坐标系）。

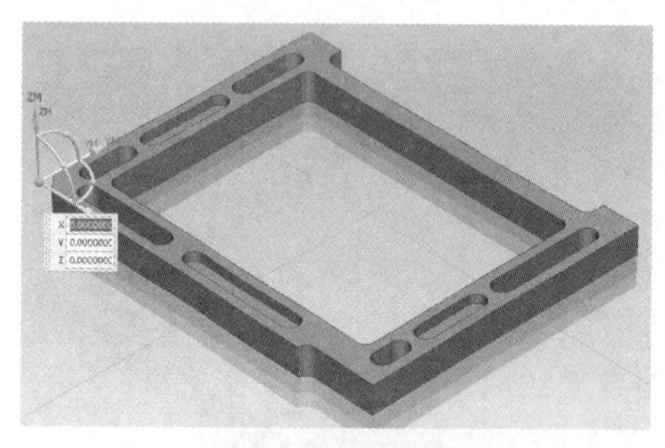

图 3.2.7 设置坐标系

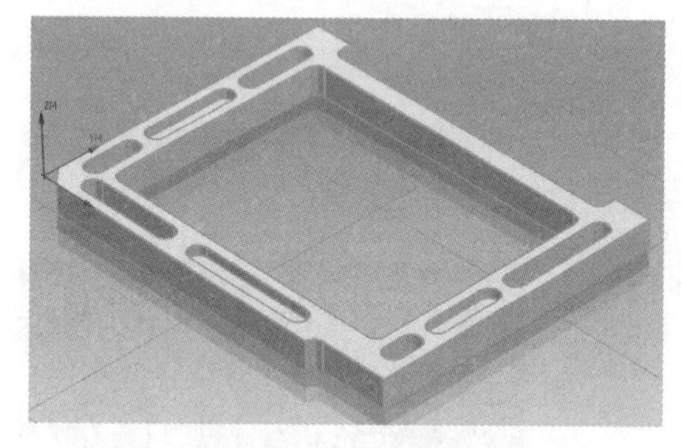

图 3.2.8 指定部件

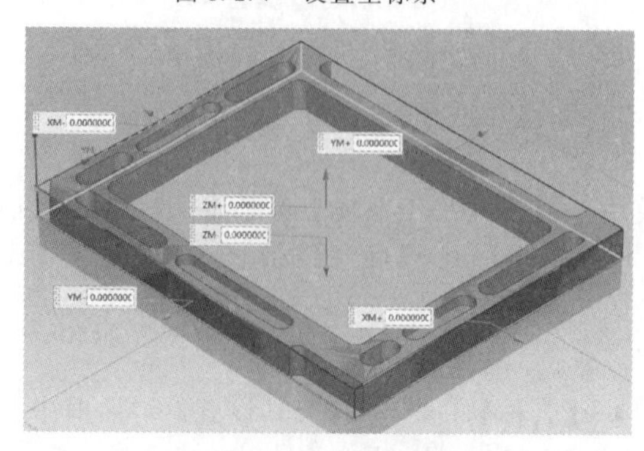

图 3.2.9 创建毛坯

→打开 MCS _ MILL 前的【+】号，双击【WORKPIECE】→在【工件】对话框中→点击【指定部件】按钮→点击工件→【确定】（如图 3.2.8 指定部件）。

→点击【指定毛坯】按钮→在弹出的【毛坯几何体】对话框中→【类型】→选择【包容块】，设置最小化包容工件的毛坯→毛坯设置的效果如下→【确定】→【确定】（如图

3.2.9 创建毛坯）。

注：此处未修改安全高度为 2mm，考虑到将压块的位置让出，仍采取 10mm 的高度，如果觉得 10mm 仍有碰撞危险，可将该值设置得更高一些。

三、ϕ8 的平底刀型腔铣精加工槽和侧面

1. 选择精加工方法

【程序顺序视图】→【创建工序】→弹出【创建工序】对话框→【类型】mill _ contour→【工序子类型】型腔铣→【程序】PROGRAM→【刀具】D8→【几何体】WORKPIECE→【方法】MILL _ FINISH→【名称】pingmian→【确定】(如图 3.2.10 选择精加工方法)。

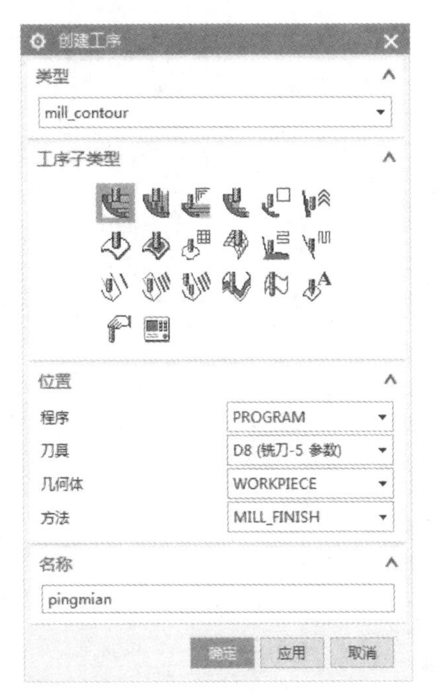

图 3.2.10　选择精加工方法

2. 选择加工区域

在弹出的【型腔铣】对话框中→【指定切削区域】→选择要加工的曲面→【确定】(如图 3.2.11 选择加工区域)。

3. 设置加工参数

【刀轨设置】栏目中→【切削模式】跟随部件→【平面直径百分比】60→【最大距离】1.5 (如图 3.2.12 设置加工参数)。

图 3.2.11　选择加工区域

图 3.2.12　设置加工参数

4. 设置切削参数

打开【切削参数】→【策略】【切削顺序】深度优先→【余量】【部件侧面余量】0→【确定】(如图 3.2.13 深度优先)(如图 3.2.14 余量)

5. 设置非切削移动

打开【非切削移动】→【进刀】→【封闭区域】【进刀类型】插削→【开放区域】【进刀类型】与封闭区域相同→【确定】(如图 3.2.15 设置非切削移动)。

6. 设置进给率和速度

打开【进给率和速度】→勾选【主轴速度 (rpm)】3000→【进给率】【切削】300→【确定】(如图 3.2.16 设置进给率和速度)。

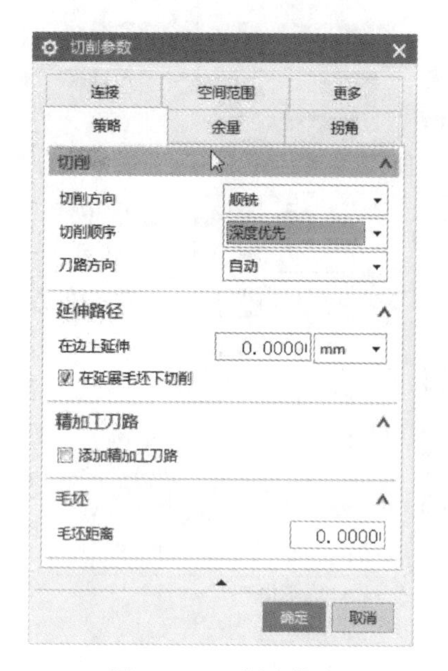

图 3.2.13　深度优先

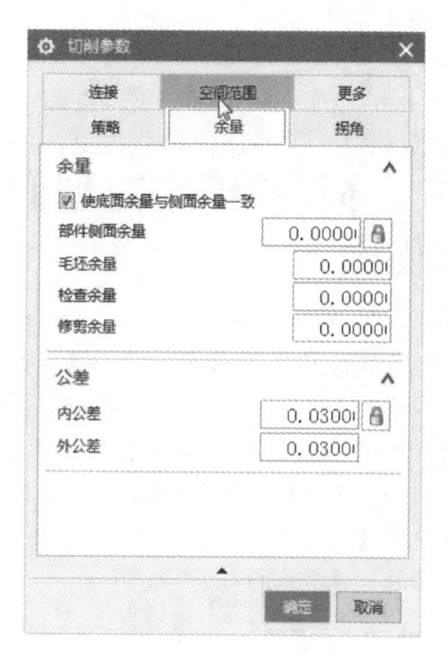

图 3.2.14　余量

图 3.2.15　设置非切削移动

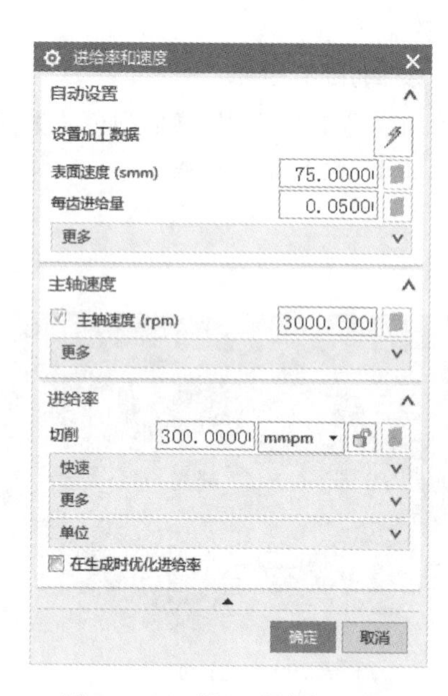

图 3.2.16　设置进给率和速度

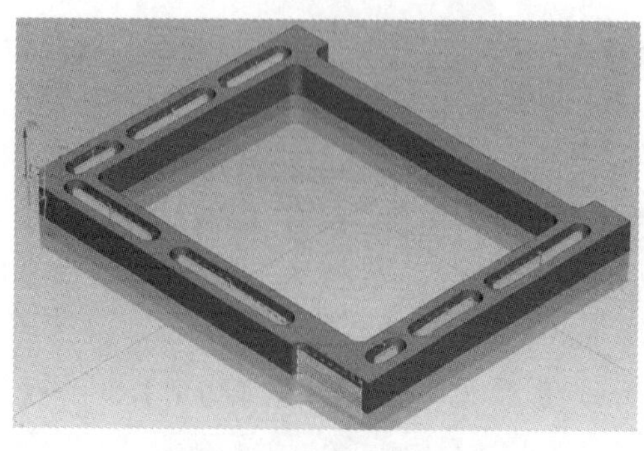

图 3.2.17　生成刀具路径

7. 生成刀具路径

【操作】栏目中→点击【生成刀具路径】，生成该步操作的刀具路径（如图 3.2.17 生成刀具路径）。

四、$\phi 8$ 的平底刀型腔铣精加工上方侧面

1. 选择精加工方法

【程序顺序视图】→【创建工序】→弹出【创

建工序】对话框→【类型】mill _ contour→【工序子类型】型腔铣→【程序】PROGRAM→【刀具】D8→【几何体】WORKPIECE→【方法】MILL _ FINISH→【名称】dingbu→【确定】(如图 3.2.18 选择精加工方法)。

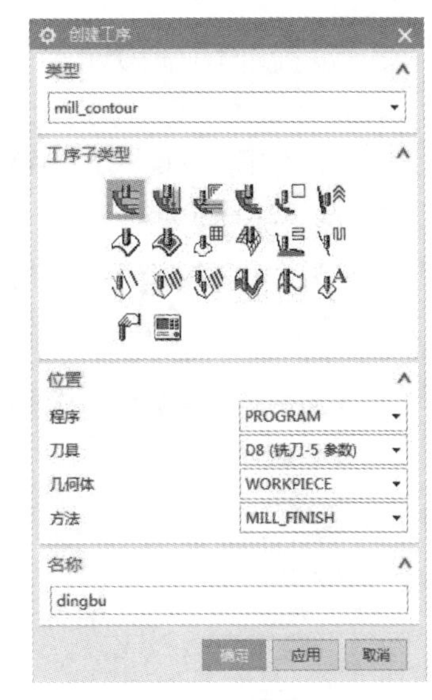

图 3.2.18　选择精加工方法

2. 选择加工区域

在弹出的【型腔铣】对话框中→【指定切削区域】→选择要加工的曲面→【确定】(如图 3.2.19 选择加工区域)。

3. 设置加工参数

【刀轨设置】栏目中→【切削模式】跟随部件→【平面直径百分比】50→【最大距离】1.5 (如图 3.2.20 设置加工参数)

4. 设置切削参数

打开【切削参数】→【策略】【切削顺序】深度优先→【余量】【部件侧面余量】0→【确定】(如图 3.2.21 深度优先，图 3.2.22 余量)。

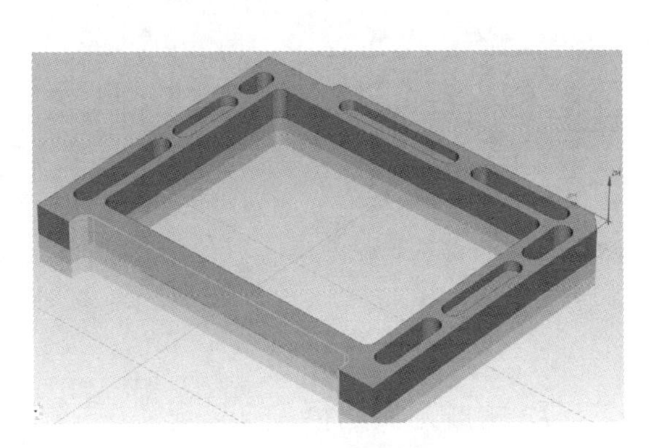

图 3.2.19　选择加工区域

图 3.2.20　设置加工参数

图 3.2.21　深度优先

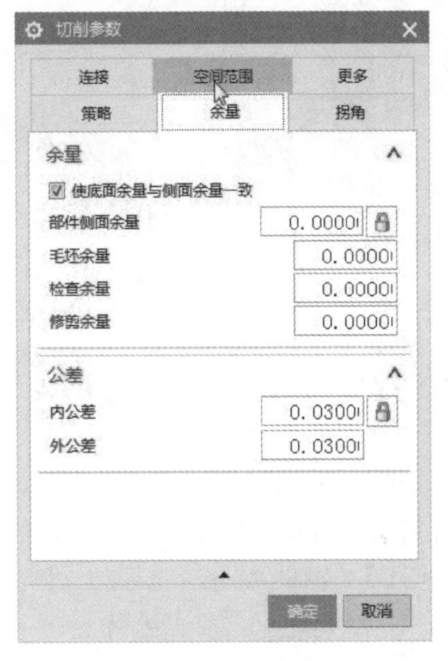

图 3.2.22　余量

5. 设置非切削移动

打开【非切削移动】→【进刀】→【封闭区域】【进刀类型】插削→【开放区域】【进刀类型】与封闭区域相同→【确定】(如图 3.2.23 设置非切削移动)。

6. 设置进给率和速度

打开【进给率和速度】→勾选【主轴速度(rpm)】3500→【进给率】【切削】200→【确定】(如图 3.2.24 设置进给率和速度)。

图 3.2.23 设置非切削移动

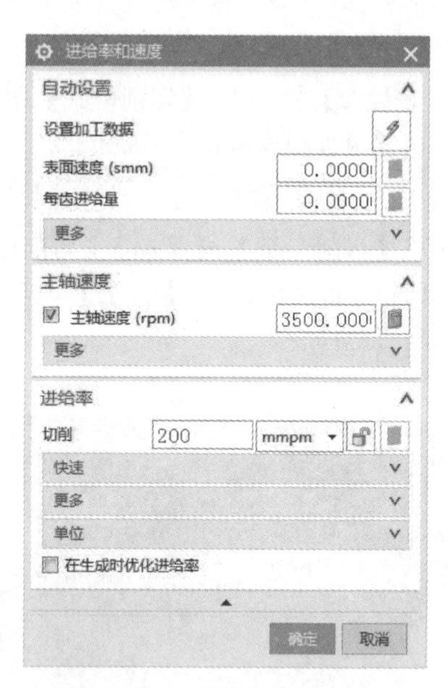

图 3.2.24 设置进给率和速度

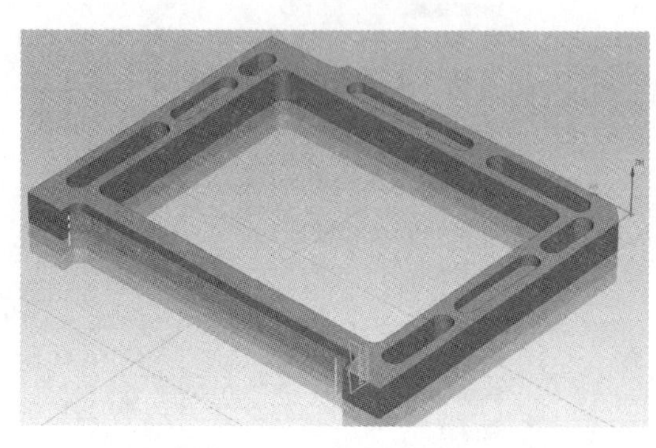

图 3.2.25 生成刀具路径

7. 生成刀具路径

【操作】栏目中→点击【生成刀具路径】,生成该步操作的刀具路径(如图 3.2.25 生成刀具路径)。

五、$\phi 8$ 的平底刀面铣加工内壁

1. 选择精加工方法

【程序顺序视图】→【创建工序】→弹出【创建工序】对话框→【类型】mill _ planar→【工序子类型】面铣→【程序】PROGRAM→【刀具】D8→【几何体】WORKPIECE→【方法】MILL _ FINISH,进行粗加工→【名称】neibi→【确定】(如图 3.2.26 选择精加工方法)。

2. 选择加工区域

在弹出的【面铣】对话框中→【指定面边界】→【选择方法】曲线→选择要加工面的边缘→【确定】(如图 3.2.27 选择加工区域)。

3. 设置刀轴

【刀轴】栏目中→【轴】+ZM 轴(如图 3.2.28 设置刀轴)。

图 3.2.26　选择精加工方法

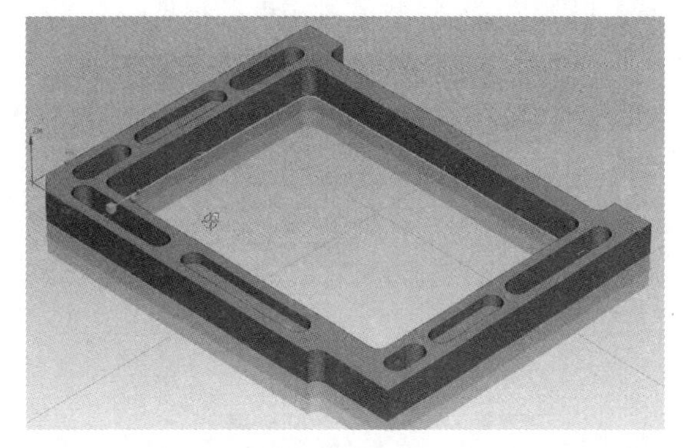

图 3.2.27　选择加工区域

4. 设置加工参数

【刀轨设置】栏目中→【切削模式】轮廓→【平面直径百分比】75→【毛坯距离】15→【每刀切削深度】1.5（如图 3.2.29 设置加工参数）。

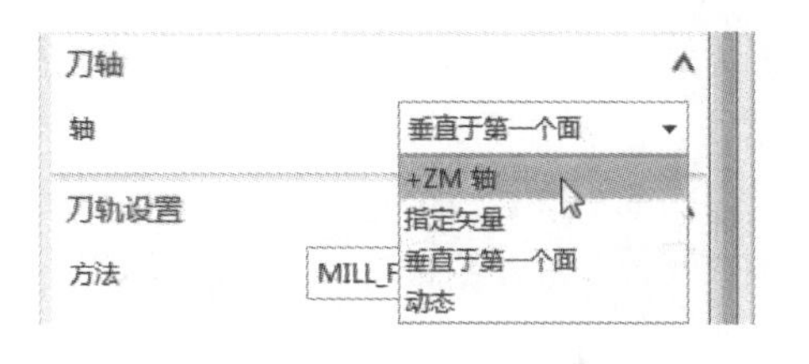

图 3.2.28　设置刀轴

5. 设置切削参数

打开【切削参数】→【余量】【部件余量】0→【确定】（如图 3.2.30 设置切削参数）。

图 3.2.29　设置加工参数

图 3.2.30　设置切削参数

6. 设置非切削移动

打开【非切削移动】→【进刀】→【封闭区域】【进刀类型】插削→【开放区域】【进刀类型】与封闭区域相同→【确定】(如图 3.2.31 设置非切削移动)。

7. 设置进给率和速度

打开【进给率和速度】→勾选【主轴速度(rpm)】3000→【进给率】【切削】200→【确定】(如图 3.2.32 设置进给率和速度)。

图 3.2.31 设置非切削移动

图 3.2.32 设置进给率和速度

8. 生成刀具路径

【操作】栏目中→点击【生成刀具路径】,生成该步操作的刀具路径(如图 3.2.33 生成刀具路径)。

六、最终验证模拟

在左侧目录列表中选择操作→点击【确认刀轨】按钮→在弹出的【刀轨可视化】对话框中→选择【2D 动态】→调整【动画速度】→点击【播放】(如图 3.2.34～图 3.2.36)。

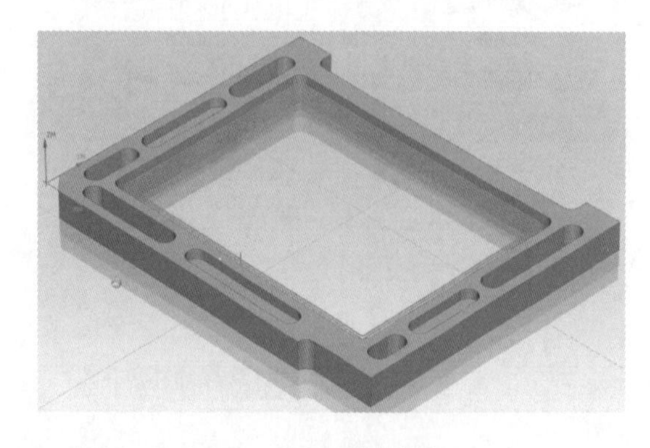

图 3.2.33 生成刀具路径

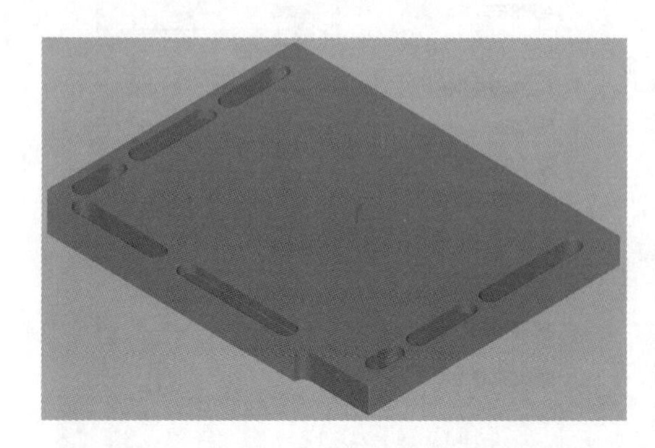

图 3.2.34 $\phi 8$ 的平底刀型腔铣精加工槽和侧面

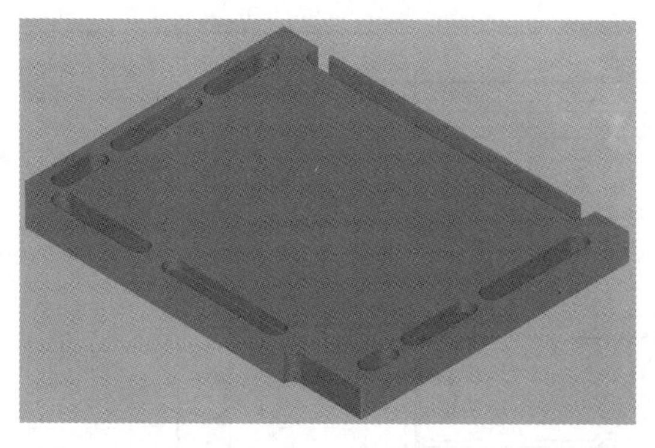

图 3.2.35　$\phi 8$ 的平底刀型腔铣精加工上方侧面

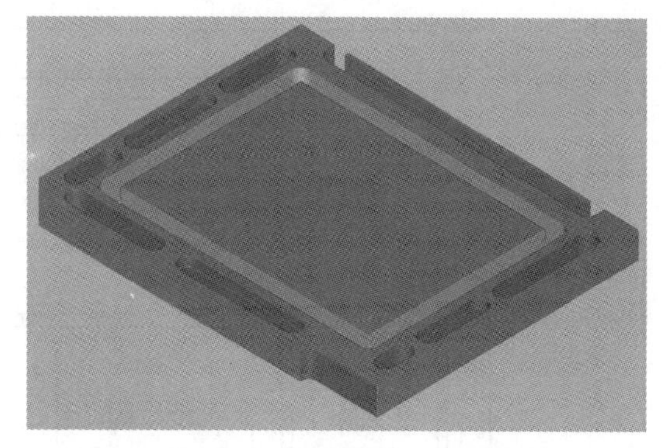

图 3.2.36　$\phi 8$ 的平底刀面铣加工内壁

第三节　通讯模块底座数控零件

一、工艺分析

通讯模块底座数控零件

1. 零件图工艺分析

该零件中间由一个连续的平面区域组成，工件尺寸 58.3mm×46.5mm×5.5mm（如图 3.3.1 通讯模块底座数控零件），无尺寸公差要求。尺寸标注完整，轮廓描述清楚。零件材料为已经加工成型的标准铝块，无热处理和硬度要求。

2. 确定装夹方案、加工顺序及进给路线

① 程序一的装夹方式：将工件前视图面朝上，底部垫一块垫块，前后用两块铝块夹住，两侧用台虎钳夹紧，用于加工前视图中文字。其装夹方式、加工区域和对刀点如图 3.3.2 所示。

② 程序二的装夹方式：将工件右视图面朝上，底部垫一块垫块，前后用两块铝块夹住，两侧用台虎钳夹紧，用于加工右视图槽型区域。其装夹方式、加工区域和对刀点如图 3.3.3 所示，

③ 程序三的装夹方式：将工件俯视图图面朝上，左侧露出待加工的两个圆角区域，底部垫两块垫块，左侧用顶尖顶紧，两侧用台虎钳夹紧，如图 3.3.4 所示，这样下次翻转装夹持就不需要重新对刀了。

④ 程序四的装夹方式：将工件翻转，底部垫两块垫块，左侧将工件顶紧顶尖，两侧用台虎钳夹紧，如图 3.3.5 所示，不需要对刀。加工时，只需加工到尺寸，便可完成。之后，需手动完成修边、去毛刺等步骤。即可完成本例的最后一道加工工序。

3. 刀具和加工区域选择

选用多把铣刀加工本例的区域，将所选定的刀具参数以及加工区域填入表 3.3.1 数控加工卡片中，以便于编程和操作管理。

二、前期准备工作

1. 绘制辅助图形

进入【建模】模块式→绘制加工所需要辅助线和辅助实体，使之作为加工坐标系的原点和加工的毛坯（如图 3.3.6 绘制辅助图形）。

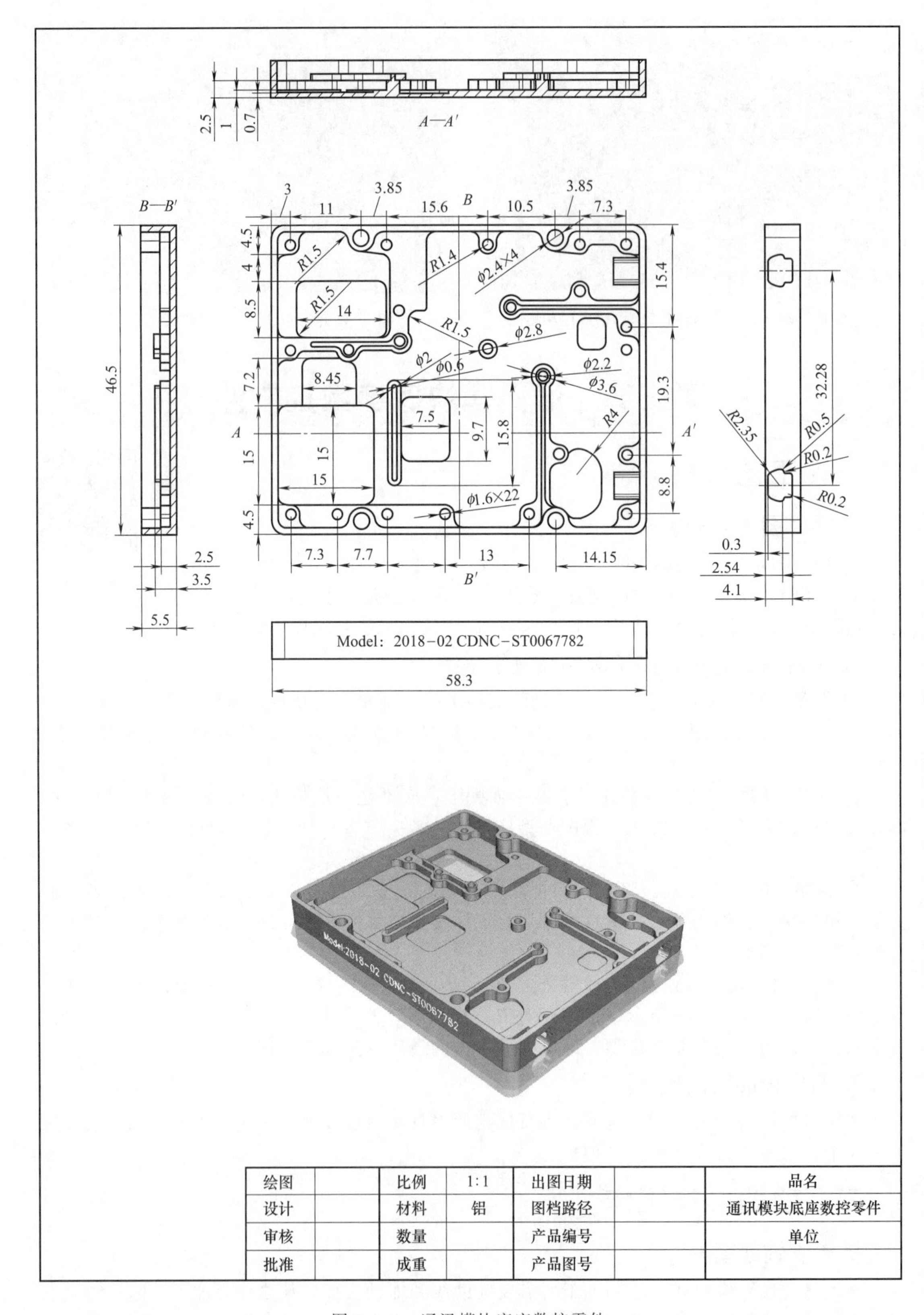

绘图		比例	1∶1	出图日期		品名
设计		材料	铝	图档路径		通讯模块底座数控零件
审核		数量		产品编号		单位
批准		成重		产品图号		

图 3.3.1　通讯模块底座数控零件

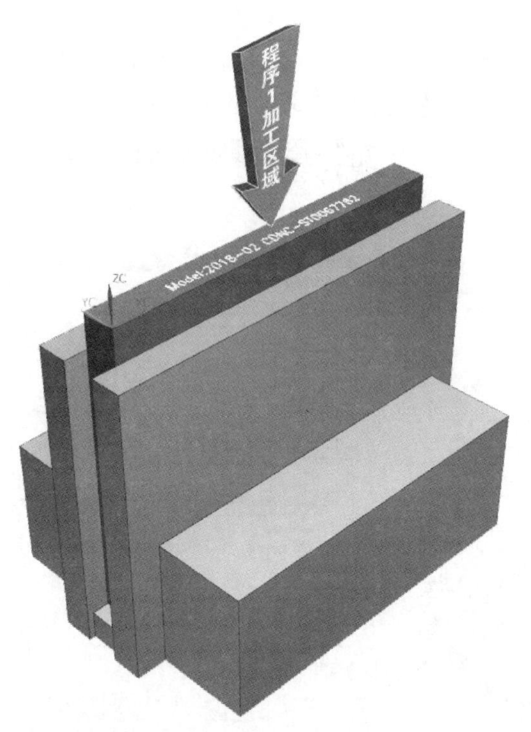

图 3.3.2 程序一的装夹方式、加工区域和对刀点示意图

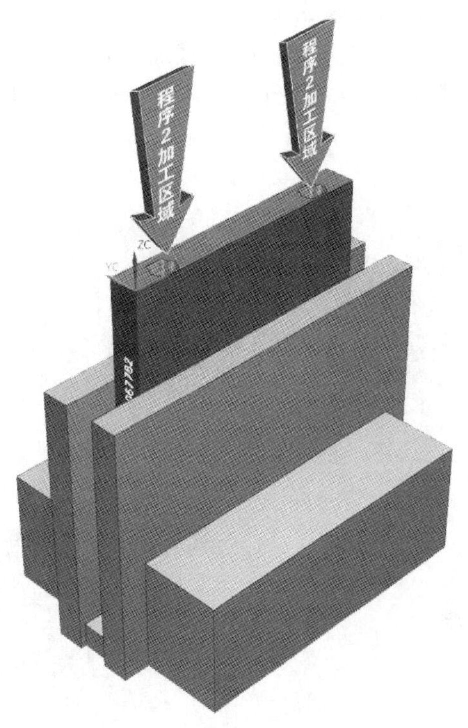

图 3.3.3 程序二的装夹方式、加工区域和对刀点示意图

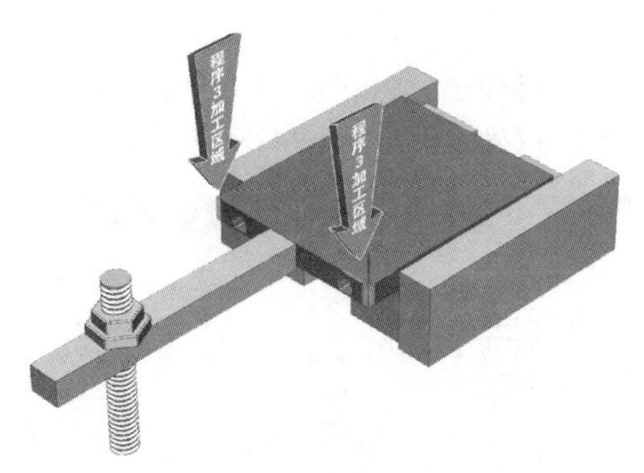

图 3.3.4 程序三的装夹方式、加工区域和对刀点示意图

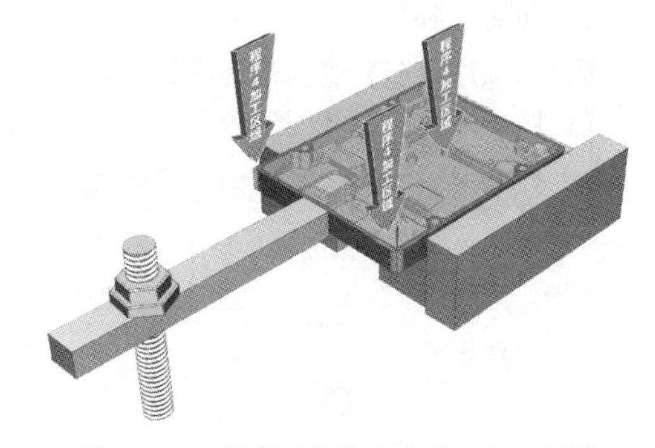

图 3.3.5 程序四的装夹方式、加工区域和对刀点示意图

表 3.3.1 数控加工卡片

<table>
<tr><td>产品名称或代号</td><td>数控零件加工综合实例</td><td>零件名称</td><td colspan="3">多曲面台阶座数控零件</td></tr>
<tr><td rowspan="2">序号</td><td colspan="2" rowspan="2">加工区域</td><td colspan="3">刀具</td></tr>
<tr><td>名称</td><td>规格</td><td>刀号</td></tr>
<tr><td>1</td><td colspan="2">程序一：ϕ4 的刻字刀固定轴轮廓铣刻字</td><td>D4</td><td>ϕ4 刻字刀</td><td>5</td></tr>
<tr><td>2</td><td colspan="2">程序二：ϕ1 的平底刀型腔铣加工侧面两个槽</td><td>D1</td><td>ϕ1 平底刀</td><td>3</td></tr>
<tr><td>3</td><td colspan="2">程序三：ϕ4 的平底刀型腔铣加工两个圆角</td><td>D4</td><td>ϕ4 平底刀</td><td>2</td></tr>
<tr><td>4</td><td colspan="2">程序四：ϕ4 的平底刀型腔铣加工剩余的两个圆角</td><td>D4</td><td>ϕ4 平底刀</td><td>2</td></tr>
<tr><td>5</td><td colspan="2">程序四：ϕ10 的平底刀型腔铣开粗加工</td><td>D10</td><td>ϕ10 平底刀</td><td>1</td></tr>
<tr><td>6</td><td colspan="2">程序四：ϕ4 的平底刀型腔铣半精加工</td><td>D4</td><td>ϕ4 平底刀</td><td>2</td></tr>
<tr><td>7</td><td colspan="2">程序四：ϕ1 的平底刀型腔铣精加工剩余的残料区域</td><td>D1</td><td>ϕ1 平底刀</td><td>3</td></tr>
<tr><td>编制</td><td>×××</td><td>审核 ××× </td><td>批准</td><td>×××</td><td>共 1 页</td></tr>
</table>

2. 进入加工模块

打开【启动】菜单→【加工】，进入加工模块→打开【加工环境】对话框→【CAM 会话配置】cam_general→【要创建的 CAM 组装】mill_contour→【确定】（如图 3.3.7 进入加工模块）。

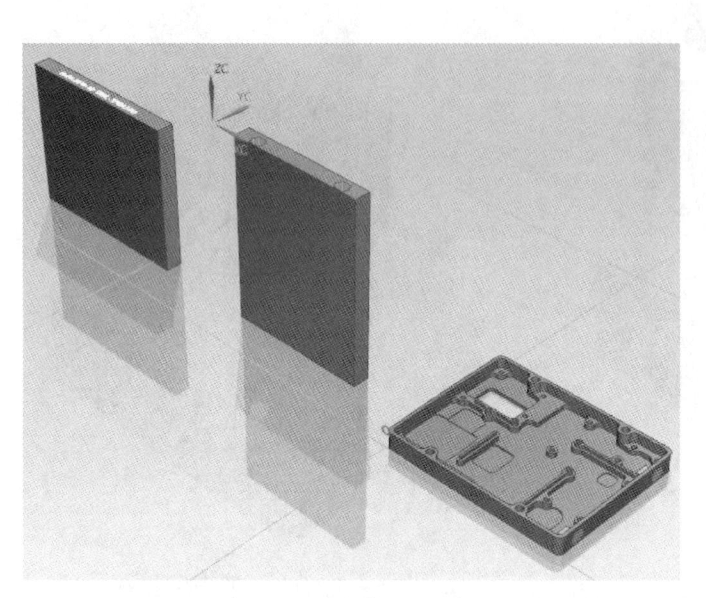

图 3.3.6　绘制辅助图形

图 3.3.7　进入加工模块

3. 创建程序

【程序顺序视图】→【创建程序】→【名称】PROGRAM1→【确定】（如图 3.3.8 创建程序 1）。
【程序顺序视图】→【创建程序】→【名称】PROGRAM2→【确定】（如图 3.3.9 创建程序 2）。

图 3.3.8　创建程序 1

图 3.3.9　创建程序 2

【程序顺序视图】→【创建程序】→【名称】PROGRAM3→【确定】（如图 3.3.10 创建程序 3）。
【程序顺序视图】→【创建程序】→【名称】PROGRAM4→【确定】（如图 3.3.11 创建程序 4）。

4. 创建刀具

【机床视图】→【创建刀具】→选择【平底刀】→【名称】D10→在【刀具设置】对话框中→

图 3.3.10　创建程序 3

图 3.3.11　创建程序 4

【(D) 直径】10→【刀具号】1→【确定】(如图 3.3.12 创建 1 号刀具)。

→【创建刀具】→选择【平底刀】→【名称】D4→在【刀具设置】对话框中→【(D) 直径】4→【刀具号】2→【确定】(如图 3.3.13 创建 2 号刀具)。

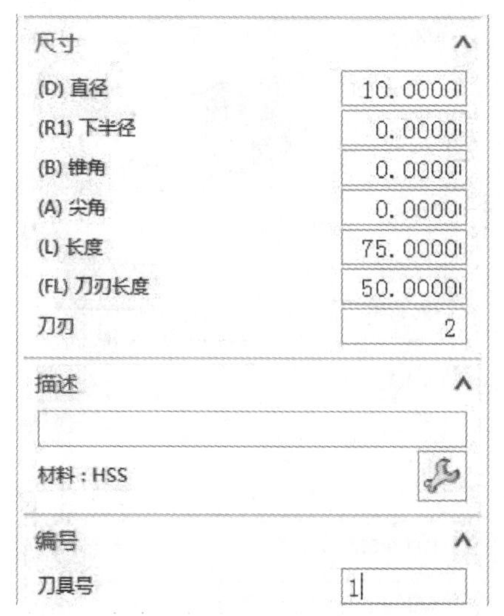

图 3.3.12　创建 1 号刀具

图 3.3.13　创建 2 号刀具

→【创建刀具】→选择【平底刀】→【名称】D1→在【刀具设置】对话框中→【(D) 直径】1→【刀具号】3→【确定】(如图 3.3.14 创建 3 号刀具)。

→【创建刀具】→选择【平底刀】→【名称】D0.8R0.4→在【刀具设置】对话框中→【(D) 直径】0.8→【(R1) 下半径】0.4→【刀具号】4→【确定】(如图 3.3.15 创建 4 号刀具)(实际当中并未使用)。

→【创建刀具】→【类型】hole_making→选择【倒角刀】→【名称】kezi→在【刀具设置】对话框中→【(D) 直径】4→【(IA) 夹角】60→【刀具号】5→【确定】(如图 3.3.16 选择刀具类型)(如图 3.3.17 创建 5 号刀具)。

5. 设置坐标系和创建毛坯

【几何视图】→通过【复制】【粘贴】【重命名】的方式，建立【MCSMILL1】【WORKPIECE1】【MCSMILL2】【WORKPIECE2】和【MCSMILL3】【WORKPIECE3】(如图

图 3.3.14　创建 3 号刀具

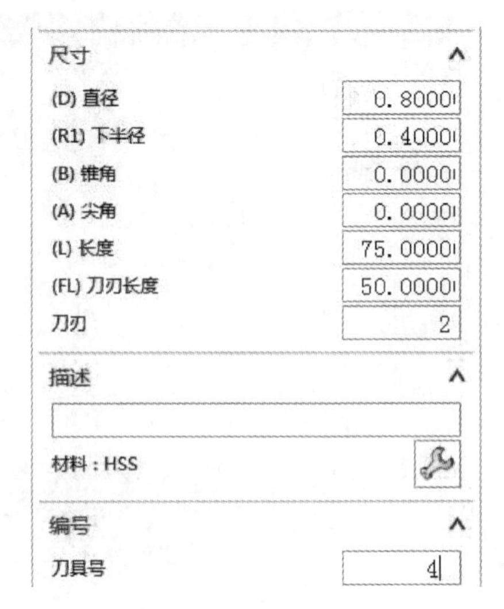

图 3.3.15　创建 4 号刀具

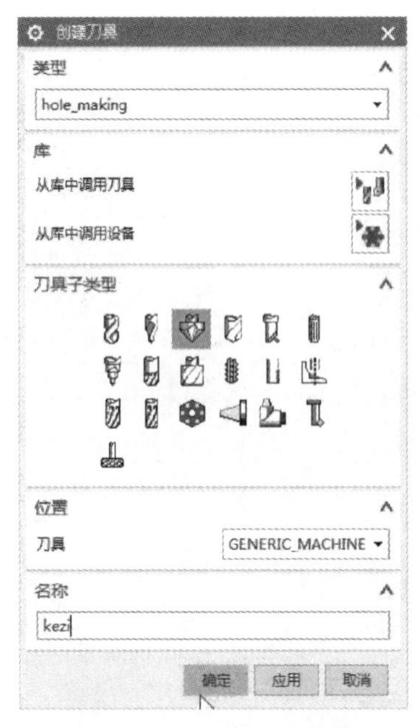

图 3.3.16　选择刀具类型

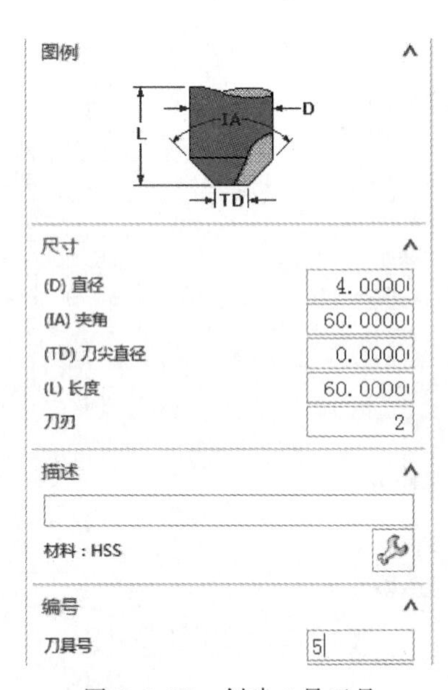

图 3.3.17　创建 5 号刀具

3.3.18 创建第二个坐标系）。

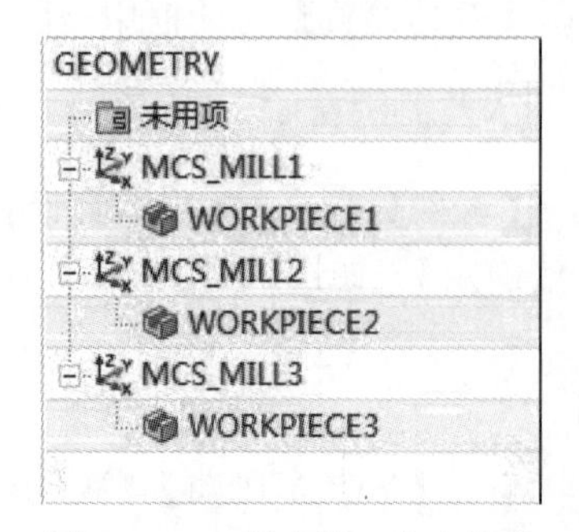

图 3.3.18　创建第二个坐标系

（1）坐标系一：坐标系和创建毛坯

双击【MCS_MILL-1】→点击相应角点，将加工坐标系移至毛坯左下角的上平面点即可（如图 3.3.19 所示）→设定【安全距离】2→【确定】（如图 3.3.19 坐标系一：设置坐标系）。

→打开 MCS _ MILL-1 前的【+】号，双击【WORKPIECE-1】→在【工件】对话框中→点击【指定部件】按钮→点击工件→【确定】（如图 3.3.20 坐标系一：指定部件）。

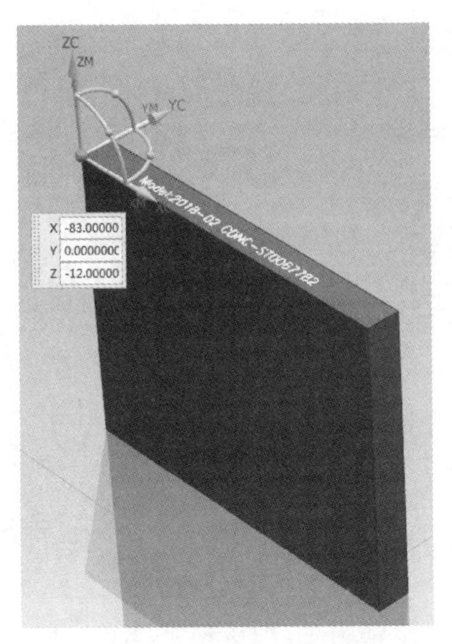

图 3.3.19　坐标系一：设置坐标系

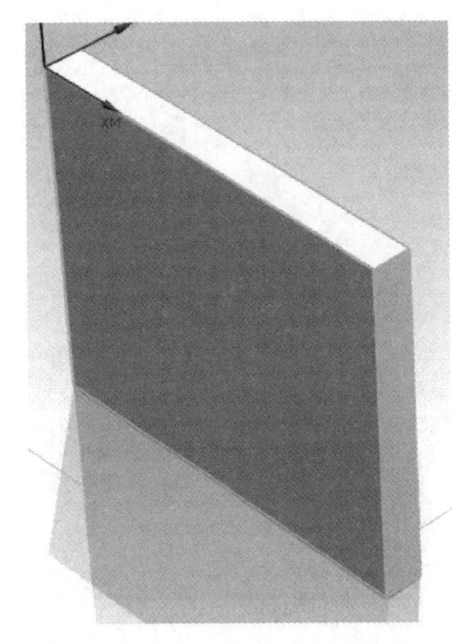

图 3.3.20　坐标系一：指定部件

→点击【指定毛坯】按钮→在弹出的【毛坯几何体】对话中→【类型】→选择【包容块】，设置最小化包容工件的毛坯→毛坯设置的效果如图 3.3.21 所示→【确定】→【确定】（如图 3.3.21 坐标系一：创建毛坯）。

（2）坐标系二：坐标系和创建毛坯

双击【MCS_MILL-2】→点击相应角点，将加工坐标系移至毛坯左下角的上平面点即可（如图 3.3.22 所示）→设定【安全距离】2→【确定】（如图 3.3.22 坐标系二：设置坐标系）。

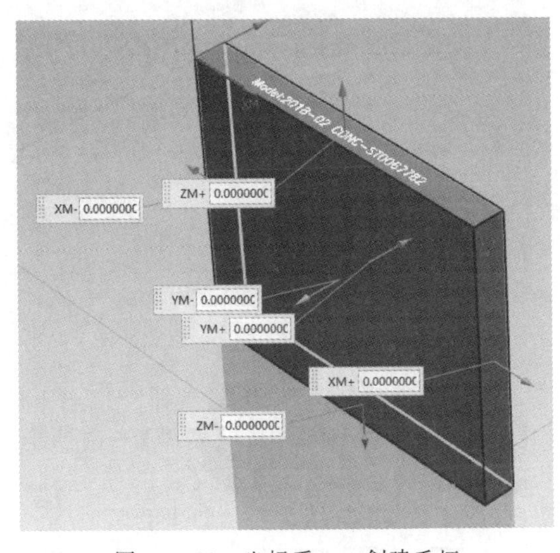

图 3.3.21　坐标系一：创建毛坯

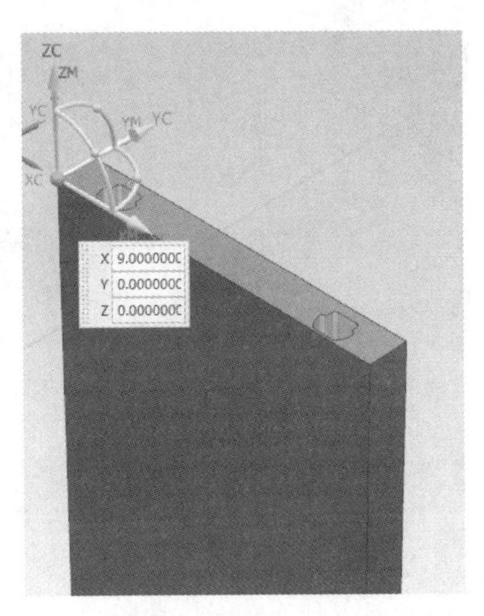

图 3.3.22　坐标系二：设置坐标系

→打开 MCS_MILL-2 前的【+】号，双击【WORKPIECE-2】→在【工件】对话框中→【指定部件】按钮→点击工件→【确定】（如图 3.3.23 坐标系二：指定部件）。

→点击【指定毛坯】按钮→在弹出的【毛坯几何体】对话中→【类型】→选择【包容块】，设置最小化包容工件的毛坯→毛坯设置的效果如图 3.3.24 所示→【确定】（如图 3.3.24 坐标系二：创建毛坯）。

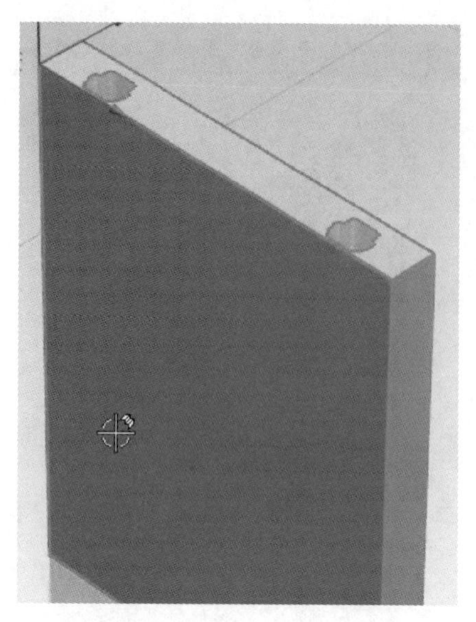

图 3.3.23　坐标系二：指定部件

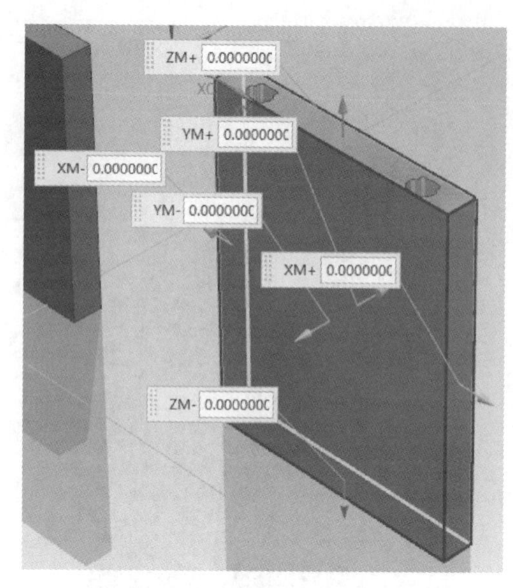

图 3.3.24　坐标系二：创建毛坯

（3）坐标系三：坐标系和创建毛坯：

双击【MCS_MILL-2】→点击毛坯左下角的上平面点即可（如图 3.3.25 所示）→设定【安全距离】2→【确定】（如图 3.3.25 坐标系三：设置坐标系）。

→打开 MCS_MILL-2 前的【+】号，双击【WORKPIECE-2】→在【工件】对话框中→【指定部件】按钮→点击工件和辅助小实体→【确定】（如图 3.3.26 坐标系三：指定部件）。

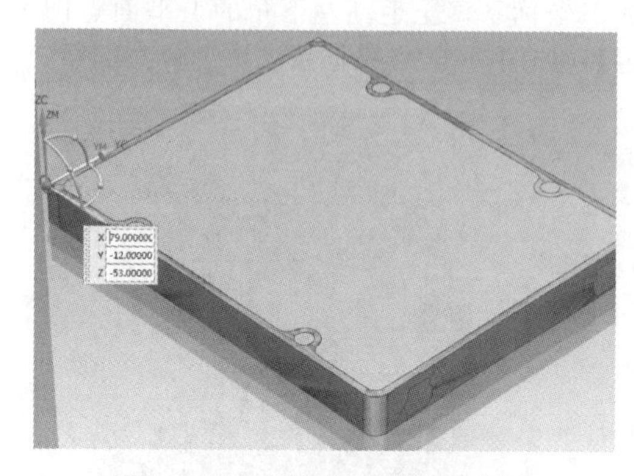

图 3.3.25　坐标系三：设置坐标系

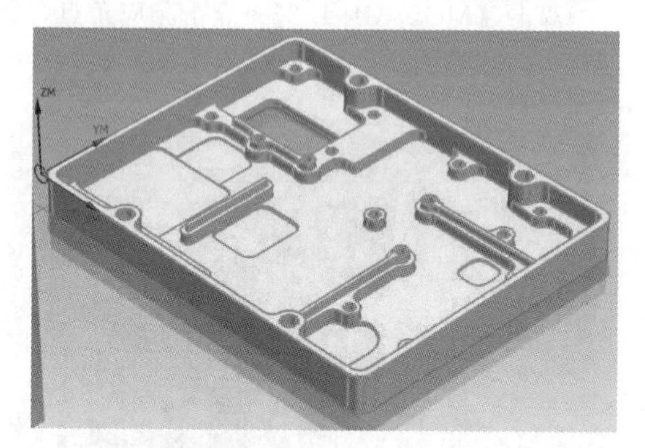

图 3.3.26　坐标系三：指定部件

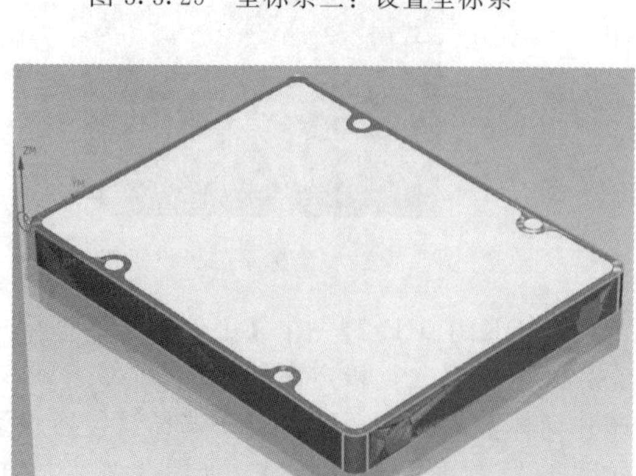

图 3.3.27　坐标系三：创建毛坯

→点击【指定毛坯】按钮→在弹出的【毛坯几何体】对话中→【类型】→选择绘制的辅助实体→毛坯设置的效果如下→【确定】（如图 3.3.27 坐标系三：创建毛坯）。

三、程序一：ϕ4 的刻字刀固定轴轮廓铣刻字

1. 选择精加工方法

【程序顺序视图】→【创建工序】→弹出【创建工序】对话框→【类型】mill_cotour→【工序子类型】固定轴曲面轮廓铣→【程序】

PROGRAM1→【刀具】kezi→【几何体】WORKPIECE1→【方法】MILL_FINISH→【名称】kezi→【确定】(如图 3.3.28 选择精加工方法)。

2. 选择加工区域

在弹出的【固定轴轮廓铣】对话框中→【指定切削区域】→选择要文字所在的曲面→【确定】(如图 3.3.29 选择加工区域)。

图 3.3.28　选择精加工方法

图 3.3.29　选择加工区域

3. 设置驱动方法及加工参数设置

【驱动方法】栏目中→【方法】曲线/点(如图 3.3.30 驱动方法)。

→弹出【曲线/点驱动方法】对话框→点选文字的曲线(注意:不连续的曲线必须新建驱动组)→【确定】(如图 3.3.31 点选文字的曲线)。

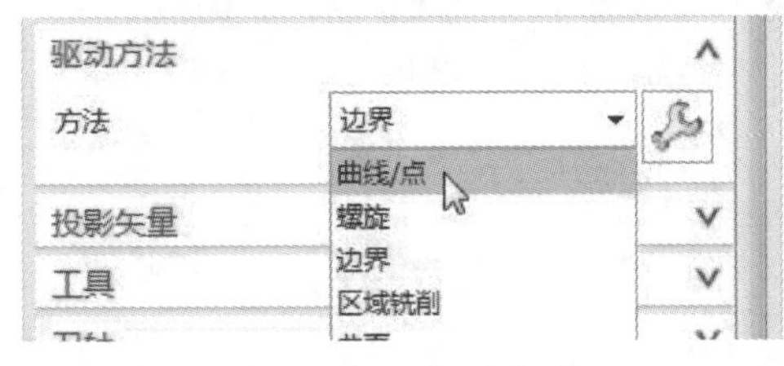

图 3.3.30　驱动方法

4. 设置切削参数

打开【切削参数】→【余量】部件余量－0.3→【确定】(如图 3.3.32 余量)。

5. 设置非切削移动

打开【非切削移动】→【进刀】→【开放区域】【进刀类型】插削→【确定】(如图 3.3.33 设置非切削移动)。

6. 设置进给率和速度

打开【进给率和速度】→勾选【主轴速度(rpm)】15000→【进给率】【切削】150→【确定】(如图 3.3.34 设置进给率和速度)。

7. 生成刀具路径

【操作】栏目中→点击【生成刀具路径】,生成该步操作的刀具路径(如图 3.3.35 生成刀具路径)。

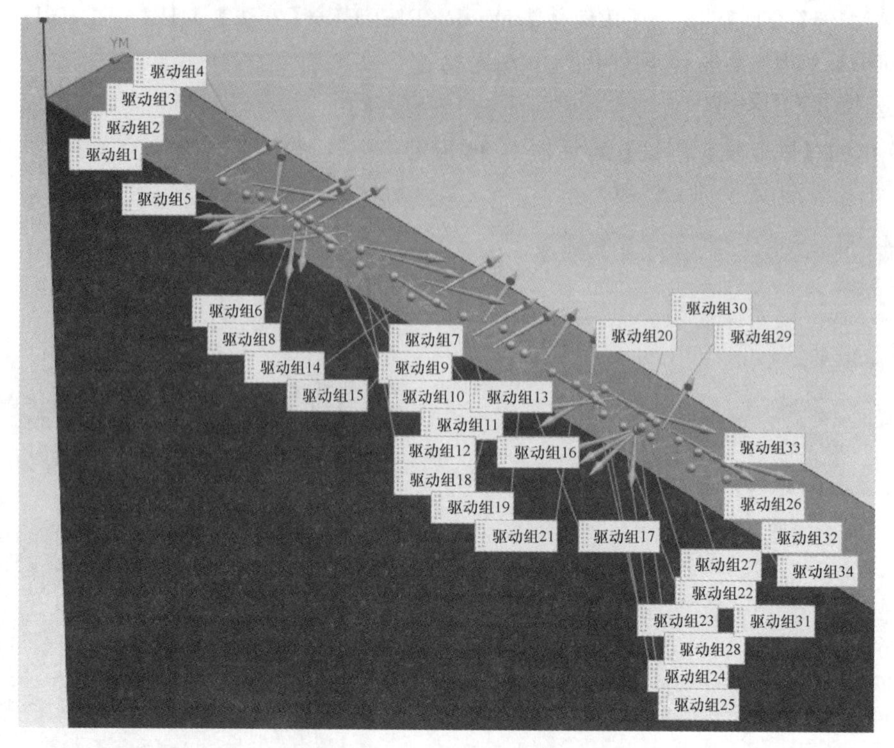

图 3.3.31　点选文字的曲线

图 3.3.32　余量

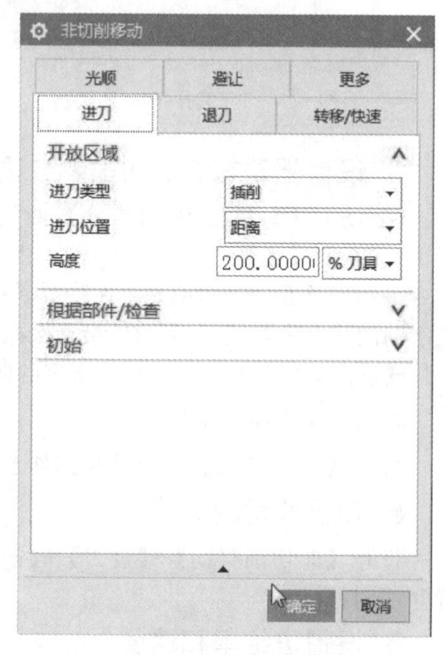

图 3.3.33　设置非切削移动

四、程序二：$\phi 1$ 的平底刀型腔铣加工侧面两个槽

1. 选择精加工方法

【程序顺序视图】→【创建工序】→弹出【创建工序】对话框→【类型】mill_contour→【工

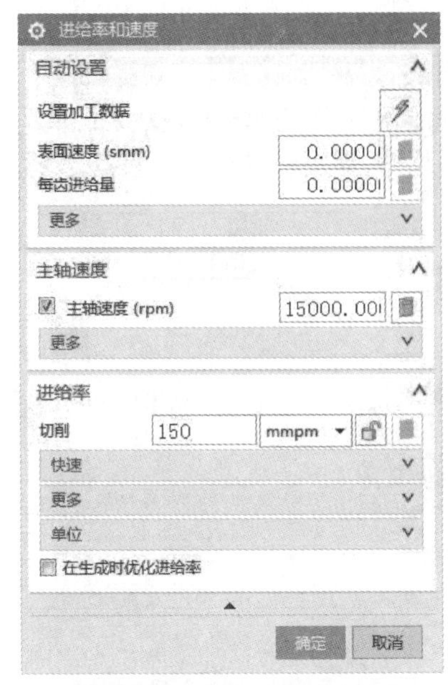

图 3.3.34　设置进给率和速度

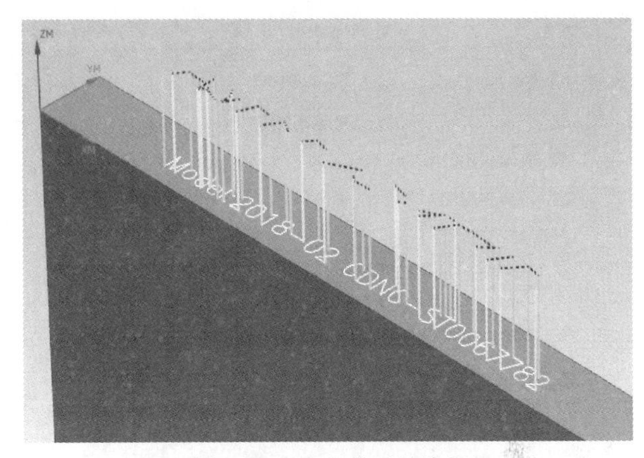

图 3.3.35　生成刀具路径

序子类型】型腔铣→【程序】PROGRAM2→【刀具】D1→【几何体】WORKPIECE2→【方法】MILL_FINISH，进行精加工→【名称】2→【确定】(如图 3.3.36 选择精加工方法)。

2. 选择加工区域

在弹出的【型腔铣】对话框中→【指定切削区域】→选择要加工的曲面→【确定】(如图 3.3.37 选择加工区域)。

图 3.3.36　选择精加工方法

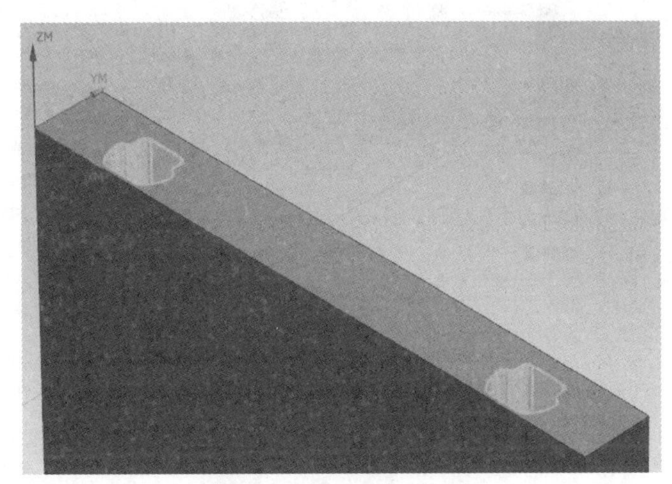

图 3.3.37　选择加工区域

3. 设置加工参数

【刀轨设置】栏目中→【切削模式】跟随周边→【平面直径百分比】65→【最大距离】0.6 (如图 3.3.38 设置加工参数)。

4. 设置切削参数

打开【切削参数】→【策略】【切削】【切削顺序】深度优先→【余量】【部件侧面余量】

0→【确定】(如图 3.3.39 深度优先和图 3.3.40 余量)。

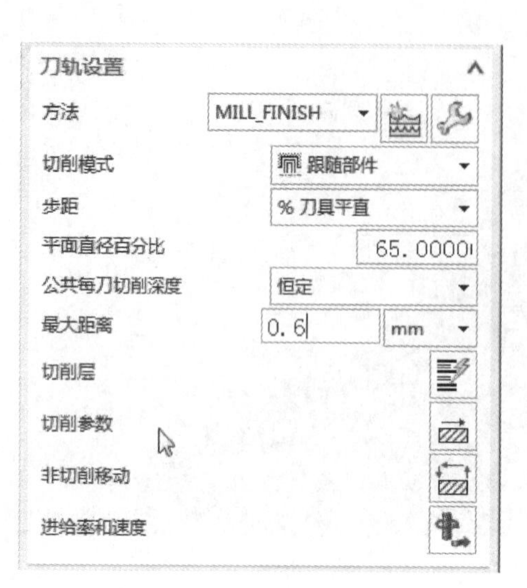

图 3.3.38　设置加工参数

图 3.3.39　深度优先

5. 设置非切削移动

打开【非切削移动】→【进刀】→【封闭区域】【进刀类型】螺旋→【开放区域】【进刀类型】与封闭区域相同→【确定】(如图 3.3.41 设置非切削移动)。

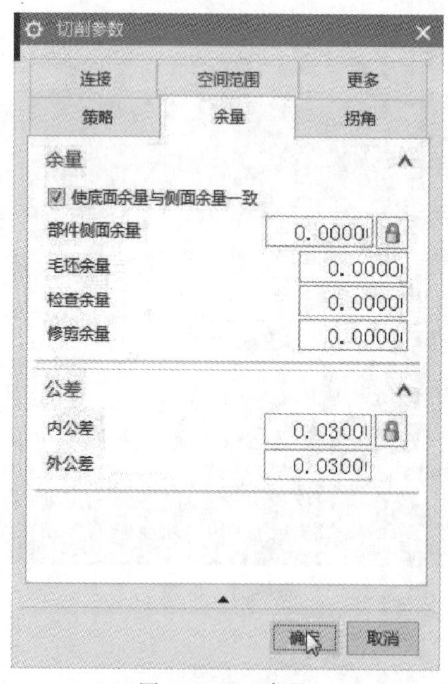

图 3.3.40　余量

图 3.3.41　设置非切削移动

6. 设置进给率和速度

打开【进给率和速度】→勾选【主轴速度(rpm)】3000→【进给率】【切削】150→【确定】(如图 3.3.42 设置进给率和速度)。

7. 生成刀具路径

【操作】栏目中→点击【生成刀具路径】，生成该步操作的刀具路径（如图 3.3.43 生成刀具路径）。

图 3.3.42　设置进给率和速度

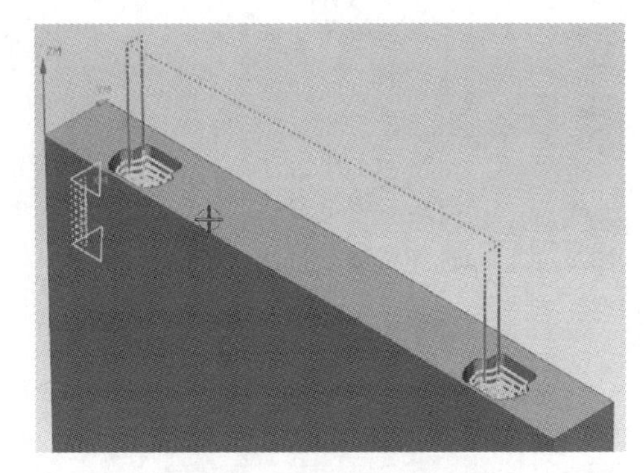

图 3.3.43　生成刀具路径

五、程序三：ϕ4 的平底刀型腔铣加工两个圆角

1. 选择精加工方法

【程序顺序视图】→【创建工序】→弹出【创建工序】对话框→【类型】mill_contour→【工序子类型】型腔铣→【程序】PROGRAM3→【刀具】D4→【几何体】WORKPIECE3→【方法】MILL_FINISH 精加工→【名称】3→【确定】（如图 3.3.44 选择精加工方法）。

2. 选择加工区域

在弹出的【型腔铣】对话框中→【指定切削区域】→选择要加工的曲面→【确定】（如图 3.3.45 选择加工区域）。

3. 设置加工参数

【刀轨设置】栏目中→【切削模式】跟随部件→【平面直径百分比】65→【最大距离】1（如图 3.3.46 设置加工参数）。

4. 设置切削参数

打开【切削参数】→【策略】【切削】【切削顺序】深度优先→【余量】所有均设为 0→【确定】（如图 3.3.47 深度优先和图 3.3.48 余量）。

5. 设置非切削移动

打开【非切削移动】→【进刀】→【封闭区域】【进刀类型】插削→【开放区域】【进刀类型】与封闭区域相同→【确定】（如图 3.3.49 设置非切削移动）。

6. 设置进给率和速度

打开【进给率和速度】→勾选【主轴速度（rpm)】3000→【进给率】【切削】280→【确定】（如图 3.3.50 设置进给率和速度）。

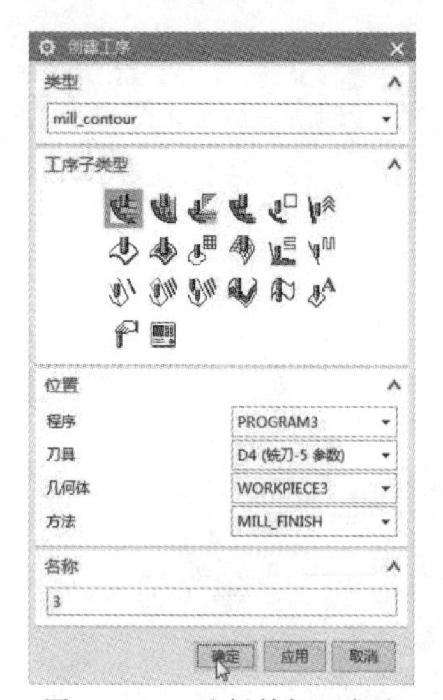

图 3.3.44 选择精加工方法

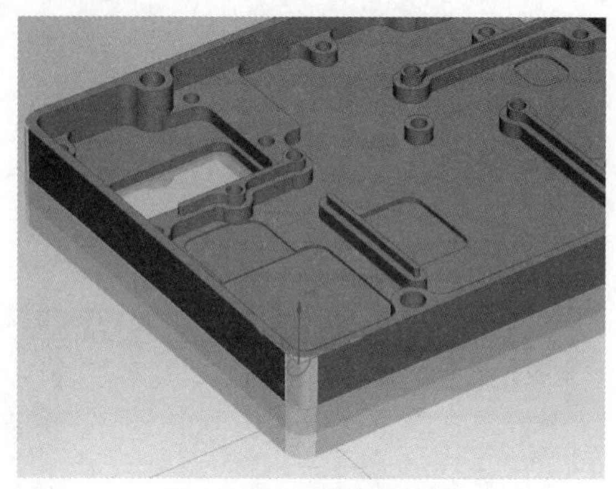

图 3.3.45 选择加工区域

图 3.3.46 设置加工参数

图 3.3.47 深度优先

图 3.3.48 余量

图 3.3.49 设置非切削移动

7. 生成刀具路径

【操作】栏目中→点击【生成刀具路径】，生成该步操作的刀具路径（如图 3.3.51 生成刀具路径）。

图 3.3.50　设置进给率和速度

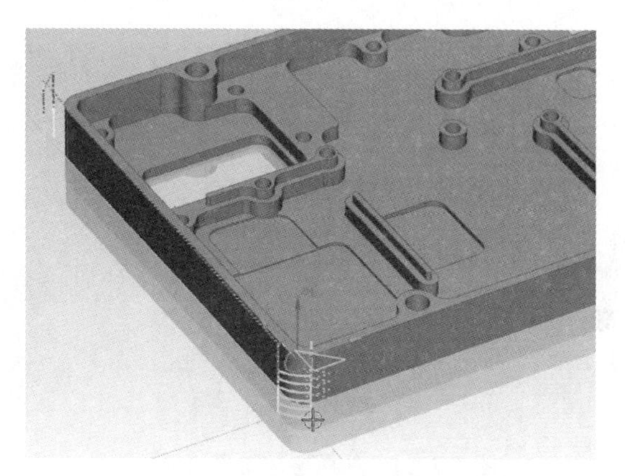

图 3.3.51　生成刀具路径

六、程序四：$\phi 4$ 的平底刀型腔铣加工剩余的两个圆角

复制创建程序：右击【PROGRAM3】→【复制】→右击【PROGRAM4】→【粘贴】→右击【重命名】4-1（如图 3.3.52 复制程序和图 3.3.53 创建程序）。

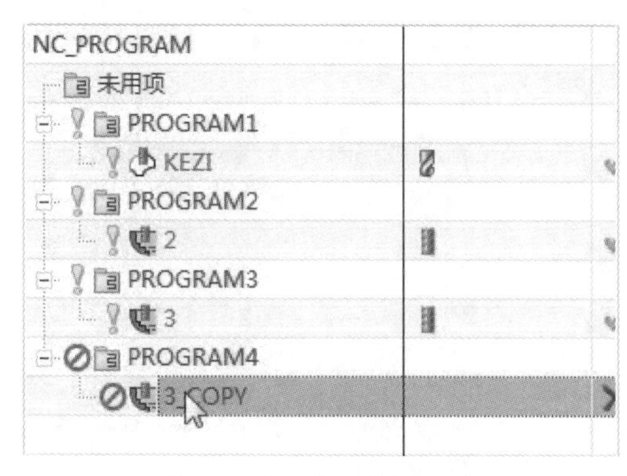

图 3.3.52　复制创建程序

图 3.3.53　创建程序

七、程序五：$\phi 10$ 的平底刀型腔铣开粗加工

1. 选择精加工方法

【程序顺序视图】→【创建工序】→弹出【创建工序】对话框→【类型】mill_contour→【工序子类型】型腔铣→【程序】PROGRAM4→【刀具】D10→【几何体】WORKPIECE4→【方法】MILL_FINISH，进行精加工→【名称】4-2→【确定】（如图 3.3.54 选择精加工方法）。

2. 选择加工区域

在弹出的【型腔铣】对话框中→【指定切削区域】→选择要加工的曲面→【确定】(如图 3.3.55 选择加工区域)。

图 3.3.54　选择精加工方法

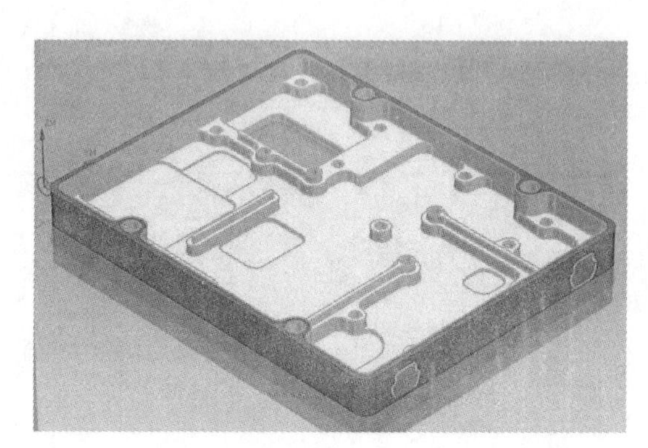

图 3.3.55　选择加工区域

3. 设置加工参数

【刀轨设置】栏目中→【切削模式】跟随部件→【平面直径百分比】85→【最大距离】2(如图 3.3.56 设置加工参数)。

4. 设置切削参数

打开【切削参数】→【策略】【切削】【切削顺序】深度优先→【余量】【部件侧面余量】0.3→【确定】(如图 3.3.57 深度优先和图 3.3.58 余量)。

图 3.3.56　设置加工参数

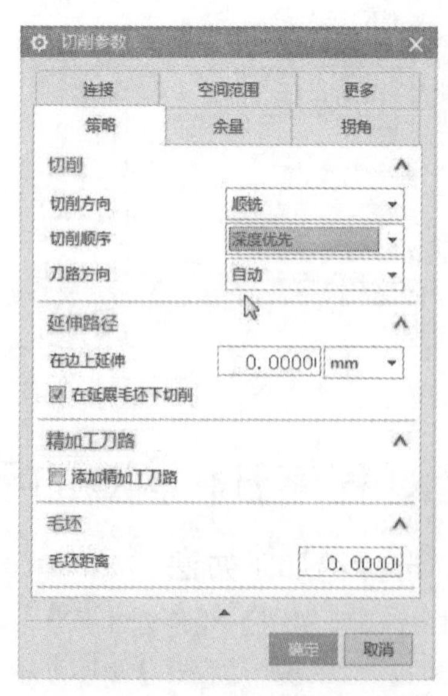

图 3.3.57　深度优先

5. 设置非切削移动

打开【非切削移动】→【进刀】→【封闭区域】【进刀类型】插削→【开放区域】【进刀类型】与封闭区域相同→【确定】（如图 3.3.59 设置非切削移动）。

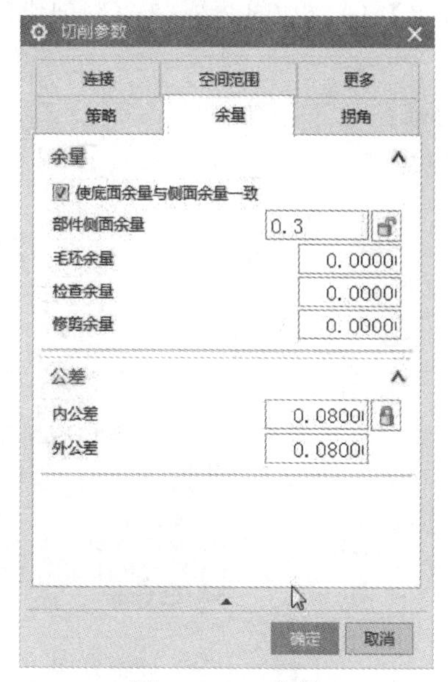

图 3.3.58　余量

图 3.3.59　设置非切削移动

6. 设置进给率和速度

打开【进给率和速度】→勾选【主轴速度（rpm）】2500→【进给率】【切削】200→【确定】（如图 3.3.60 设置进给率和速度）。

7. 生成刀具路径

【操作】栏目中→点击【生成刀具路径】，生成该步操作的刀具路径（如图 3.3.61 生成刀具路径）。

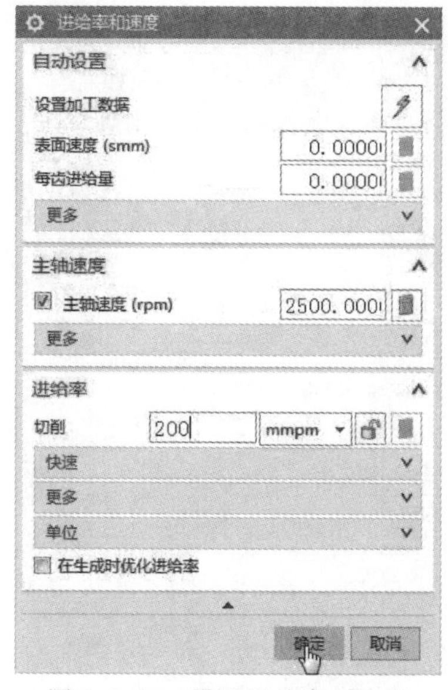

图 3.3.60　设置进给率和速度

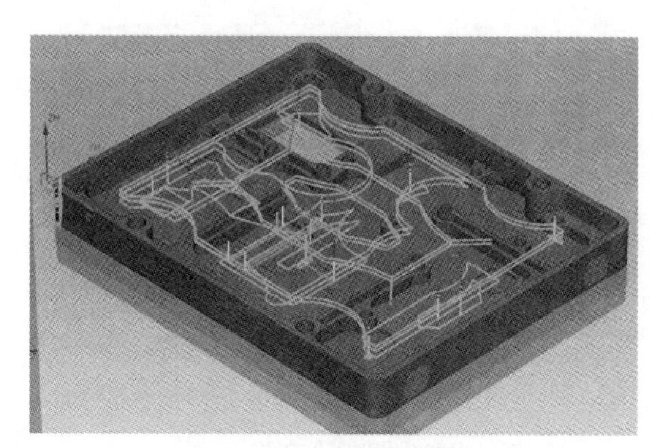

图 3.3.61　生成刀具路径

八、程序四：$\phi 4$ 的平底刀型腔铣半精加工

1. 复制创建程序

右击【PROGRAM4】4-2→【复制】→【粘贴】→【重命名】4-3（如图 3.3.62 复制创建程序）。

2. 设置刀具

【工具】栏目中→【刀具】D4（如图 3.3.63 设置刀具）。

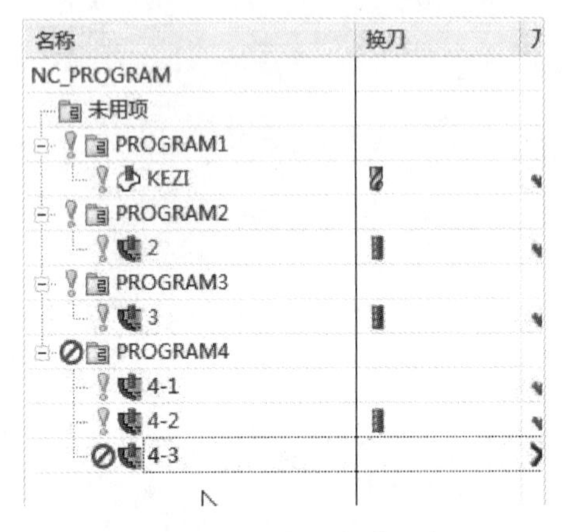

图 3.3.62　复制创建程序

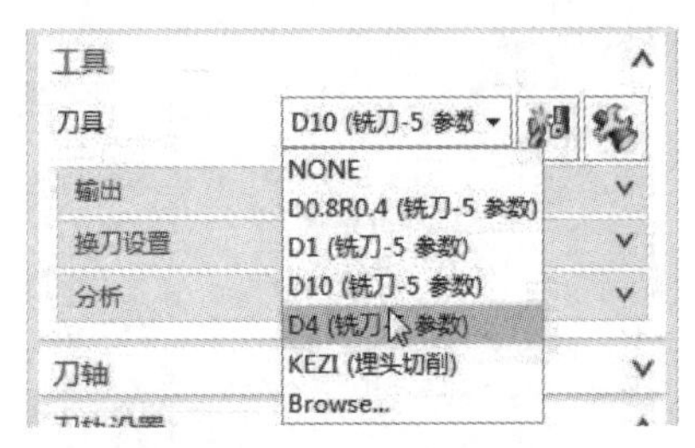

图 3.3.63　设置刀具

3. 设置加工参数

【刀轨设置】栏目中→【切削模式】跟随部件→【平面直径百分比】50→【最大距离】0.8（如图 3.3.64 设置加工参数）。

4. 设置切削参数

打开【切削参数】→【策略】【切削】【切削顺序】深度优先→【余量】所有均设为 0→【空间范围】【毛坯】【处理中的工件】使用基于层的→【确定】（如图 3.3.65 深度优先）（如图 3.3.66 余量和图 3.3.67 使用基于层的）。

图 3.3.64　设置加工参数

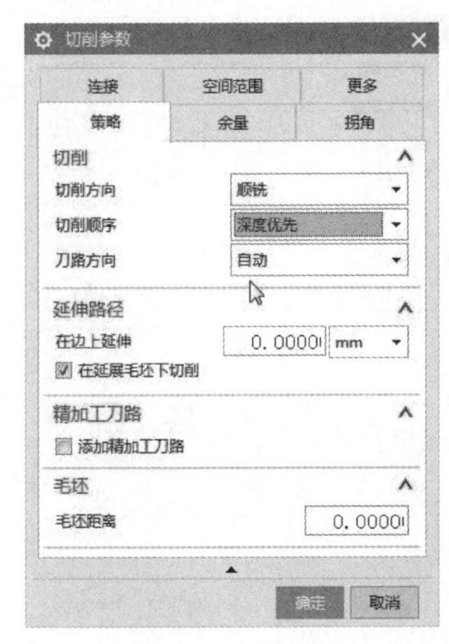

图 3.3.65　深度优先

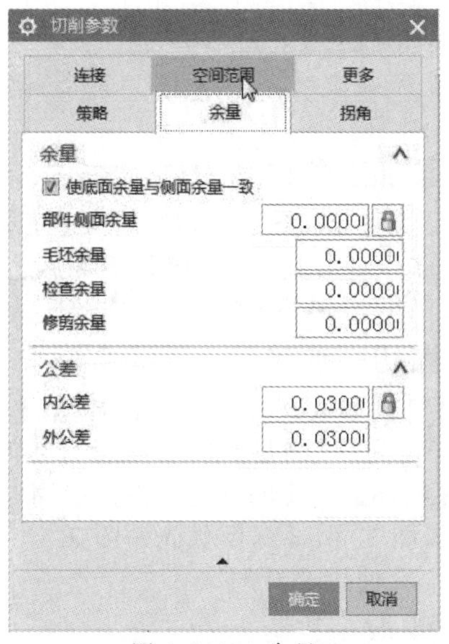

图 3. 3. 66　余量

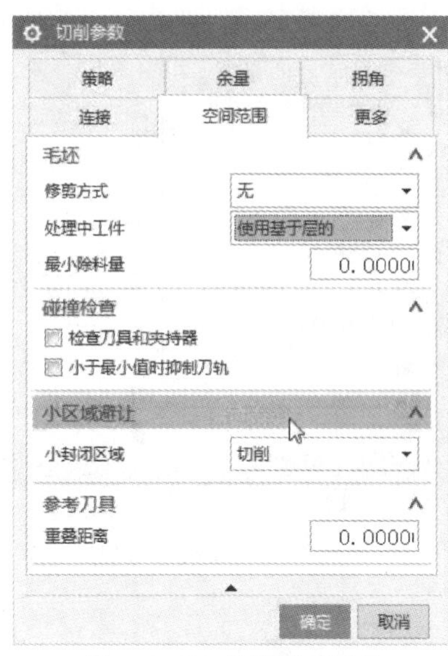

图 3. 3. 67　使用基于层的

5. 设置进给率和速度

打开【进给率和速度】→勾选【主轴速度(rpm)】3000→【进给率】【切削】120→【确定】(如图 3. 3. 68 设置进给率和速度)。

6. 生成刀具路径

【操作】栏目中→点击【生成刀具路径】，生成该步操作的刀具路径（如图 3. 3. 69 生成刀具路径）。

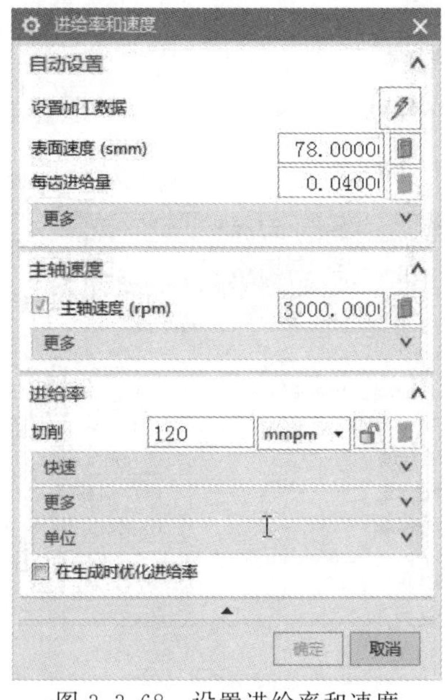

图 3. 3. 68　设置进给率和速度

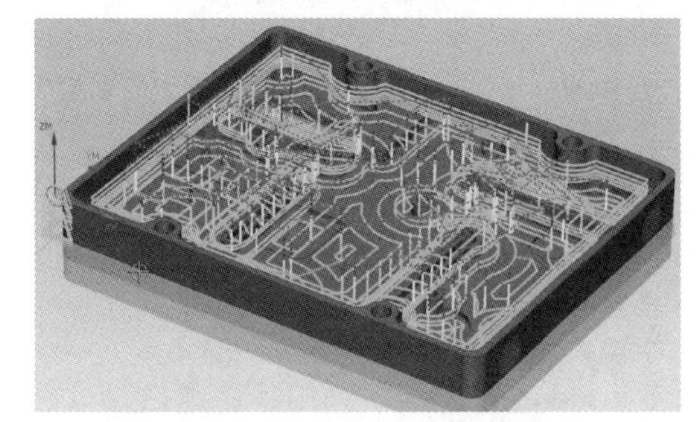

图 3. 3. 69　生成刀具路径

九、程序四：ϕ1 的平底刀型腔铣精加工剩余的残料区域

1. 复制创建程序

右击【PROGRAM4】4-3→【复制】→【粘贴】→【重命名】4-4（如图 3. 3. 70 复制创建程序)。

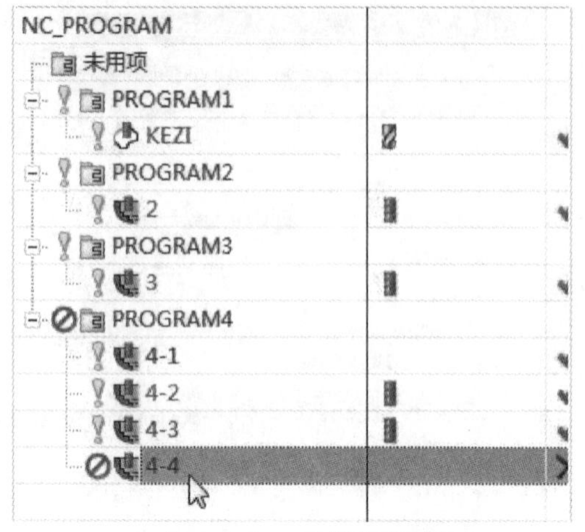

图 3.3.70　复制创建程序

2. 设置刀具

【工具】栏目中→【刀具】D1（如图 3.3.71 设置刀具）。

3. 设置加工参数

【刀轨设置】栏目中→【切削模式】跟随部件→【平面直径百分比】40→【最大距离】0.4（如图 3.3.72 设置加工参数）。

4. 设置切削参数

打开【切削参数】→【策略】【切削】【切削顺序】深度优先→【余量】所有均设为 0→【空间范围】【毛坯】【处理中的工件】使用 3D→【确定】（如图 3.3.73 深度优先、图 3.3.74 余量和图 3.3.75 使用 3D）。

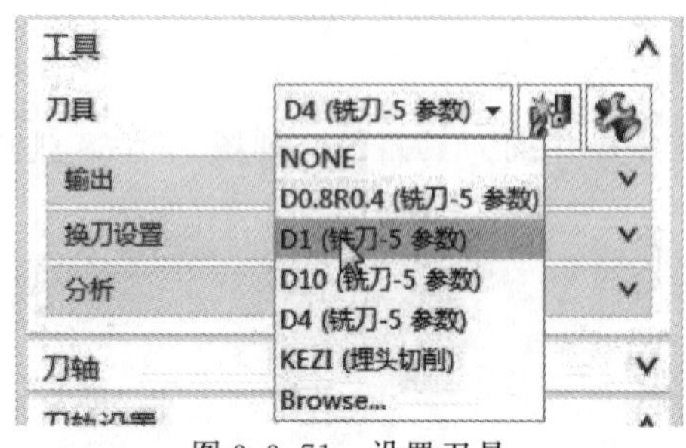

图 3.3.71　设置刀具

图 3.3.72　设置加工参数

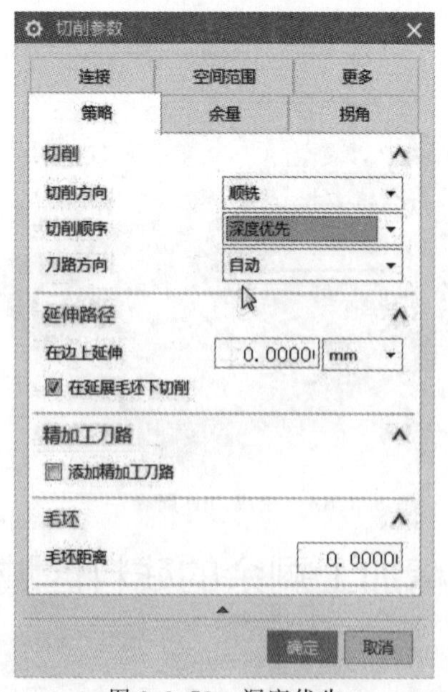

图 3.3.73　深度优先

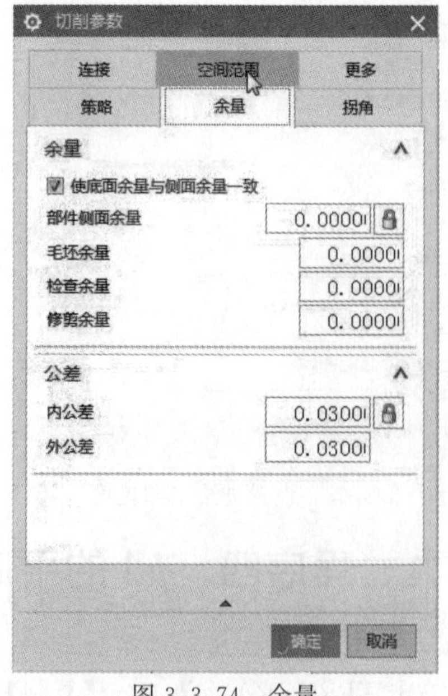

图 3.3.74　余量

5. 设置进给率和速度

打开【进给率和速度】→勾选【主轴速度(rpm)】5000→【进给率】【切削】80→【确定】(如图 3.3.76 设置进给率和速度)。

图 3.3.75　使用 3D

图 3.3.76　设置进给率和速度

6. 生成刀具路径

【操作】栏目中→点击【生成刀具路径】，生成该步操作的刀具路径（如图 3.3.77 生成刀具路径）。

十、最终验证模拟

在左侧目录列表中选择操作→点击【确认刀轨】按钮→在弹出的【刀轨可视化】对话框中→选择【2D 动态】→调整【动画速度】→点击【播放】(如图 3.3.78～图 3.3.84)。

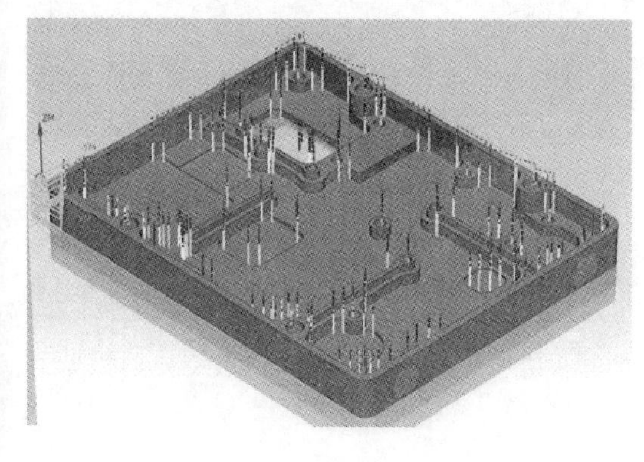

图 3.3.77　生成刀具路径

图 3.3.78　程序一：$\phi 4$ 的刻字刀固定轴轮廓铣刻字

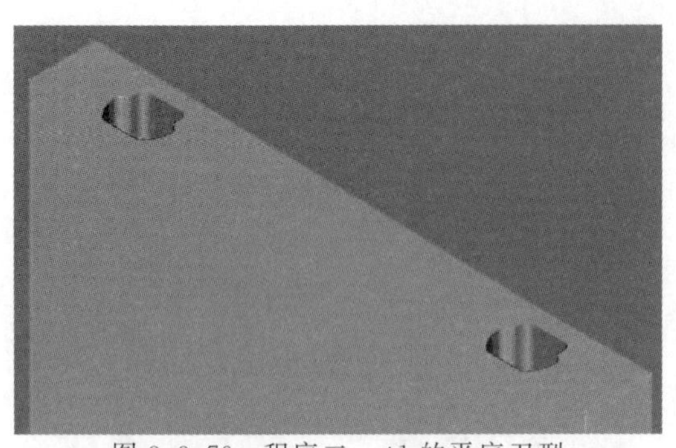

图 3.3.79　程序二：$\phi 1$ 的平底刀型腔铣加工侧面两个槽

图 3.3.80　程序三：$\phi 4$ 的平底刀型腔铣加工两个圆角

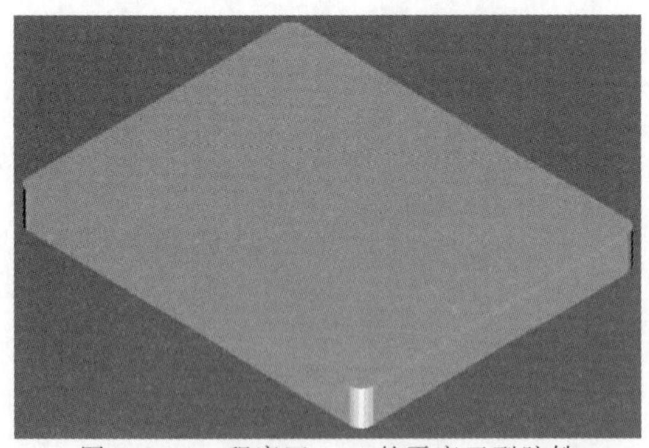

图 3.3.81　程序四：$\phi 4$ 的平底刀型腔铣加工剩余的两个圆角

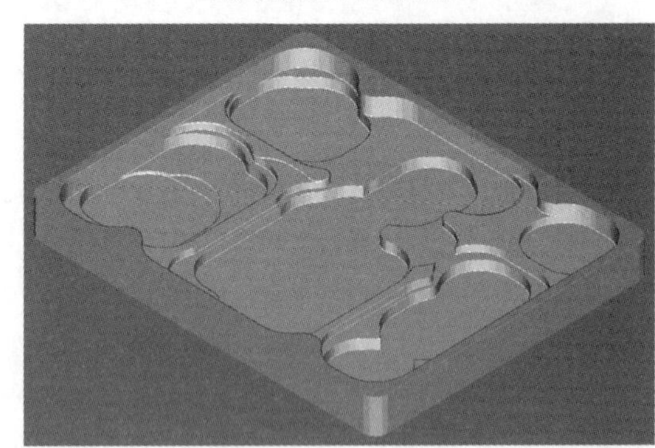

图 3.3.82　程序四：$\phi 10$ 的平底刀型腔铣开粗加工

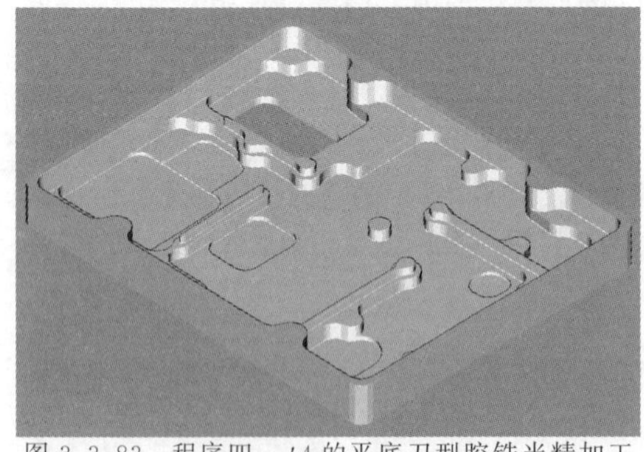

图 3.3.83　程序四：$\phi 4$ 的平底刀型腔铣半精加工

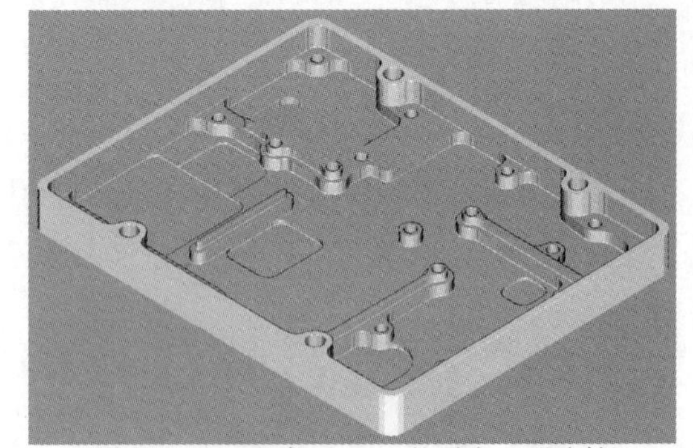

图 3.3.84　程序四：$\phi 1$ 的平底刀型腔铣精加工剩余的残料区域

第四节　固定镶件模块数控零件

固定镶件模块数控零件

一、工艺分析

1. 零件图工艺分析

由图 3.4.1 可以看出图形的基本形状，中间由一连串的孔组成，在中间的靠右侧区域由一个凸起来的圆球的形状组成，四周是一个很薄的带有倒角 2 的壁区域，工件底部的类似于底座上也有倒角 2 的区域（如图 3.4.1 数控加工综合实例三——固定镶件模块数控零件）。

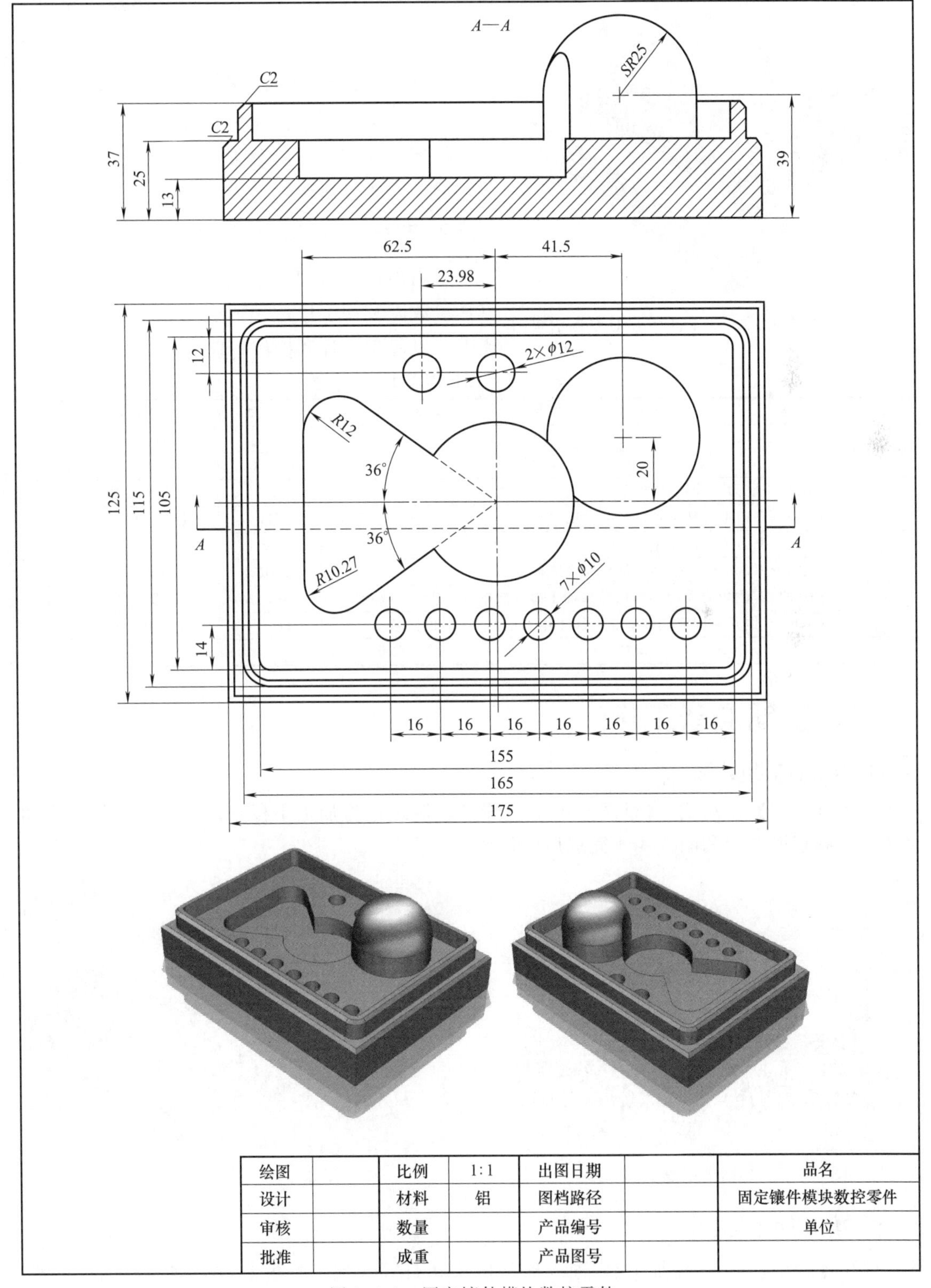

绘图		比例	1:1	出图日期		品名
设计		材料	铝	图档路径		固定镶件模块数控零件
审核		数量		产品编号		单位
批准		成重		产品图号		

图 3.4.1　固定镶件模块数控零件

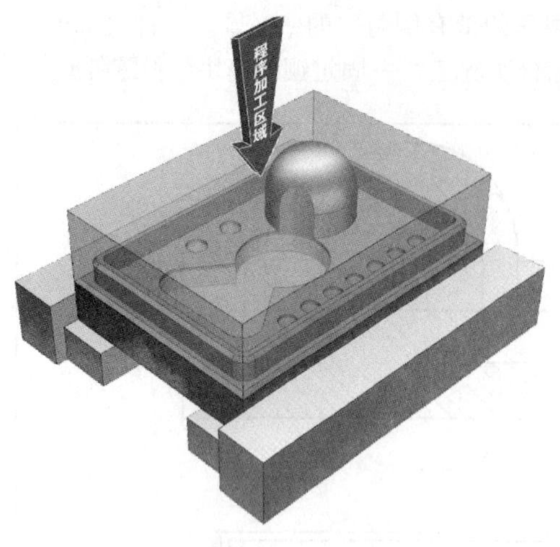

图 3.4.2 装夹方式、加工区域和对刀点示意图

工件尺寸长宽 175mm×125mm，无尺寸公差要求。尺寸标注完整，轮廓描述清楚。零件材料为已经加工成型的标准铝块，无热处理和硬度要求。

2. 确定装夹方案、加工顺序及进给路线

工件采用通用的虎钳装夹方案，底部放置垫块，保证工件摆正，其装夹方式、加工区域和对刀点如图 3.4.2 所示。

3. 刀具和加工区域选择

选用多把铣刀加工本例的区域，将所选定的刀具参数以及加工区域填入表 3.4.1 数控加工卡片中，以便于编程和操作管理。

表 3.4.1 数控加工卡片

产品名称或代号	加工中心工艺分析实例	零件名称	固定镶件模块数控零件	
序号	加 工 区 域	刀具		
		名称	规格	刀号
1	ϕ10 的平底刀型腔铣粗加工	D10	ϕ10 平底刀	1
2	ϕ5 的平底刀型腔铣半精加工剩余的区域	D5	ϕ5 平底刀	2
3	ϕ5 的平底刀型腔铣加工孔	D5	ϕ5 平底刀	2
4	ϕ6 的球刀深度轮廓精加工球形曲面的区域	D6R3	ϕ6 球刀	3
5	ϕ10 的 45°倒角刀固定轴曲面轮廓加工第一层的 C2 倒角区域	D10-45	ϕ10 倒角刀	4
6	ϕ6 的 45°倒角刀固定轴曲面轮廓加工第二层的 C2 倒角区域	D6-45	ϕ6 倒角刀	5
编制 ×××	审核 ×××	批准	×××	共 1 页

二、前期准备工作

1. 绘制辅助图形

进入【建模】模块式→【草图】中绘制圆形，使之作为加工坐标系的原点（如图 3.4.3 草图中绘制辅助图形和图 3.4.4 完成后的效果）。

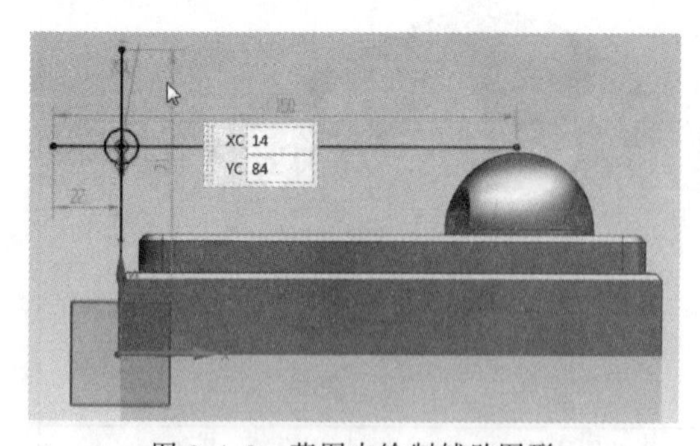

图 3.4.3 草图中绘制辅助图形

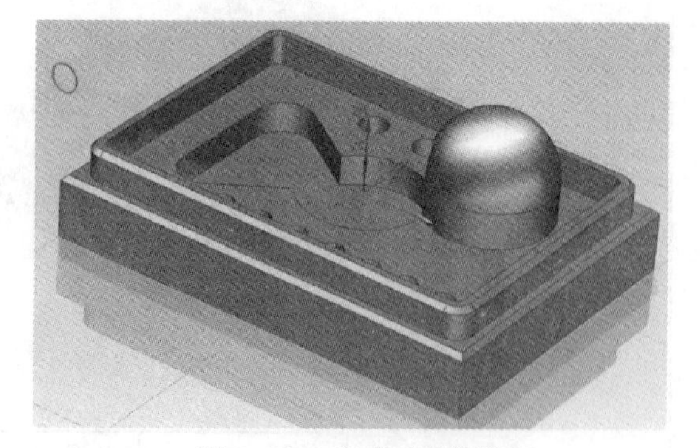

图 3.4.4 完成后的效果

2. 进入加工模块

打开【启动】菜单→【加工】，进入加工模块→打开【加工环境】对话框→【CAM 会话配置】cam_general→【要创建的 CAM 组装】mill_contour→【确定】（如图 3.4.5 进入加工

模块）。

3. 创建刀具

【机床视图】→【创建刀具】→选择【平底刀】→【名称】D10→在【刀具设置】对话框中→【(D)直径】10→【刀具号】1→【确定】（如图 3.4.6 创建 1 号刀具）。

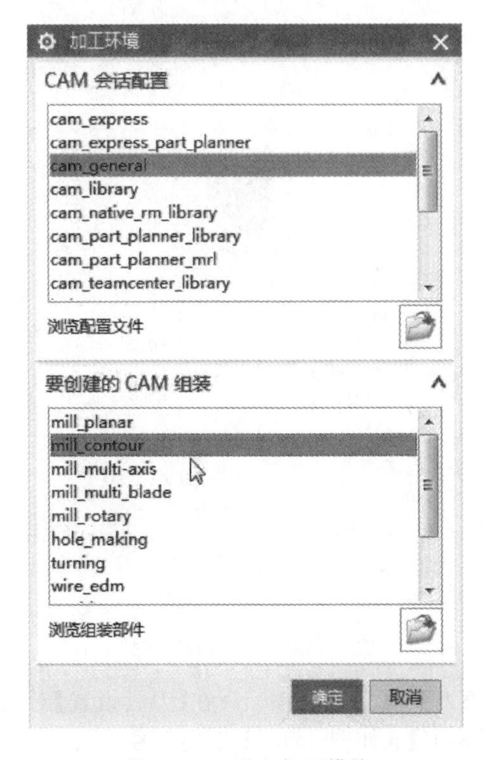

图 3.4.5　进入加工模块

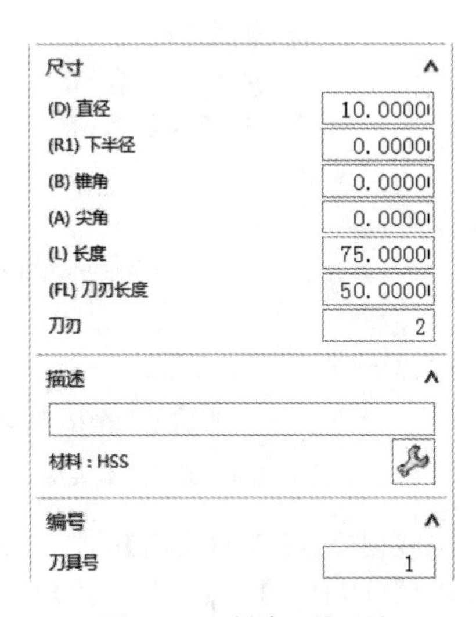

图 3.4.6　创建 1 号刀具

→【创建刀具】→选择【平底刀】→【名称】D5→在【刀具设置】对话框中→【(D)直径】5→【刀具号】2→【确定】（如图 3.4.7 创建 2 号刀具）。

→【创建刀具】→选择【平底刀】→【名称】D6R3→在【刀具设置】对话框中→【(D)直径】6→【(R1)下半径】3→【刀具号】3→【确定】（如图 3.4.8 创建 3 号刀具）。

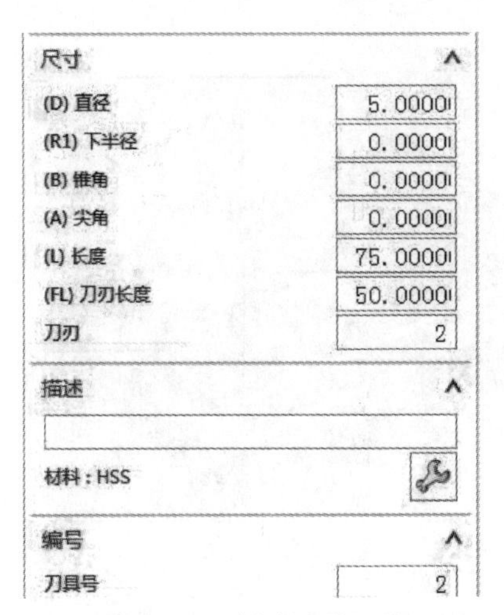

图 3.4.7　创建 2 号刀具

图 3.4.8　创建 3 号刀具

→【创建刀具】→【类型】hole_making→选择【倒角刀】→【名称】D10-45（表示 ϕ10 角度 45°）→在【刀具设置对话框中】→【(D)直径】10→【(IA)夹角】90→【刀具号】4→【确定】（如图 3.4.9 选择刀具类型和图 3.4.10 创建 4 号刀具）。

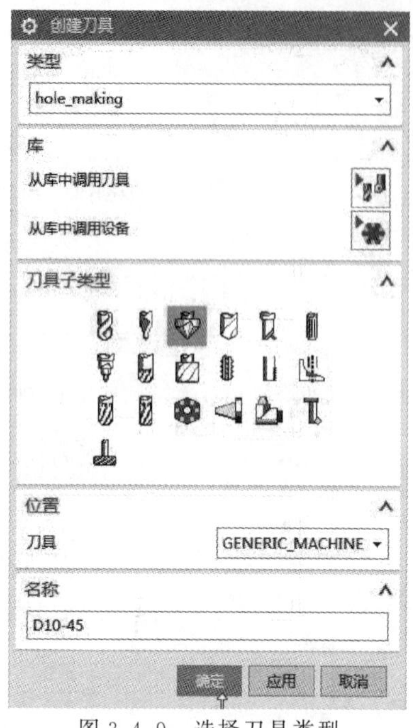

图 3.4.9 选择刀具类型

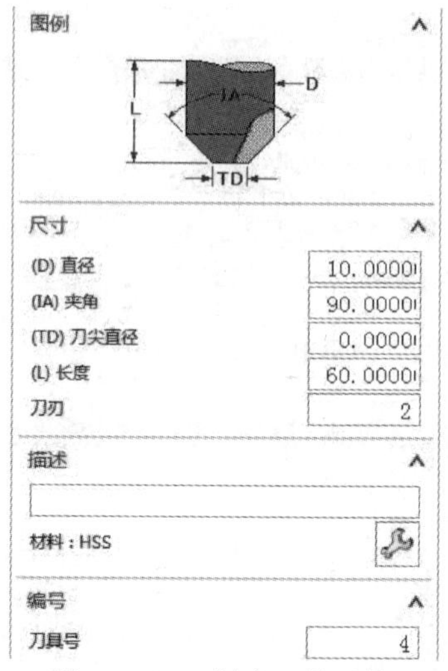

图 3.4.10 创建 4 号刀具

→【创建刀具】→【类型】hole_making→选择【倒角刀】→【名称】D6-45→在【刀具设置】对话框中→【(D)直径】6→【(IA)夹角】90→【刀具号】5→【确定】（如图 3.4.11 创建 5 号刀具）。

4. 设置坐标系和创建毛坯

【几何视图】→双击【MCS_MILL】→【MCS 坐标系】→点击圆心，将加工坐标系移动到圆心位置（如图 3.4.12）→设定【安全距离】2→【确定】（如图 3.4.12 设置坐标系）。

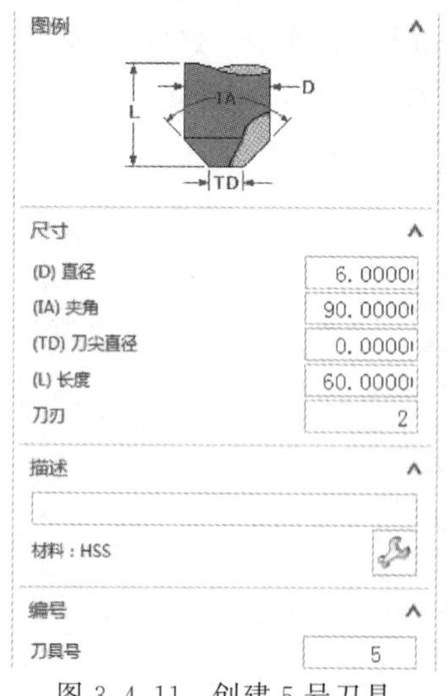

图 3.4.11 创建 5 号刀具

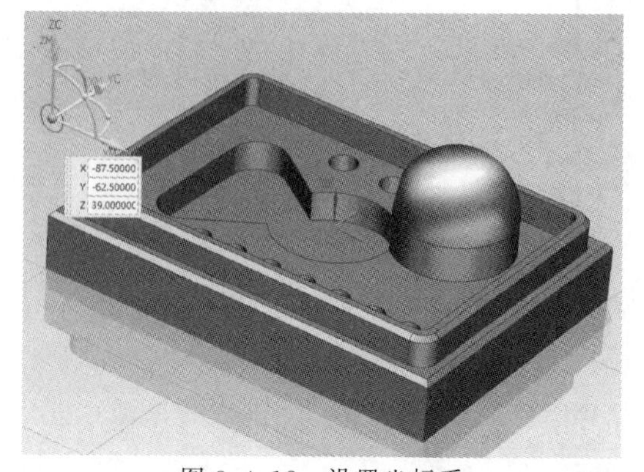

图 3.4.12 设置坐标系

→打开 MCS _ MILL 前的【+】号，双击【WORKPIECE】→在【工件】对话框中→点

击【指定部件】按钮→点击工件→【确定】（如图 3.4.13 指定部件）。

→点击【指定毛坯】按钮→在弹出的【毛坯几何体】对话中→【类型】→选择【包容块】，设置最小化包容工件的毛坯→设置【ZM＋】值为 2，毛坯设置的效果如图→【确定】→【确定】（如图 3.4.14 创建毛坯）。

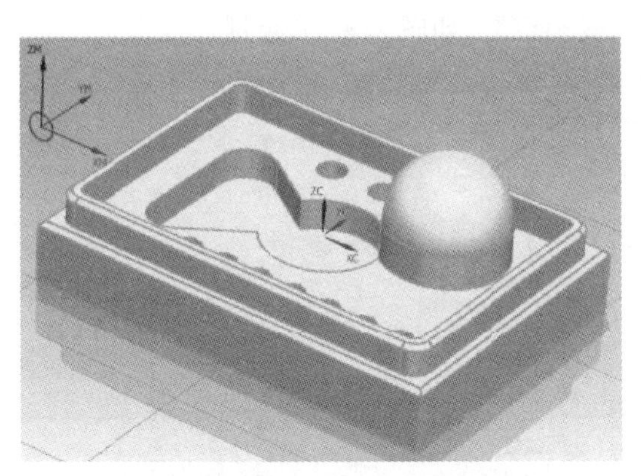

图 3.4.13　指定部件

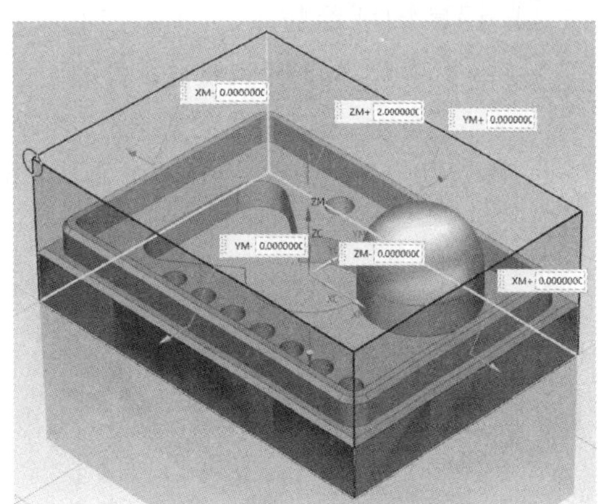

图 3.4.14　创建毛坯

三、ϕ10 的平底刀型腔铣粗加工

1. 选择粗加工方法

【程序顺序视图】→【创建工序】→弹出【创建工序】对话框→【类型】mill_contour→【工序子类型】型腔铣→【程序】PROGRAM→【刀具】D10→【几何体】WORKPIECE→【方法】ROUGH 粗加工→【名称】cu→【确定】（如图 3.4.15 选择粗加工方法）。

2. 选择加工区域

在弹出的【型腔铣】对话框中→【指定切削区域】→选择要加工的曲面→【确定】（如图 3.4.16 选择加工区域）。

图 3.4.15　选择粗加工方法

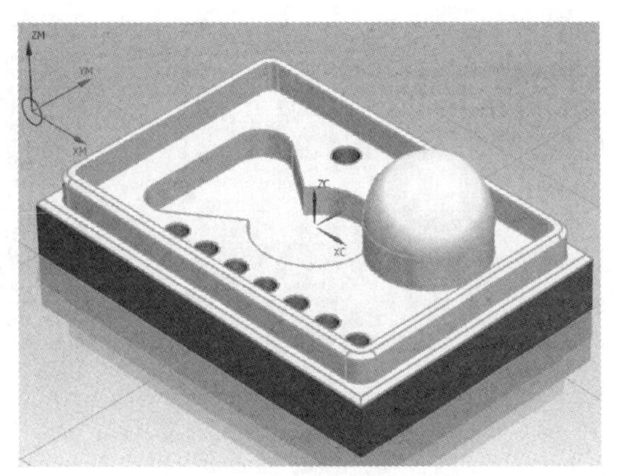

图 3.4.16　选择加工区域

3. 设置加工参数

【刀轨设置】栏目中→【切削模式】跟随部件→【平面直径百分比】65→【最大距离】3（如图 3.4.17 设置加工参数）。

4. 设置切削参数

打开【切削参数】→【余量】【部件侧面余量】0→【确定】（如图 3.4.18 余量）。

图 3.4.17　设置加工参数

图 3.4.18　余量

5. 设置进给率和速度

打开【进给率和速度】→勾选【主轴速度（rpm）】2500→【进给率】【切削】250→【确定】（如图 3.4.19 设置进给率和速度）。

6. 生成刀具路径

【操作】栏目中→点击【生成刀具路径】，生成该步操作的刀具路径（如图 3.4.20 生成

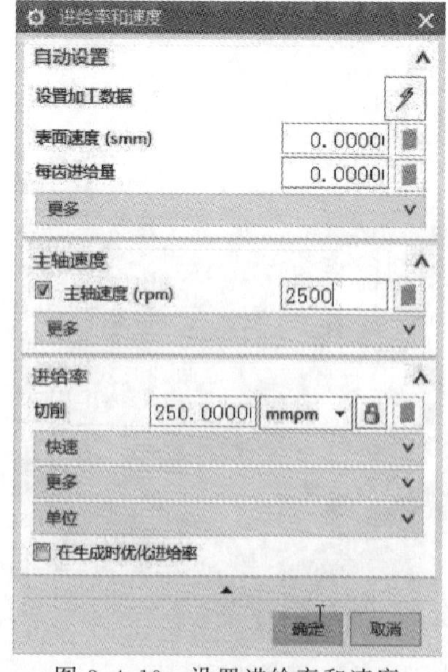

图 3.4.19　设置进给率和速度

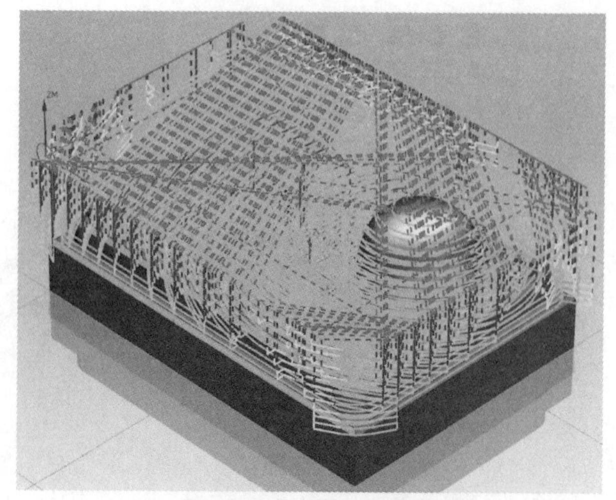

图 3.4.20　生成刀具路径

刀具路径）。

四、ϕ5 的型腔铣型腔铣半精加工剩余的区域

1. 选择半精加工方法

【程序顺序视图】→【创建工序】→弹出【创建工序】对话框→【类型】mill_contour→【工序子类型】型腔铣→【程序】PROGRAM→【刀具】D5→【几何体】WORKPIECE→【方法】MILL_FINISH 精加工→【名称】banjing→【确定】（如图 3.4.21 选择半精加工方法）。

2. 选择加工区域

在弹出的【型腔铣】对话框中→【指定切削区域】→选择要加工的曲面→【确定】（如图 3.4.22 选择加工区域）。

图 3.4.21　选择半精加工方法

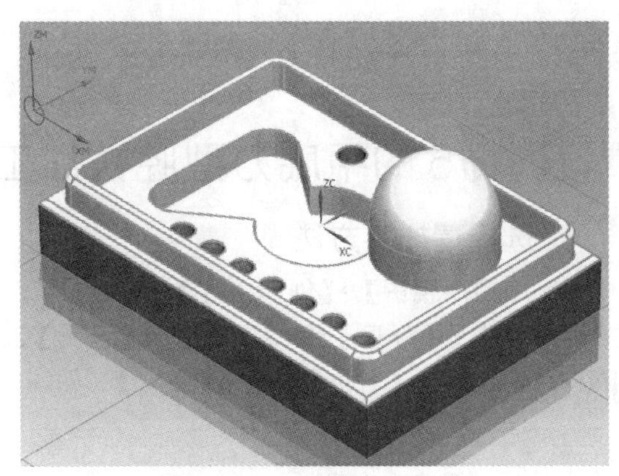

图 3.4.22　选择加工区域

3. 设置加工参数

【刀轨设置】栏目中→【切削模式】跟随部件→【平面直径百分比】50→【最大距离】1.5（如图 3.4.23 设置加工参数）。

图 3.4.23　设置加工参数

4. 设置切削参数

打开【切削参数】→【余量】所有均设为 0→【空间范围】【毛坯】【处理中的工件】使用基于层的（如图 3.4.24 使用基于层的）。

5. 设置进给率和速度

打开【进给率和速度】→勾选【主轴速度（rpm）】3000→【进给率】【切削】150→【确定】（如图 3.4.25 设置进给率和速度）。

6. 生成刀具路径

【操作】栏目中→点击【生成刀具路径】，生成该步操作的刀具路径（如图 3.4.26 生成刀具路径）。

图 3.4.24　使用基于层的

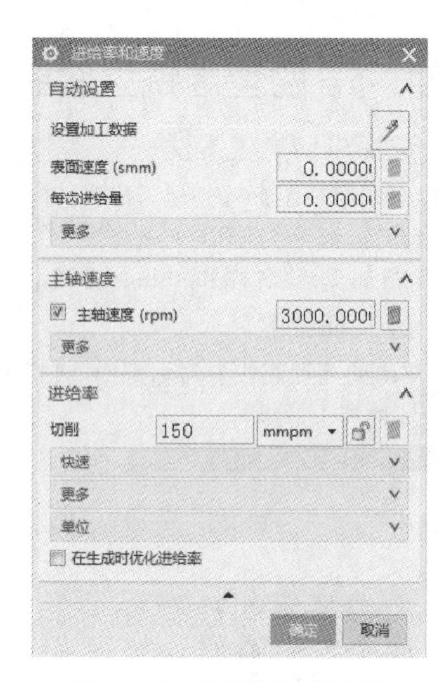

图 3.4.25　设置进给率和速度

五、ϕ5 的平底刀型腔铣加工孔

1. 选择精加工方法

【程序顺序视图】→【创建工序】→弹出【创建工序】对话框→【类型】mill_contour→【工序子类型】型腔铣→【程序】PROGRAM→【刀具】D5→【几何体】WORKPIECE→【方法】MILL_FINISH 精加工→【名称】kong→【确定】(如图 3.4.27 选择精加工方法)。

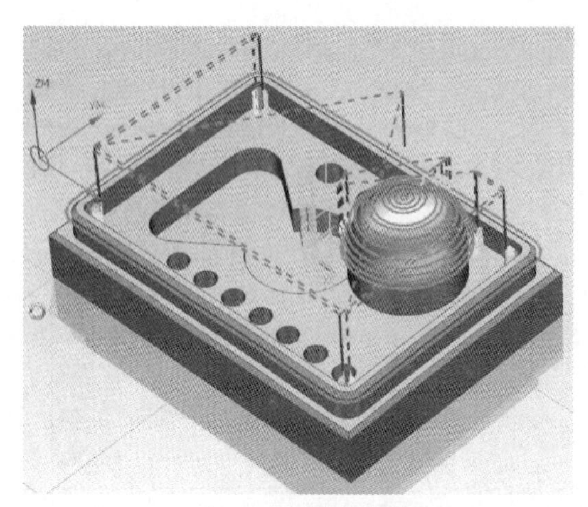

图 3.4.26　生成刀具路径

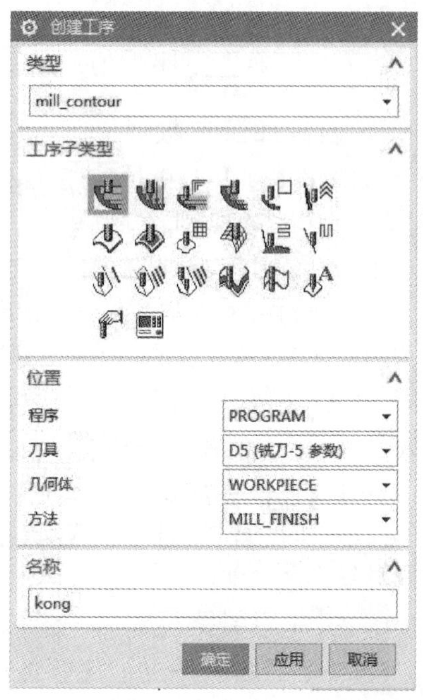

图 3.4.27　选择精加工方法

2. 选择加工区域

在弹出的【型腔铣】对话框中→【指定切削区域】→选择要加工的孔的内壁→【确定】（如图 3.4.28 选择加工区域）。

3. 设置加工参数

【刀轨设置】栏目中→【切削模式】跟随部件→【平面直径百分比】50→【最大距离】1.6（如图 3.4.29 设置加工参数）。

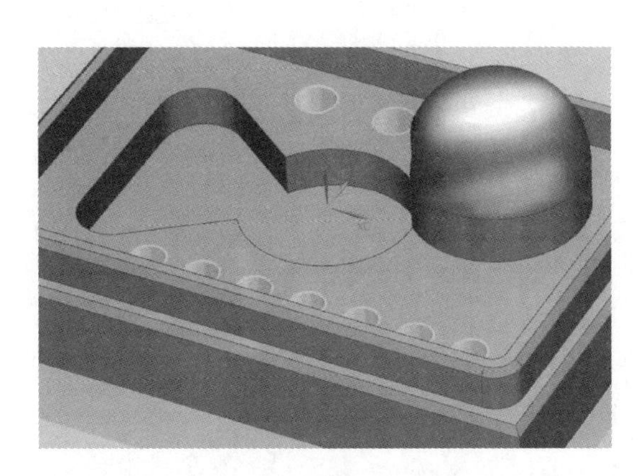

图 3.4.28　选择加工区域

图 3.4.29　设置加工参数

4. 设置切削层

打开【切削层】→【切削层】对话框→【范围 1 的顶部】【选择对象】，拖动 ZC 方向的箭头，至孔加工的初始平面位置（如图 3.4.30 设置范围 1 的顶部和图 3.4.31 完成后的效果）。

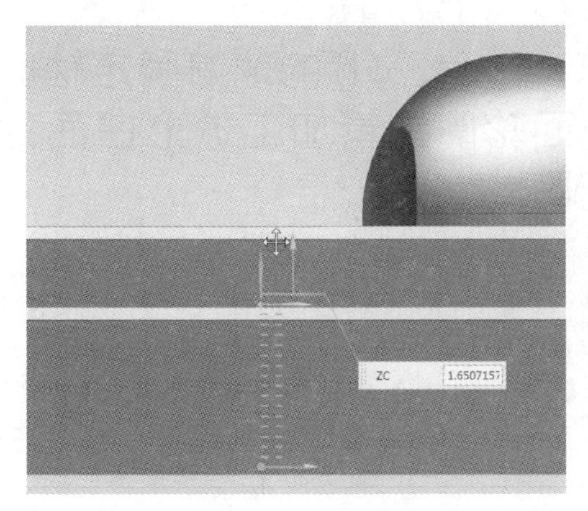

图 3.4.30　设置范围 1 的顶部

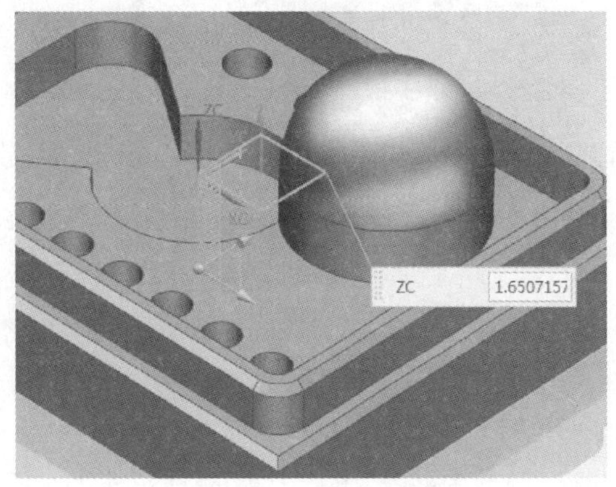

图 3.4.31　完成后的效果

5. 设置切削参数

打开【切削参数】→【策略】【切削】【切削顺序】深度优先→【确定】（如图 3.4.32 深度优先）。

6. 设置进给率和速度

打开【进给率和速度】→勾选【主轴速度(rpm)】2500→【进给率】【切削】150→【确定】(如图 3.4.33 设置进给率和速度)。

图 3.4.32　深度优先

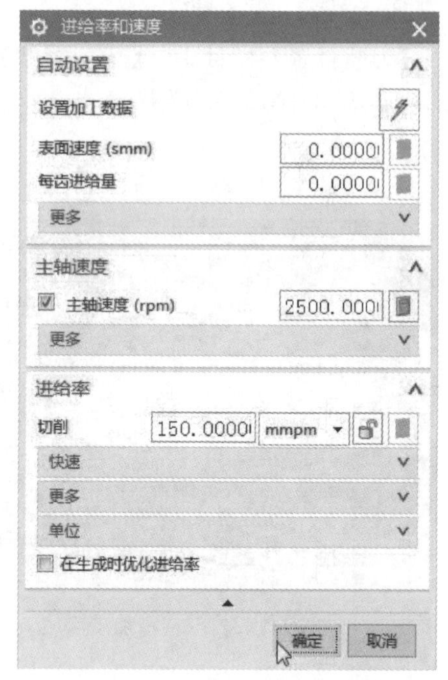

图 3.4.33　设置进给率和速度

7. 生成刀具路径

【操作】栏目中→点击【生成刀具路径】,生成该步操作的刀具路径(如图 3.4.34 生成刀具路径)。

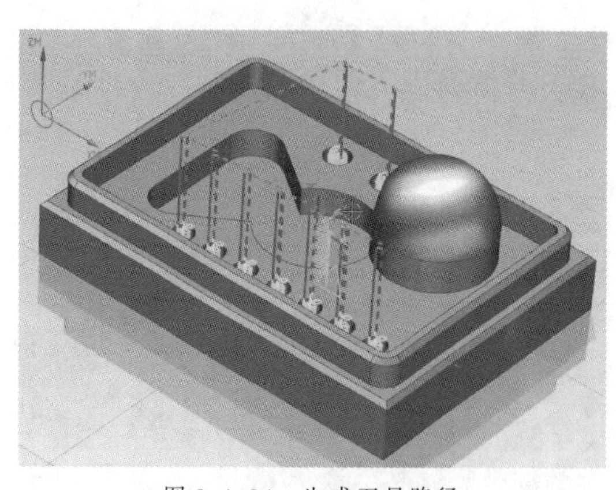

图 3.4.34　生成刀具路径

六、$\phi 6$ 的球刀固定轴曲面轮廓铣精加工球形曲面的区域

1. 选择精加工方法

【程序顺序视图】→【创建工序】→弹出【创建工序】对话框→【类型】mill _ contour→【工序子类型】固定轴曲面轮廓铣→【程序】PROGRAM→【刀具】D6R3→【几何体】WORKPIECE→【方法】FINISH 精加工→【名称】jing-hu→【确定】(如图 3.4.35 选择精加工方法)。

2. 选择加工区域

在弹出的【固定轴曲面轮廓铣】对话框中→【指定切削区域】→选择要圆弧的曲面→【确定】(如图 3.4.36 选择加工区域)。

3. 设置驱动方法及加工参数设置

【驱动方法】栏目中→【方法】螺旋(如图 3.4.37 驱动方法)。

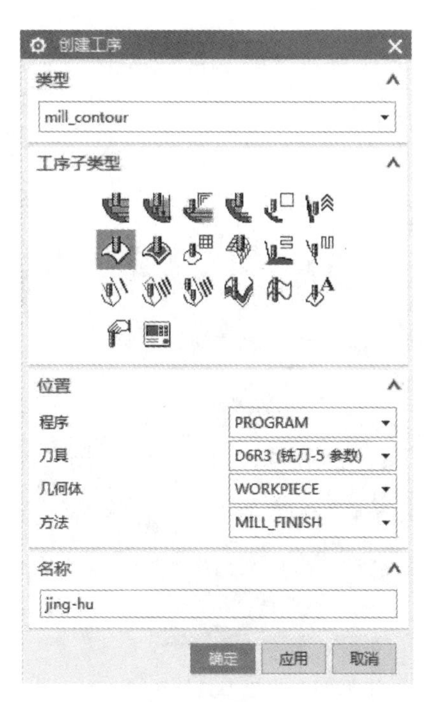

图 3.4.35　选择精加工方法

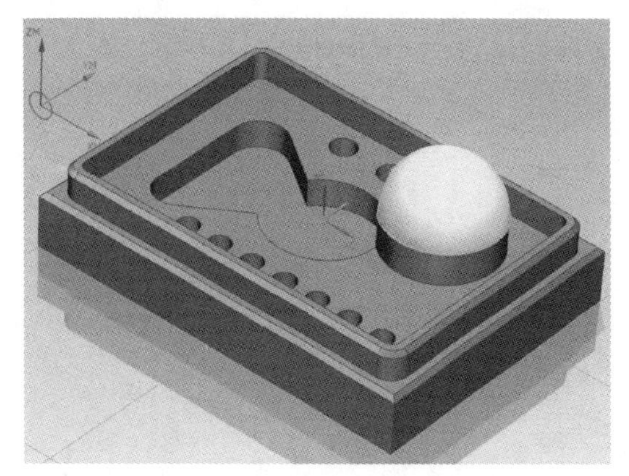

图 3.4.36　选择加工区域

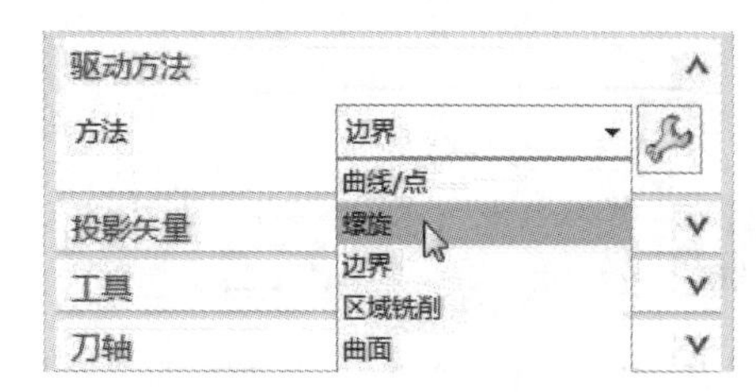

图 3.4.37　驱动方法

→弹出【螺旋驱动方法】对话框→【指定点】，定圆弧的圆心作为螺旋中心（如图 3.4.38 螺旋中心）。

→【最大螺旋半径】30→【平面直径百分比】8→【确定】（如图 3.4.39 加工参数设置）。

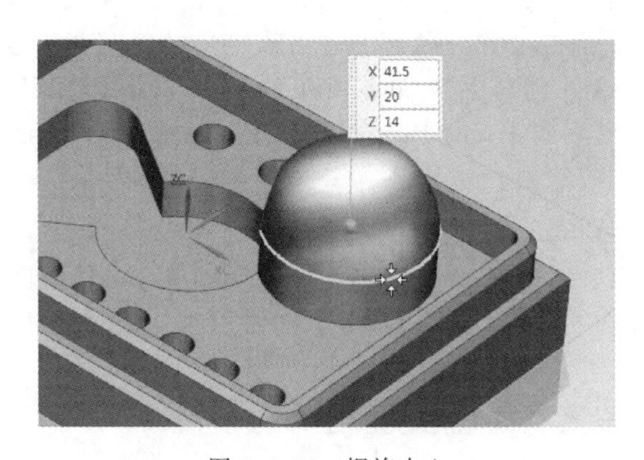

图 3.4.38　螺旋中心

图 3.4.39　加工参数设置

4. 设置进给率和速度

打开【进给率和速度】→勾选【主轴速度(rpm)】3000→【进给率】【切削】150→【确定】（如图 3.4.40 设置进给率和速度）。

5. 生成刀具路径

【操作】栏目中→点击【生成刀具路径】，生成该步操作的刀具路径（如图 3.4.41 生成刀具路径）。

图 3.4.40　设置进给率和速度

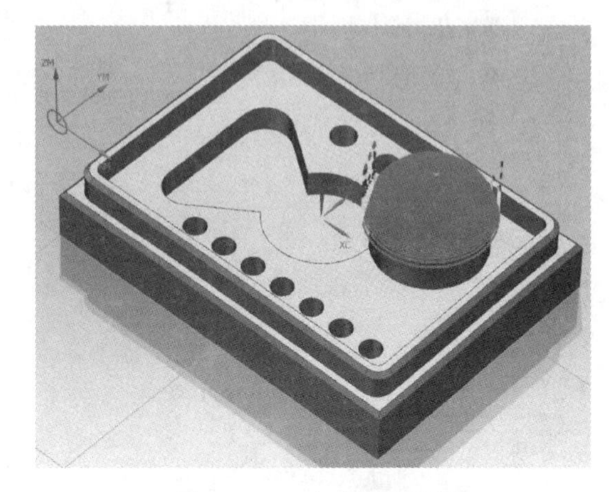

图 3.4.41　生成刀具路径

图 3.4.42　选择精加工方法

七、ϕ10 的倒角刀固定轴曲面轮廓加工第一层的 C2 倒角区域

1. 选择精加工方法

【程序顺序视图】→【创建工序】→弹出【创建工序】对话框→【类型】mill _ contour→【工序子类型】固定轴曲面轮廓铣→【程序】PROGRAM→【刀具】D10-45→【几何体】WORKPIECE→【方法】FINISH 粗加工→【名称】jing-dao1→【确定】（如图 3.4.42 选择精加工方法）。

2. 选择加工区域

在弹出的【固定轮廓铣】对话框中→【指定切削区域】→框选上部的曲面→【确定】（如图 3.4.43 选择加工区域）。

3. 设置驱动方法及加工参数设置

【驱动方法】栏目中→【方法】曲线/点（如图 3.4.44 驱动方法）。

→弹出【曲线/点驱动方法】对话框→【驱动几何体】栏目中→【选择曲线】，选择第一层倒角的下边缘→【确定】（如图 3.4.45 选择曲线）。

4. 设置进给率和速度

打开【进给率和速度】→勾选【主轴速度(rpm)】3000→【进给率】【切削】150→【确定】（如图 3.4.46 设置进给率和速度）。

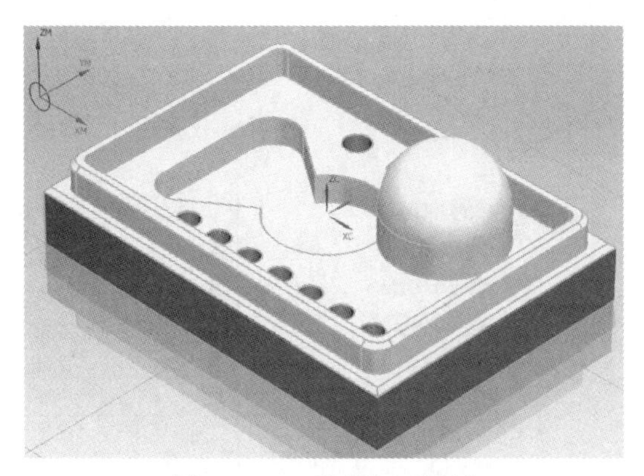

图 3.4.43 选择加工区域

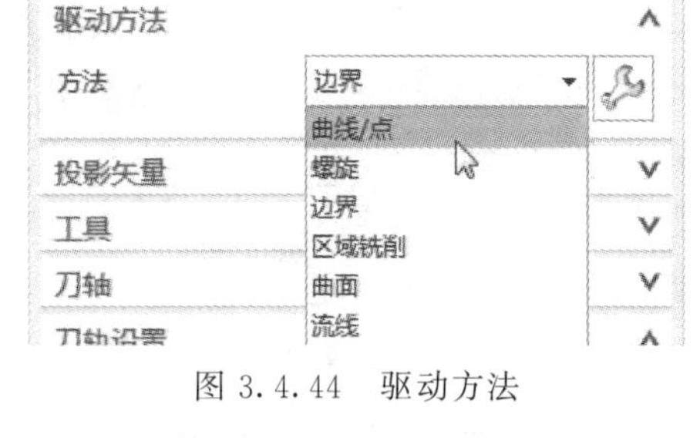

图 3.4.44 驱动方法

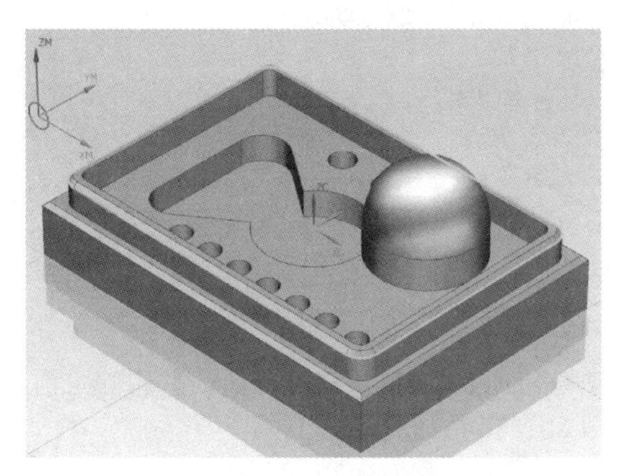

图 3.4.45 选择曲线

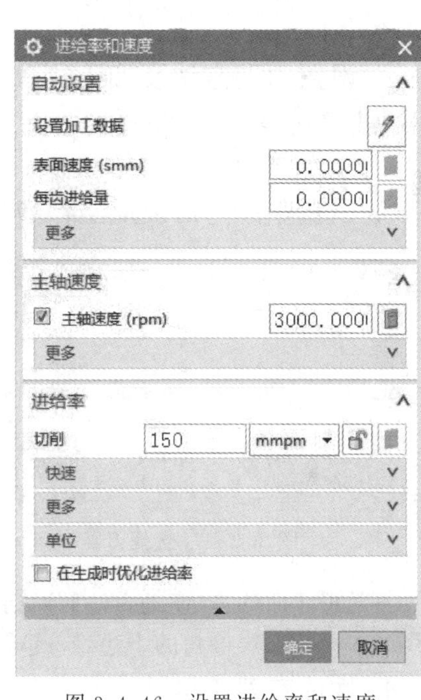

图 3.4.46 设置进给率和速度

5. 生成刀具路径

【操作】栏目中→点击【生成刀具路径】，生成该步操作的刀具路径（如图 3.4.47 生成刀具路径）。

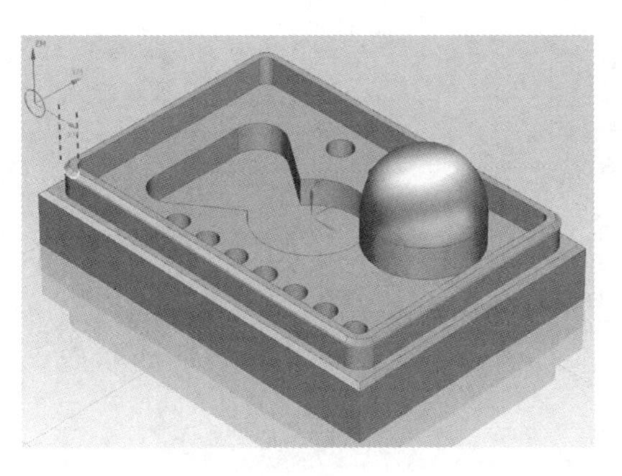

图 3.4.47 生成刀具路径

八、ϕ6 的倒角刀固定轴曲面轮廓加工第二层的 C2 倒角区域

1. 复制程序

复制已经生成的【JING-DAO1】的程序→右击【粘贴】→【重命名】为【JING-DAO2】（如图 3.4.48 复制程序和图 3.4.49

重命名)。

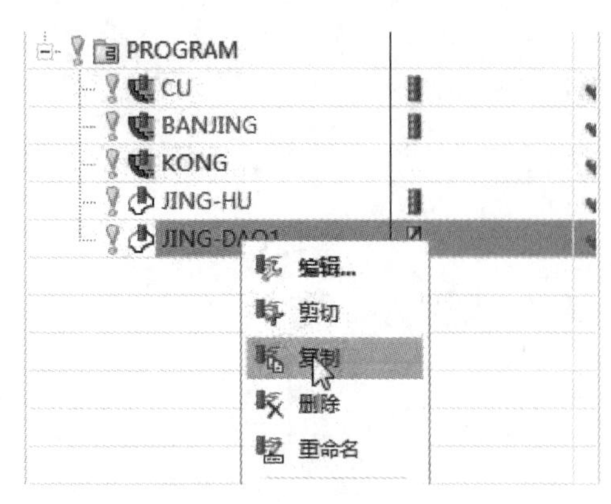

图 3.4.48 复制程序

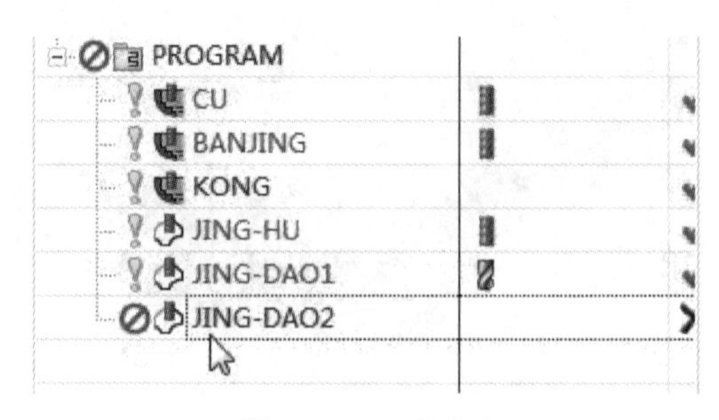

图 3.4.49 重命名

2. 设置驱动方法及加工参数设置

双击【JING-DAO2】→在弹出的【固定轮廓铣】对话框中→【工具】【刀具】D6-45(如图 3.4.50 选择刀具)。

3. 设置驱动方法及加工参数设置

【驱动方法】栏目中→【方法】【编辑】 (如图 3.4.51 驱动方法)。

图 3.4.50 选择刀具

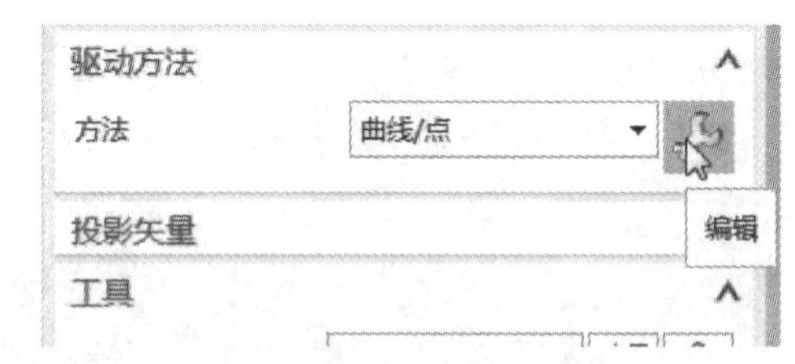

图 3.4.51 驱动方法

→弹出【曲线/点驱动方法】对话框→【驱动几何体】栏目中→【选择曲线】删除之前的曲线，选择第二层倒角的下边缘→【确定】(如图 3.4.52 选择曲线)。

4. 生成刀具路径

【操作】栏目中→点击【生成刀具路径】，生成该步操作的刀具路径(如图 3.4.53 生成刀具路径)。

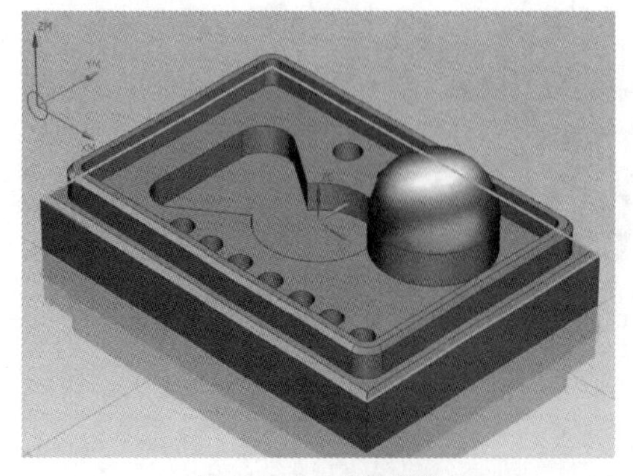

图 3.4.52 选择曲线

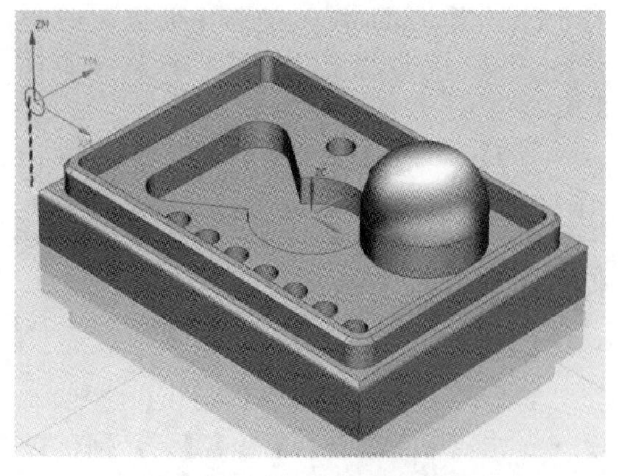

图 3.4.53 生成刀具路径

九、最终验证模拟

在左侧目录列表中选择操作→点击【确认刀轨】按钮→在弹出的【刀轨可视化】对话框中→选择【2D 动态】→调整【动画速度】→点击【播放】（如图 3.4.54～图 3.4.59）。

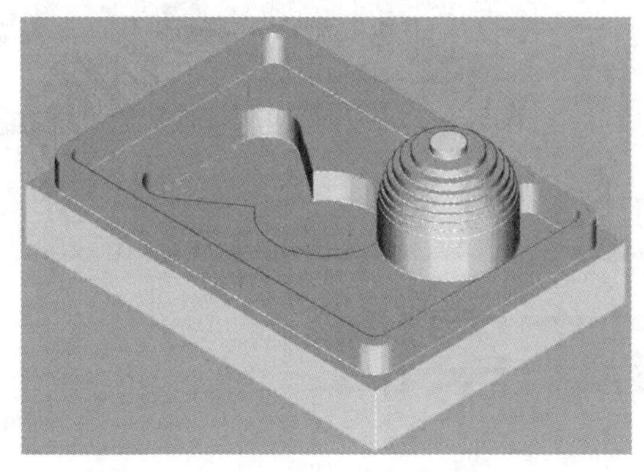

图 3.4.54　ϕ10 的平底刀型腔铣粗加工

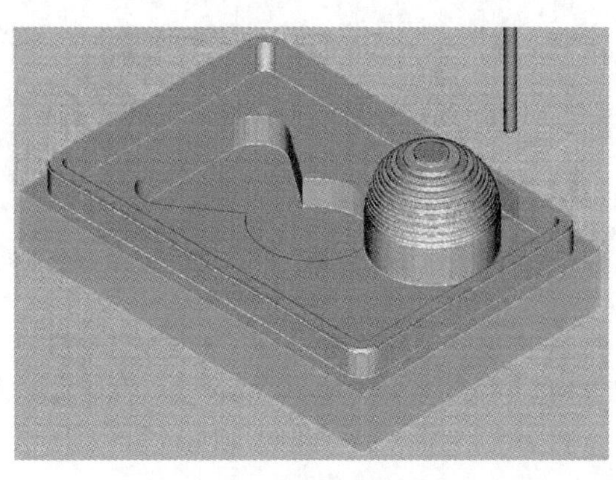

图 3.4.55　ϕ5 的平底刀型腔铣半精加工剩余的区域

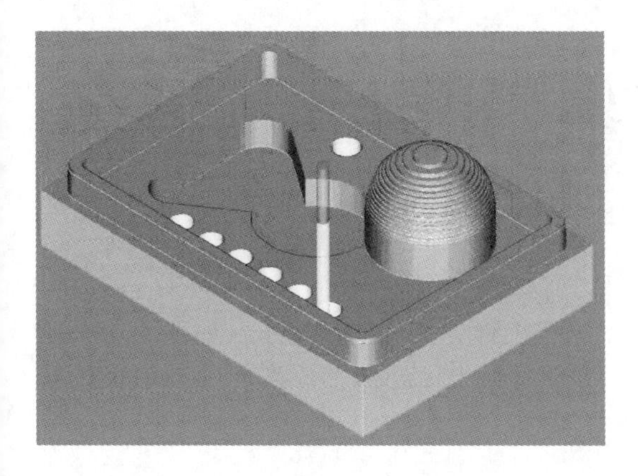

图 3.4.56　ϕ5 的平底刀型腔铣加工孔

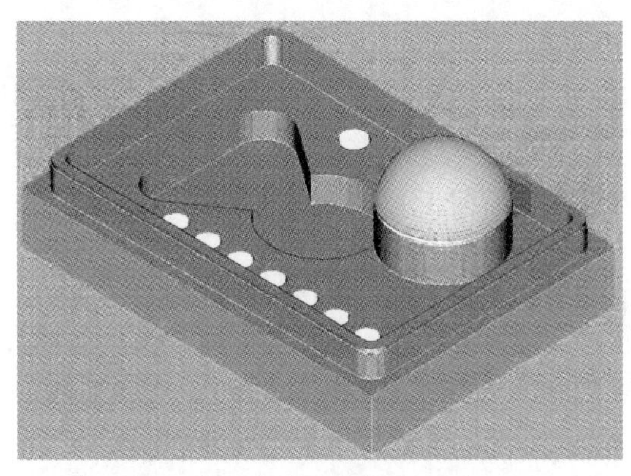

图 3.4.57　ϕ6 的球刀固定轴曲面轮廓铣精加工球形曲面的区域

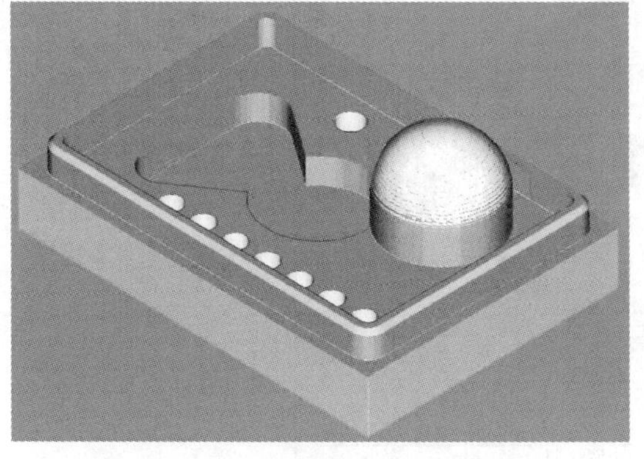

图 3.4.58　ϕ10 的倒角刀固定轴曲面轮廓加工第一层的 $C2$ 倒角区域

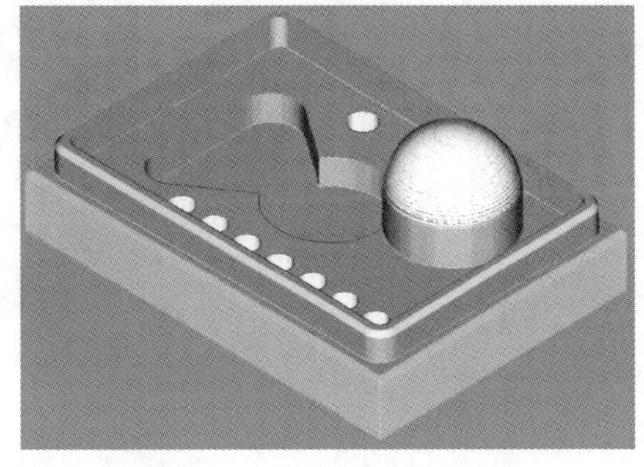

图 3.4.59　ϕ6 的倒角刀固定轴曲面轮廓加工第二层的 $C2$ 倒角区域

第四章 模具零件UG数控加工案例

第一节　香皂盒模具零件

香皂盒模具零件

一、工艺分析

1. 零件图工艺分析

该零件中间为名片盒模具的凸模，工件无尺寸公差要求（如图 4.1.1 香皂盒模具零件），轮廓描述清楚。零件材料为已经加工成型的标准铝块，无热处理和硬度要求。

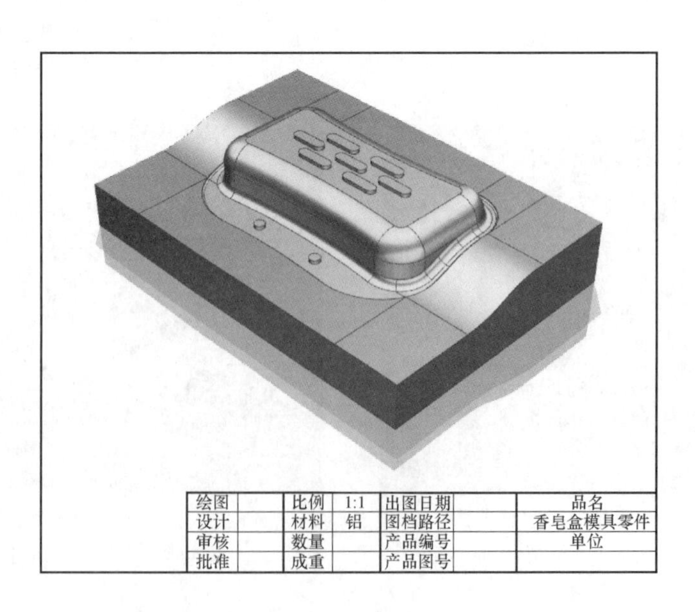

图 4.1.1　香皂盒模具零件

2. 确定装夹方案、加工顺序及进给路线

工件采用通用的虎钳装夹的方案，底部放置垫块，保证工件摆正，对刀点采用左下角的上表面点对刀，其装夹方式、加工区域和对刀点如图4.1.2所示。

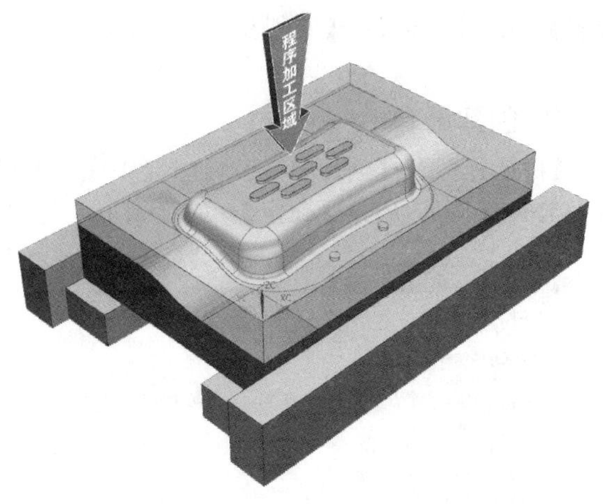

图4.1.2 装夹方式、加工区域和对刀点

3. 刀具和加工区域选择

选用多把铣刀加工本例的区域，将所选定的刀具参数以及加工区域填入表4.1.1数控加工卡片中，以便于编程和操作管理。

表4.1.1 数控加工卡片

产品名称或代号	模具零件加工综合实例	零件名称	香皂盒模具零件		
序号	加工区域	刀具			
		名称	规格	刀号	
1	ϕ15的平底刀型腔铣开粗加工	D15	ϕ15平底刀	1	
2	ϕ10R1的圆角刀型腔铣半精加工所有区域	D10R1	ϕ10R1圆角刀	2	
3	ϕ3的平底刀型腔铣半精加工香皂盒区域	D3	ϕ3球刀	3	
4	ϕ8的球刀固定轴轮廓铣Y方向的曲面区域	D8R4	ϕ8球刀	4	
5	ϕ8的球刀固定轴轮廓铣顶部圆角的区域	D8R4	ϕ8球刀	4	
6	ϕ8的球刀深度铣侧面陡峭区域	D8R4	ϕ8球刀	4	
7	ϕ4的球刀固定轴轮廓铣底部圆角的区域	D4R2	ϕ4球刀	6	
8	ϕ2的球刀型腔铣整体的残料精加工	D1R1	ϕ2球刀	5	
9	ϕ2的球刀清根精加工工件剩余的角落区域	D1R1	ϕ2球刀	5	
编制	×××	审核	×××	批准	××× 共1页

二、前期准备工作

1. 绘制辅助图形

进入【建模】模块式→【草图】中绘制辅助图形，使之作为加工坐标系的原点（如图4.1.3草图中绘制辅助图形和图4.1.4完成后的效果）。

图4.1.3 草图中绘制辅助图形

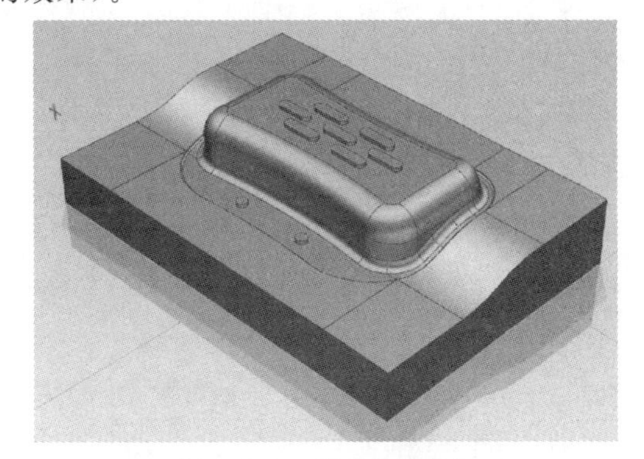

图4.1.4 完成后的效果

2. 进入加工模块

打开【启动】菜单→【加工】，进入加工模块→打开【加工环境】对话框→【CAM会话

配置】cam _ general→【要创建的 CAM 组装】mill _ contour→【确定】(如图 4.1.5 进入加工模块)。

3. 创建刀具

【机床视图】→【创建刀具】→选择【平底刀】→【名称】D15→在【刀具设置】对话框中→【(D)直径】15→【刀具号】1→【确定】(如图 4.1.6 创建 1 号刀具)。

图 4.1.5 进入加工模块

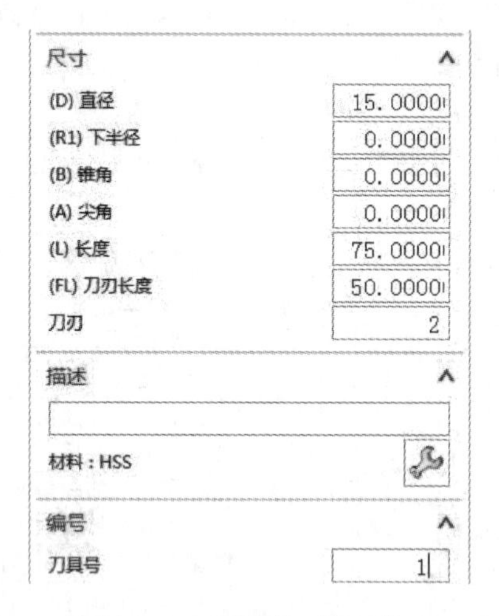

图 4.1.6 创建 1 号刀具

→【创建刀具】→选择【平底刀】→【名称】D10R1→在【刀具设置】对话框中→【(D)直径】10→【(R1)下半径】1→【刀具号】2→【确定】(如图 4.1.7 创建 2 号刀具)。

→【创建刀具】→选择【平底刀】→【名称】D3→在【刀具设置】对话框中→【(D)直径】3→【刀具号】3→【确定】(如图 4.1.8 创建 3 号刀具)。

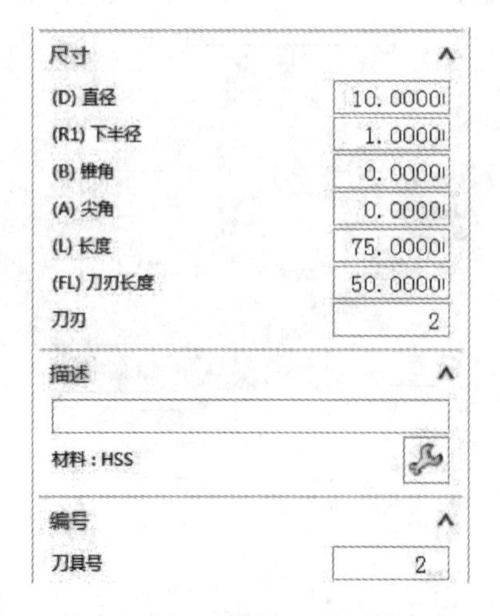

图 4.1.7 创建 2 号刀具

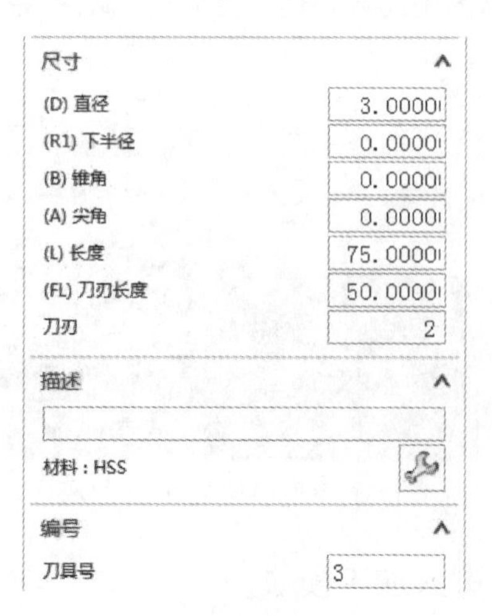

图 4.1.8 创建 3 号刀具

→【创建刀具】→选择【平底刀】→【名称】D8R4→在【刀具设置】对话框中→【(D)直径】8→【(R1)下半径】4→【刀具号】4→【确定】(如图 4.1.9 创建 4 号刀具)。

→【创建刀具】→选择【平底刀】→【名称】D2R1→在【刀具设置】对话框中→【(D)直径】2→【(R1)下半径】1→【刀具号】5→【确定】(如图 4.1.10 创建 5 号刀具)。

图 4.1.9　创建 4 号刀具

图 4.1.10　创建 5 号刀具

→【创建刀具】→选择【平底刀】→【名称】D4R2→在【刀具设置】对话框中→【(D)直径】4→【(R1)下半径】2→【刀具号】6→【确定】(如图 4.1.11 创建 6 号刀具)。

图 4.1.11　创建 6 号刀具

4. 设置坐标系和创建毛坯

【几何视图】→双击【MCS_MILL】→点击绘制的辅助的直线的交叉点，将加工坐标系移至毛坯左下角的上平面点即可（如图 4.1.12)→设定【安全距离】2→【确定】(如图 4.1.12 设置坐标系)。

→打开 MCS_MILL 前的【+】号，双击【WORKPIECE】→在【工件】对话框中→点击【指定部件】按钮→点击工件→【确定】(如图 4.1.13 指定部件)。

→点击【指定毛坯】按钮→在弹出的【毛坯几何体】对话中→【类型】→选择【包容块】，设置最小化包容工件的毛坯→毛坯设置的效果如图 4.1.14→【确定】→【确定】(如图 4.1.14 创建毛坯)。

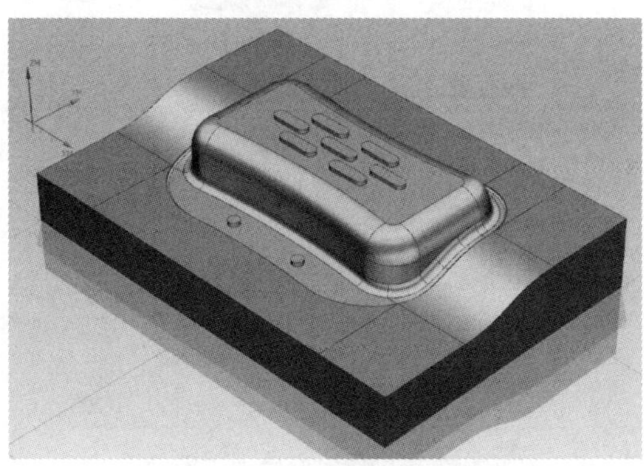

图 4.1.12　设置坐标系

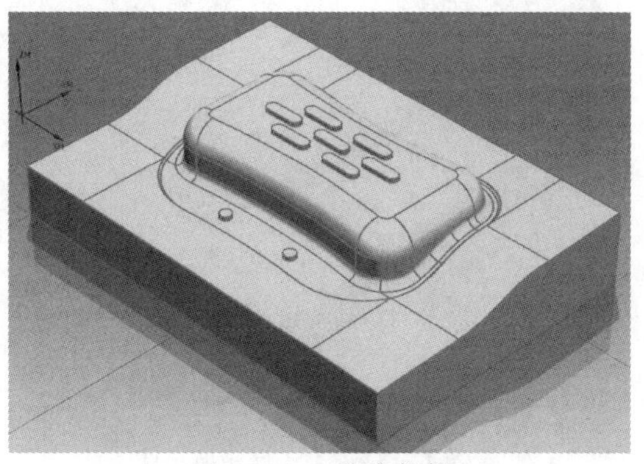

图 4.1.13　指定部件

三、ϕ15 的平底刀型腔铣开粗加工

1. 选择粗加工方法

【程序顺序视图】→【创建工序】→弹出【创建工序】对话框→【类型】mill_contour→【工序子类型】型腔铣→【程序】PROGRAM→【刀具】D15→【几何体】WORKPIECE→【方法】MILL_ROUGH，进行粗加工→【名称】cu→【确定】（如图 4.1.15 选择粗加工方法）。

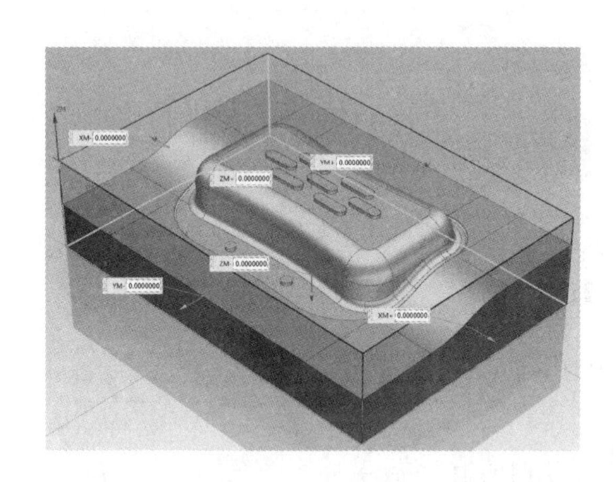

图 4.1.14　创建毛坯

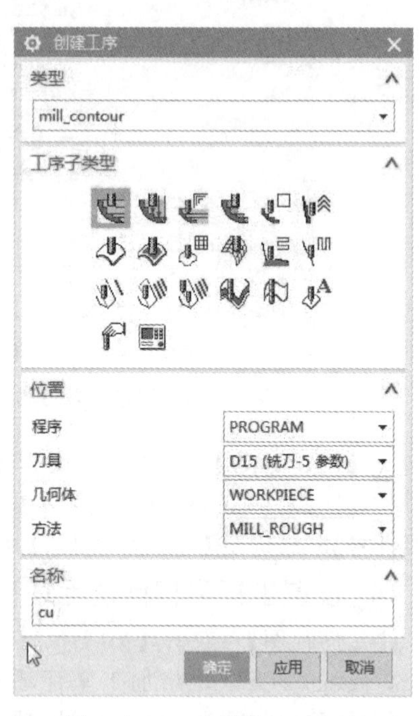

图 4.1.15　选择粗加工方法

2. 选择加工区域

在弹出的【型腔铣】对话框中→【指定切削区域】→选择要加工的曲面→【确定】（如图 4.1.16 选择加工区域）。

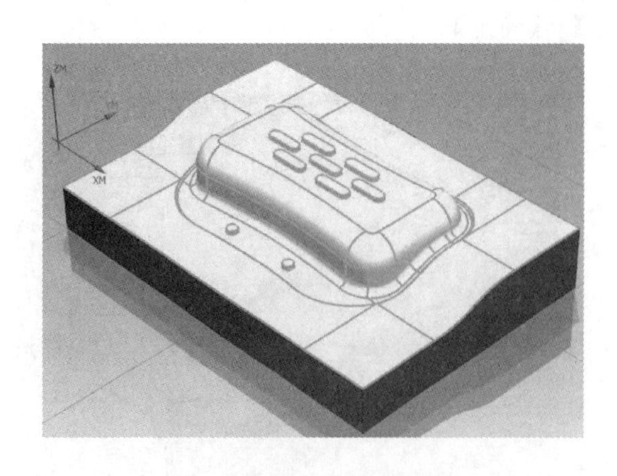

图 4.1.16　选择加工区域

图 4.1.17　设置加工参数

3. 设置加工参数

【刀轨设置】栏目中→【切削模式】跟随周边→【平面直径百分比】85→【最大距离】2（如图 4.1.17 设置加工参数）。

4. 设置切削参数

打开【切削参数】→【余量】→【部件侧面余量】0.3→【确定】（如图 4.1.18 余量）。

5. 设置进给率和速度

打开【进给率和速度】→勾选【主轴速度（rpm）】2500→【进给率】【切削】500→【确定】（如图 4.1.19 设置进给率和速度）。

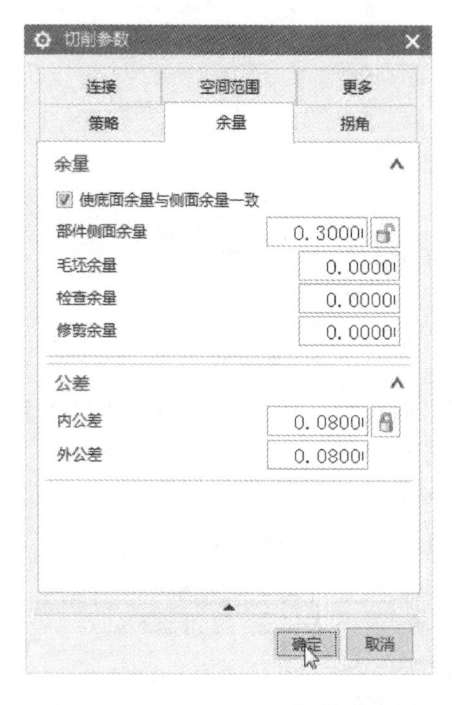

图 4.1.18　余量

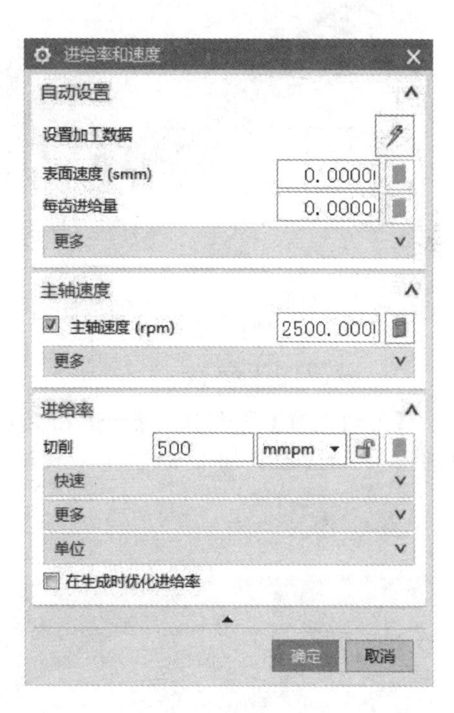

图 4.1.19　设置进给率和速度

6. 生成刀具路径

【操作】栏目中→点击【生成刀具路径】，生成该步操作的刀具路径（如图 4.1.20 生成刀具路径）。

四、ϕ10*R*1 的圆角刀型腔铣半精加工所有区域

1. 选择半精加工方法

【程序顺序视图】→【创建工序】→弹出【创建工序】对话框→【类型】mill_contour→【工序子类型】型腔铣→【程序】PROGRAM→【刀具】D10R1→【几何体】WORKPIECE→【方法】【方法】MILL_FINISH→【名称】banjing→【确定】（如图 4.1.21 选择半精加工方法）。

2. 选择加工区域

在弹出的【型腔铣】对话框中→【指定切削区域】→选择要加工的曲面→【确定】（如图 4.1.22 选择加工区域）。

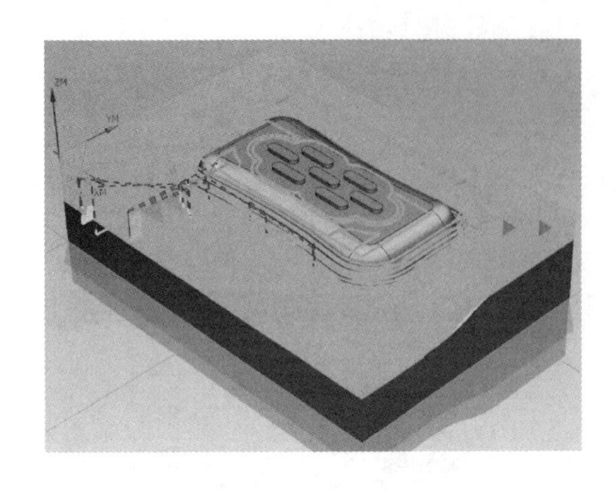

图 4.1.20　生成刀具路径

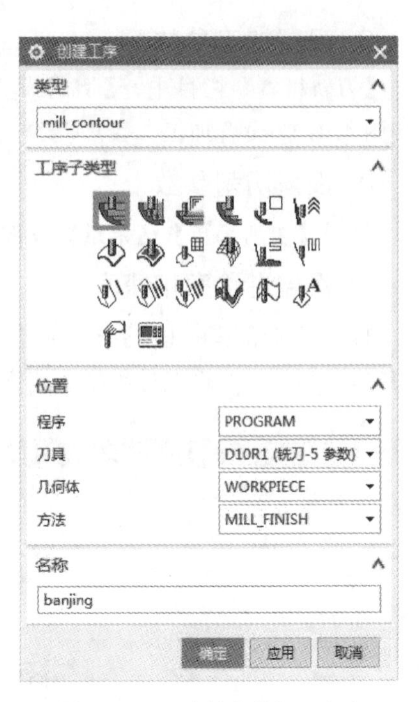

图 4.1.21　选择半精加工方法

3. 设置加工参数

【刀轨设置】栏目中→【切削模式】跟随周边→【平面直径百分比】50→【最大距离】1（如图 4.1.23 设置加工参数）。

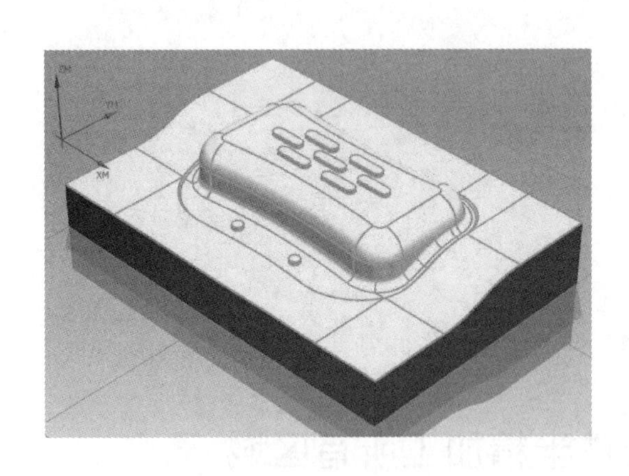

图 4.1.22　选择加工区域

图 4.1.23　设置加工参数

4. 设置切削参数

打开【切削参数】→【余量】所有均设为 0→【空间范围】【毛坯】【处理中的工件】使用基于层的→【确定】（如图 4.1.24 余量和图 4.1.25 使用基于层的）。

5. 设置进给率和速度

打开【进给率和速度】→勾选【主轴速度（rpm）】3500→【进给率】【切削】400→【确定】（如图 4.1.26 设置进给率和速度）。

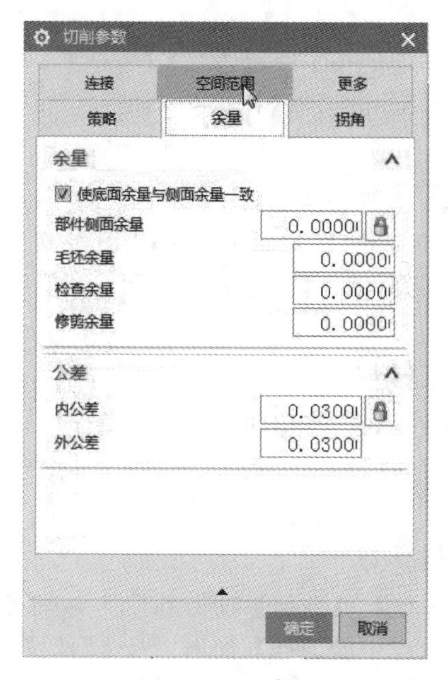

图 4.1.24　余量

图 4.1.25　使用基于层的

6. 生成刀具路径

【操作】栏目中→点击【生成刀具路径】，生成该步操作的刀具路径（如图 4.1.27 生成刀具路径）。

图 4.1.26　设置进给率和速度

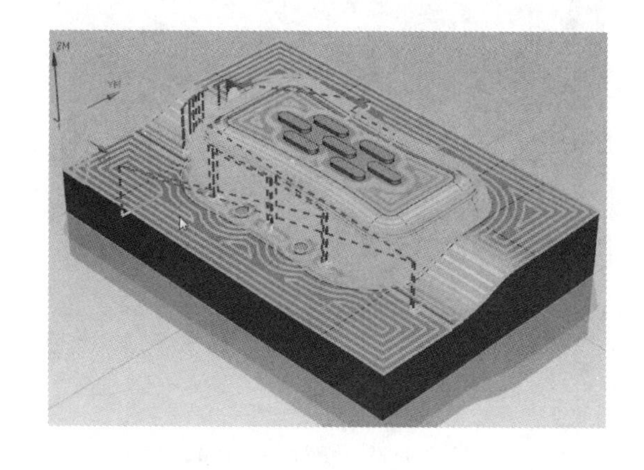

图 4.1.27　生成刀具路径

五、ϕ3 的平底刀型腔铣半精加工香皂盒区域

1. 选择半精加工方法

【程序顺序视图】→【创建工序】→弹出【创建工序】对话框→【类型】mill_contour→【工

序子类型】型腔铣→【程序】PROGRAM→【刀具】D3→【几何体】WORKPIECE→【方法】【方法】MILL_FINISH→【名称】banjing2→【确定】（如图4.1.28选择半精加工方法）。

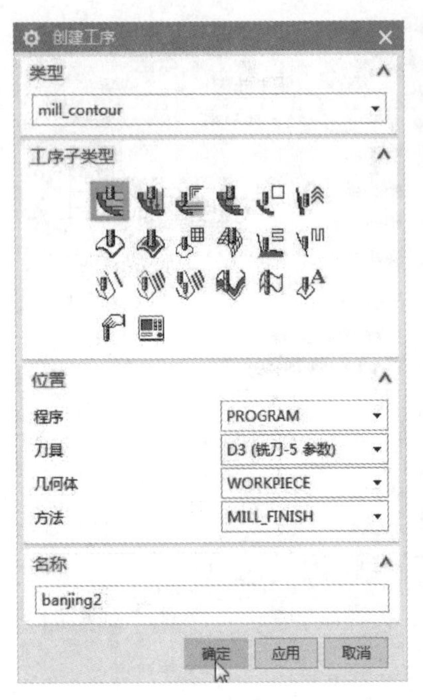

图4.1.28 选择半精加工方法

2. 选择加工区域

在弹出的【型腔铣】对话框中→【指定切削区域】→选择要加工的曲面→【确定】（如图4.1.29选择加工区域）。

3. 设置加工参数

【刀轨设置】栏目中→【切削模式】跟随部件→【平面直径百分比】50→【最大距离】0.4（如图4.1.30设置加工参数）。

4. 设置切削参数

打开【切削参数】→【余量】所有均设为0→【空间范围】【毛坯】【处理中的工件】使用3D→【确定】（如图4.1.31余量和图4.1.32使用3D）。

5. 设置非切削移动

打开【非切削移动】→【进刀】→【封闭区域】【进刀类型】插削→【开放区域】【进刀类型】与封闭区域相同→【确定】（如图4.1.33设置非切削移动）。

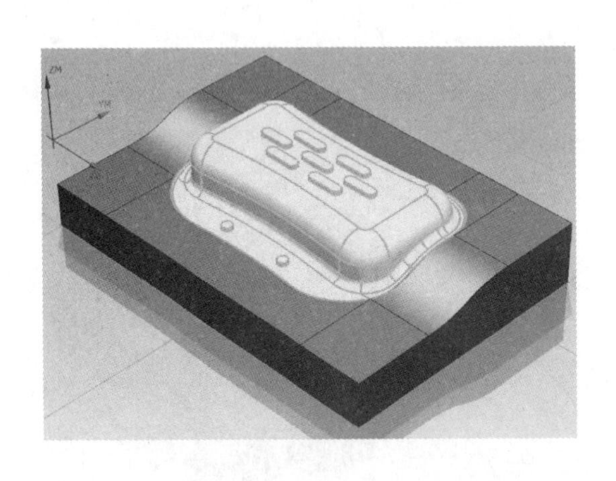

图4.1.29 选择加工区域

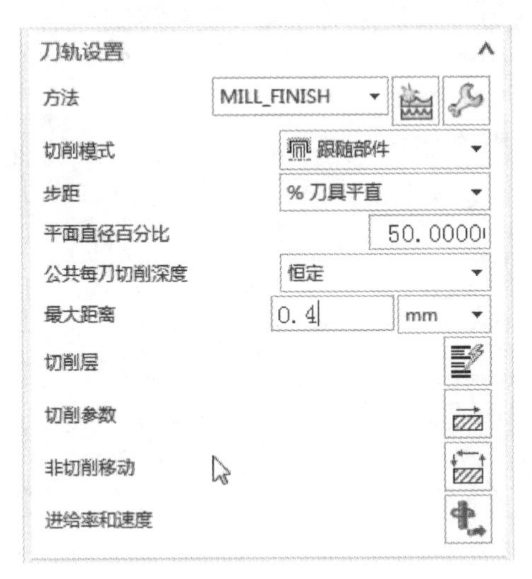

图4.1.30 设置加工参数

6. 设置进给率和速度

打开【进给率和速度】→勾选【主轴速度（rpm）】4000→【进给率】【切削】150→【确定】（如图4.1.34设置进给率和速度）。

7. 生成刀具路径

【操作】栏目中→点击【生成刀具路径】，生成该步操作的刀具路径（如图4.1.35生成刀具路径）。

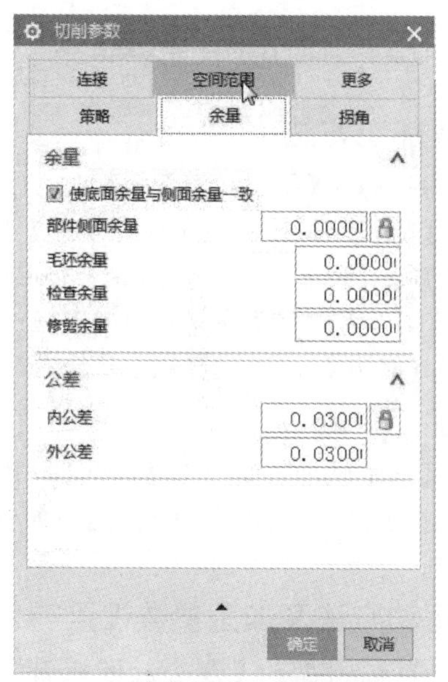

图 4.1.31　余量

图 4.1.32　使用 3D

图 4.1.33　设置非切削移动

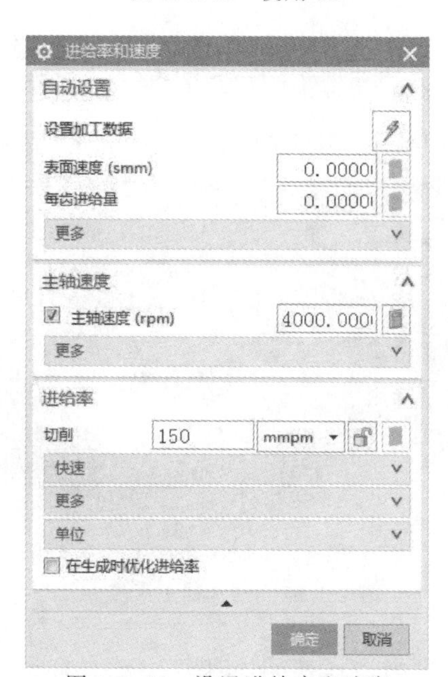

图 4.1.34　设置进给率和速度

图 4.1.35　生成刀具路径

六、ϕ8 的球刀固定轴轮廓铣 Y 方向的曲面区域

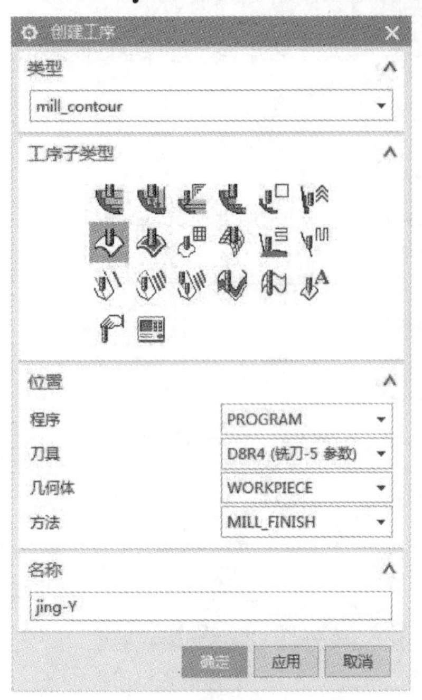

图 4.1.36　选择精加工方法

1. 选择精加工方法

【程序顺序视图】→【创建工序】→弹出【创建工序】对话框→【类型】mill_contour→【工序子类型】固定轴曲面轮廓铣→【程序】PROGRAM→【刀具】D8R4→【几何体】WORKPIECE→【方法】MILL_FINISH→【名称】jing-Y→【确定】(如图 4.1.36 选择精加工方法)。

2. 选择加工区域

在弹出的【固定轴曲面轮廓铣】对话框中→【指定切削区域】→选择要加工的曲面→【确定】(如图 4.1.37 选择加工区域)。

3. 设置驱动方法及加工参数设置

【驱动方法】栏目中→【方法】区域铣削（如图 4.1.38 驱动方法）→弹出【区域铣削驱动方法】对话框→【驱动设置】→【非陡峭切削模式】往复→【平面直径百分比】5→【剖切角】指定→【与 XC 夹角】－90→【确定】(如图 4.1.39 加工参数设置)。

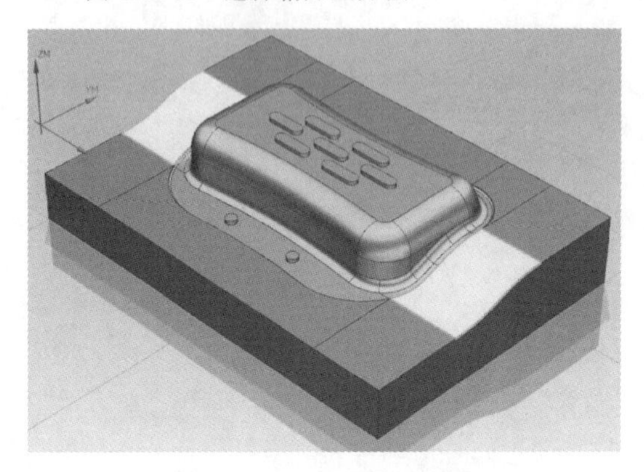

图 4.1.37　选择加工区域

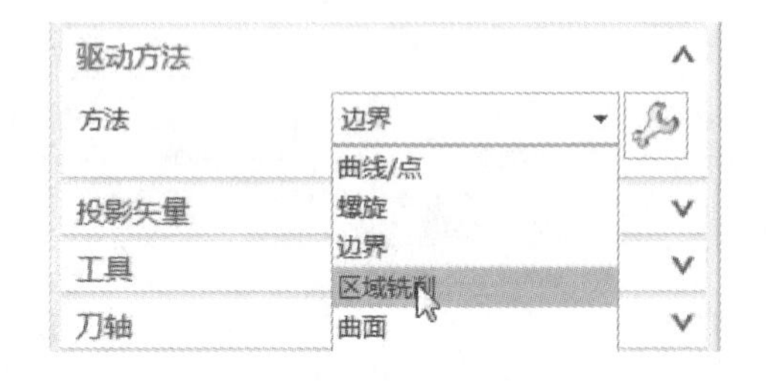

图 4.1.38　驱动方法

4. 设置进给率和速度

打开【进给率和速度】→勾选【主轴速度（rpm）】4000→【进给率】【切削】200→【确定】(如图 4.1.40 设置进给率和速度)。

5. 生成刀具路径

【操作】栏目中→点击【生成刀具路径】，生成该步操作的刀具路径（如图 4.1.41 生成刀具路径）。

七、ϕ8 的球刀固定轴轮廓铣顶部圆角的区域

1. 选择精加工方法

【程序顺序视图】→【创建工序】→弹出【创建工序】对话框→【类型】mill_contour→【工序子类型】固定轴曲面轮廓铣→【程序】PROGRAM→【刀具】D8R4→【几何体】WORK-

PIECE→【方法】MILL_FINISH→【名称】jing-ding-yuanjiao→【确定】(如图 4.1.42 选择精加工方法)。

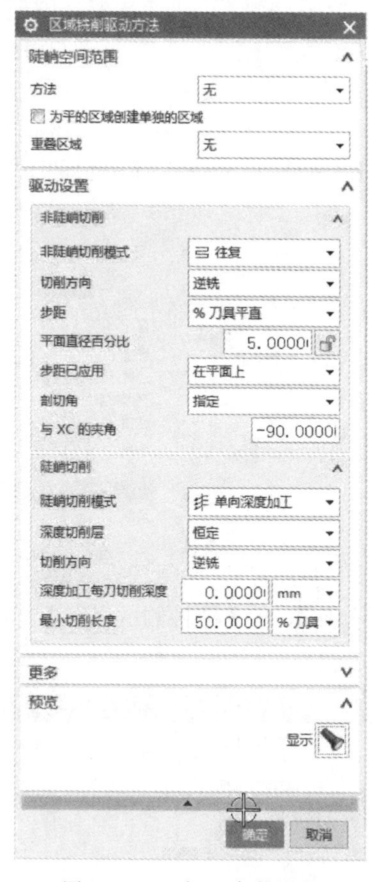

图 4.1.39　加工参数设置

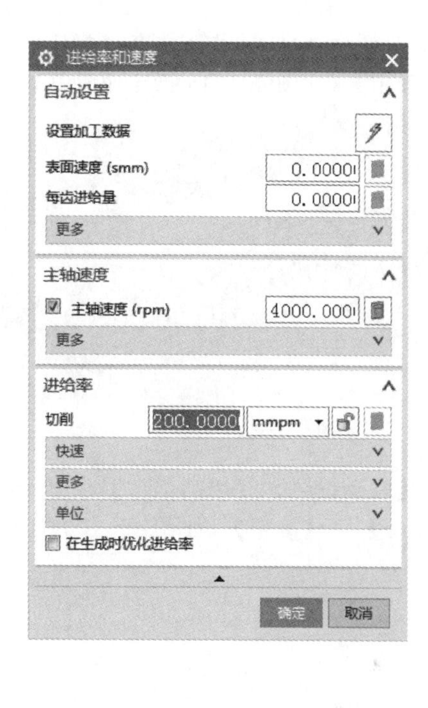

图 4.1.40　设置进给率和速度

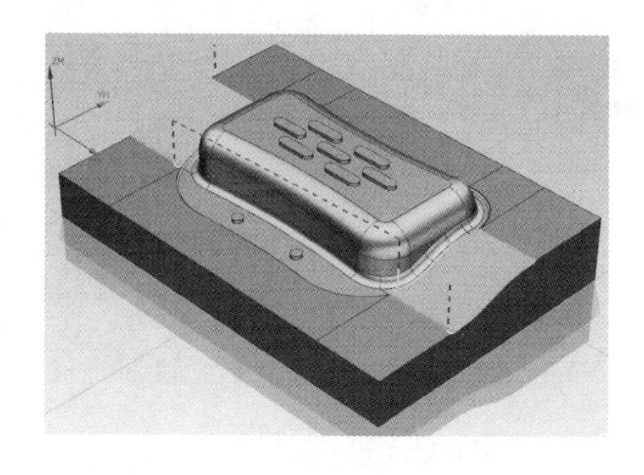

图 4.1.41　生成刀具路径

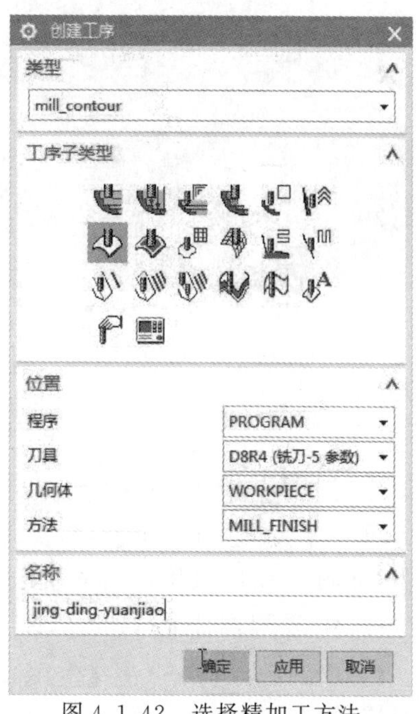

图 4.1.42　选择精加工方法

2. 选择加工区域

在弹出的【固定轴曲面轮廓铣】对话框中→【指定切削区域】→选择要加工的曲面→【确定】(如图 4.1.43 选择加工区域)。

3. 设置驱动方法及加工参数设置

【驱动方法】栏目中→【方法】径向切削（如图 4.1.44 驱动方法）→弹出【径向切削驱动方法】对话框→【驱动几何体】→【指定驱动几何体】→【类型】封闭→选择圆角的下边缘的曲线→【确定】(如图 4.1.45 指定驱动几何体)。

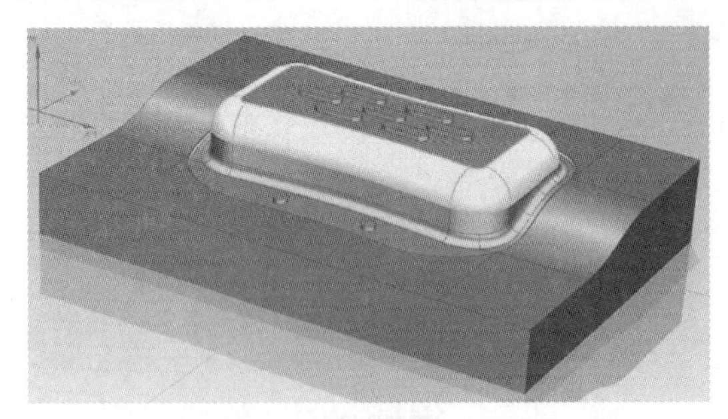

图 4.1.43　选择加工区域

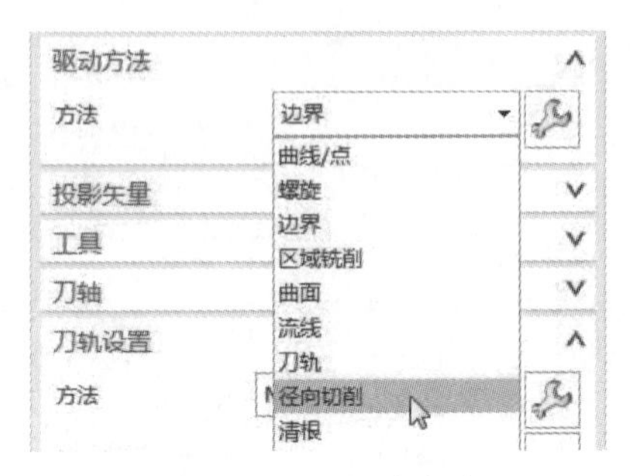

图 4.1.44　驱动方法

→【驱动设置】→【切削类型】往复→【平面直径百分比】4→【材料侧的条带】20→【另一侧的条带】0→【确定】(如图 4.1.46 加工参数设置)。

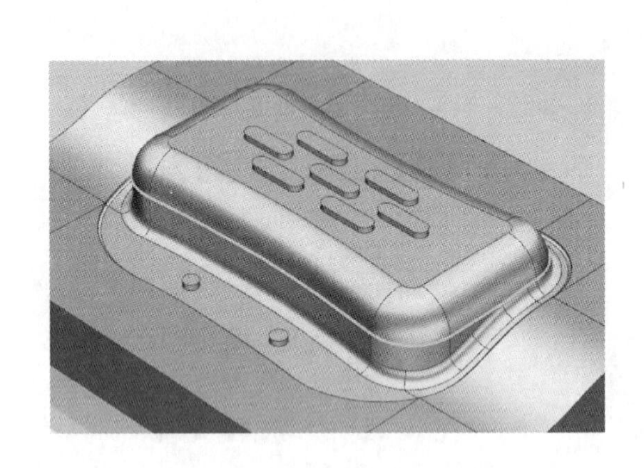

图 4.1.45　指定驱动几何体

图 4.1.46　加工参数设置

4. 设置进给率和速度

打开【进给率和速度】→勾选【主轴速度（rpm）】3000→【进给率】【切削】300→【确定】(如图 4.1.47 设置进给率和速度)。

5. 生成刀具路径

【操作】栏目中→点击【生成刀具路径】，生成该步操作的刀具路径（如图 4.1.48 生成刀具路径）。

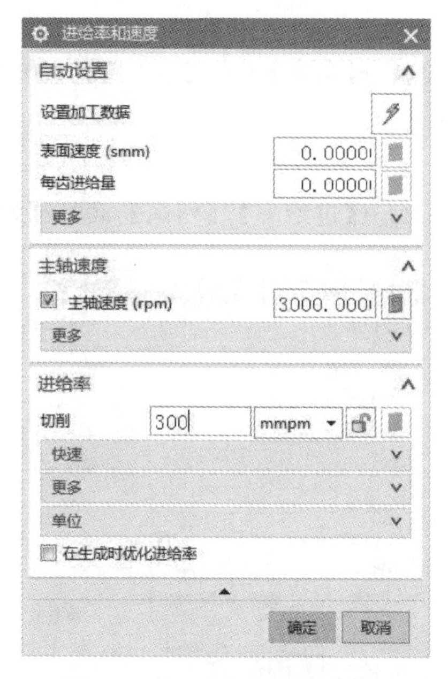

图 4.1.47　设置进给率和速度

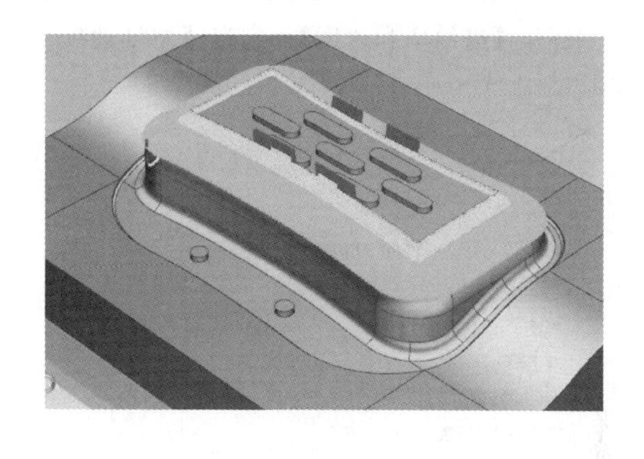

图 4.1.48　生成刀具路径

八、ϕ8 的球刀深度铣侧面陡峭区域

1. 选择精加工方法

【程序顺序视图】→【创建工序】→弹出【创建工序】对话框→【类型】mill_contour→【工序子类型】深度轮廓加工（等高轮廓铣）→【程序】PROGRAM→【刀具】D8R4→【几何体】WORKPIECE→【方法】FINISH 精加工→【名称】jing-douqiao（如图 4.1.49 选择精加工方法）。

2. 选择加工区域

在弹出的【深度轮廓加工】对话框中→【指定切削区域】→选择要加工的陡峭曲面→【确定】（如图 4.1.50 选择加工区域）。

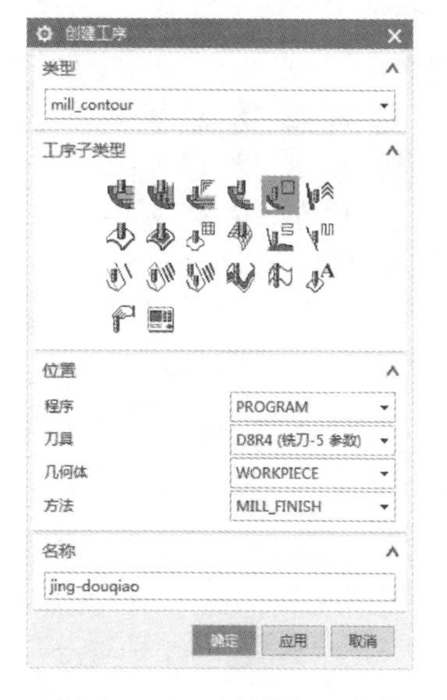

图 4.1.49　选择精加工方法

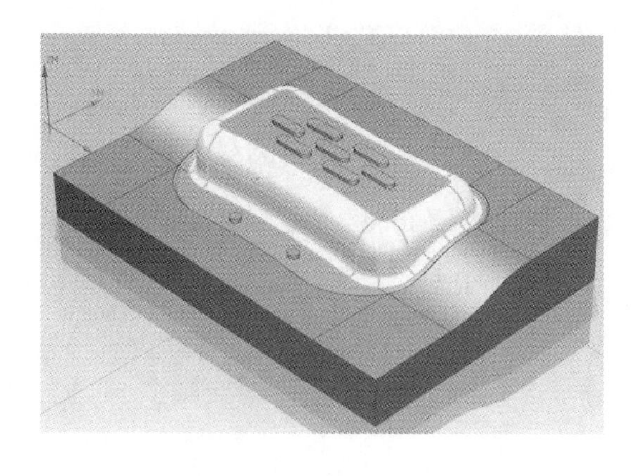

图 4.1.50　选择加工区域

3. 设置加工参数

弹出【深度轮廓加工】对话框→【陡峭空间范围】仅陡峭→【角度】50→【最大距离】0.4（如图 4.1.51 设置加工参数）。

4. 设置进给率和速度

打开【进给率和速度】→勾选【主轴速度（rpm）】4000→【进给率】【切削】300→【确定】（如图 4.1.52 设置进给率和速度）。

图 4.1.51　设置加工参数

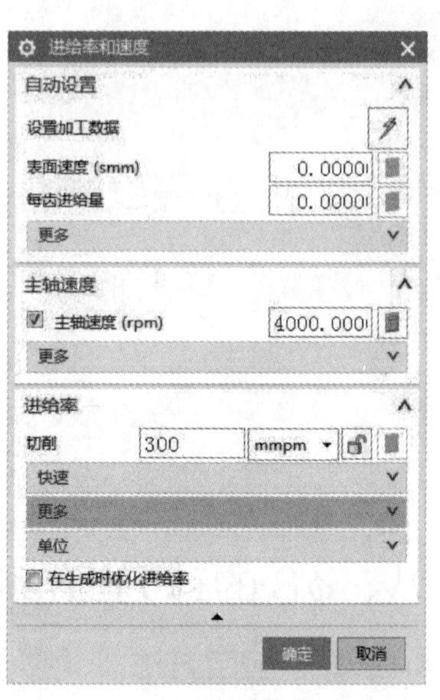

图 4.1.52　设置进给率和速度

5. 生成刀具路径

【操作】栏目中→点击【生成刀具路径】，生成该步操作的刀具路径（如图 4.1.53 生成刀具路径）。

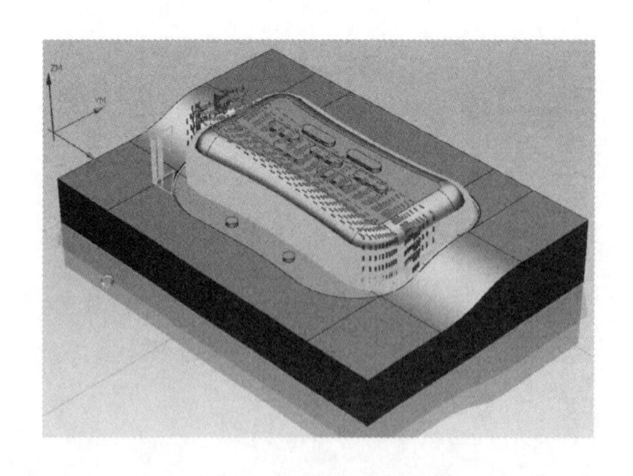

图 4.1.53　生成刀具路径

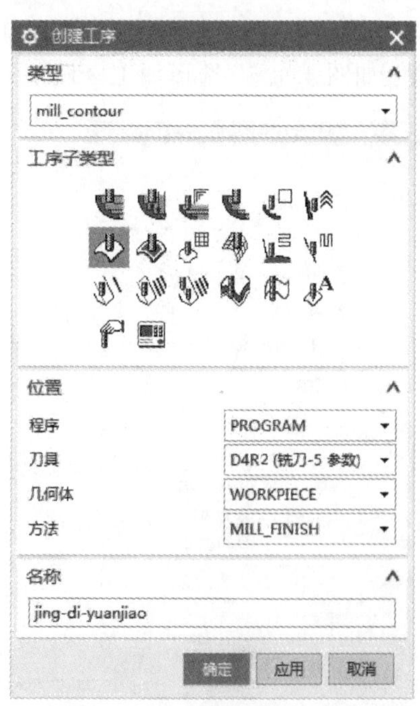

图 4.1.54　选择精加工方法

九、$\phi4$ 的球刀固定轴轮廓铣底部圆角的区域

1. 选择精加工方法

【程序顺序视图】→【创建工序】→弹出【创建工序】对话框→【类型】mill_contour→【工序子类型】固定轴曲面轮廓铣→【程序】PROGRAM→【刀具】D4R2→【几何体】WORKPIECE→【方法】MILL_FINISH→【名称】jing-di-yuanjiao→【确定】（如图 4.1.54 选择精加工方法）。

2. 选择加工区域

在弹出的【固定轴曲面轮廓铣】对话框中→【指定切削区域】→选择要加工的曲面→【确定】（如图 4.1.55 选择加工区域）。

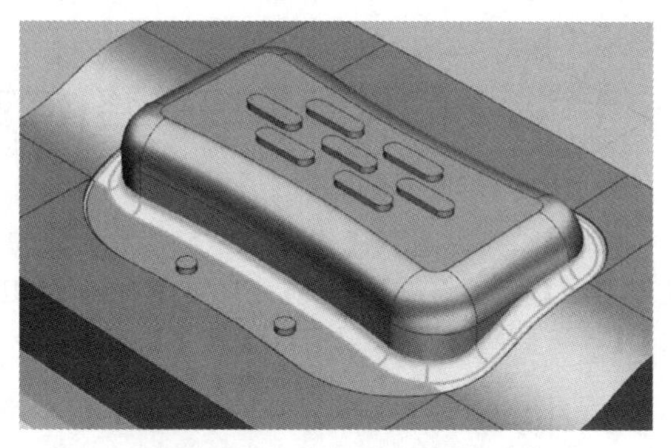

图 4.1.55　选择加工区域

3. 设置驱动方法及加工参数设置

【驱动方法】栏目中→【方法】径向切削（如图 4.1.56 驱动方法）→弹出【径向切削驱动方法】对话框→【驱动几何体】→【指定驱动几何体】→【类型】封闭→选择圆角的下边缘的曲线→【确定】（如图 4.1.57 指定驱动几何体）。

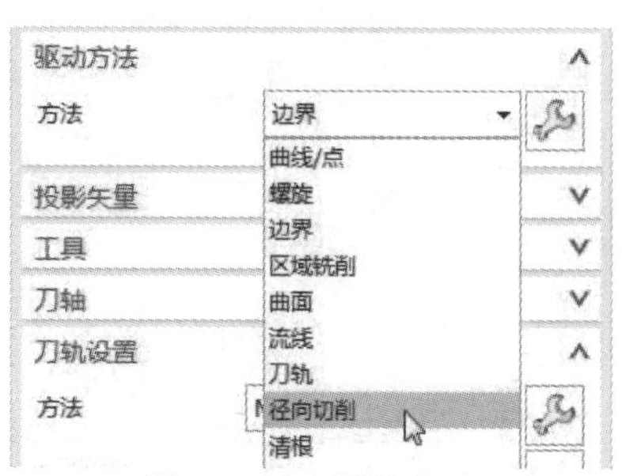

图 4.1.56　驱动方法

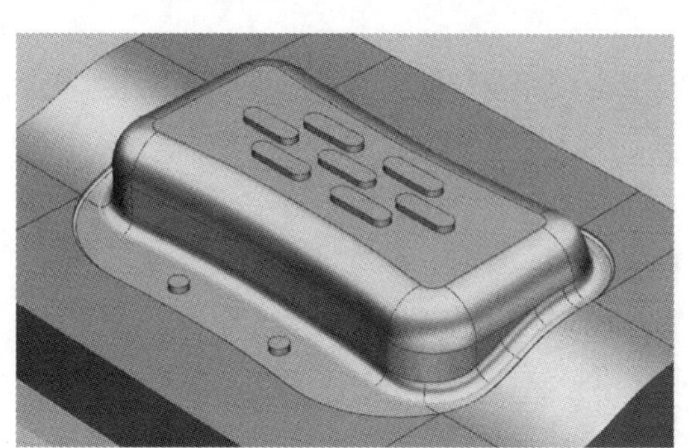

图 4.1.57　指定驱动几何体

图 4.1.58　加工参数设置

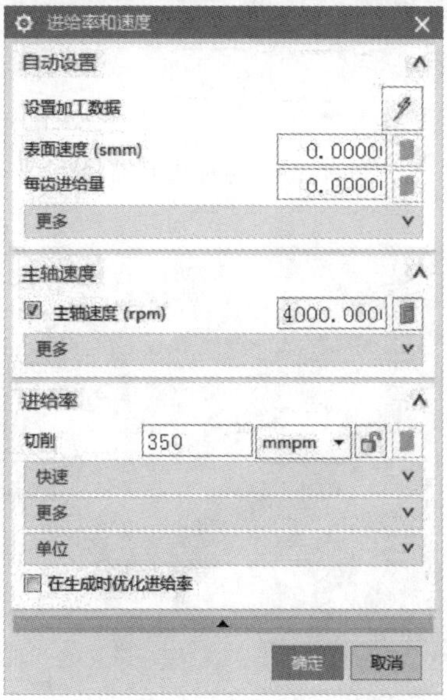

图 4.1.59　设置进给率和速度

→【驱动设置】→【切削类型】往复→【平面直径百分比】5→【材料侧的条带】10→【另一侧的条带】15→【确定】(如图 4.1.58 加工参数设置)。

4. 设置进给率和速度

打开【进给率和速度】→勾选【主轴速度（rpm）】4000→【进给率】【切削】350→【确定】(如图 4.1.59 设置进给率和速度)。

5. 生成刀具路径

【操作】栏目中→点击【生成刀具路径】，生成该步操作的刀具路径（如图 4.1.60 生成刀具路径）。

十、$\phi 2$ 的球刀型腔铣整体的残料精加工

1. 选择精加工方法

【程序顺序视图】→【创建工序】→弹出【创建工序】对话框→【类型】mill_contour→【工序子类型】型腔铣→【程序】PROGRAM→【刀具】D2R1→【几何体】WORKPIECE→【方法】【方法】MILL_FINISH→【名称】jing-jiao→【确定】(如图 4.1.61 选择精加工方法)。

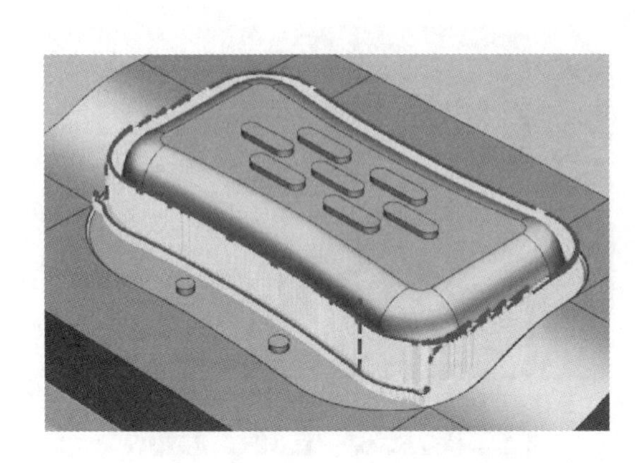

图 4.1.60 生成刀具路径

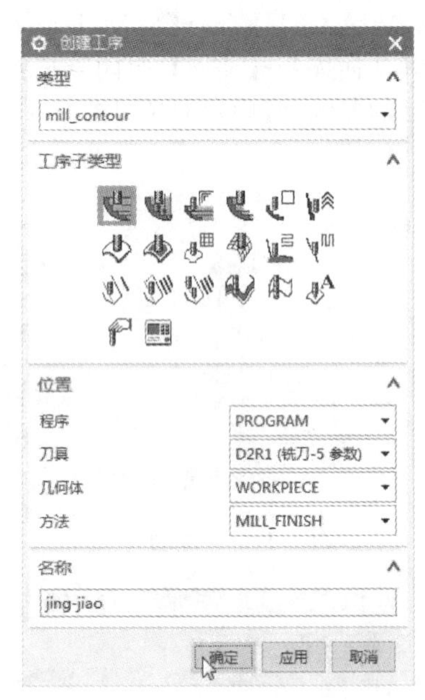

图 4.1.61 选择精加工方法

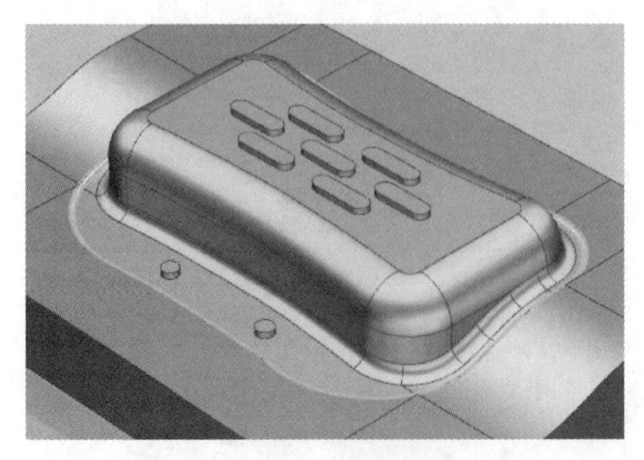

图 4.1.62 选择加工区域

图 4.1.63 设置加工参数

2. 选择加工区域

在弹出的【型腔铣】对话框中→【指定切削区域】→选择要加工的曲面→【确定】（如图 4.1.62 选择加工区域）。

3. 设置加工参数

【刀轨设置】栏目中→【切削模式】跟随部件→【平面直径百分比】20→【最大距离】0.2（如图 4.1.63 设置加工参数）。

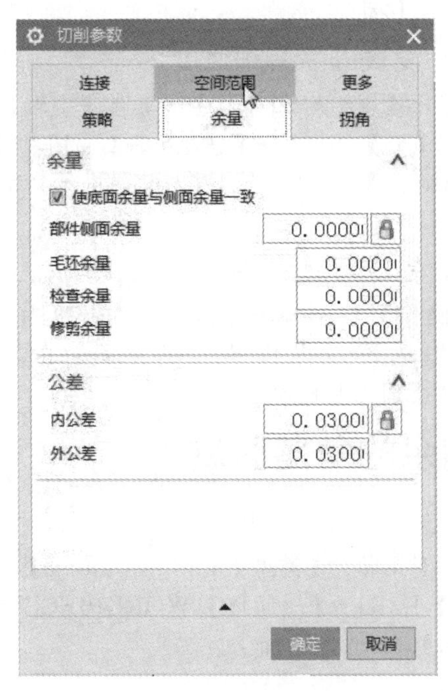

图 4.1.64　余量

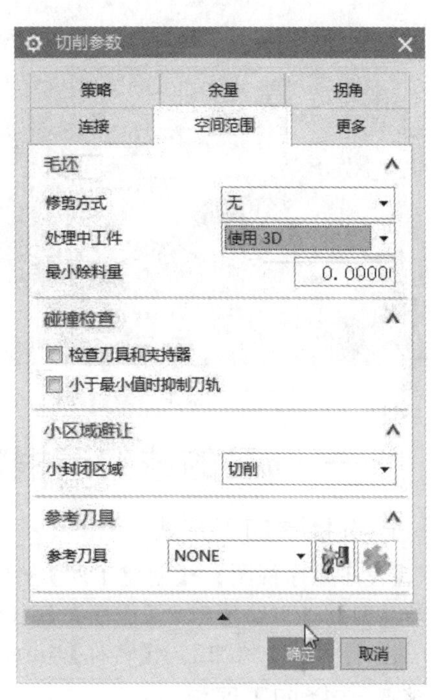

图 4.1.65　使用 3D

图 4.1.66　设置非切削移动

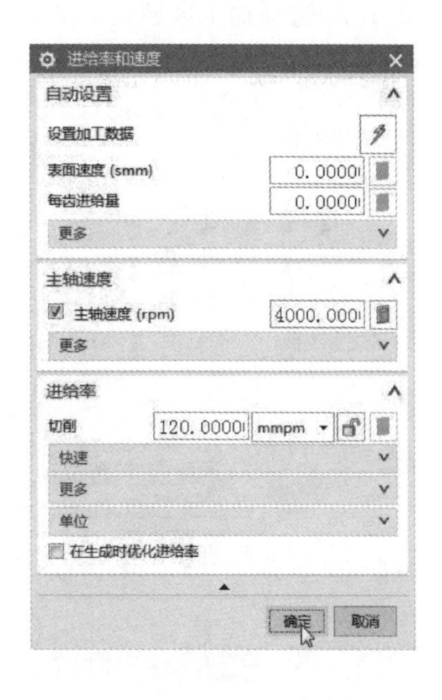

图 4.1.67　设置进给率和速度

4. 设置切削参数

打开【切削参数】→【余量】所有均设为 0→【空间范围】【毛坯】【处理中的工件】使用 3D→【确定】（如图 4.1.64 余量和图 4.1.65 使用 3D）。

5. 设置非切削移动

打开【非切削移动】→【进刀】→【封闭区域】【进刀类型】插削→【开放区域】【进刀类型】与封闭区域相同→【确定】（如图 4.1.66 设置非切削移动）。

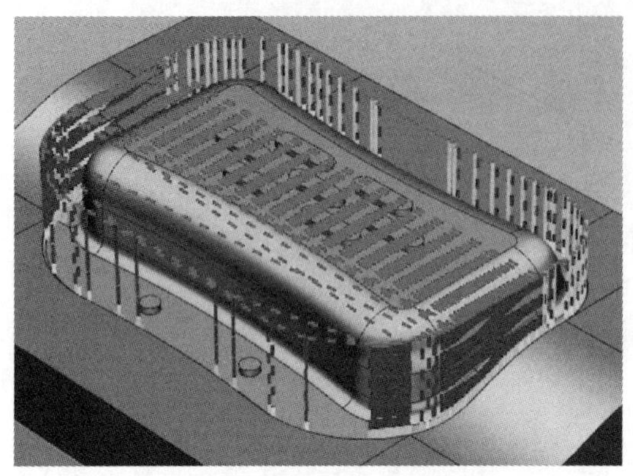

图 4.1.68　生成刀具路径

6. 设置进给率和速度

打开【进给率和速度】→勾选【主轴速度（rpm）】4000→【进给率】【切削】120→【确定】（如图 4.1.67 设置进给率和速度）。

7. 生成刀具路径

【操作】栏目中→点击【生成刀具路径】，生成该步操作的刀具路径（如图 4.1.68 生成刀具路径）。

十一、$\phi2$ 的球刀清根精加工件剩余的角落区域

1. 选择精加工方法

【程序顺序视图】→【创建工序】→弹出【创建工序】对话框→【类型】mill_contour→【工序子类型】单刀路清根→【程序】PROGRAM→【刀具】D2R1→【几何体】WORKPIECE→【方法】FINISH 精加工→【名称】jing-qinggen（如图 4.1.69 选择精加工方法）。

2. 选择加工区域

在弹出的【单刀路清根】对话框中→【指定切削区域】→选择要加工的曲面→【确定】（如图 4.1.70 选择加工区域）。

图 4.1.69　选择精加工方法

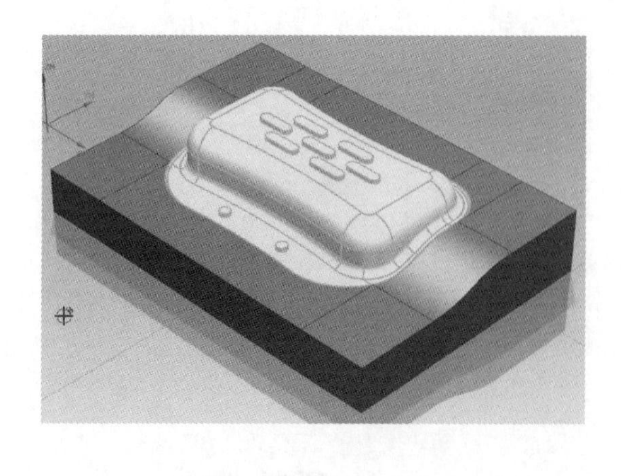

图 4.1.70　选择加工区域

3. 设置进给率和速度

打开【进给率和速度】→勾选【主轴速度（rpm）】4000→【进给率】【切削】200→【确定】（如图 4.1.71 设置进给率和速度）。

4. 生成刀具路径

【操作】栏目中→点击【生成刀具路径】，生成该步操作的刀具路径（如图 4.1.72 生成刀具路径）。

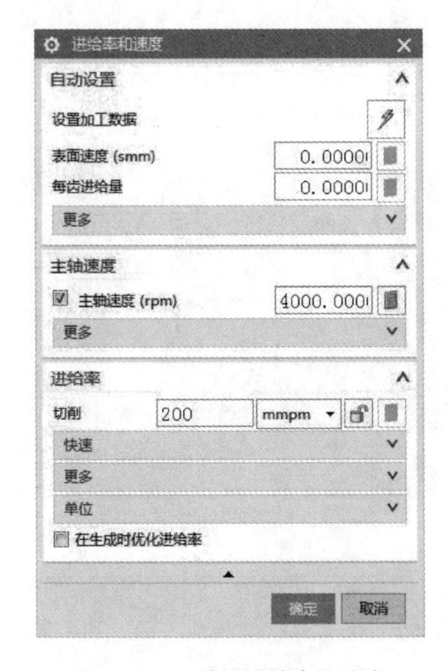

图 4.1.71　设置进给率和速度

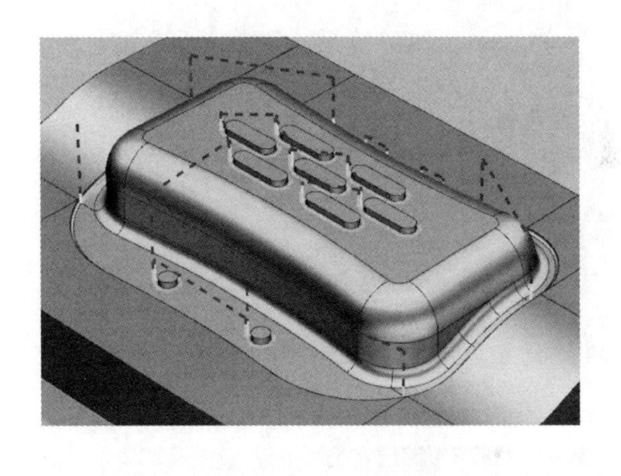

图 4.1.72　生成刀具路径

十二、最终验证模拟

在左侧目录列表中选择操作→点击【确认刀轨】按钮→在弹出的【刀轨可视化】对话框中→选择【2D 动态】→调整【动画速度】→点击【播放】（如图 4.1.73～图 4.1.81）。

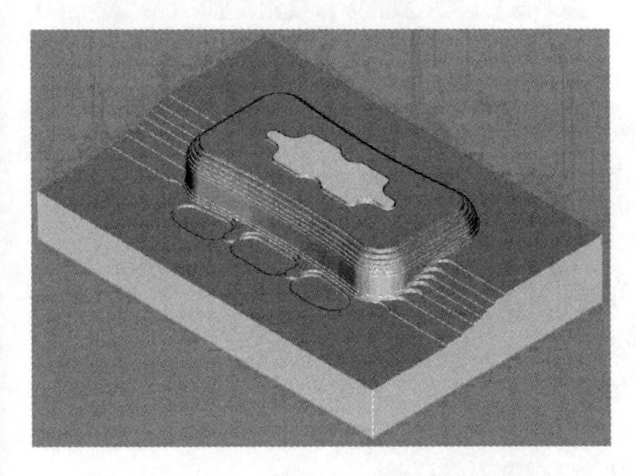

图 4.1.73　ϕ15 的平底刀型腔铣开粗加工

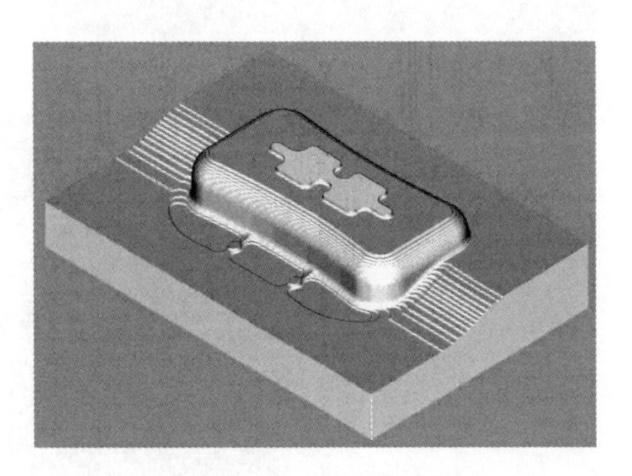

图 4.1.74　$\phi 10R1$ 的圆角刀型腔铣半精加工所有区域

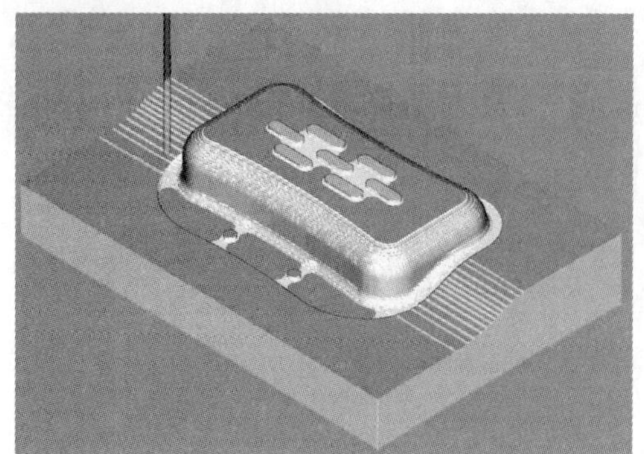

图 4.1.75　$\phi3$ 的平底刀型腔铣半精加工香皂盒区域

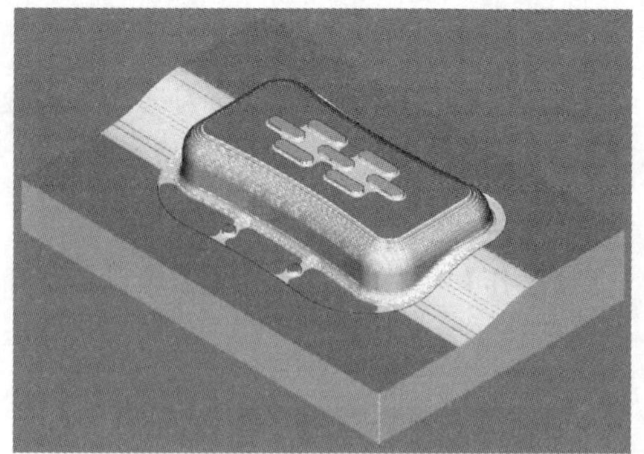

图 4.1.76　$\phi8$ 的球刀固定轴轮廓铣 Y 方向的曲面区域

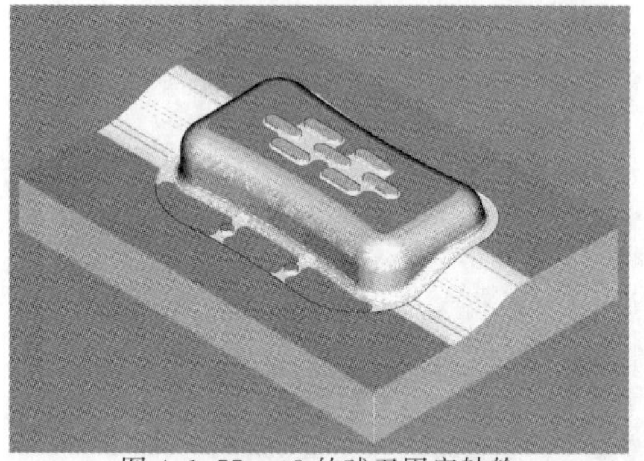

图 4.1.77　$\phi8$ 的球刀固定轴轮廓铣顶部圆角的区域

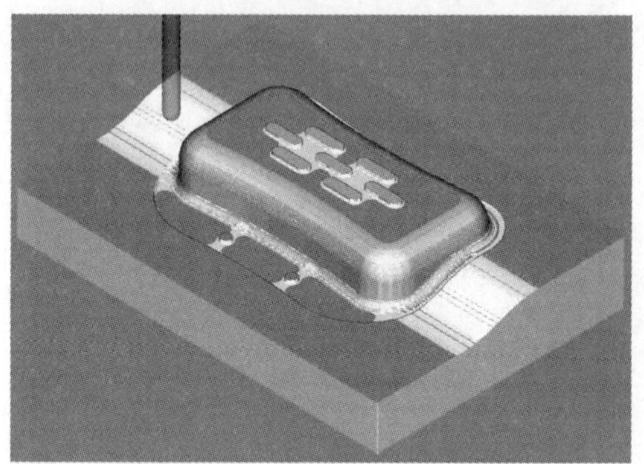

图 4.1.78　$\phi8$ 的球刀深度铣侧面陡峭区域

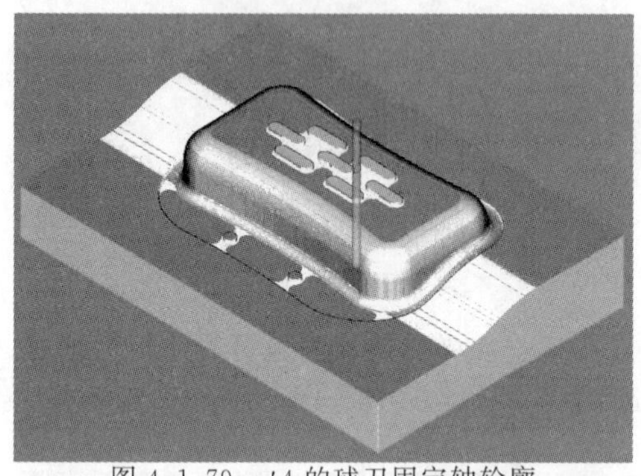

图 4.1.79　$\phi4$ 的球刀固定轴轮廓铣底部圆角的区域

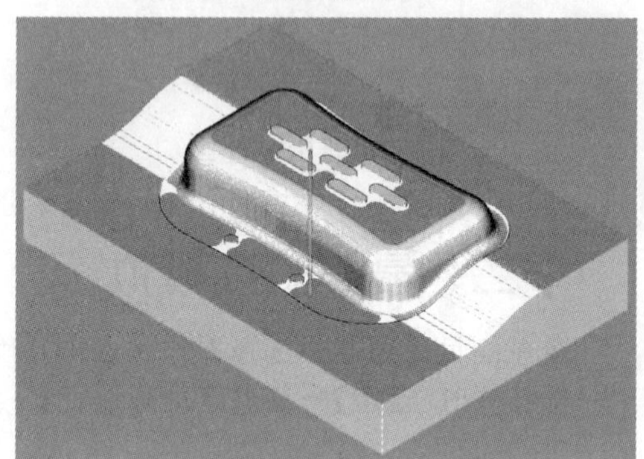

图 4.1.80　$\phi2$ 的球刀型腔铣整体的残料精加工

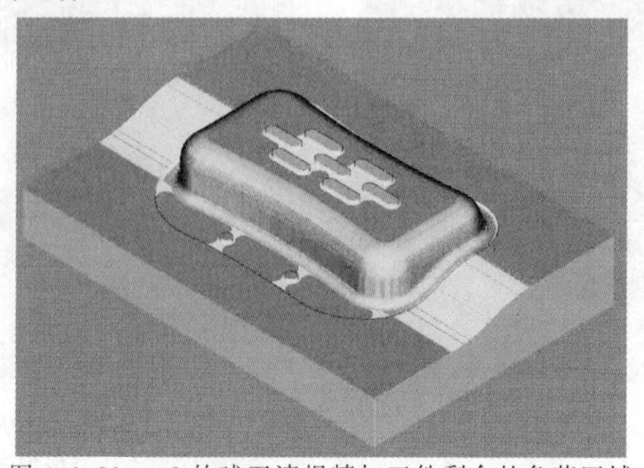

图 4.1.81　$\phi2$ 的球刀清根精加工件剩余的角落区域

第二节　玩具飞机模型模具零件

玩具飞机模型
模具零件

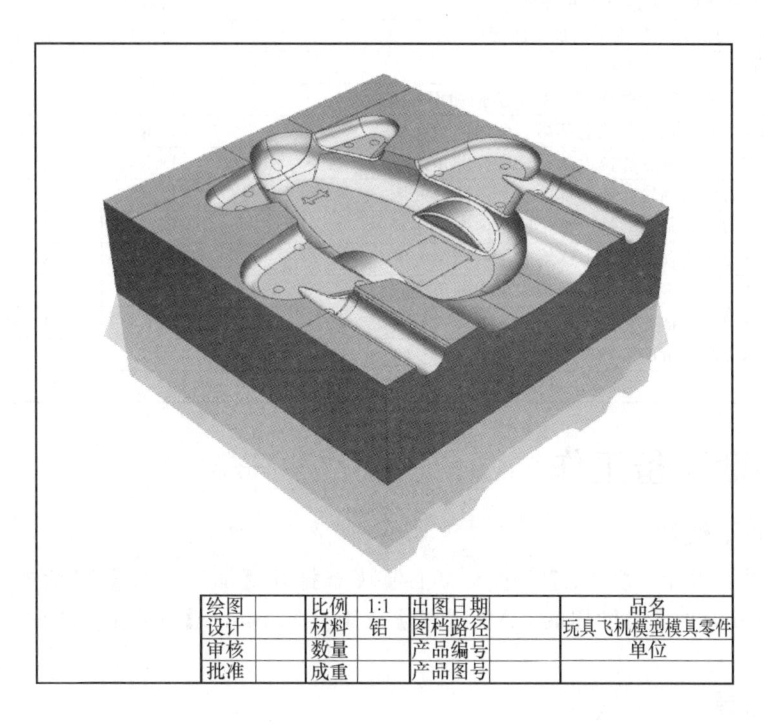

图 4.2.1　玩具飞机模型模具零件

一、工艺分析

1. 零件图工艺分析

该零件中间为玩具飞机模型模具零件，工件无尺寸公差要求（如图 4.2.1 玩具飞机模型模具零件），轮廓描述清楚。零件材料为已经加工成型的标准铝块，无热处理和硬度要求。

2. 确定装夹方案、加工顺序及进给路线

工件采用通用的虎钳装夹方案，底部放置垫块，保证工件摆正，对刀点采用左下角的上表面点对刀，其装夹方式、加工区域和对刀点如图 4.2.2 所示。

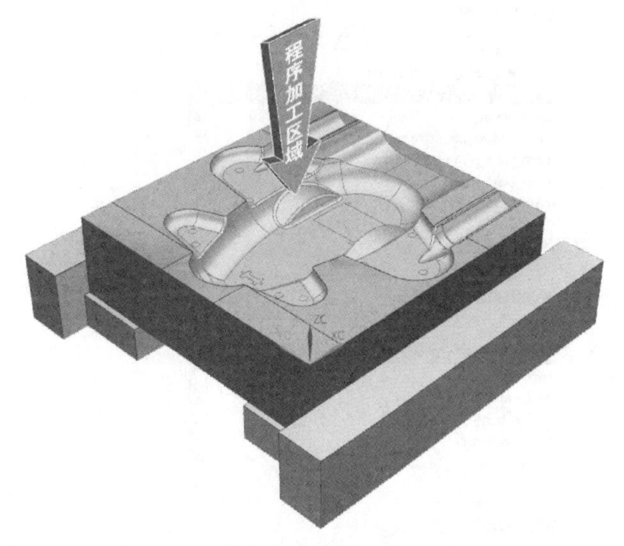

图 4.2.2　装夹方式、加工区域和对刀点

3. 刀具和加工区域选择

选用多把铣刀加工本例的区域，将所选定的刀具参数以及加工区域填入表 4.2.1 数控加工卡片中，以便于编程和操作管理。

表 4.2.1　数控加工卡片

产品名称或代号	模具零件加工综合实例	零件名称	玩具飞机模型模具零件	
序号	加工区域	刀具		
		名称	规格	刀号
1	$\phi 10R2$ 的圆角刀型腔铣开粗加工	D10R2	$\phi 10R2$ 圆角刀	1
2	$\phi 5R1$ 的圆角刀型腔铣半精加工曲面区域	D5R1	$\phi 5R1$ 圆角刀	2
3	$\phi 6$ 的球刀深度铣侧面陡峭区域	D6R3	$\phi 6$ 球刀	3
4	$\phi 6$ 的球刀固定轴轮廓铣精加工 Y 方向曲面区域	D6R3	$\phi 6$ 球刀	3
5	$\phi 6$ 的球刀固定轴轮廓铣上部第一个内圆角区域	D6R3	$\phi 6$ 球刀	3
6	$\phi 6$ 的球刀固定轴轮廓铣上部第二个内圆角区域	D6R3	$\phi 6$ 球刀	3
7	$\phi 6$ 的球刀固定轴轮廓铣上部第三个内圆角区域	D6R3	$\phi 6$ 球刀	3
8	$\phi 6$ 的球刀固定轴轮廓铣上部第四个内圆角区域	D6R3	$\phi 6$ 球刀	3
9	$\phi 6$ 的球刀固定轴轮廓铣上部第五个内圆角区域	D6R3	$\phi 6$ 球刀	3
10	$\phi 6$ 的球刀固定轴轮廓铣上部第六个内圆角区域	D6R3	$\phi 6$ 球刀	3
11	$\phi 6$ 的球刀固定轴轮廓铣环绕精加工曲面区域	D6R3	$\phi 6$ 球刀	3
12	$\phi 4$ 的球刀清根精加工件剩余的角落区域	D4R2	$\phi 4$ 球刀	4
编制 ×××	审核 ×××	批准 ×××		共 1 页

二、前期准备工作

1. 进入加工模块

打开【启动】菜单→【加工】，进入加工模块→打开【加工环境】对话框→【CAM 会话配置】cam _ general→【要创建的 CAM 组装】mill _ contour→【确定】(如图 4.2.3 进入加工模块)。

2. 创建刀具

→【创建刀具】→选择【平底刀】→【名称】D10R2→在【刀具设置】对话框中→【(D) 直径】10→【(R1) 下半径】2→【刀具号】1→【确定】(如图 4.2.4 创建 1 号刀具)。

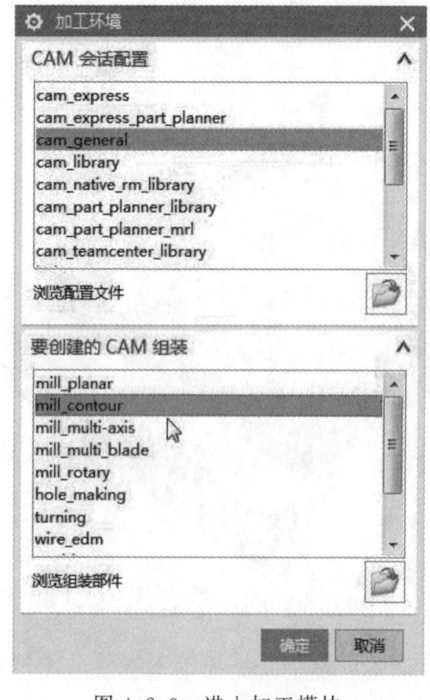

图 4.2.3　进入加工模块

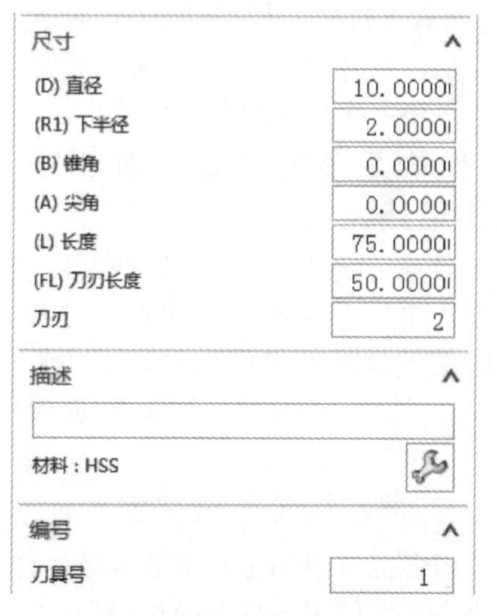

图 4.2.4　创建 1 号刀具

→【创建刀具】→选择【平底刀】→【名称】D5R1→在【刀具设置】对话框中→【(D) 直径】5→【(R1) 下半径】1→【刀具号】2→【确定】(如图 4.2.5 创建 2 号刀具)。

→【创建刀具】→选择【平底刀】→【名称】D6R3→在【刀具设置】对话框中→【(D) 直径】6→【(R1) 下半径】3→【刀具号】3→【确定】(如图 4.2.6 创建 3 号刀具)。

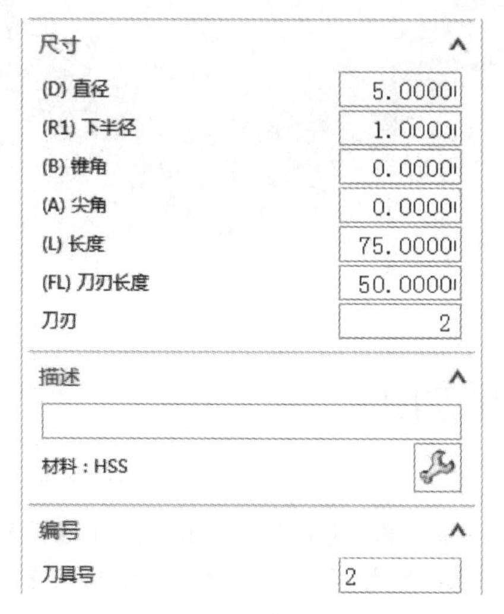

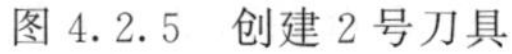
图 4.2.5　创建 2 号刀具

图 4.2.6　创建 3 号刀具

→【创建刀具】→选择【平底刀】→【名称】D4R2→在【刀具设置】对话框中→【(D) 直径】4→【(R1) 下半径】2→【刀具号】4→【确定】(如图 4.2.7 创建 4 号刀具)。

3. 设置坐标系和创建毛坯

【几何视图】→双击【MCS _ MILL】→将加工坐标系移至毛坯左下角的上平面点即可(如图 4.2.8)→设定【安全距离】2→【确定】(如图 4.2.8 设置坐标系)。

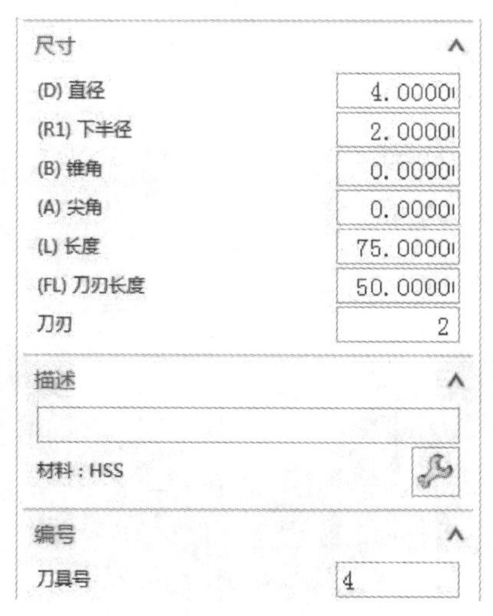

图 4.2.7　创建 4 号刀具

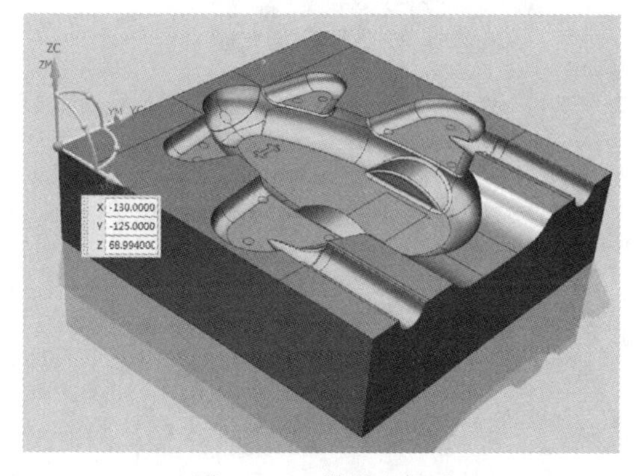

图 4.2.8　设置坐标系

→打开 MCS _ MILL 前的【+】号，双击【WORKPIECE】→在【工件】对话框中→点击【指定部件】按钮→点击工件→【确定】(如图 4.2.9 指定部件)。

→点击【指定毛坯】按钮→在弹出的【毛坯几何体】对话中→【类型】→选择【包容块】，设置最小化包容工件的毛坯→毛坯设置的效果如图→【确定】→【确定】(如图 4.2.10 创建毛坯)。

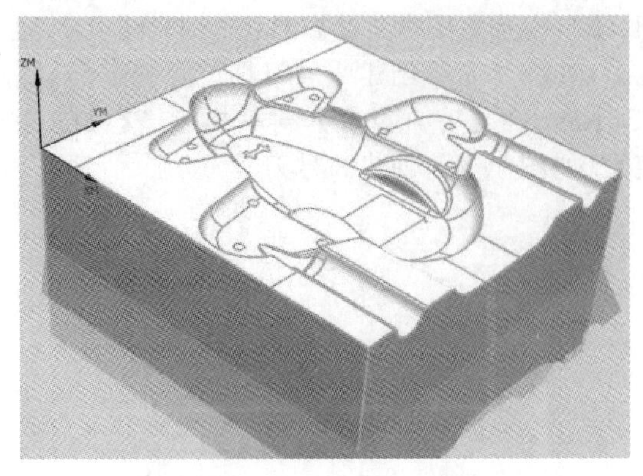

图 4.2.9 指定部件

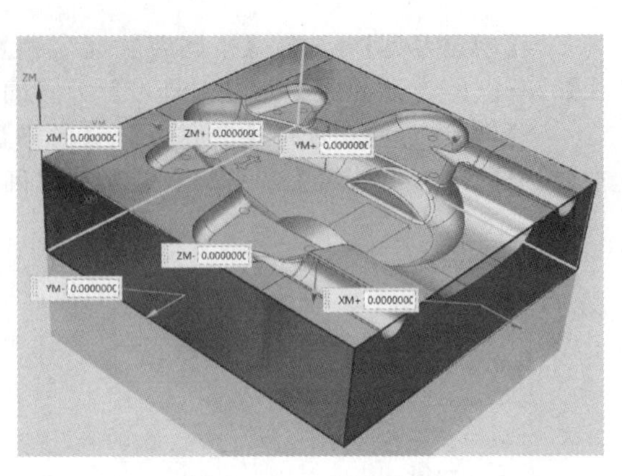

图 4.2.10 创建毛坯

三、$\phi 10R2$的圆角刀型腔铣开粗加工

1. 选择粗加工方法

【程序顺序视图】→【创建工序】→弹出【创建工序】对话框→【类型】mill _ contour→【工序子类型】型腔铣→【程序】PROGRAM→【刀具】D10R2→【几何体】WORKPIECE→【方法】MILL _ ROUGH，进行粗加工→【名称】cu→【确定】(如图 4.2.11 选择粗加工方法)。

2. 选择加工区域

在弹出的【型腔铣】对话框中→【指定切削区域】→选择要加工的曲面→【确定】(如图 4.2.12 选择加工区域)。

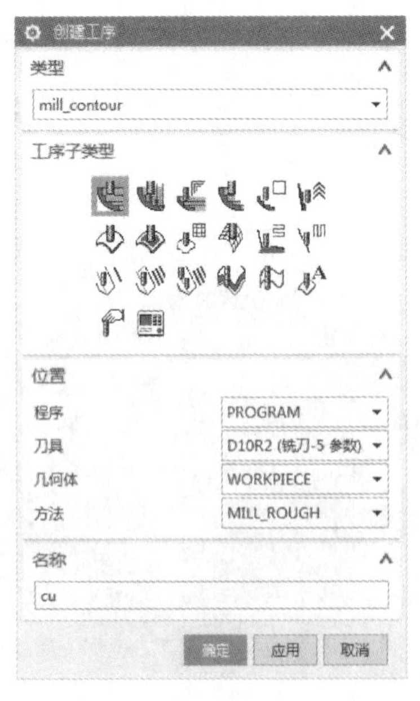

图 4.2.11 选择粗加工方法

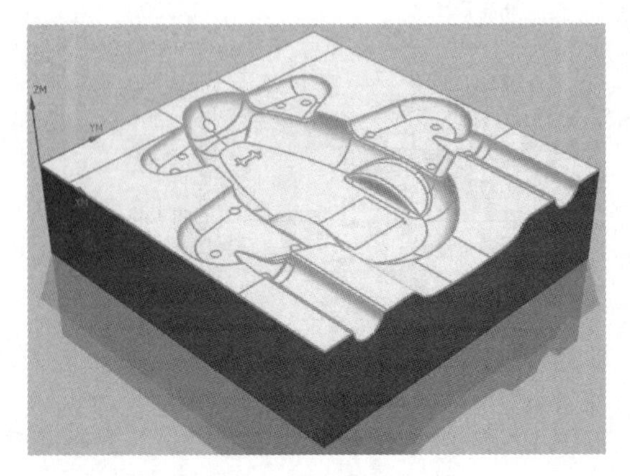

图 4.2.12 选择加工区域

3. 设置加工参数

【刀轨设置】栏目中→【切削模式】跟随部件→【平面直径百分比】85→【最大距离】2(如图 4.2.13 设置加工参数)。

4. 设置切削参数

打开【切削参数】→【余量】→【部件侧面余量】0.1→【确定】（如图 4.2.14 设置切削参数）。

图 4.2.13　设置加工参数

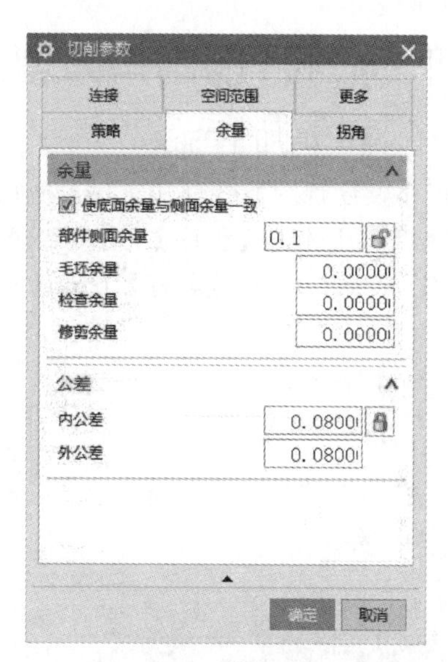

图 4.2.14　设置切削参数

5. 设置非切削移动

打开【非切削移动】→【进刀】→【封闭区域】【进刀类型】插削→【开放区域】【进刀类型】与封闭区域相同→【确定】（如图 4.2.15 设置非切削移动）。

6. 设置进给率和速度

打开【进给率和速度】→勾选【主轴速度（rpm）】2500→【进给率】【切削】500→【确定】（如图 4.2.16 设置进给率和速度）。

图 4.2.15　设置非切削移动

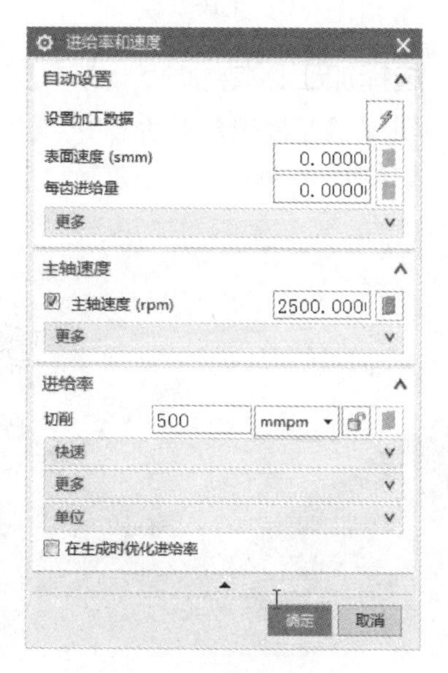

图 4.2.16　设置进给率和速度

7. 生成刀具路径

【操作】栏目中→点击【生成刀具路径】，生成该步操作的刀具路径（如图4.2.17生成刀具路径）。

四、$\phi 5R1$的圆角刀型腔铣半精加工曲面区域

1. 选择半精加工方法

【程序顺序视图】→【创建工序】→弹出【创建工序】对话框→【类型】mill _ contour→【工序子类型】型腔铣→【程序】PROGRAM→【刀具】D5R1→【几何体】WORKPIECE→【方法】MILL _ FINISH→【名称】banjing→【确定】（如图4.2.18选择半精加工方法）。

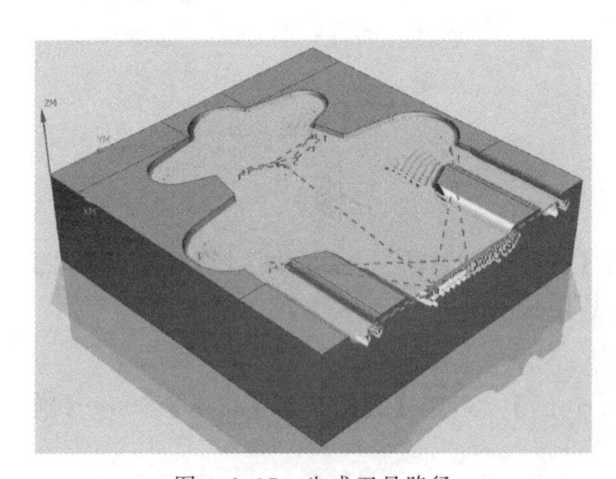

图4.2.17 生成刀具路径

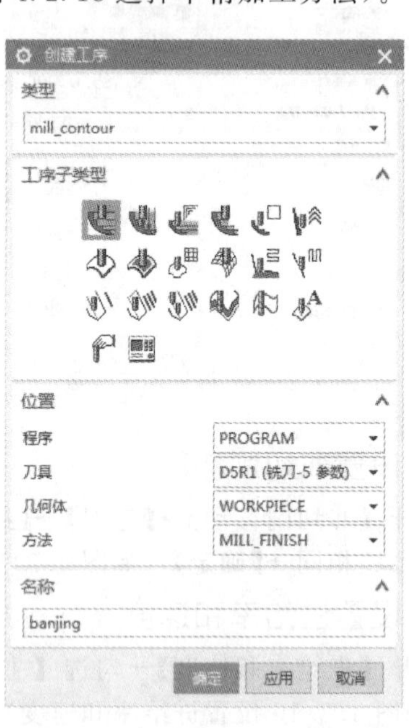

图4.2.18 选择半精加工方法

2. 选择加工区域

在弹出的【型腔铣】对话框中→【指定切削区域】→选择要加工的曲面→【确定】（如图4.2.19选择加工区域）。

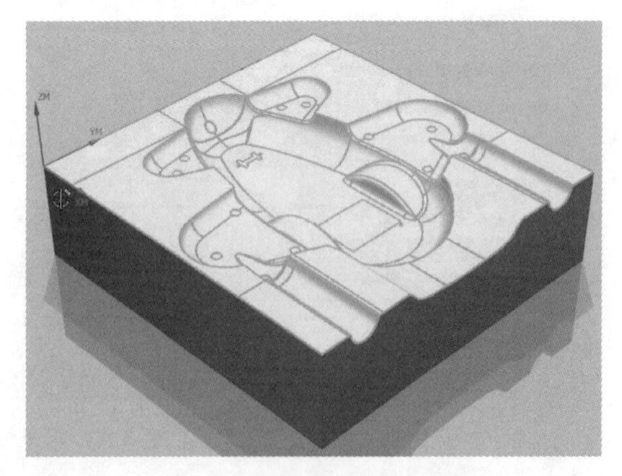

图4.2.19 选择加工区域

图4.2.20 设置加工参数

3. 设置加工参数

【刀轨设置】栏目中→【切削模式】跟随部件→【平面直径百分比】50→【最大距离】0.5（如图 4.2.20 设置加工参数）。

4. 设置切削参数

打开【切削参数】→【余量】所有均设为 0→【空间范围】【毛坯】【处理中的工件】使用 3D→【确定】（如图 4.2.21 余量和图 4.2.22 使用 3D）。

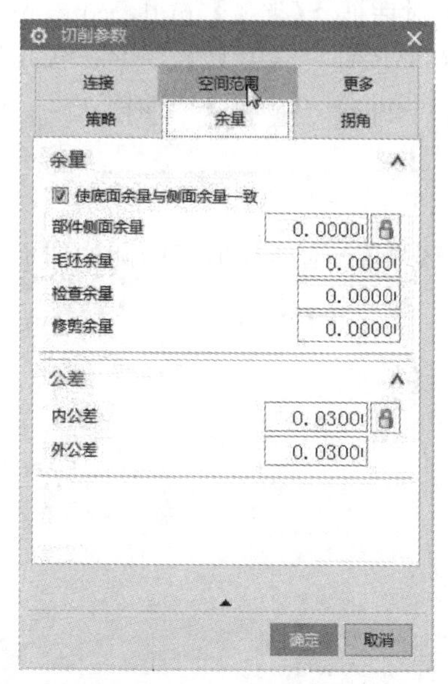

图 4.2.21　余量

图 4.2.22　使用 3D

5. 设置进给率和速度

打开【进给率和速度】→勾选【主轴速度（rpm)】4000→【进给率】【切削】200→【确定】（如图 4.2.23 设置切削参数）。

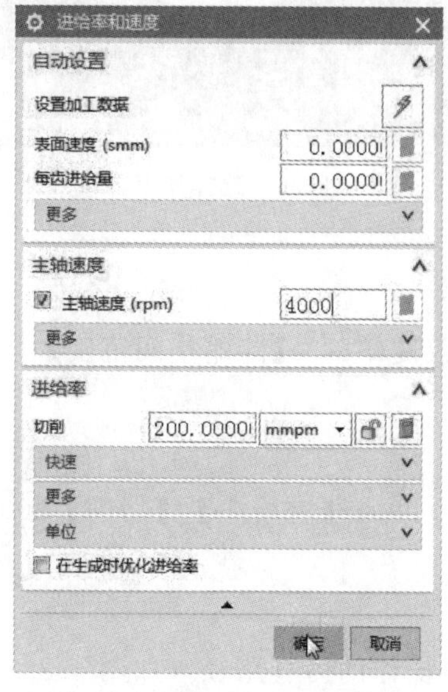

图 4.2.23　设置切削参数

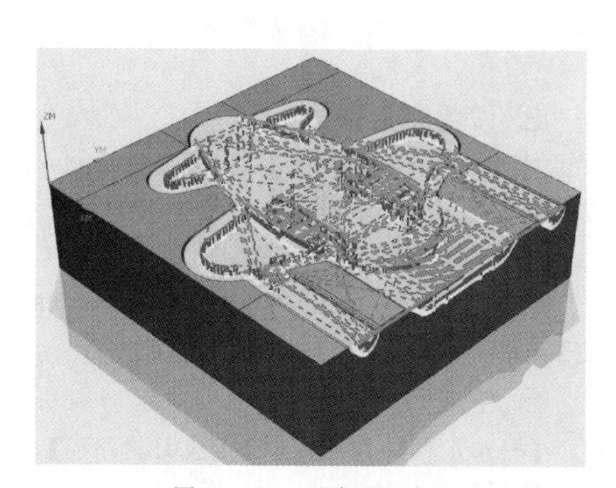

图 4.2.24　生成刀具路径

6. 生成刀具路径

【操作】栏目中→点击【生成刀具路径】，生成该步操作的刀具路径（如图 4.2.24 生成刀具路径）。

五、ϕ6 的球刀深度铣侧面陡峭区域

1. 选择精加工方法

【程序顺序视图】→【创建工序】→弹出【创建工序】对话框→【类型】mill _ contour→【工序子类型】深度轮廓加工（等高轮廓铣）→【程序】PROGRAM→【刀具】D6R3→【几何体】WORKPIECE→【方法】FINISH 精加工→【名称】jing-douqiao→【确定】（如图 4.2.25 选择精加工方法）。

2. 选择加工区域

在弹出的【深度轮廓加工】对话框中→【指定切削区域】→选择要加工的陡峭曲面→【确定】（如图 4.2.26 选择加工区域）。

图 4.2.25　选择精加工方法

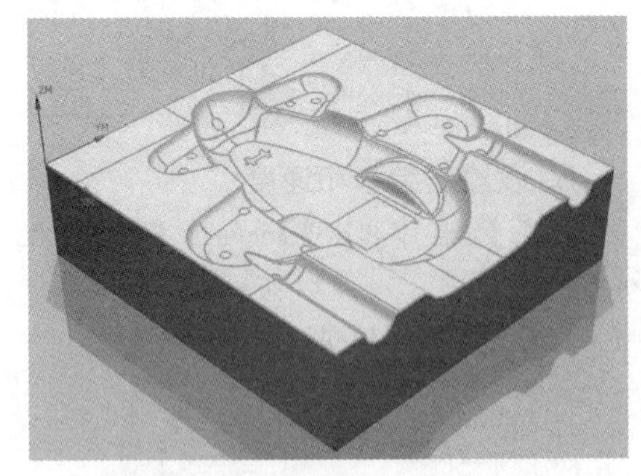

图 4.2.26　选择加工区域

3. 设置加工参数

弹出【深度轮廓加工】对话框→【陡峭空间范围】仅陡峭的→【陡峭空间范围】40→【最大距离】0.3（如图 4.2.27 设置加工参数）。

4. 设置进给率和速度

打开【进给率和速度】→勾选【主轴速度（rpm）】4000→【进给率】【切削】200→【确定】（如图 4.2.28 设置进给率和速度）。

5. 生成刀具路径

【操作】栏目中→点击【生成刀具路径】，生成该步操作的刀具路径（如图 4.2.29 生成刀具路径）。

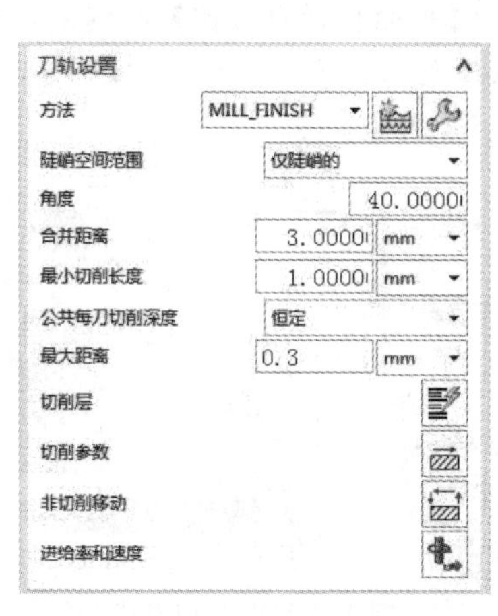

图 4.2.27　设置加工参数

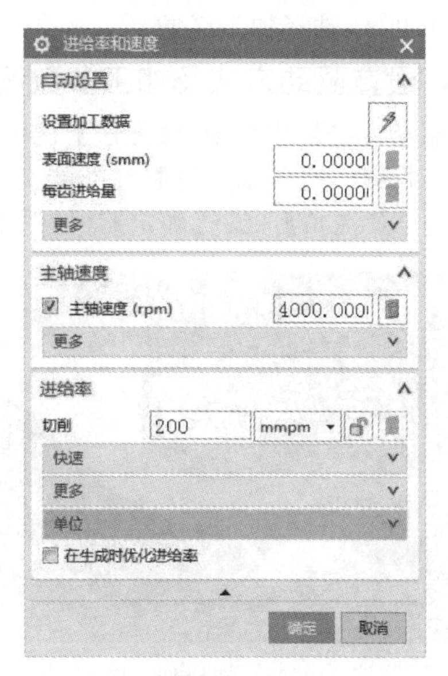

图 4.2.28　设置进给率和速度

六、ϕ6 的球刀固定轴轮廓铣精加工 Y 方向曲面区域

1. 选择半精加工方法

【程序顺序视图】→【创建工序】→弹出【创建工序】对话框→【类型】mill _ contour→【工序子类型】固定轴曲面轮廓铣→【程序】PROGRAM→【刀具】D6R3→【几何体】WORKPIECE→【方法】MILL _ FINISH→【名称】jing-y→【确定】(如图 4.2.30 选择半精加工方法)。

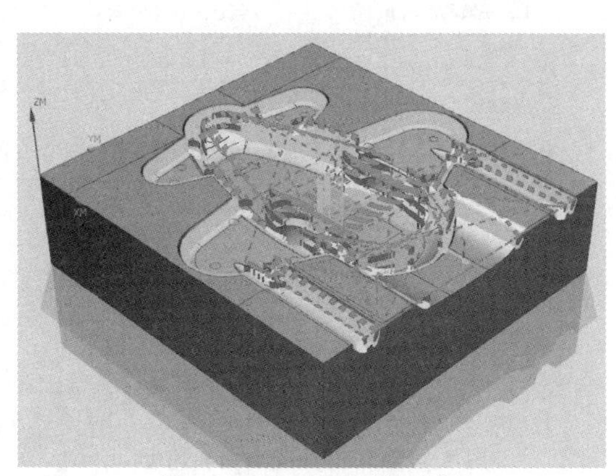

图 4.2.29　生成刀具路径

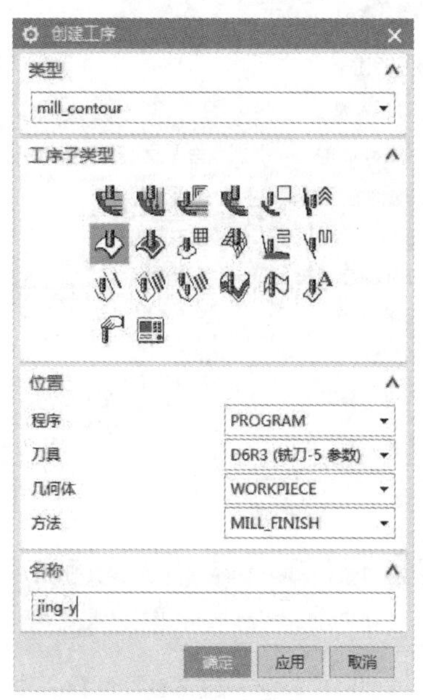

图 4.2.30　选择半精加工方法

2. 选择加工区域

在弹出的【固定轴轮廓铣】对话框中→【指定切削区域】→选择要加工的曲面→【确定】

（如图 4.2.31 选择加工区域）。

3. 设置驱动方法及加工参数设置

【驱动方法】栏目中→【方法】区域铣削（如图 4.2.32 驱动方法）→弹出【区域铣削驱动方法】对话框→【驱动设置】→【非陡峭切削模式】往复→【平面直径百分比】4→【剖切角】指定→【与 XC 夹角】90→【确定】（如图 4.2.33 加工参数设置）。

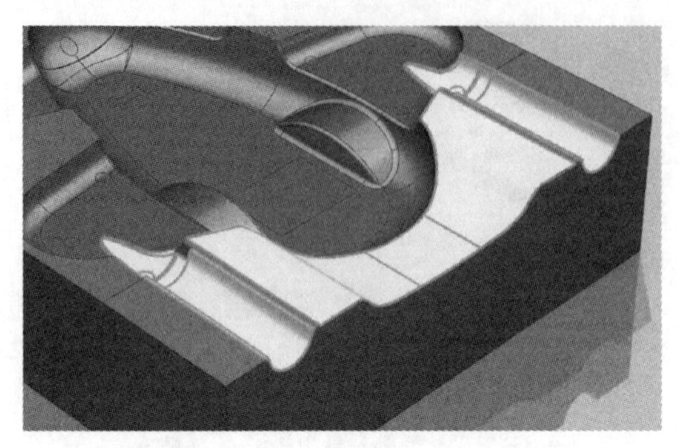

图 4.2.31 选择加工区域

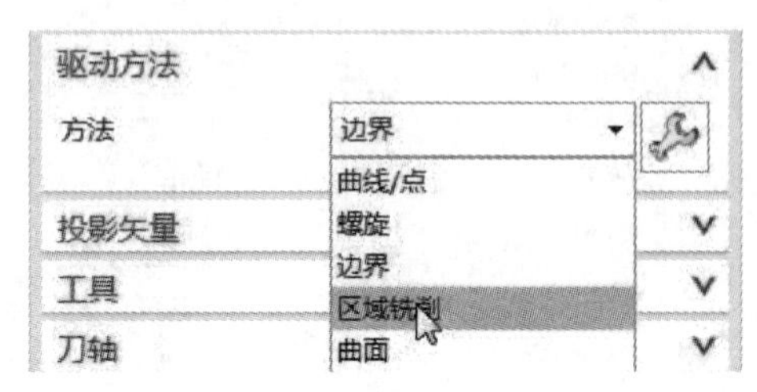

图 4.2.32 驱动方法

4. 设置进给率和速度

打开【进给率和速度】→勾选【主轴速度（rpm）】4000→【进给率】【切削】250→【确定】（如图 4.2.34 设置进给率和速度）。

图 4.2.33 加工参数设置

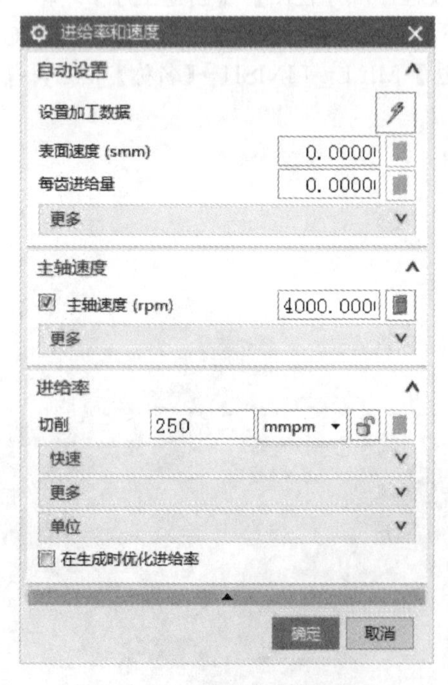

图 4.2.34 设置进给率和速度

5. 生成刀具路径

【操作】栏目中→点击【生成刀具路径】，生成该步操作的刀具路径（如图 4.2.35 生成

刀具路径）。

七、ϕ6 的球刀固定轴轮廓铣上部第一个内圆角区域

1. 选择精加工方法

【程序顺序视图】→【创建工序】→弹出【创建工序】对话框→【类型】mill _ contour→【工序子类型】固定轴曲面轮廓铣→【程序】PROGRAM→【刀具】D6R3→【几何体】WORKPIECE→【方法】MILL _ FINISH→【名称】jing-1→【确定】（如图 4.2.36 选择精加工方法）。

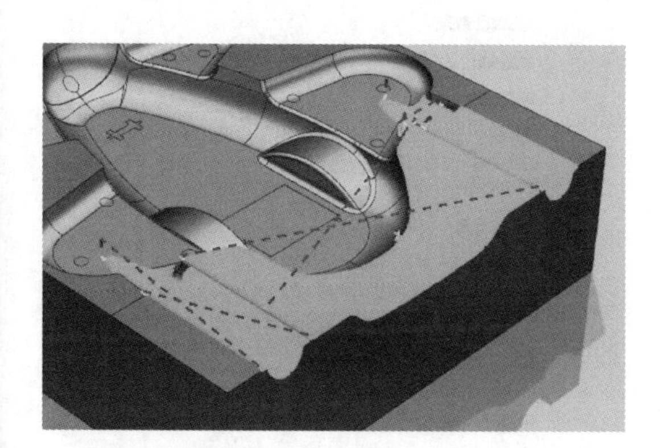

图 4.2.35　生成刀具路径

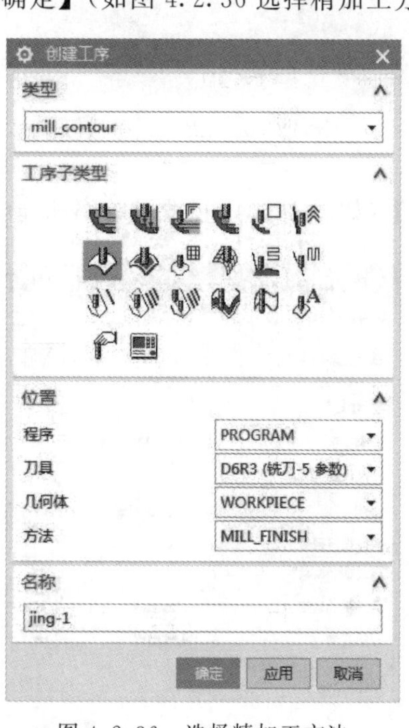

图 4.2.36　选择精加工方法

2. 选择加工区域

在弹出的【固定轴曲面轮廓铣】对话框中→【指定切削区域】→选择要加工的曲面→【确定】（如图 4.2.37 选择加工区域）。

3. 设置驱动方法及加工参数设置

【驱动方法】栏目中→【方法】径向切削（如图 4.2.38 驱动方法）→弹出【径向切削】驱

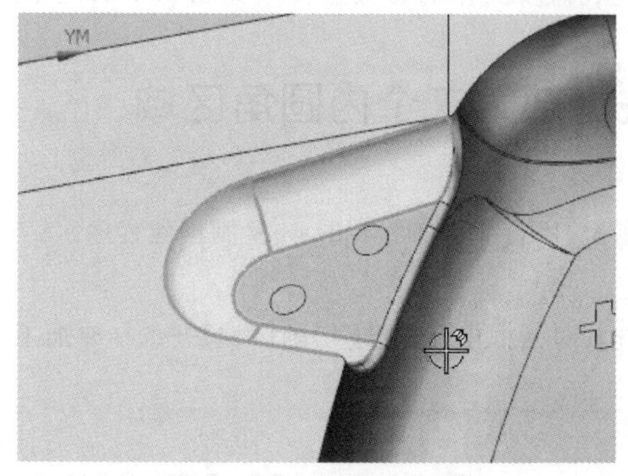

图 4.2.37　选择加工区域

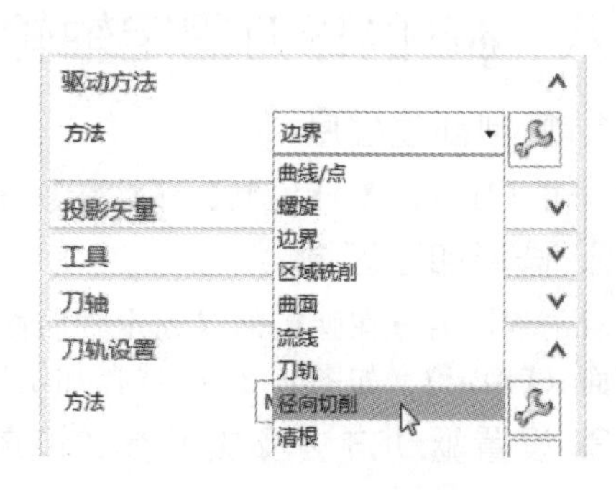

图 4.2.38　驱动方法

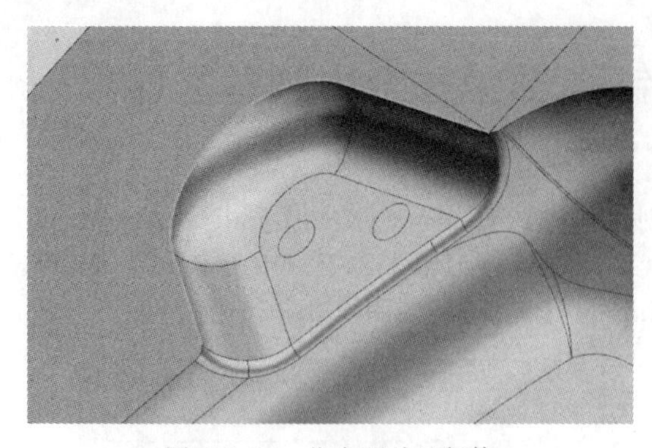

图 4.2.39　指定驱动几何体

动方法对话框→【驱动几何体】→【指定驱动几何体】→【类型】开放→选择圆角的上边缘的曲线→【确定】（如图 4.2.39 指定驱动几何体）。

【驱动设置】→【切削类型】往复→【平面直径百分比】4→【材料侧的条带】0→【另一侧的条带】15→【确定】（如图 4.2.40 加工参数设置）。

4. 设置进给率和速度

打开【进给率和速度】→勾选【主轴速度（rpm）】4000→【进给率】【切削】300→【确定】（如图 4.2.41 设置进给率和速度）。

图 4.2.40　加工参数设置

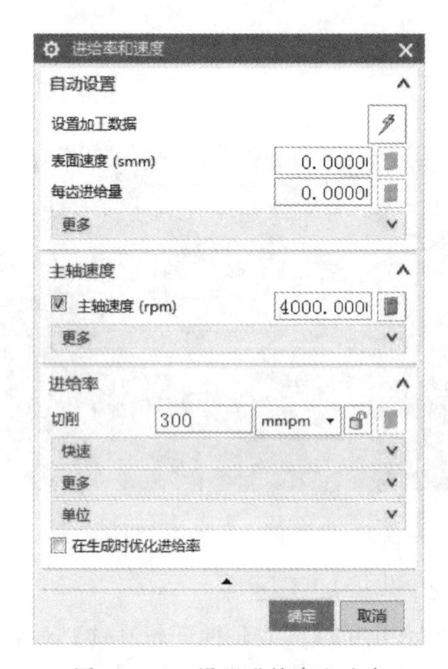

图 4.2.41　设置进给率和速度

5. 生成刀具路径

【操作】栏目中→点击【生成刀具路径】，生成该步操作的刀具路径（如图 4.2.42 生成刀具路径）。

八、ϕ6 的球刀固定轴轮廓铣上部第二个内圆角区域

1. 复制创建程序

右击【JING-1】→【复制】→【粘贴】→【重命名】JING-2（如图 4.2.43 复制创建程序）。

2. 选择加工区域

双击程序名→在弹出的【固定轴曲面轮廓铣】对话框中→【指定切削区域】→选择要加工的曲面→【确定】（如图 4.2.44 选择加工区域）。

3. 设置驱动方法及加工参数设置

【驱动方法】栏目中→【方法】径向切削（如图 4.2.45 驱动方法）→弹出【径向切削】驱

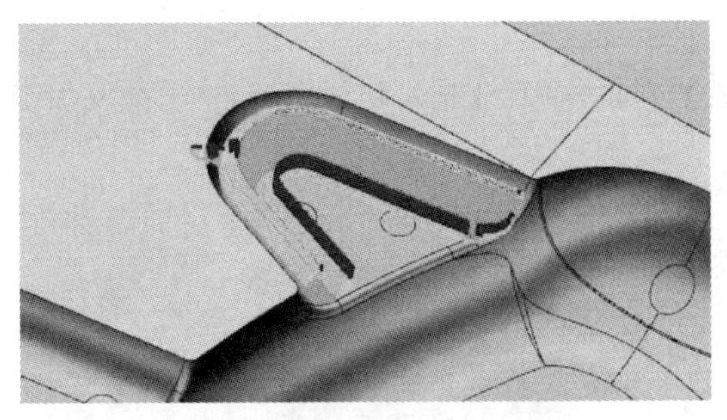

图 4.2.42　生成刀具路径

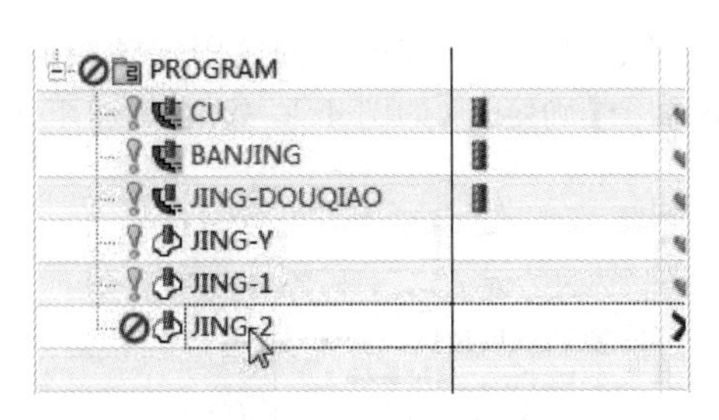

图 4.2.43　复制创建程序

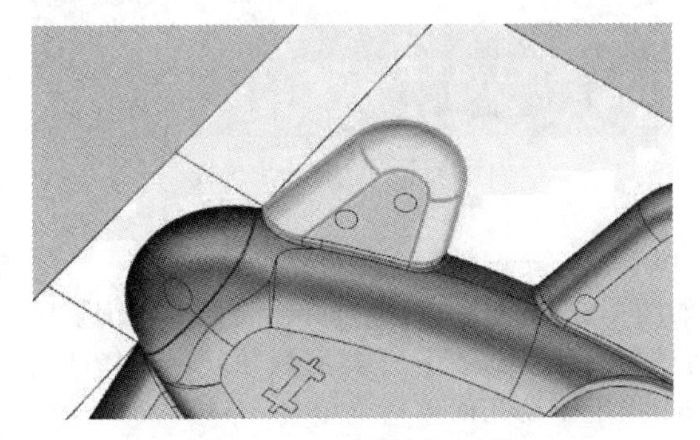

图 4.2.44　选择加工区域

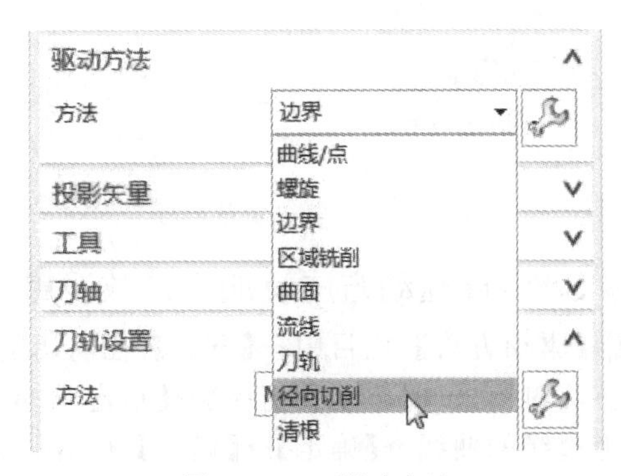

图 4.2.45　驱动方法

动方法对话框→【驱动几何体】→【指定驱动几何体】→【重新选择】→【类型】开放→选择圆角的上边缘的曲线→【确定】→【确定】（如图 4.2.46 指定驱动几何体）。

4. 生成刀具路径

【操作】栏目中→点击【生成刀具路径】，生成该步操作的刀具路径（如图 4.2.47 生成刀具路径）。

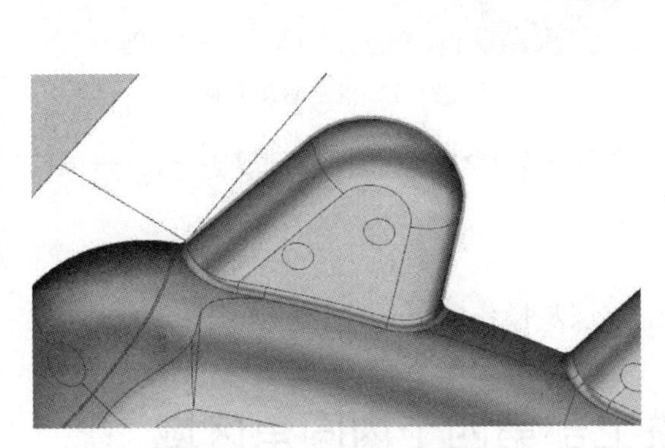

图 4.2.46　指定驱动几何体

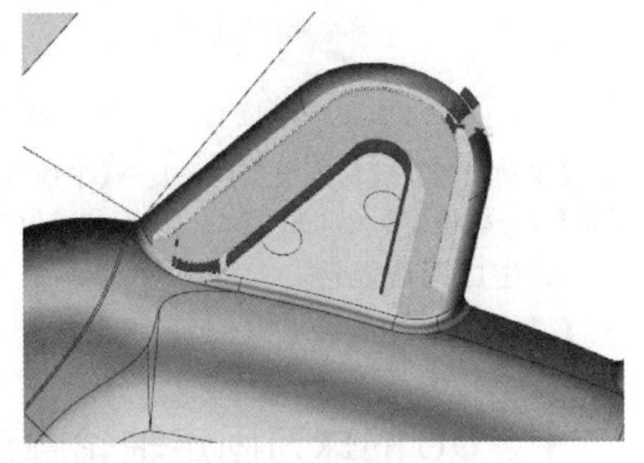

图 4.2.47　生成刀具路径

九、$\phi 6$ 的球刀固定轴轮廓铣上部第三个内圆角区域

1. 复制创建程序

右击【JING-2】→【复制】→【粘贴】→【重命名】JING-3（如图 4.2.48 复制创建程序）。

2. 选择加工区域

双击程序名→在弹出的【固定轴曲面轮廓铣】对话框中→【指定切削区域】→选择要加工的曲面→【确定】(如图 4.2.49 选择加工区域)。

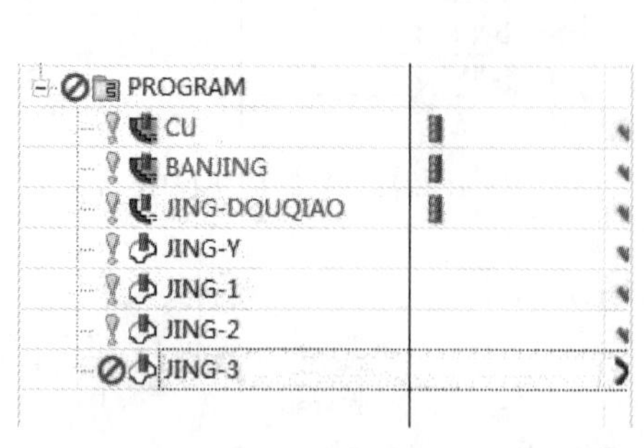

图 4.2.48　复制创建程序

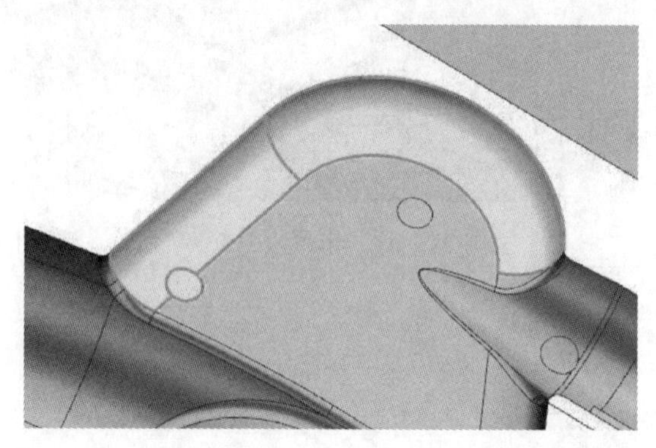

图 4.2.49　选择加工区域

3. 设置驱动方法及加工参数设置

【驱动方法】栏目中→【方法】径向切削（如图 4.2.50 驱动方法)→弹出【径向切削】驱动方法对话框→【驱动几何体】→【指定驱动几何体】→【重新选择】→【类型】开放→选择圆角的上边缘的曲线→【确定】→【确定】(如图 4.2.51 指定驱动几何体)。

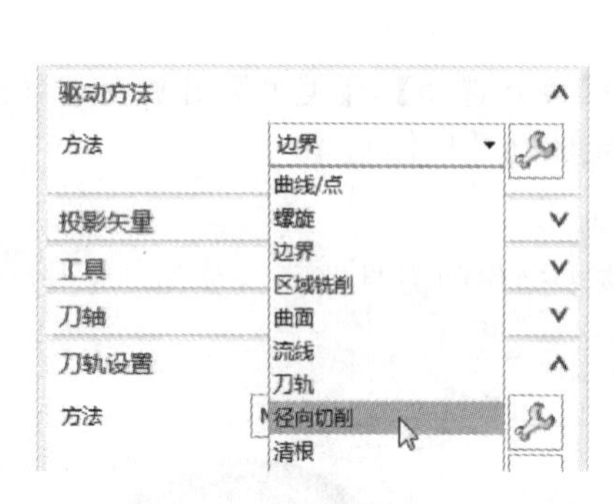

图 4.2.50　驱动方法

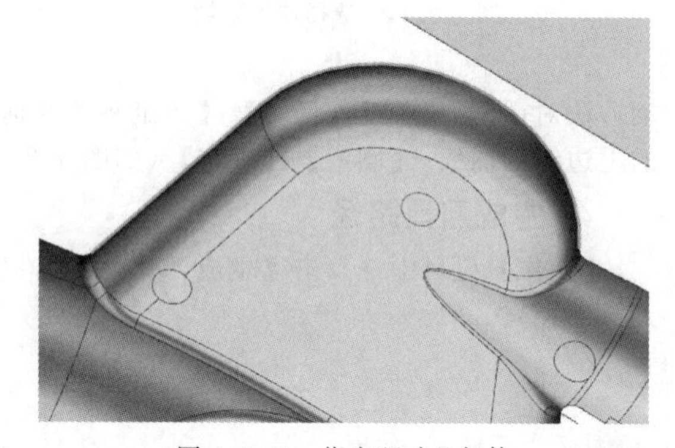

图 4.2.51　指定驱动几何体

【驱动设置】→【切削类型】往复→【平面直径百分比】4→【材料侧的条带】0→【另一侧的条带】20→【确定】(如图 4.2.52 加工参数设置)。

4. 生成刀具路径

【操作】栏目中→点击【生成刀具路径】，生成该步操作的刀具路径（如图 4.2.53 生成刀具路径)。

十、ϕ6 的球刀固定轴轮廓铣上部第四个内圆角区域

1. 复制创建程序

右击【JING-3】→【复制】→【粘贴】→【重命名】JING-4（如图 4.2.54 复制创建程序)。

2. 选择加工区域

双击程序名→在弹出的【固定轴曲面轮廓铣】对话框中→【指定切削区域】→选择要加工的曲面→【确定】(如图 4.2.55 选择加工区域)。

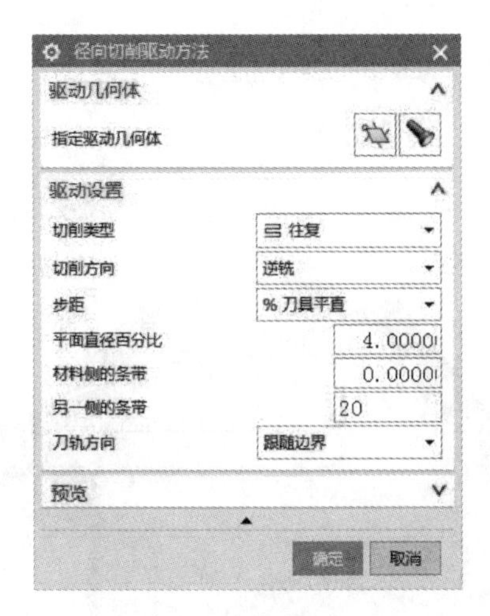

图 4.2.52　加工参数设置

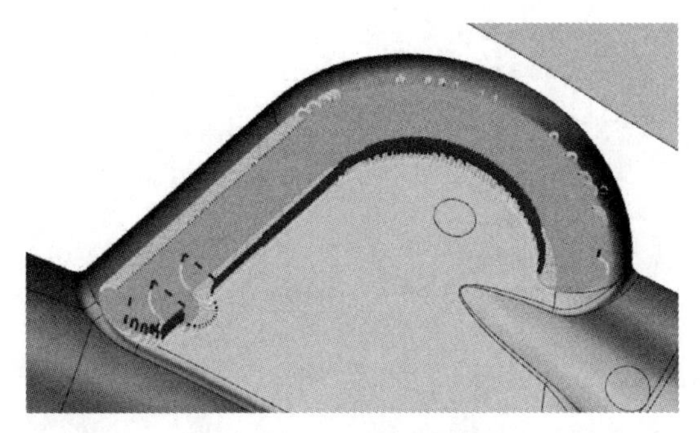

图 4.2.53　生成刀具路径

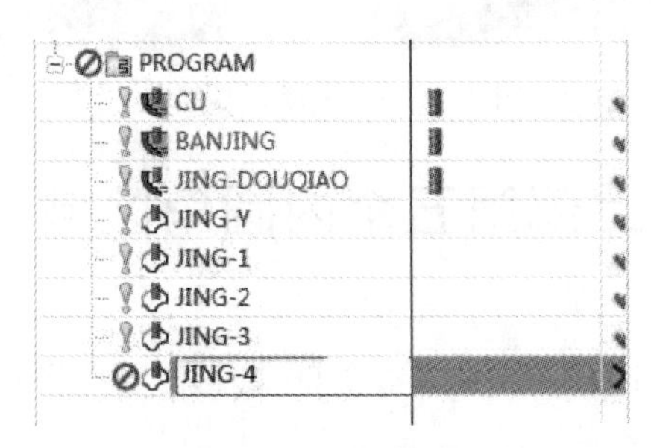

图 4.2.54　复制创建程序

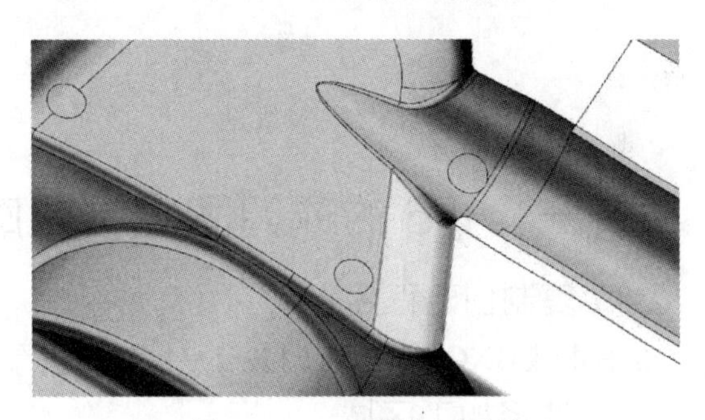

图 4.2.55　选择加工区域

3. 设置驱动方法及加工参数设置

【驱动方法】栏目中→【方法】径向切削（如图 4.2.56 驱动方法）→弹出【径向切削】驱动方法对话框→【驱动几何体】→【指定驱动几何体】→【重新选择】→【类型】开放→选择圆角的下边缘的曲线→【确定】→【确定】（如图 4.2.57 指定驱动几何体）。

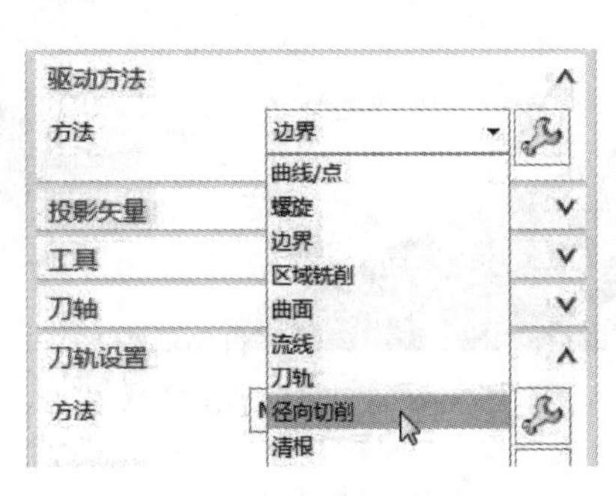

图 4.2.56　驱动方法

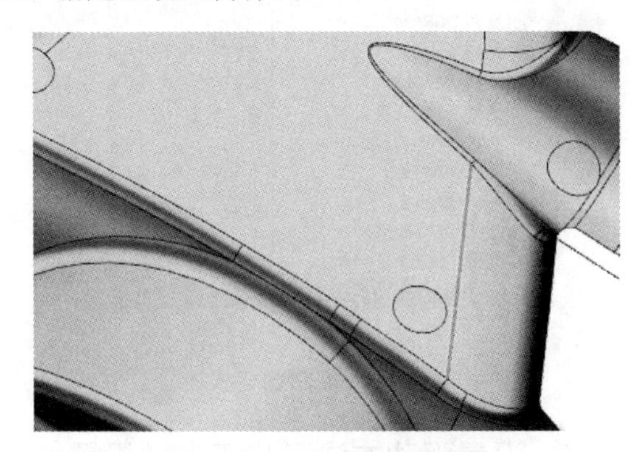

图 4.2.57　指定驱动几何体

【驱动设置】→【切削类型】往复→【平面直径百分比】4→【材料侧的条带】20→【另一侧的条带】0→【确定】（如图 4.2.58 加工参数设置）。

4. 生成刀具路径

【操作】栏目中→点击【生成刀具路径】，生成该步操作的刀具路径（如图 4.2.59 生成

刀具路径）。

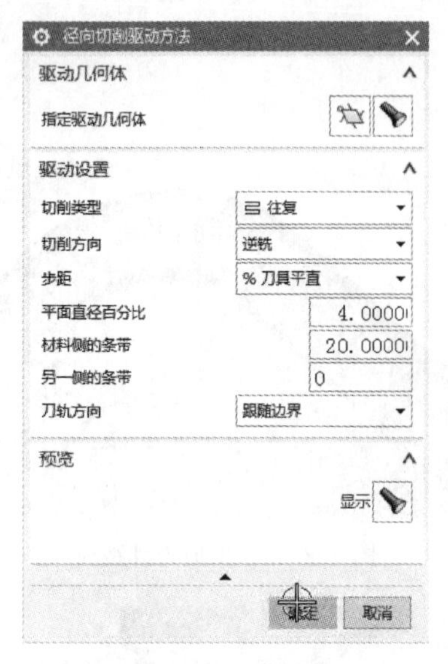

图 4.2.58　加工参数设置

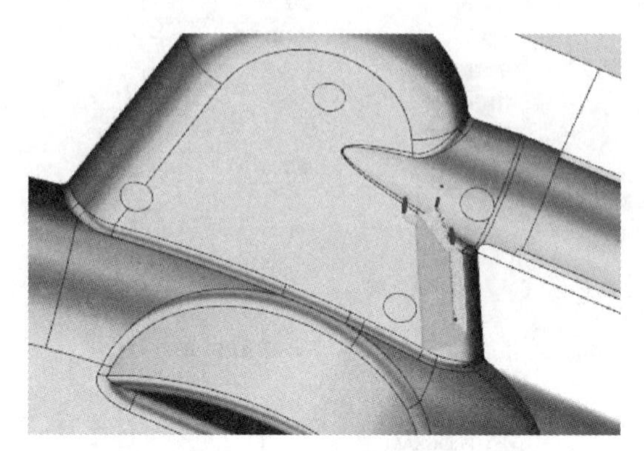

图 4.2.59　生成刀具路径

十一、$\phi 6$ 的球刀固定轴轮廓铣上部第五个内圆角区域

1. 复制创建程序

右击【JING-4】→【复制】→【粘贴】→【重命名】JING-5（如图 4.2.60 复制创建程序）。

2. 选择加工区域

双击程序名→在弹出的【固定轴曲面轮廓铣】对话框中→【指定切削区域】→选择要加工的曲面→【确定】（如图 4.2.61 选择加工区域）。

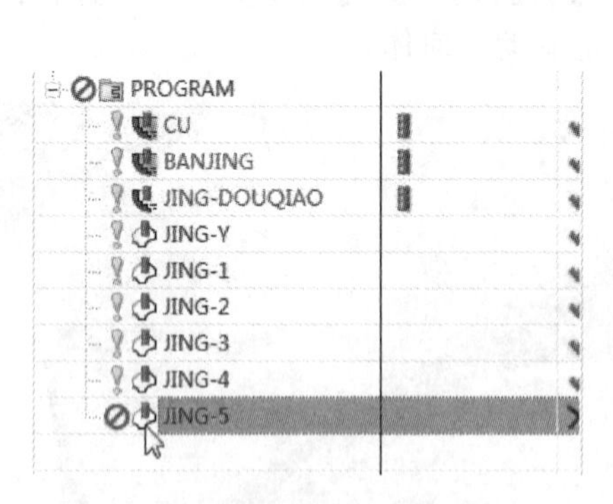

图 4.2.60　复制创建程序

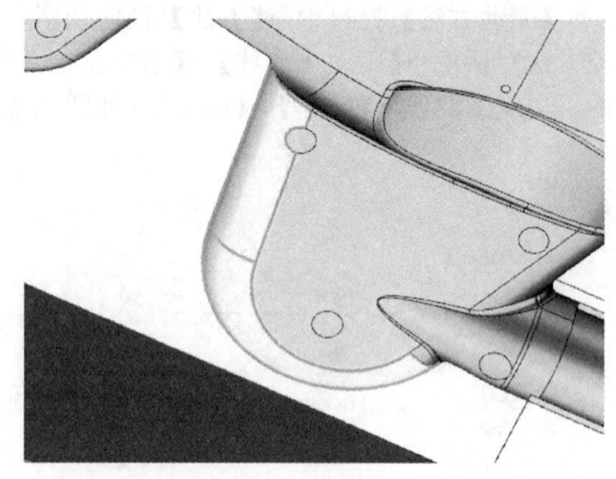

图 4.2.61　选择加工区域

3. 设置驱动方法及加工参数设置

【驱动方法】栏目中→【方法】径向切削（如图 4.2.62 驱动方法）→弹出【径向切削】驱动方法对话框→【驱动几何体】→【指定驱动几何体】→【重新选择】→【类型】开放→选择圆角的上边缘的曲线→【确定】→【确定】（如图 4.2.63 指定驱动几何体）。

【驱动设置】→【切削类型】往复→【平面直径百分比】4→【材料侧的条带】20→【另一侧的条带】0→【确定】（如图 4.2.64 加工参数设置）。

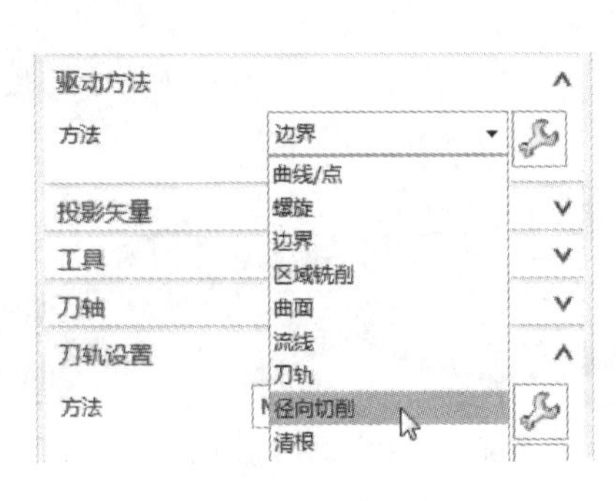

图 4.2.62　驱动方法

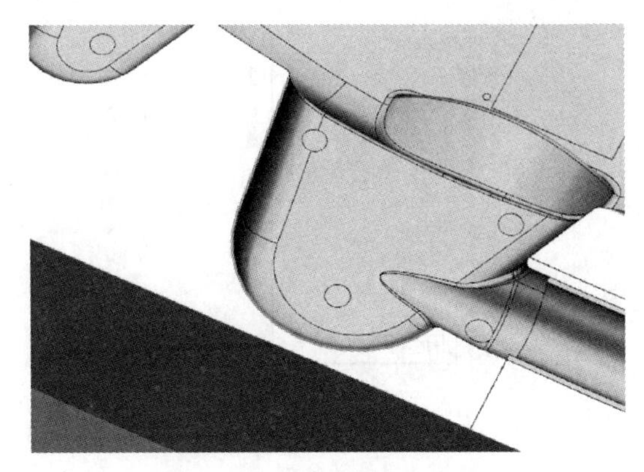

图 4.2.63　指定驱动几何体

4. 生成刀具路径

【操作】栏目中→点击【生成刀具路径】，生成该步操作的刀具路径（如图 4.2.65 生成刀具路径）。

十二、ϕ6 的球刀固定轴轮廓铣上部第六个内圆角区域

1. 复制创建程序

右击【JING-5】→【复制】→【粘贴】→【重命名】JING-6（如图 4.2.66 复制创建程序）。

图 4.2.64　加工参数设置

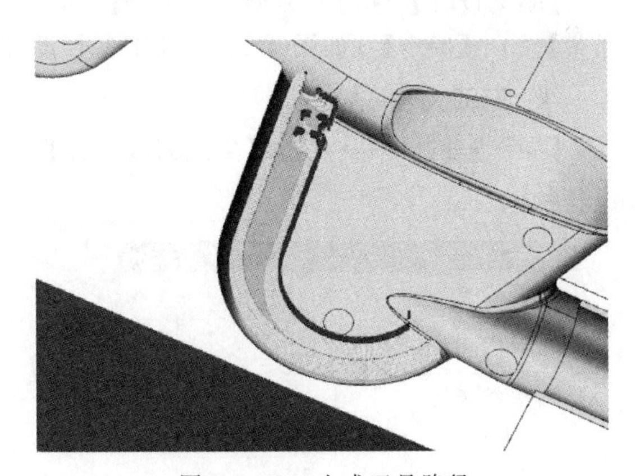

图 4.2.65　生成刀具路径

2. 选择加工区域

双击程序名→在弹出的【固定轴曲面轮廓铣】对话框中→【指定切削区域】→选择要加工的曲面→【确定】（如图 4.2.67 选择加工区域）。

3. 设置驱动方法及加工参数设置

【驱动方法】栏目中→【方法】径向切削（如图 4.2.68 驱动方法）→弹出【径向切削】驱动方法对话框→【驱动几何体】→【指定驱动几何体】→【重新选择】→【类型】开放→选择圆角的下边缘的曲线→【确定】→【确定】（如图 4.2.69 指定驱动几何体）。

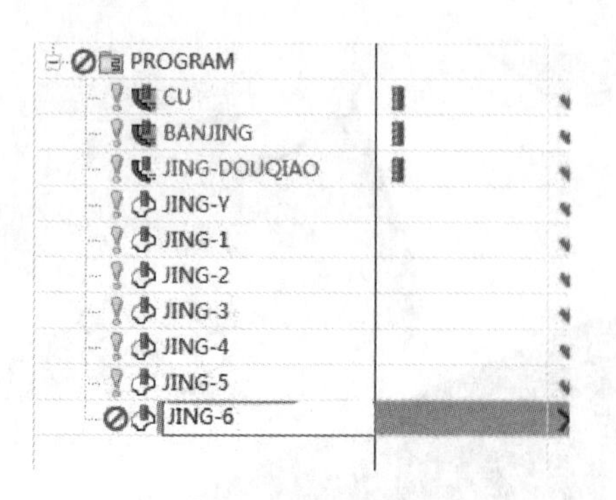

图 4.2.66　复制创建程序

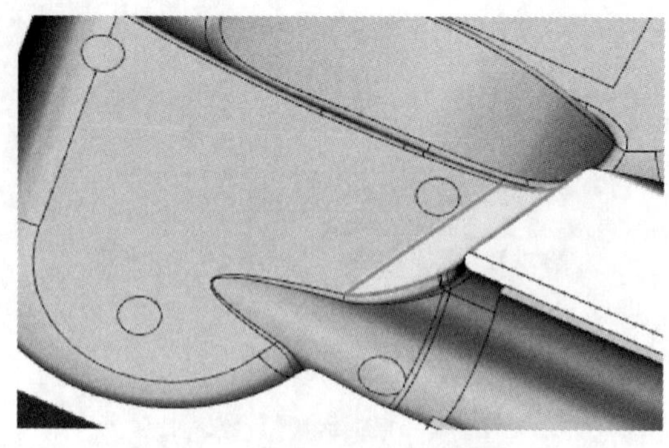

图 4.2.67　选择加工区域

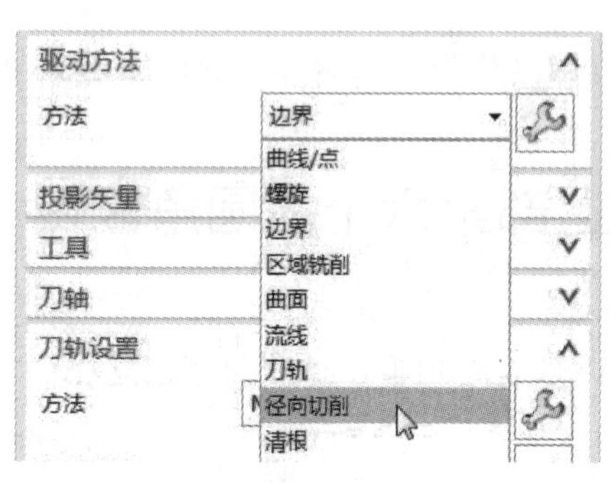

图 4.2.68　驱动方法

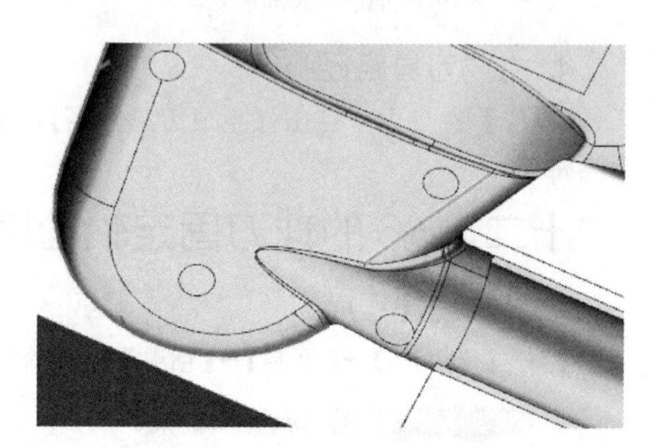

图 4.2.69　指定驱动几何体

【驱动设置】→【切削类型】往复→【平面直径百分比】4→【材料侧的条带】0→【另一侧的条带】20→【确定】(如图 4.2.70 加工参数设置)。

4. 生成刀具路径

【操作】栏目中→点击【生成刀具路径】，生成该步操作的刀具路径（如图 4.2.71 生成刀具路径）。

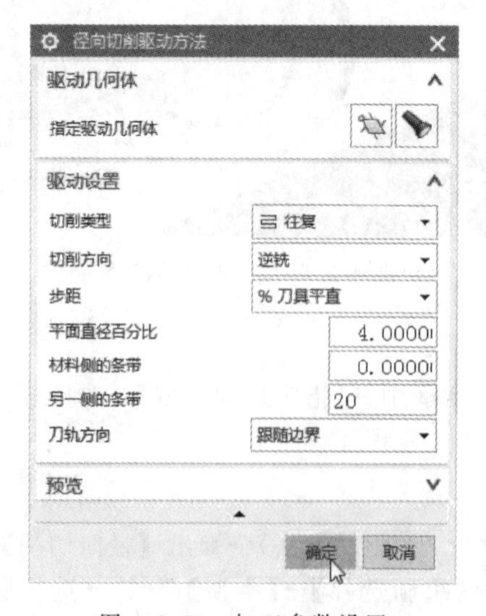

图 4.2.70　加工参数设置

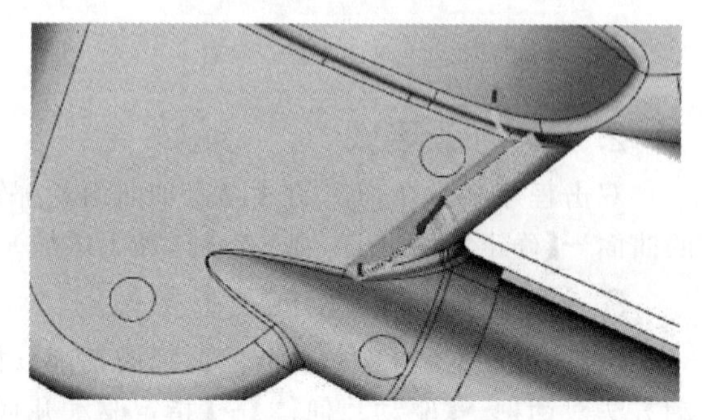

图 4.2.71　生成刀具路径

十三、ϕ6 的球刀固定轴轮廓铣环绕精加工曲面区域

1. 选择精加工方法

【程序顺序视图】→【创建工序】→弹出【创建工序】对话框→【类型】mill _ contour→【工序子类型】固定轴曲面轮廓铣→【程序】PROGRAM→【刀具】D6R3→【几何体】WORKPIECE→【方法】【方法】MILL _ FINISH→【名称】jing-daqumian→【确定】（如图 4.2.72 选择精加工方法）。

2. 选择加工区域

在弹出的【固定轴轮廓铣】对话框中→【指定切削区域】→选择要加工的曲面→【确定】（如图 4.2.73 选择加工区域）。

3. 设置驱动方法及加工参数设置

【驱动方法】栏目中→【方法】区域铣削（如图 4.2.74 驱动方法）→弹出【区域铣削】驱动方法对话框→【陡峭空间范围】→【方法】非陡峭→【陡峭壁角度】50→【驱动设置】→【非陡峭切削模式】跟随周边→【平面直径百分比】4→【确定】（如图 4.2.75 加工参数设置）。

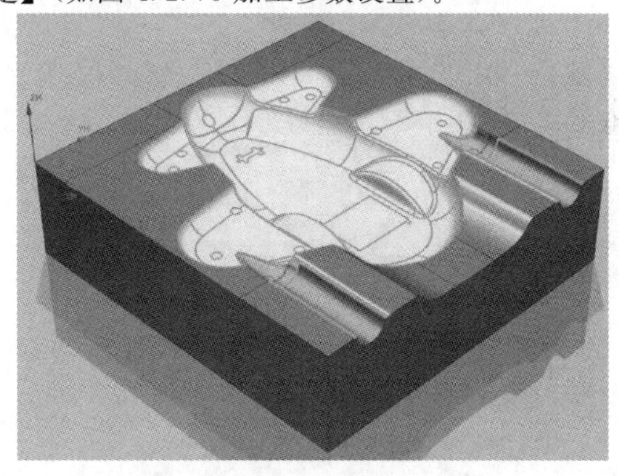

图 4.2.73　选择加工区域

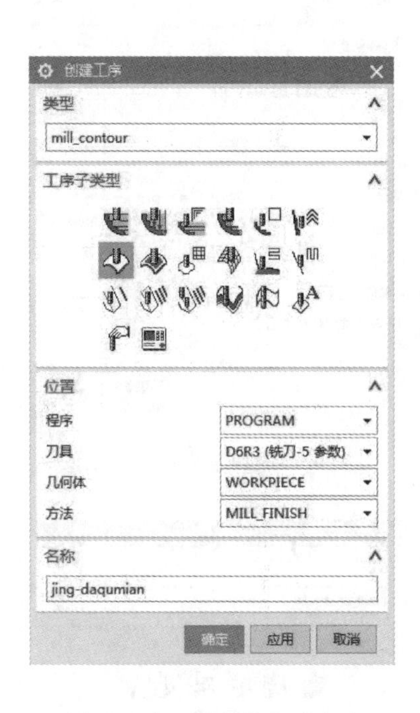

图 4.2.72　选择精加工方法

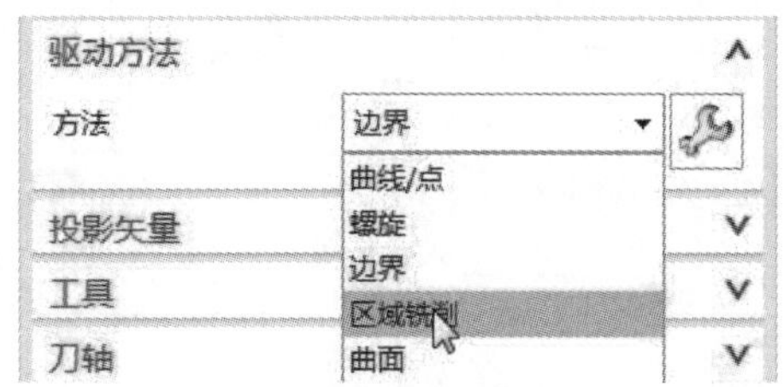

图 4.2.74　驱动方法

4. 设置进给率和速度

打开【进给率和速度】→勾选【主轴速度（rpm）】3500→【进给率】【切削】200→【确定】（如图 4.2.76 设置进给率和速度）。

5. 生成刀具路径

【操作】栏目中→点击【生成刀具路径】，生成该步操作的刀具路径（如图 4.2.77 生成刀具路径）。

十四、ϕ4 的球刀清根精加工件剩余的角落区域

1. 选择精加工方法

【程序顺序视图】→【创建工序】→弹出【创建工序】对话框→【类型】mill _ contour→【工

序子类型】单刀路清根→【程序】PROGRAM→【刀具】D4R2→【几何体】WORKPIECE→【方法】FINISH 精加工→【名称】jing-geng（如图 4.2.78 选择精加工方法）。

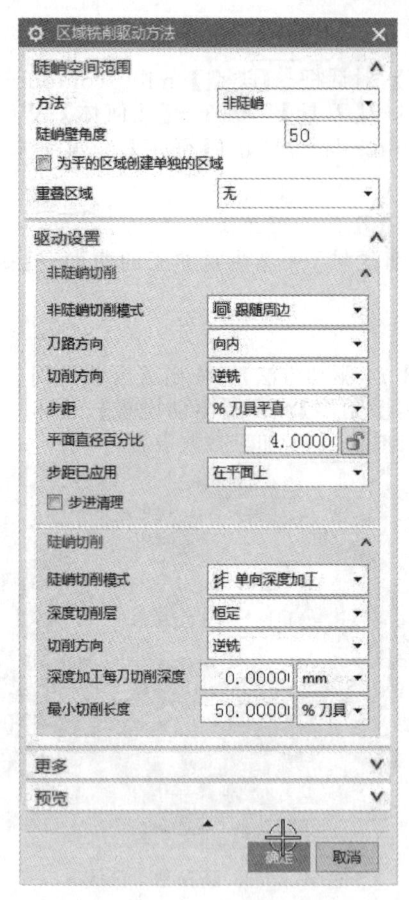

图 4.2.75　加工参数设置

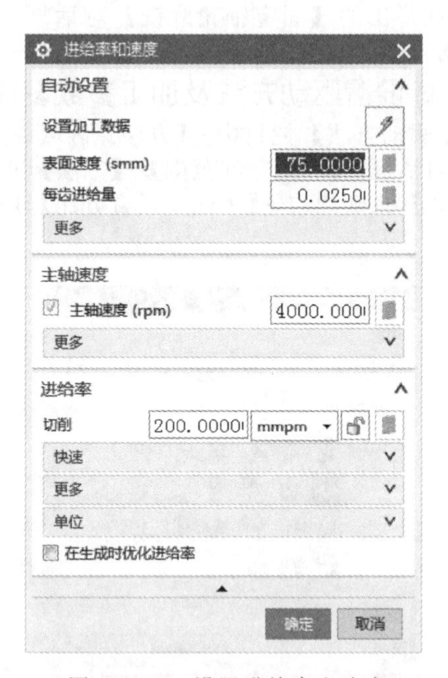

图 4.2.76　设置进给率和速度

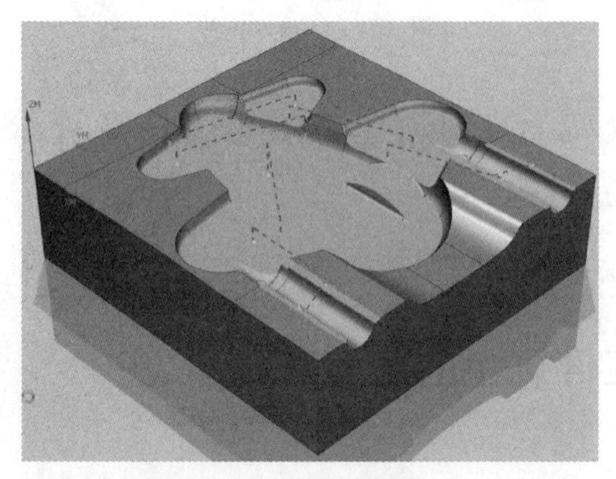

图 4.2.77　生成刀具路径

图 4.2.78　选择精加工方法

2. 选择加工区域

在弹出的【单刀路清根】对话框中→【指定切削区域】→选择要加工的曲面→【确定】（如图 4.2.79 选择加工区域）。

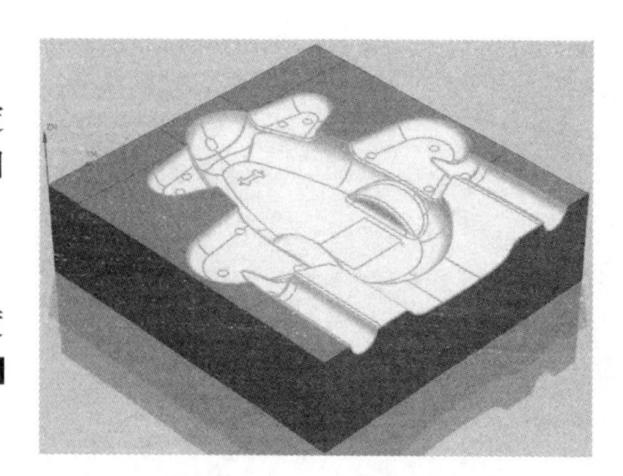

图 4.2.79　选择加工区域

3. 设置进给率和速度

打开【进给率和速度】→勾选【主轴速度(rpm)】4000→【进给率】【切削】200→【确定】（如图 4.2.80 设置进给率和速度）。

4. 生成刀具路径

【操作】栏目中→点击【生成刀具路径】，生成该步操作的刀具路径（如图 4.2.81 生成刀具路径）。

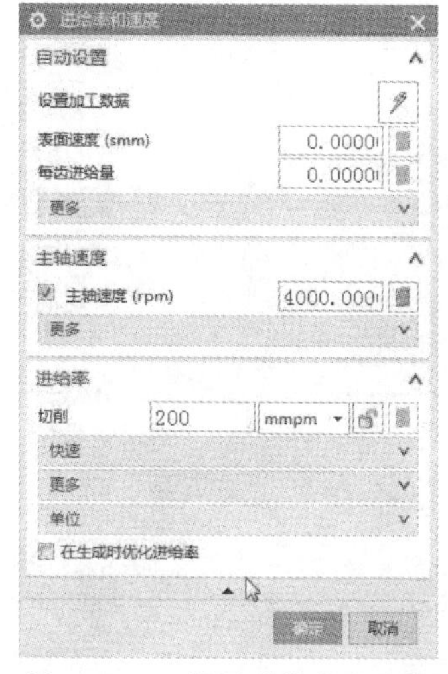

图 4.2.80　设置进给率和速度

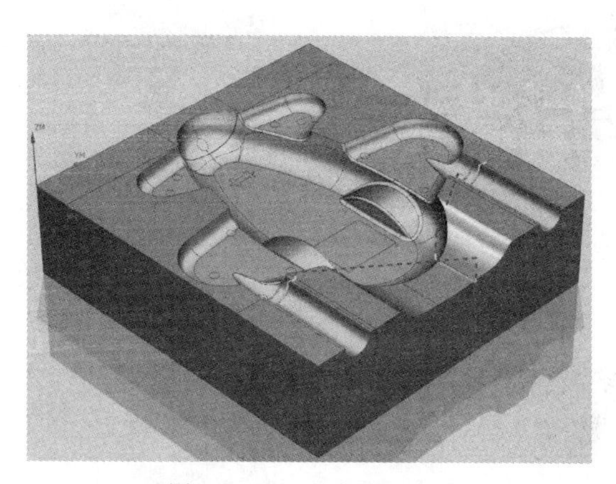

图 4.2.81　生成刀具路径

十五、最终验证模拟

在左侧目录列表中选择操作→点击【确认刀轨】按钮→在弹出的【刀轨可视化】对话框中→选择【2D 动态】→调整【动画速度】→点击【播放】（如图 4.2.82～图 4.2.93 所示）。

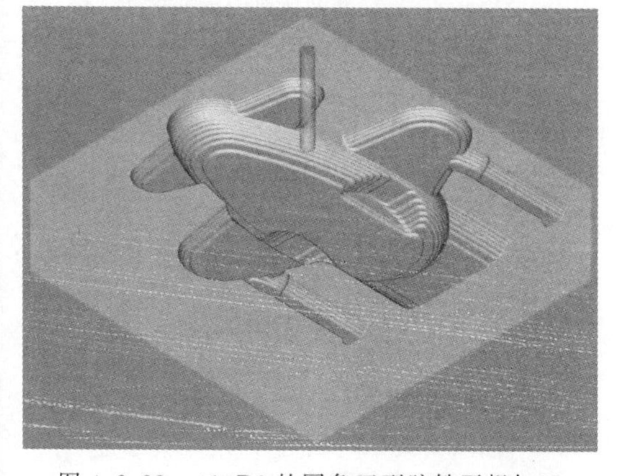

图 4.2.82　$\phi 10R2$ 的圆角刀型腔铣开粗加工

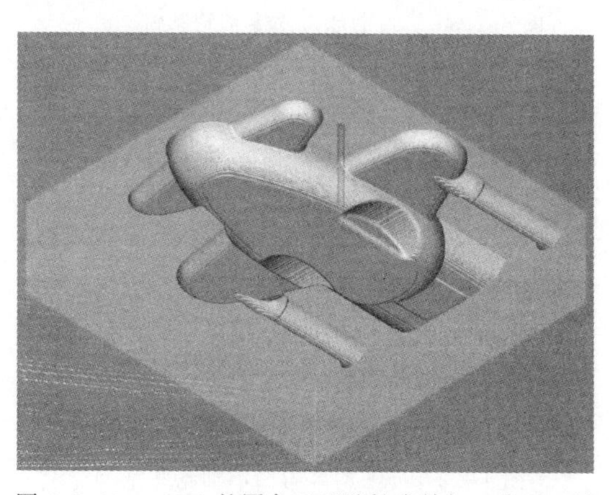

图 4.2.83　$\phi 5R1$ 的圆角刀型腔铣半精加工曲面区域

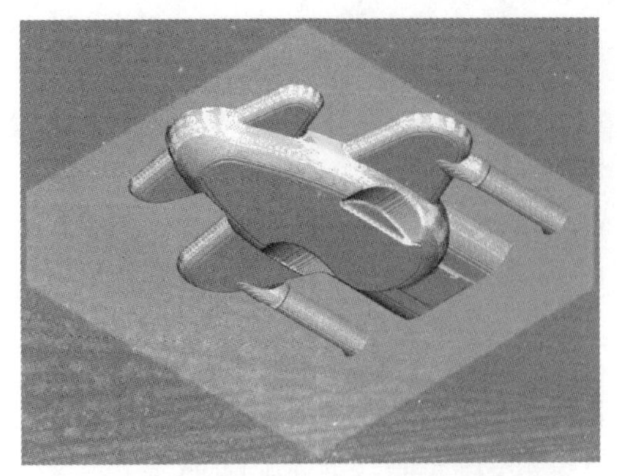

图 4.2.84 $\phi6$ 的球刀深度铣侧面陡峭区域

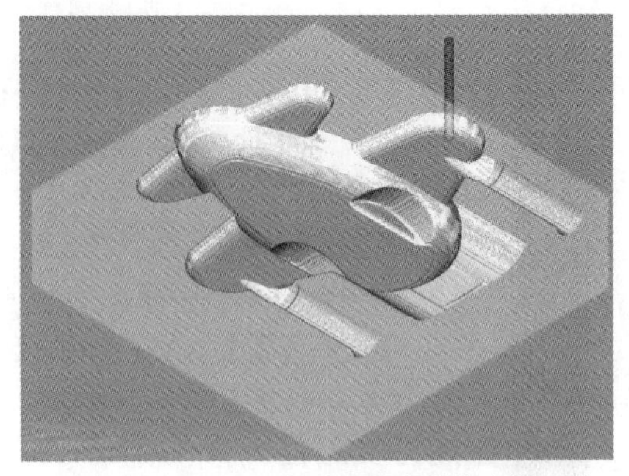

图 4.2.85 $\phi6$ 的球刀固定轴轮廓铣精加工 Y 方向曲面区域

图 4.2.86 $\phi6$ 的球刀固定轴轮廓铣上部第一个内圆角区域

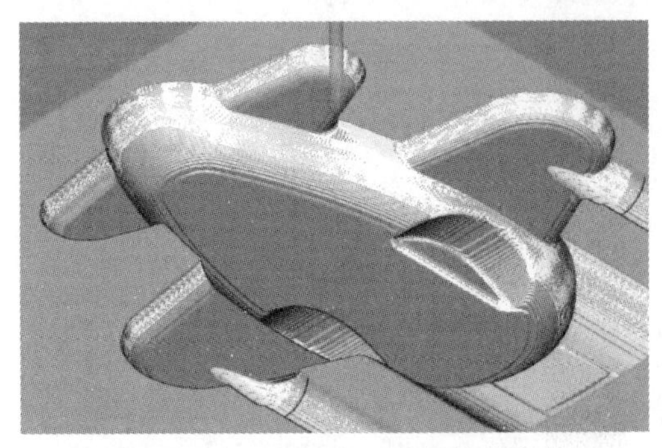

图 4.2.87 $\phi6$ 的球刀固定轴轮廓铣上部第二个内圆角区域

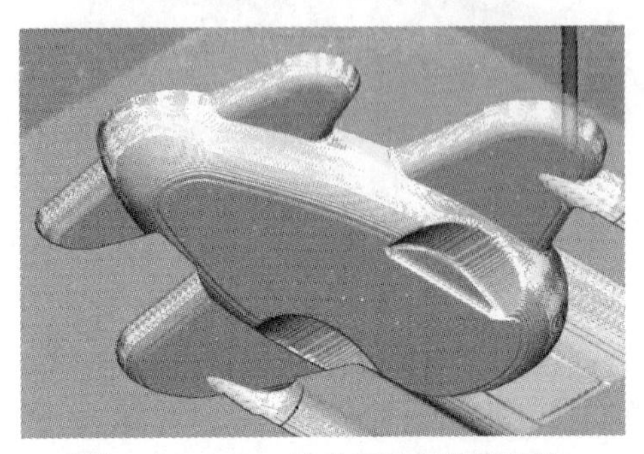

图 4.2.88 $\phi6$ 的球刀固定轴轮廓铣上部第三个内圆角区域

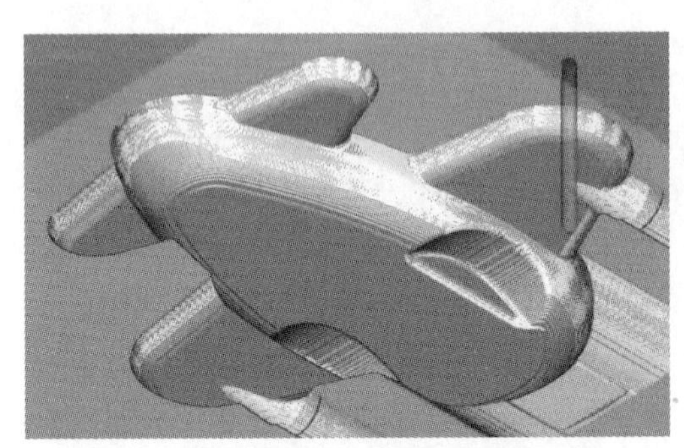

图 4.2.89 $\phi6$ 的球刀固定轴轮廓铣上部第四个内圆角区域

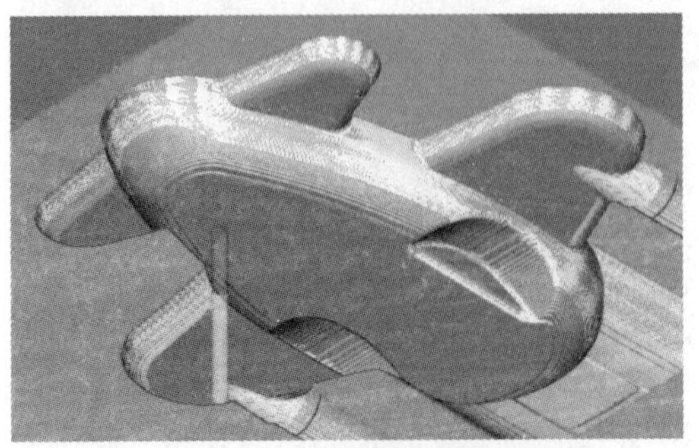

图 4.2.90 $\phi6$ 的球刀固定轴轮廓铣上部第五个内圆角区域

图 4.2.91 $\phi6$ 的球刀固定轴轮廓铣上部第六个内圆角区域

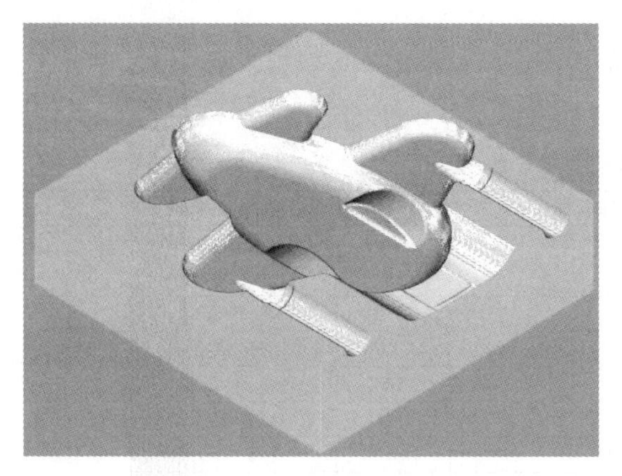

图 4.2.92　$\phi6$ 的球刀固定轴轮廓铣环绕精加工曲面区域

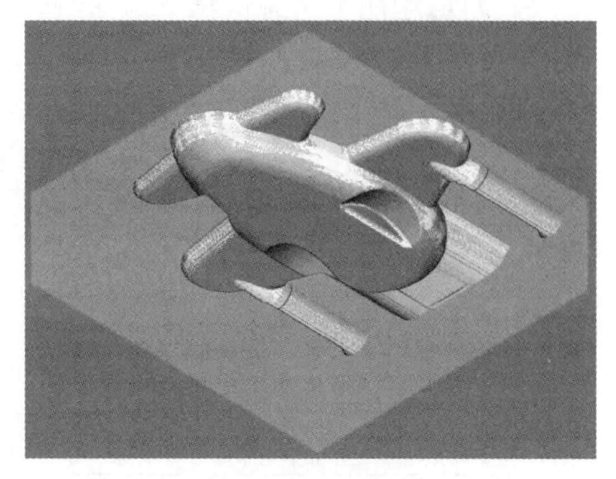

图 4.2.93　$\phi4$ 的球刀清根精加工工件剩余的角落区域

第三节　游戏手柄凸模模具零件

一、工艺分析

游戏手柄凸模模具零件

1. 零件图工艺分析

该零件中间为游戏手柄凸模模具零件，工件无尺寸公差要求（如图 4.3.1 游戏手柄凸模模具零件），轮廓描述清楚。零件材料为已经加工成型的标准铝块，无热处理和硬度要求。

2. 确定装夹方案、加工顺序及进给路线

工件采用通用的虎钳装夹方案，底部放置垫块，保证工件摆正，对刀点采用左下角的上表面点对刀，其装夹方式、加工区域和对刀点如图 4.3.2 所示。

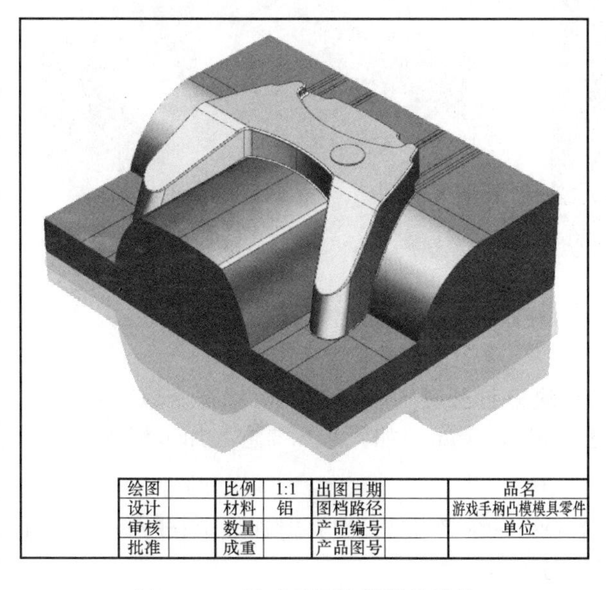

绘图		比例	1:1	出图日期		品名
设计		材料	铝	图档路径		游戏手柄凸模模具零件
审核		数量		产品编号		单位
批准		成重		产品图号		

图 4.3.1　游戏手柄凸模模具零件

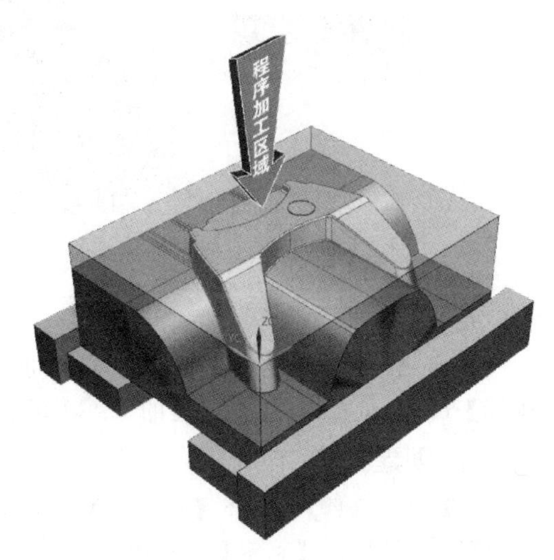

图 4.3.2　装夹方式、加工区域和对刀点

3. 刀具和加工区域选择

选用多把铣刀加工本例的区域，将所选定的刀具参数以及加工区域填入表4.3.1数控加工卡片中，以便于编程和操作管理。

表4.3.1 数控加工卡片

产品名称或代号	模具零件加工综合实例	零件名称	游戏手柄凸模模具零件	
序号	加工区域	刀具		
		名称	规格	刀号
1	ϕ20的平底刀型腔铣开粗加工	D20	ϕ20平底刀	1
2	ϕ12R1的圆角刀型腔铣半精加工曲面区域	D12R1	ϕ12R1圆角刀	2
3	ϕ6的平底刀型腔铣精加工平面区域	D6	ϕ6平底刀	3
4	ϕ8的球刀固定轴轮廓铣精加工Y方向底座曲面区域	D8R4	ϕ8球刀	4
5	ϕ8的球刀固定轴轮廓铣精加工Y方向游戏手柄曲面区域	D8R4	ϕ8球刀	4
6	ϕ8的球刀固定轴轮廓铣精加工X方向曲面区域	D8R4	ϕ8球刀	4
7	ϕ8的球刀深度铣侧面陡峭区域	D8R4	ϕ8球刀	4
8	ϕ4的球刀型腔铣残料加工曲面角落区域	D4R2	ϕ4球刀	5
9	ϕ4的球刀清根精加工曲面的角落区域	D4R2	ϕ4球刀	5
10	ϕ1的平底刀型腔铣残料加工曲面角落区域	D1	ϕ6平底刀	6
11	ϕ1的平底刀清根精加工曲面的角落区域	D1	ϕ6平底刀	6
编制 ×××	审核 ×××	批准	×××	共1页

二、前期准备工作

1. 绘制辅助图形

进入【建模】模块式→【草图】中绘制图形，使之作为加工坐标系的原点（如图4.3.3草图中绘制辅助图形和图4.3.4完成后的效果）。

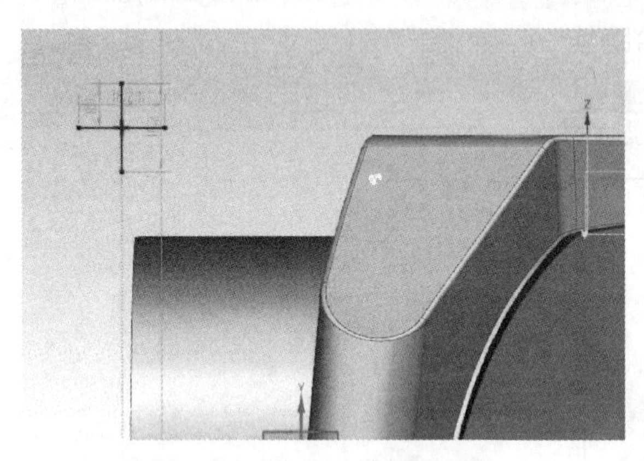

图4.3.3 草图中绘制辅助图形

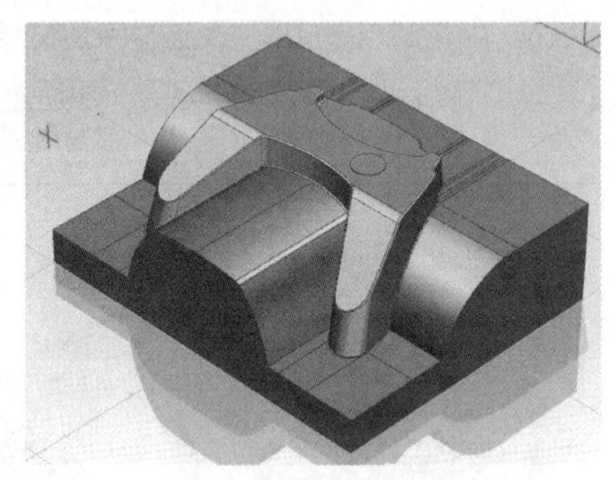

图4.3.4 完成后的效果

2. 进入加工模块

打开【启动】菜单→【加工】，进入加工模块→打开【加工环境】对话框→【CAM会话配置】cam_general→【要创建的CAM组装】mill_contour（如图4.3.5进入加工模块）。

3. 创建刀具

→【创建刀具】→选择【平底刀】→【名称】D20→在【刀具设置】对话框中→【(D)直径】20→【刀具号】1→【确定】（如图4.3.6创建1号刀具）。

→【创建刀具】→选择【平底刀】→【名称】D12R1→在【刀具设置】对话框中→【(D)直

图 4.3.5　进入加工模块

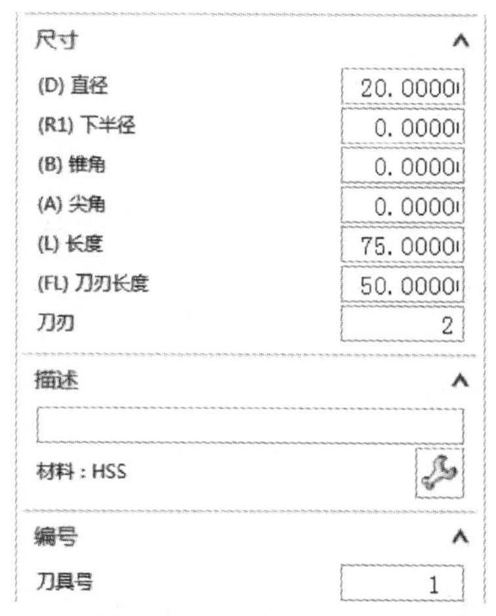

图 4.3.6　创建 1 号刀具

径】12→【(R1) 下半径】1→【刀具号】2→【确定】(如图 4.3.7 创建 2 号刀具)。

→【创建刀具】→选择【平底刀】→【名称】D8R4→在【刀具设置】对话框中→【(D) 直径】8→【(R1) 下半径】4→【刀具号】3→【确定】(如图 4.3.8 创建 3 号刀具)。

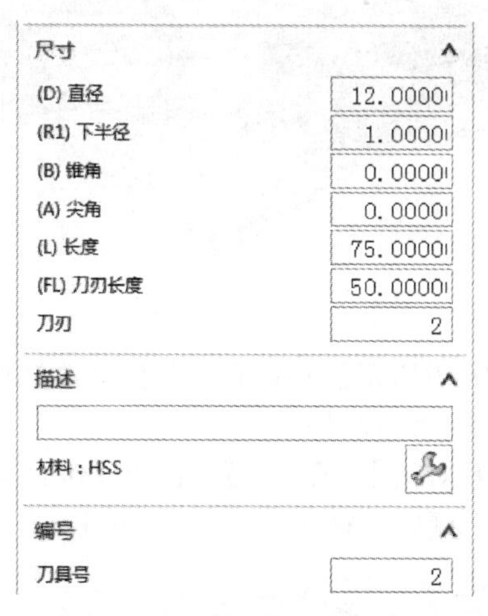

图 4.3.7　创建 2 号刀具

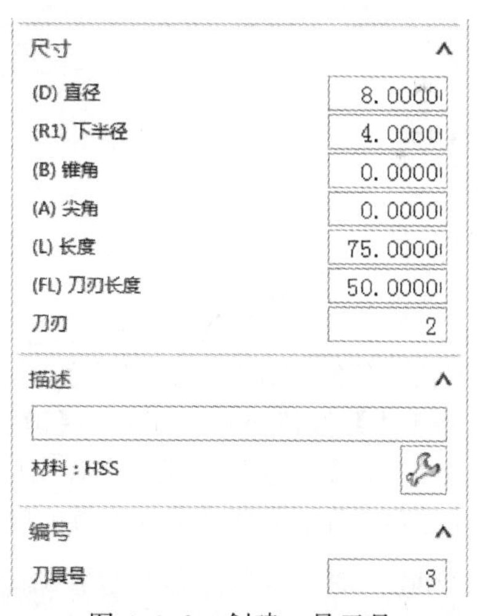

图 4.3.8　创建 3 号刀具

→【创建刀具】→选择【平底刀】→【名称】D6→在【刀具设置】对话框中→【(D) 直径】6→【刀具号】4→【确定】(如图 4.3.9 创建 4 号刀具)。

→【创建刀具】→选择【平底刀】→【名称】D4R2→在【刀具设置】对话框中→【(D) 直径】4→【(R1) 下半径】2→【刀具号】5→【确定】(如图 4.3.10 创建 5 号刀具)。

→【创建刀具】→选择【平底刀】→【名称】D1→在【刀具设置】对话框中→【(D) 直径】1→【刀具号】6→【确定】(如图 4.3.11 创建 6 号刀具)。

4. 设置坐标系和创建毛坯

【几何视图】→双击【MCS_MILL】→将加工坐标系移至毛坯左下角的上平面点即可(如图)→设定【安全距离】2→【确定】(如图 4.3.12 设置坐标系)。

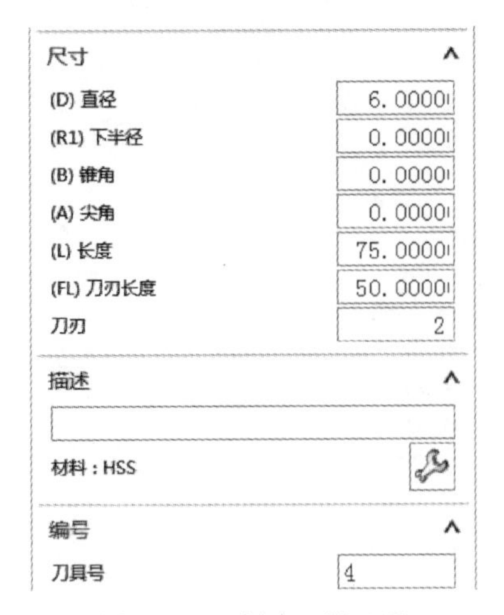

图 4.3.9　创建4号刀具

图 4.3.10　创建5号刀具

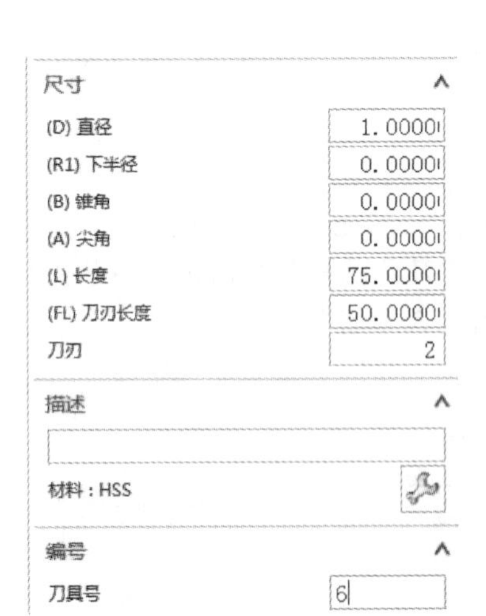

图 4.3.11　创建6号刀具

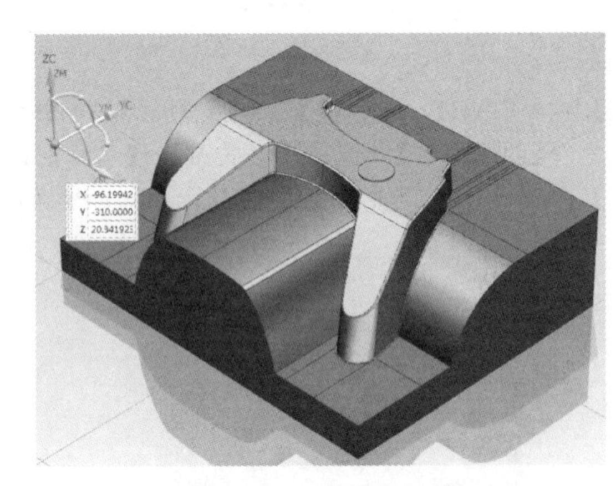

图 4.3.12　设置坐标系

→打开MCS_MILL前的【＋】号，双击【WORKPIECE】→在【工件】对话框中→点击【指定部件】按钮→点击工件→【确定】（如图4.3.13指定部件）。

→点击【指定毛坯】按钮→在弹出的【毛坯几何体】对话中→【类型】→选择【包容块】，设置最小化包容工件的毛坯→毛坯设置的效果如下→【确定】→【确定】（如图4.3.14创建毛坯）。

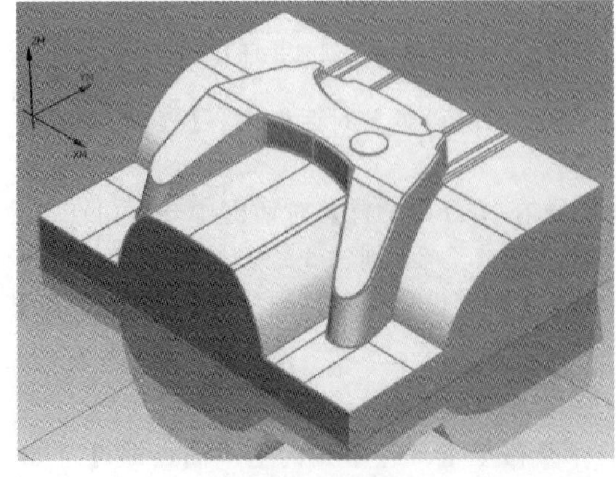

图 4.3.13　指定部件

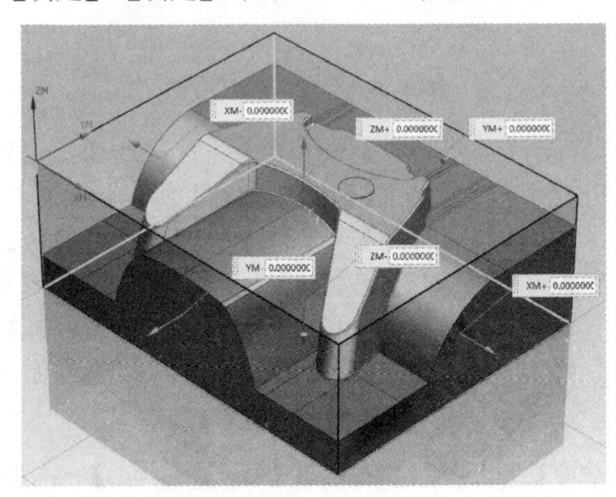

图 4.3.14　创建毛坯

三、ϕ20 的平底刀型腔铣开粗加工

1. 选择粗加工方法

【程序顺序视图】→【创建工序】→弹出【创建工序】对话框→【类型】mill_contour→【工序子类型】型腔铣→【程序】PROGRAM→【刀具】D20→【几何体】WORKPIECE→【方法】MILL_ROUGH，进行粗加工→【名称】cu→【确定】(如图 4.3.15 选择粗加工方法)。

图 4.3.15　选择粗加工方法

2. 选择加工区域

在弹出的【型腔铣】对话框中→【指定切削区域】→选择要加工的曲面→【确定】(如图 4.3.16 选择加工区域)。

3. 设置加工参数

【刀轨设置】栏目中→【切削模式】跟随周边→【平面直径百分比】85→【最大距离】3（如图 4.3.17 设置加工参数）。

4. 设置切削参数

打开【切削参数】→【策略】【切削】【切削顺序】深度优先→【余量】【部件侧面余量】0.3→【确定】(如图 4.3.18 深度优先和图 4.3.19 余量)。

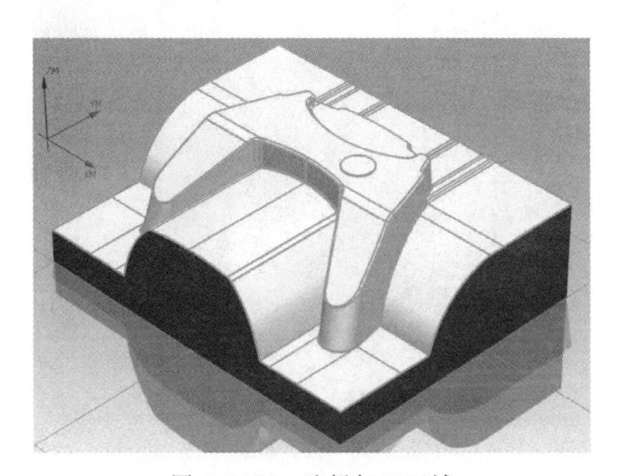

图 4.3.16　选择加工区域

图 4.3.17　设置加工参数

5. 设置非切削移动

打开【非切削移动】→【进刀】→【封闭区域】【进刀类型】插削→【开放区域】【进刀类型】与封闭区域相同→【确定】(如图 4.3.20 设置非切削移动)。

6. 设置进给率和速度

打开【进给率和速度】→勾选【主轴速度（rpm)】2500→【进给率】【切削】500→【确定】(如图 4.3.21 设置进给率和速度)。

7. 生成刀具路径

【操作】栏目中→点击【生成刀具路径】，生成该步操作的刀具路径（如图 4.3.22 生成刀具路径)。

图 4.3.18 深度优先

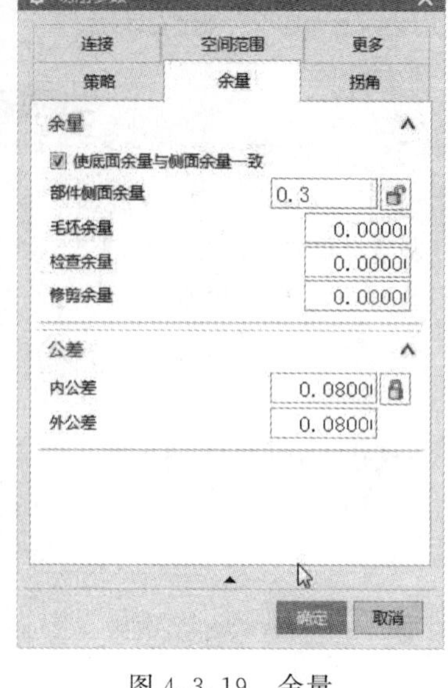

图 4.3.19 余量

图 4.3.20 设置非切削移动

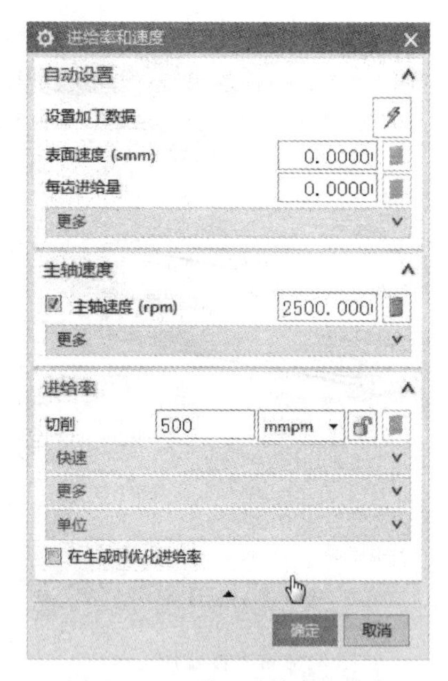

图 4.3.21 设置进给率和速度

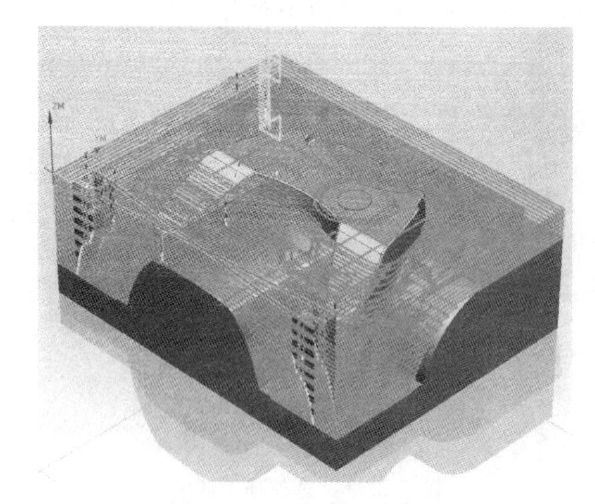

图 4.3.22 生成刀具路径

四、ϕ12*R*1 的圆角刀型腔铣半精加工曲面区域

1. 选择半精加工方法

【程序顺序视图】→【创建工序】→弹出【创建工序】对话框→【类型】mill_contour→【工序子类型】型腔铣→【程序】PROGRAM→【刀具】D12R1→【几何体】WORKPIECE→【方法】【方法】MILL_FINISH→【名称】banjing1→【确定】(如图 4.3.23 选择半精加工方法)。

2. 选择加工区域

在弹出的【型腔铣】对话框中→【指定切削区域】→选择要加工的曲面→【确定】(如图 4.3.24 选择加工区域)。

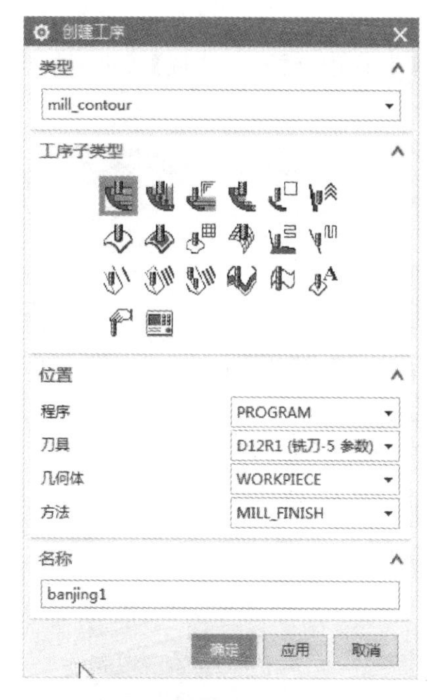

图 4.3.23　选择半精加工方法

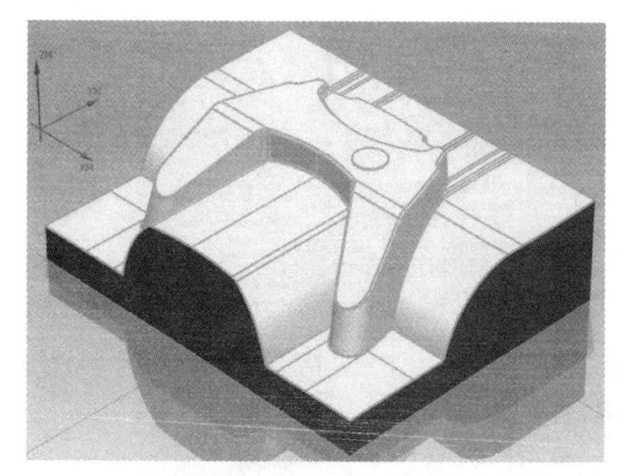

图 4.3.24　选择加工区域

3. 设置加工参数

【刀轨设置】栏目中→【切削模式】跟随周边→【平面直径百分比】50→【最大距离】1（如图 4.3.25 设置加工参数）。

4. 设置切削参数

打开【切削参数】→【余量】所有均设为 0→【空间范围】【毛坯】【处理中的工件】使用基于层的→【确定】（如图 4.3.26 余量和图 4.3.27 使用基于层的）。

图 4.3.25　设置加工参数

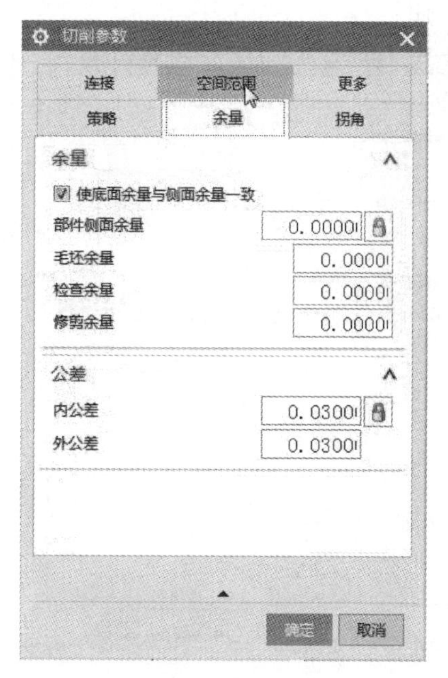

图 4.3.26　余量

5. 设置非切削移动

打开【非切削移动】→【进刀】→【封闭区域】【进刀类型】插削→【开放区域】【进刀类型】与封闭区域相同→【确定】(如图 4.3.28 设置非切削移动)。

图 4.3.27　使用基于层的

图 4.3.28　设置非切削移动

6. 进给率和速度

打开【进给率和速度】→勾选【主轴速度(rpm)】3000→【进给率】【切削】400→【确定】(如图 4.3.29 设置进给率和速度)。

7. 生成刀具路径

【操作】栏目中→点击【生成刀具路径】,生成该步操作的刀具路径(如图 4.3.30 生成刀具路径)。

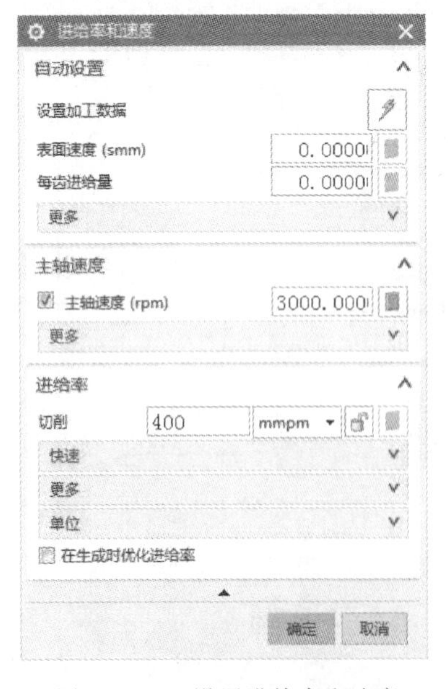

图 4.3.29　设置进给率和速度

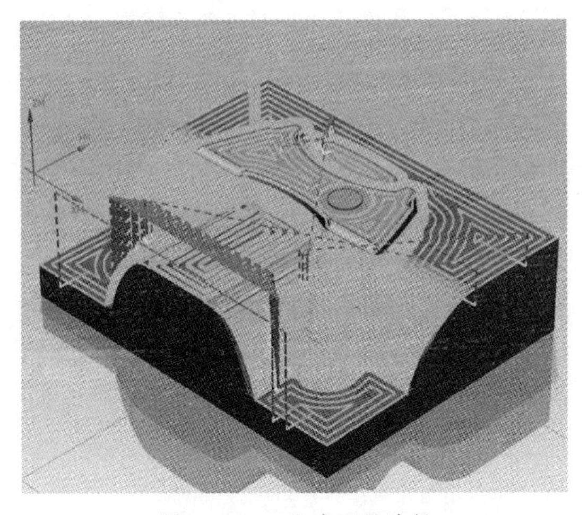

图 4.3.30　生成刀具路径

五、ϕ6 的平底刀型腔铣精加工平面区域

1. 选择精加工方法

【程序顺序视图】→【创建工序】→弹出【创建工序】对话框→【类型】mill_contour→【工序子类型】型腔铣→【程序】PROGRAM→【刀具】D6→【几何体】WORKPIECE→【方法】【方法】MILL_FINISH→【名称】banjing2→【确定】(如图 4.3.31 选择精加工方法)。

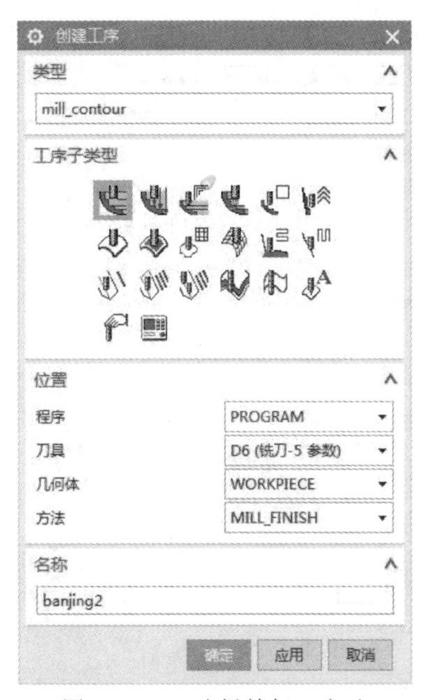

图 4.3.31　选择精加工方法

2. 选择加工区域

在弹出的【型腔铣】对话框中→【指定切削区域】→选择要加工的平面→【确定】(如图 4.3.32 选择加工区域)。

3. 设置加工参数

【刀轨设置】栏目中→【切削模式】跟随周边→【平面直径百分比】50→【最大距离】0.5 (如图 4.3.33 设置加工参数)。

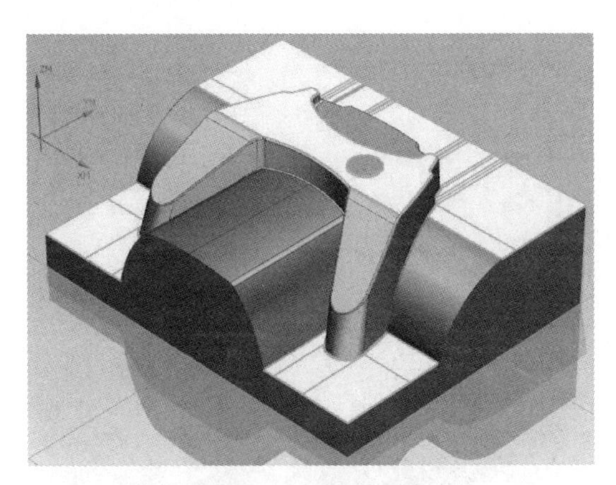

图 4.3.32　选择加工区域

图 4.3.33　设置加工参数

4. 设置切削参数

打开【切削参数】→【余量】所有均设为 0→【空间范围】【毛坯】【处理中的工件】使用基于层的→【确定】(如图 4.3.34 余量和图 4.3.35 处理中的工件)。

5. 设置非切削移动

打开【非切削移动】→【进刀】→【封闭区域】【进刀类型】插削→【开放区域】【进刀类型】与封闭区域相同→【确定】(如图 4.3.36 设置非切削移动)。

6. 设置进给率和速度

打开【进给率和速度】→勾选【主轴速度 (rpm)】3000→【进给率】【切削】350→【确定】(如图 4.3.37 设置进给率和速度)。

7. 生成刀具路径

【操作】栏目中→点击【生成刀具路径】，生成该步操作的刀具路径 (如图 4.3.38 生成刀具路径)。

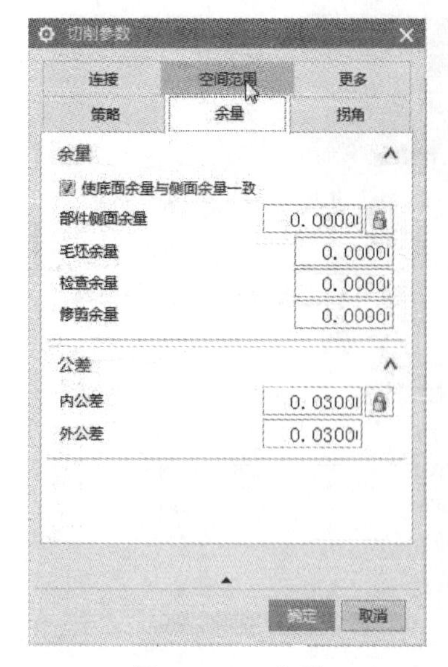

图 4.3.34　余量

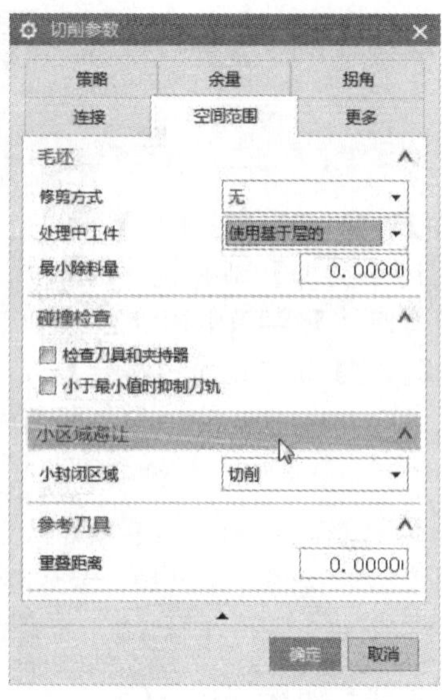

图 4.3.35　处理中的工件

图 4.3.36　设置非切削移动

图 4.3.37　设置进给率和速度

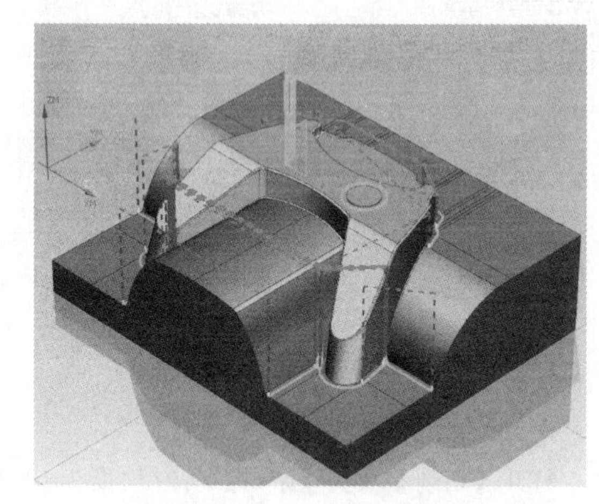

图 4.3.38　生成刀具路径

六、ϕ8 的球刀固定轴轮廓铣精加工 Y 方向底座曲面区域

1. 选择精加工方法

【程序顺序视图】→【创建工序】→弹出【创建工序】对话框→【类型】mill_contour→【工序子类型】固定轴曲面轮廓铣→【程序】PROGRAM→【刀具】D8R4→【几何体】WORKPIECE→【方法】MILL_FINISH→【名称】jing-Y1→【确定】(如图 4.3.39 选择精加工方法)。

2. 选择加工区域

在弹出的【固定轴轮廓铣】对话框中→【指定切削区域】→选择要加工的曲面→【确定】(如图 4.3.40 选择加工区域)。

3. 设置驱动方法及加工参数设置

【驱动方法】栏目中→【方法】区域铣削（如图 4.3.41 驱动方法）。→弹出【区域铣削】驱动方法对话框→【驱动设置】→【非陡峭切削模式】往复→【平面直径百分比】4→【剖切角】指定→【与 XC 夹角】－90→【确定】（如图 4.3.42 加工参数设置）。

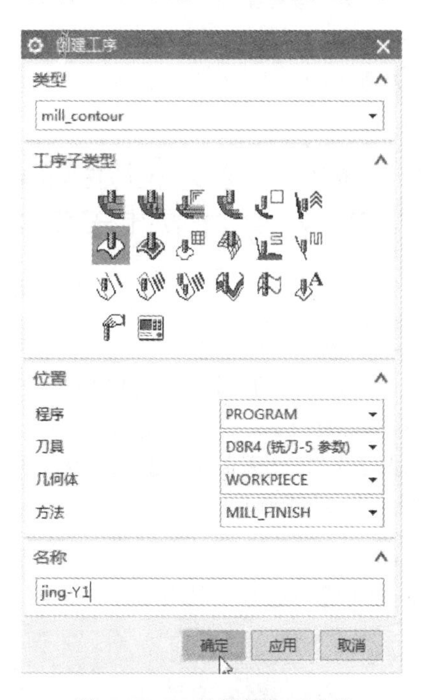

图 4.3.39　选择精加工方法

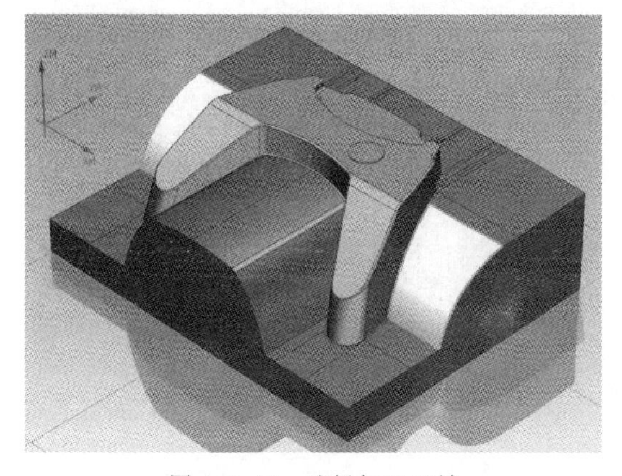

图 4.3.40　选择加工区域

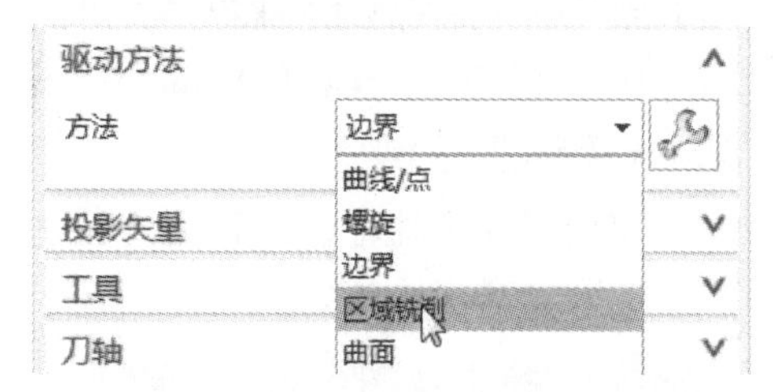

图 4.3.41　驱动方法

图 4.3.42　加工参数设置

图 4.3.43　设置进给率和速度

4. 设置进给率和速度

打开【进给率和速度】→勾选【主轴速度（rpm）】4000→【进给率】【切削】300→【确定】（如图 4.3.43 设置进给率和速度）。

5. 生成刀具路径

【操作】栏目中→点击【生成刀具路径】，生成该步操作的刀具路径（如图 4.3.44 生成刀具路径）。

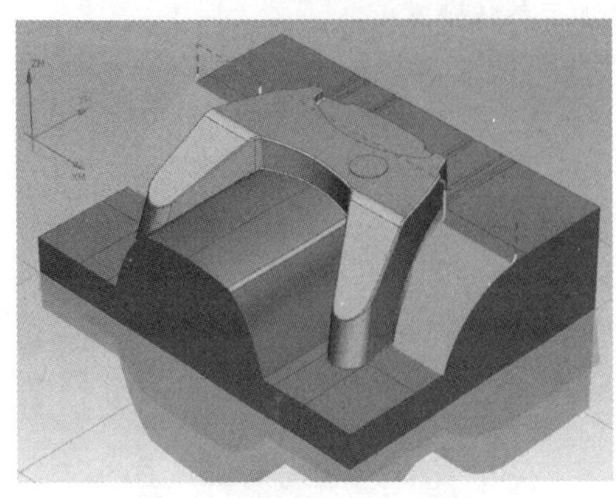

图 4.3.44　生成刀具路径

七、$\phi 8$ 的球刀固定轴轮廓铣精加工 Y 方向游戏手柄曲面区域

1. 选择精加工方法

【程序顺序视图】→【创建工序】→弹出【创建工序】对话框→【类型】mill_contour→【工序子类型】固定轴曲面轮廓铣→【程序】PROGRAM→【刀具】D8R4→【几何体】WORKPIECE→【方法】MILL_FINISH→【名称】jing-Y2→【确定】（如图 4.3.45 选择精加工方法）。

2. 选择加工区域

在弹出的【固定轴轮廓铣】对话框中→【指定切削区域】→选择要加工的曲面→【确定】（如图 4.3.46 选择加工区域）。

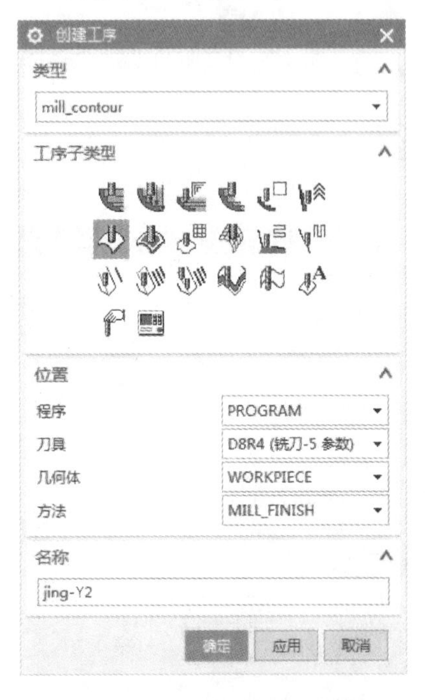

图 4.3.45　选择精加工方法

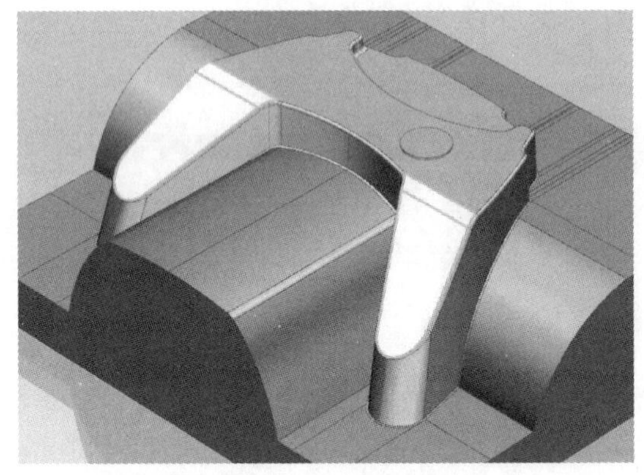

图 4.3.46　选择加工区域

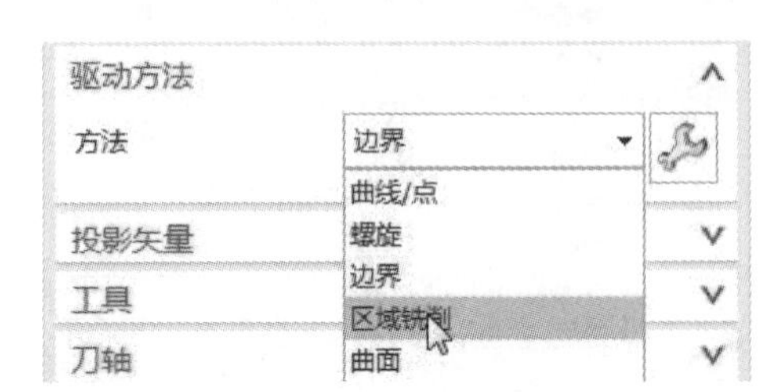

图 4.3.47　驱动方法

3. 设置驱动方法及加工参数设置

【驱动方法】栏目中→【方法】区域铣削（如图 4.3.47 驱动方法）→弹出【区域铣削】驱动方法对话框→【驱动设置】→【非陡峭切削模式】往复→【平面直径百分比】2→【剖切角】指

定→【与 XC 夹角】-90→【确定】(如图 4.3.48 加工参数设置)。

4. 设置进给率和速度

打开【进给率和速度】→勾选【主轴速度(rpm)】4000→【进给率】【切削】300→【确定】(如图 4.3.49 设置进给率和速度)。

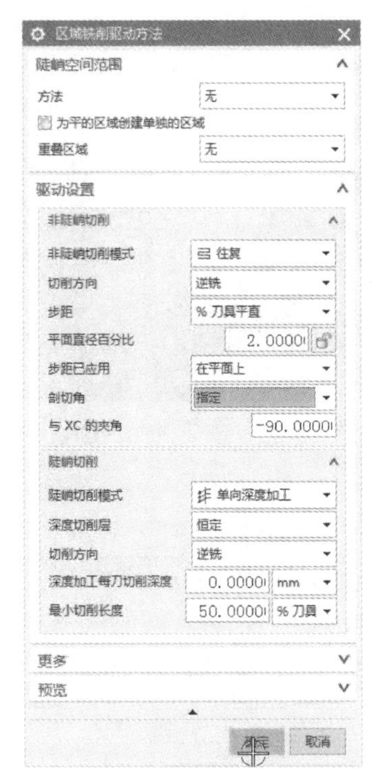

图 4.3.48　加工参数设置

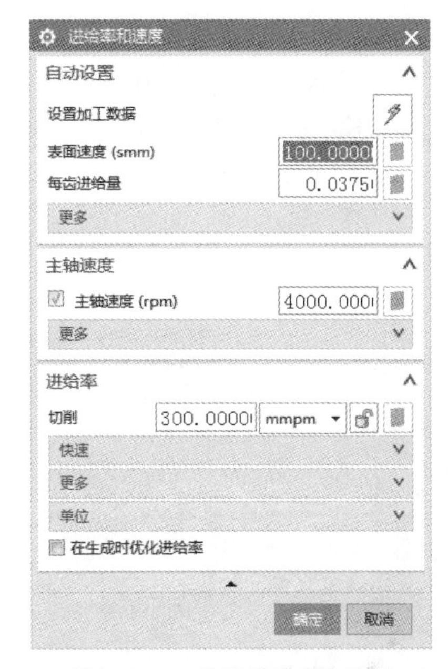

图 4.3.49　设置进给率和速度

5. 生成刀具路径

【操作】栏目中→点击【生成刀具路径】,生成该步操作的刀具路径(如图 4.3.50 生成刀具路径)。

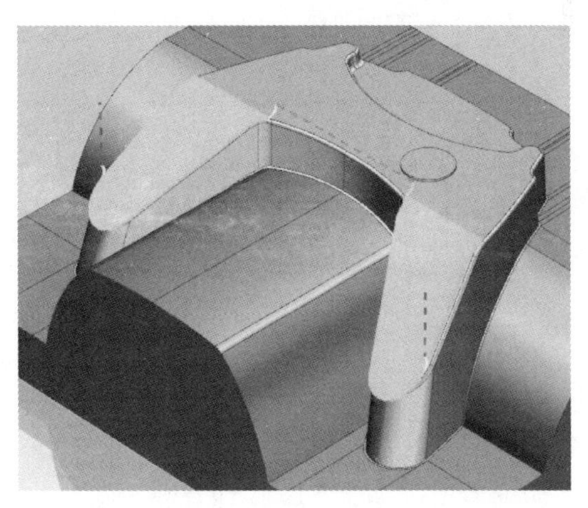

图 4.3.50　生成刀具路径

八、ϕ8 的球刀固定轴轮廓铣精加工 X 方向曲面区域

1. 选择精加工方法

【程序顺序视图】→【创建工序】→弹出【创建工序】对话框→【类型】mill_contour→【工序子类型】固定轴曲面轮廓铣→【程序】PROGRAM→【刀具】D8R4→【几何体】WORKPIECE→【方法】MILL_FINISH→【名称】jing-X→【确定】(如图 4.3.51 选择精加工方法)。

2. 选择加工区域

在弹出的【固定轴轮廓铣】对话框中→【指定切削区域】→选择要加工的曲面→【确定】(如图 4.3.52 选择加工区域)。

3. 设置驱动方法及加工参数设置

【驱动方法】栏目中→【方法】区域铣削（如图 4.3.53 驱动方法）→弹出【区域铣削】驱动方法对话框→【驱动设置】→【非陡峭切削模式】往复→【平面直径百分比】4→【剖切角】指定→【与 XC 夹角】0→【确定】（如图 4.3.54 加工参数设置）。

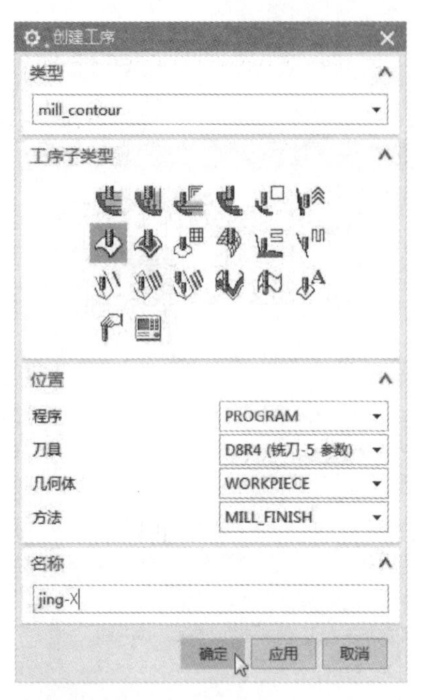

图 4.3.51　选择精加工方法

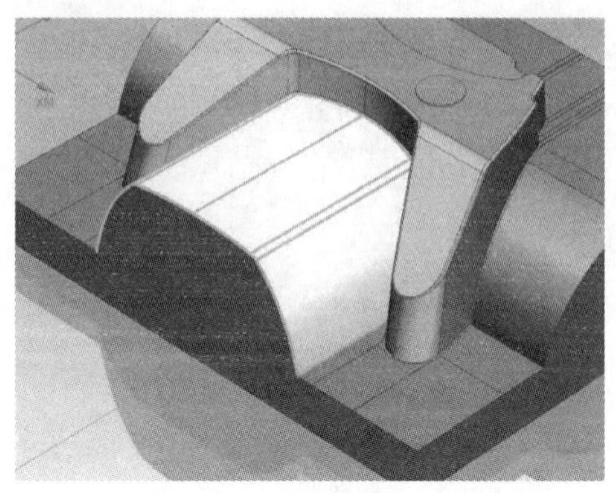

图 4.3.52　选择加工区域

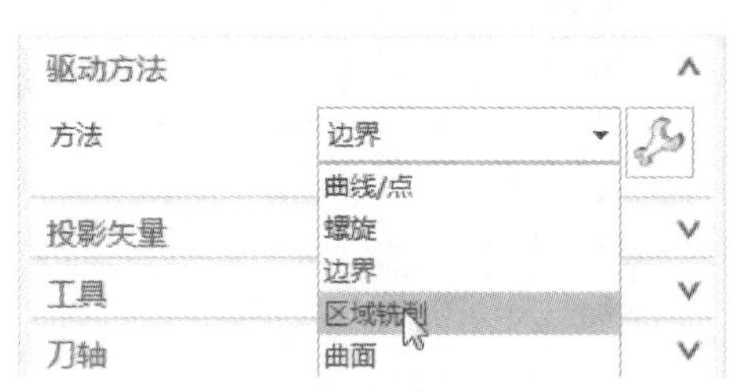

图 4.3.53　驱动方法

图 4.3.54　加工参数设置

图 4.3.55　设置进给率和速度

4. 设置进给率和速度

打开【进给率和速度】→勾选【主轴速度（rpm）】4000→【进给率】【切削】300→【确定】（如图 4.3.55 设置进给率和速度）。

5. 生成刀具路径

【操作】栏目中→点击【生成刀具路径】，生成该步操作的刀具路径（如图 4.3.56 生成刀具路径）。

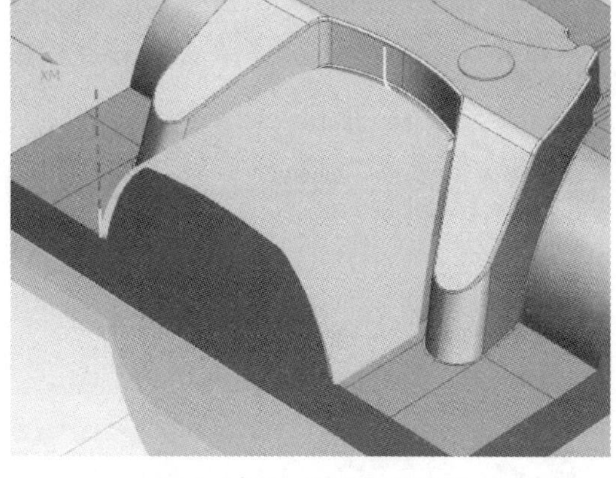

图 4.3.56 生成刀具路径

九、$\phi 8$ 的球刀深度铣侧面陡峭区域

1. 选择精加工方法

【程序顺序视图】→【创建工序】→弹出【创建工序】对话框→【类型】mill_contour→【工序子类型】深度轮廓加工（等高轮廓铣）→【程序】PROGRAM→【刀具】D8R4→【几何体】WORKPIECE→【方法】FINISH 精加工→【名称】jing-douqiao→【确定】（如图 4.3.57 选择精加工方法）。

2. 选择加工区域

在弹出的【深度轮廓加工】对话框中→【指定切削区域】→选择要加工的陡峭曲面→【确定】（如图 4.3.58 选择加工区域）。

图 4.3.57 选择精加工方法

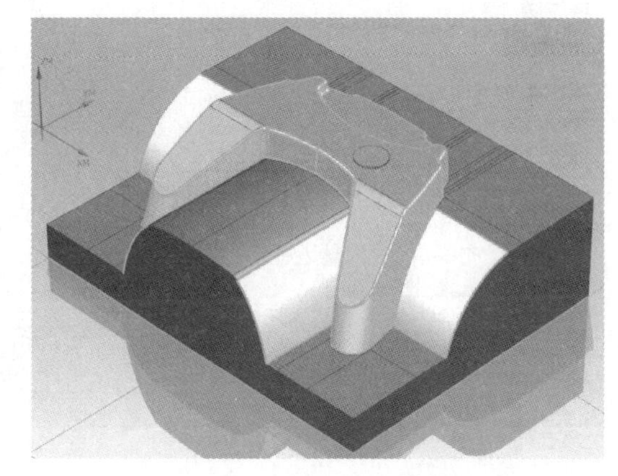

图 4.3.58 选择加工区域

3. 设置加工参数

弹出【深度轮廓加工】对话框→【陡峭空间范围】仅陡峭的→【陡峭空间范围】60→【最大距离】0.4（如图 4.3.59 设置加工参数）。

4. 设置非切削移动

打开【非切削移动】→【进刀】→【封闭区域】【进刀类型】插削→【开放区域】【进到类型】与封闭区域相同→【确定】(如图 4.3.60 设置非切削移动)。

图 4.3.59　设置加工参数

图 4.3.60　设置非切削移动

5. 设置进给率和速度

打开【进给率和速度】→勾选【主轴速度(rpm)】3500→【进给率】【切削】300→【确定】(如图 4.3.61 设置进给率和速度)。

6. 生成刀具路径

【操作】栏目中→点击【生成刀具路径】,生成该步操作的刀具路径(如图 4.3.62 生成刀具路径)。

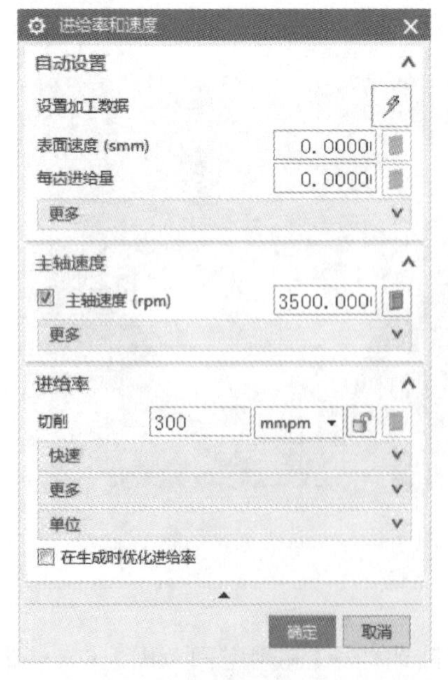

图 4.3.61　设置进给率和速度

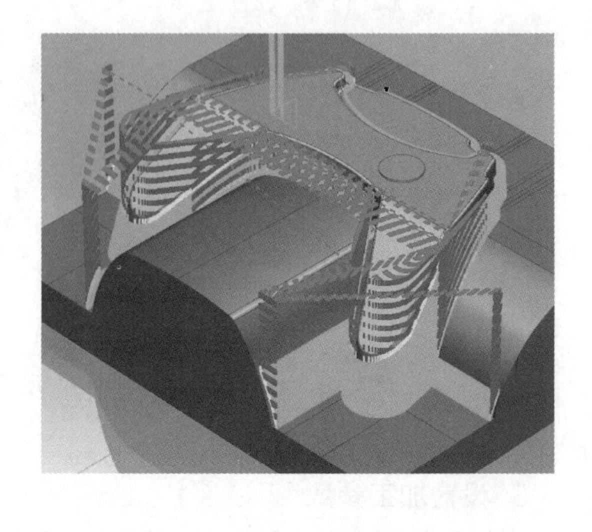

图 4.3.62　生成刀具路径

十、$\phi 4$ 的球刀型腔铣残料加工曲面角落区域

1. 选择精加工方法

【程序顺序视图】→【创建工序】→弹出【创建工序】对话框→【类型】mill_contour→【工序子类型】型腔铣→【程序】PROGRAM→【刀具】D4R2→【几何体】WORKPIECE→【方法】MILL _ FINISH→【名称】jingxiu→【确定】(如图 4.3.63 选择精加工方法)。

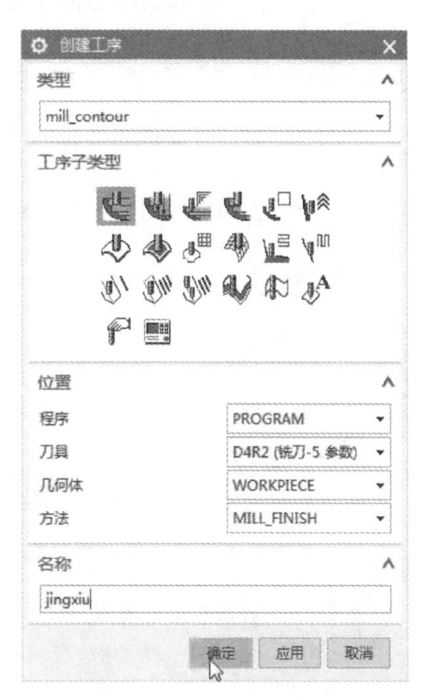

图 4.3.63　选择精加工方法

2. 选择加工区域

在弹出的【型腔铣】对话框中→【指定切削区域】→选择要加工的曲面→【确定】(如图 4.3.64 选择加工区域)。

3. 设置加工参数

【刀轨设置】栏目中→【切削模式】跟随部件→【平面直径百分比】10→【最大距离】0.3 (如图 4.3.65 设置加工参数)。

4. 设置切削参数

打开【切削参数】→【策略】【切削顺序】深度优先→【余量】所有均设为 0→【空间范围】【毛坯】【处理中的工件】使用 3D→【确定】(如图 4.3.66 深度优先、图 4.3.67 余量和图 4.3.68 使用 3D)。

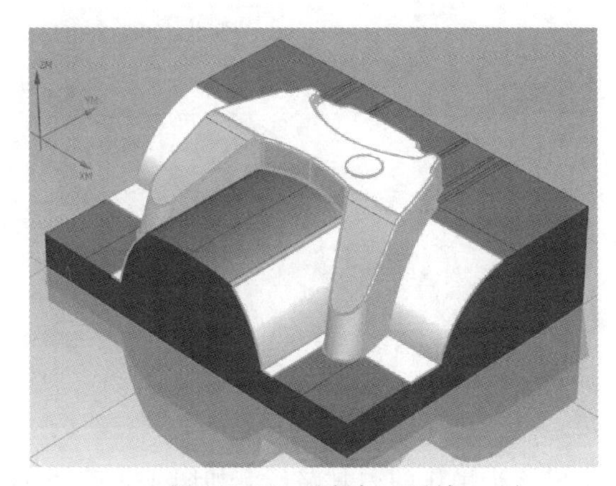

图 4.3.64　选择加工区域

图 4.3.65　设置加工参数

5. 设置非切削移动

打开【非切削移动】→【进刀】→【封闭区域】【进刀类型】插削→【开放区域】【进刀类型】与封闭区域相同→【确定】(如图 4.3.69 设置非切削移动)。

6. 进给率和速度

打开【进给率和速度】→勾选【主轴速度 (rpm)】4000→【进给率】【切削】200→【确定】(如图 4.3.70 设置进给率和速度)。

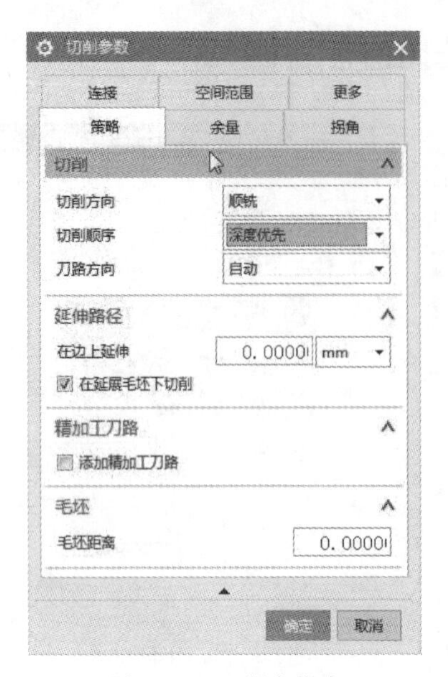

图 4.3.66　深度优先

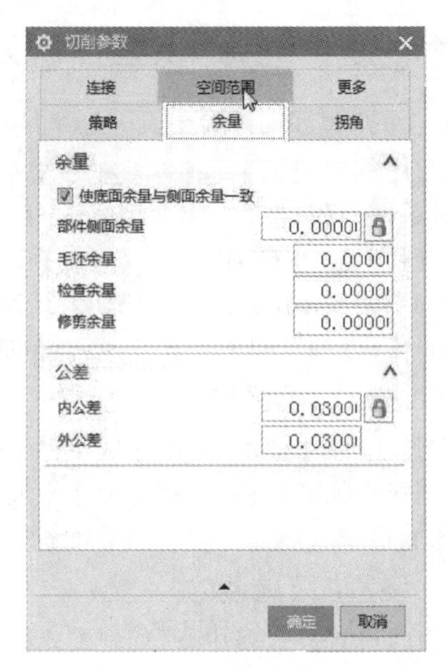

图 4.3.67　余量

图 4.3.68　使用 3D

图 4.3.69　设置非切削移动

7. 生成刀具路径

【操作】栏目中→点击【生成刀具路径】，生成该步操作的刀具路径（如图 4.3.71 生成刀具路径）。

十一、ϕ4 的球刀清根精加工曲面的角落区域

1. 选择精加工方法

【程序顺序视图】→【创建工序】→弹出【创建工序】对话框→【类型】mill_contour→【工序子类型】单刀路清根→【程序】PROGRAM→【刀具】D2→【几何体】WORKPIECE→【方法】FINISH 精加工→【名称】jing-qinggeng→【确定】（如图 4.3.72 选择精加工方法）。

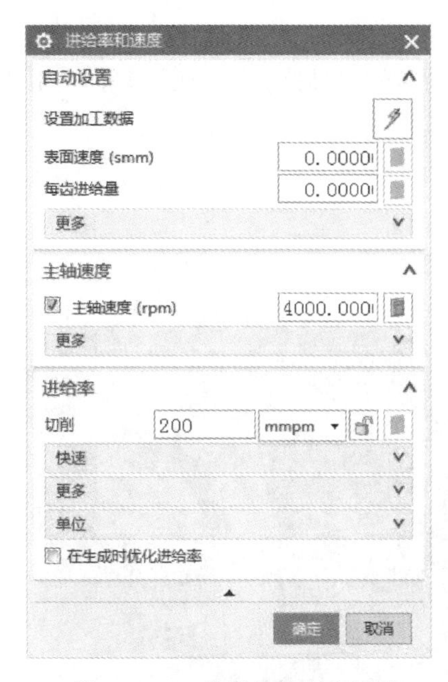

图 4.3.70　设置进给率和速度

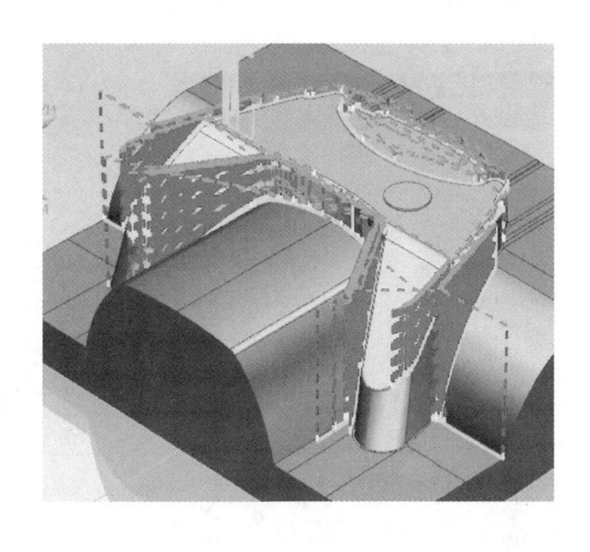

图 4.3.71　生成刀具路径

2. 选择加工区域

在弹出的【单刀路清根】对话框中→【指定切削区域】→选择要加工的陡峭曲面→【确定】(如图 4.3.73 选择加工区域)。

图 4.3.72　选择精加工方法

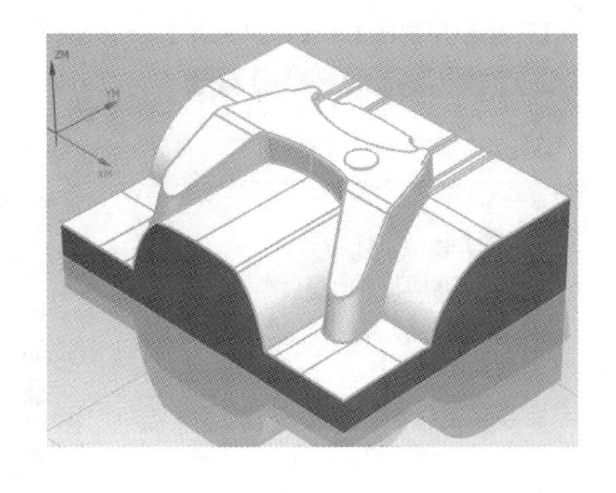

图 4.3.73　选择加工区域

3. 设置进给率和速度

【刀轨设置】栏目中→打开【进给率和速度】→勾选【主轴速度（rpm）】4000→【进给率】【切削】150→【确定】(如图 4.3.74 设置进给率和速度)。

4. 生成刀具路径

【操作】栏目中→点击【生成刀具路径】，生成该步操作的刀具路径（如图 4.3.75 生成刀具路径）。

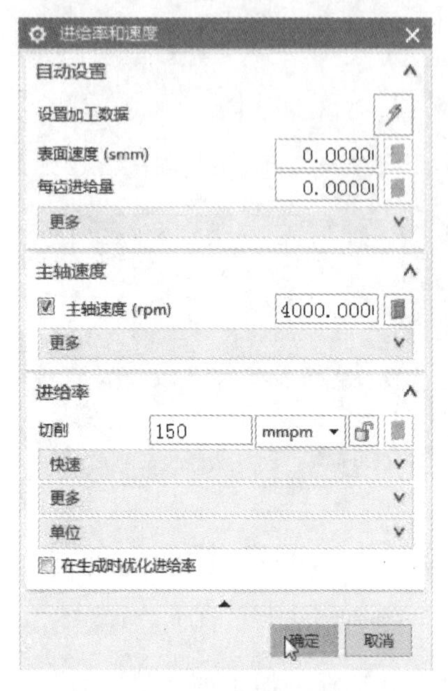

图 4.3.74 设置进给率和速度

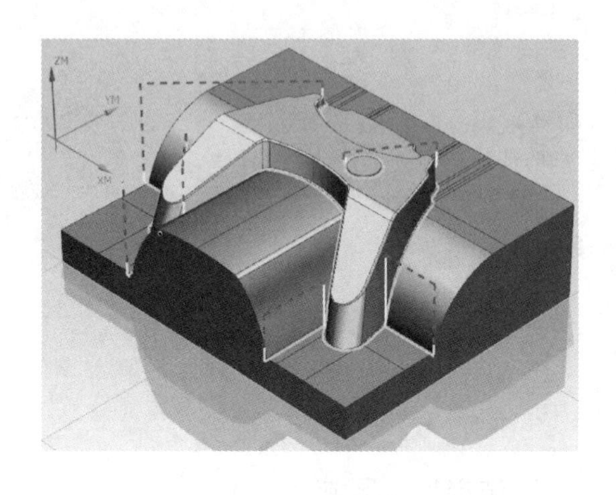

图 4.3.75 生成刀具路径

十二、$\phi1$ 的平底刀型腔铣残料加工曲面角落区域

1. 选择半精加工方法

【程序顺序视图】→【创建工序】→弹出【创建工序】对话框→【类型】mill_contour→

图 4.3.76 选择半精加工方法

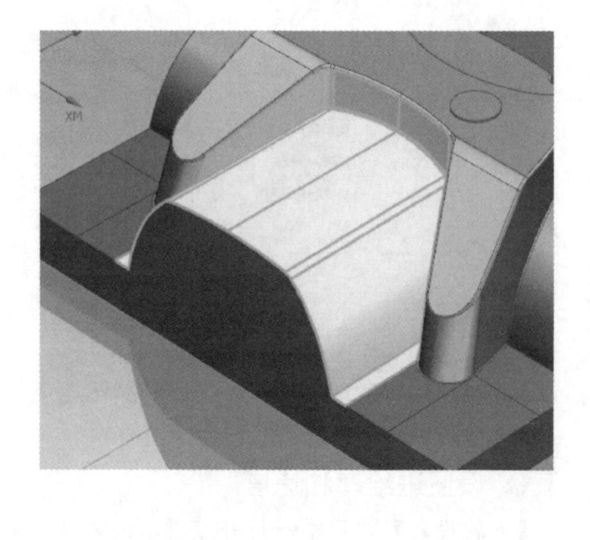

图 4.3.77 选择加工区域

【工序子类型】型腔铣→【程序】PROGRAM→【刀具】D4R2→【几何体】WORKPIECE→【方法】MILL _ FINISH→【名称】jingxiu-xiaoquyu→【确定】（如图 4.3.76 选择半精加工方法）。

2. 选择加工区域

在弹出的【型腔铣】对话框中→【指定切削区域】→选择要加工的曲面→【确定】（如图 4.3.77 选择加工区域）。

3. 设置加工参数

【刀轨设置】栏目中→【切削模式】跟随部件→【平面直径百分比】10→【最大距离】0.2（如图 4.3.78 设置加工参数）。

图 4.3.78　设置加工参数

4. 设置切削参数

打开【切削参数】→【策略】【切削顺序】深度优先→【余量】所有均设为 0→【空间范围】【毛坯】【处理中的工件】使用 3D→【确定】（如图 4.3.79 深度优先、图 4.3.80 余量、图 4.3.81 使用 3D）。

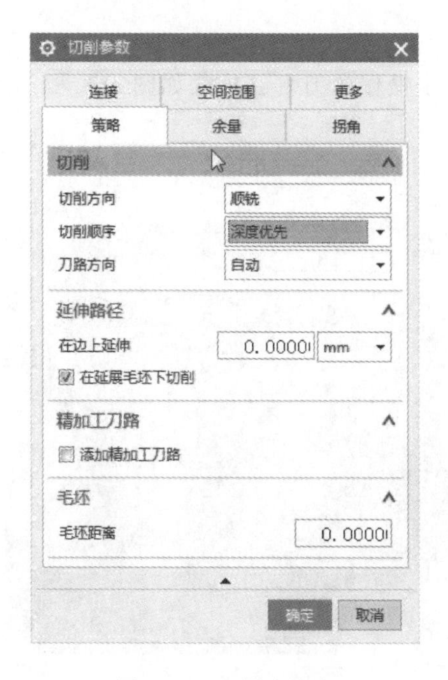

图 4.3.79　深度优先

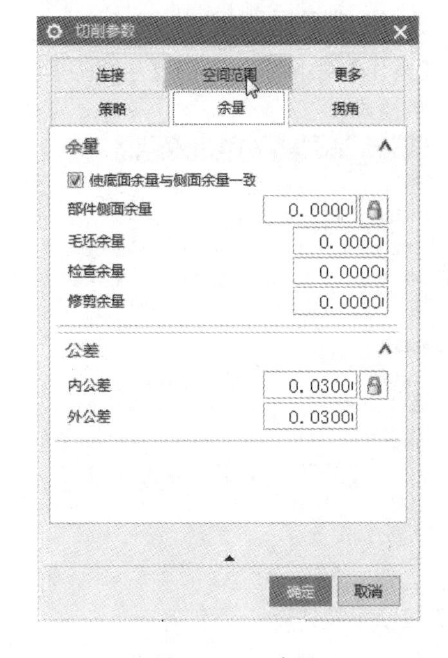

图 4.3.80　余量

5. 设置非切削移动

打开【非切削移动】→【进刀】→【封闭区域】【进刀类型】插削→【开放区域】【进刀类型】与封闭区域相同→【确定】（如图 4.3.82 设置非切削移动）。

6. 设置进给率和速度

打开【进给率和速度】→勾选【主轴速度（rpm）】5000→【进给率】【切削】120→【确定】（如图 4.3.83 设置进给率和速度）。

图 4.3.81　使用 3D

图 4.3.82　设置非切削移动

7. 生成刀具路径

【操作】栏目中→点击【生成刀具路径】，生成该步操作的刀具路径（如图 4.3.84 生成刀具路径）。

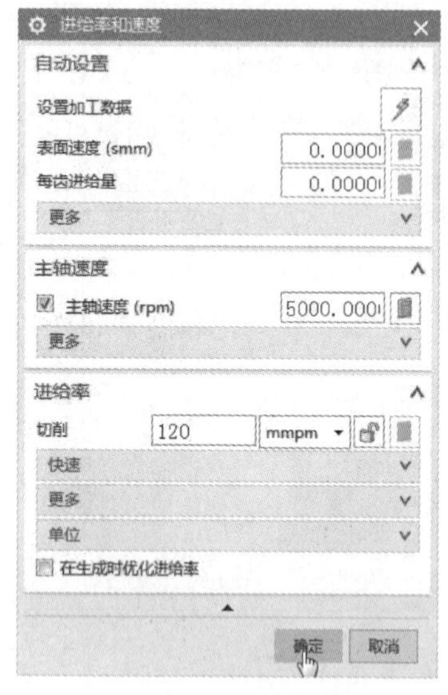

图 4.3.83　设置进给率和速度

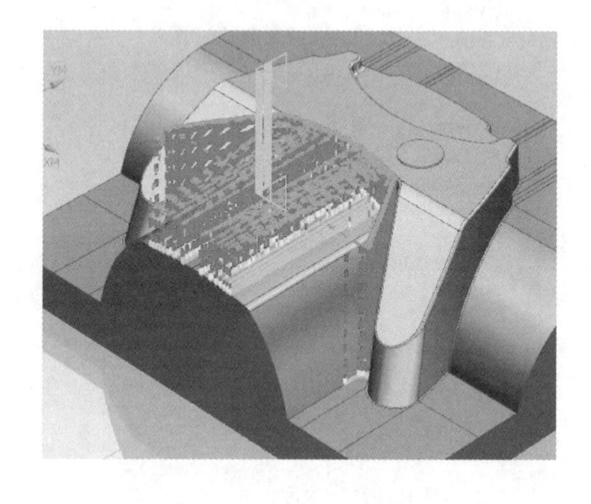

图 4.3.84　生成刀具路径

十三、ϕ1 的平底刀清根精加工曲面的角落区域

1. 选择精加工方法

【程序顺序视图】→【创建工序】→弹出【创建工序】对话框→【类型】mill_contour→【工序子类型】单刀路清根→【程序】PROGRAM→【刀具】D1→【几何体】WORKPIECE→【方法】FINISH 精加工→【名称】jingxiu2→【确定】（如图 4.3.85 选择精加工方法）。

2. 选择加工区域

在弹出的【单刀路清根】对话框中→【指定切削区域】→选择要加工的陡峭曲面→【确定】(如图 4.3.86 选择加工区域)。

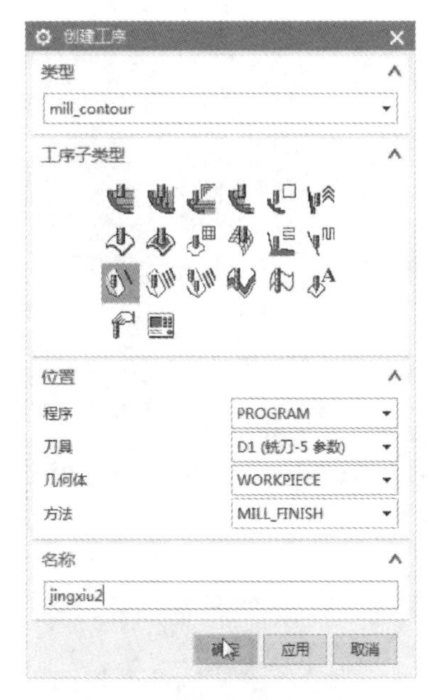

图 4.3.85　选择精加工方法

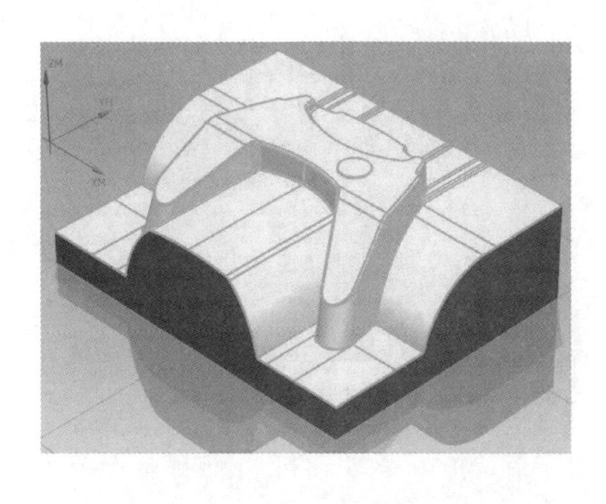

图 4.3.86　选择加工区域

3. 设置进给率和速度

【刀轨设置】栏目中→打开【进给率和速度】→勾选【主轴速度（rpm）】5000→【进给率】【切削】150→【确定】(如图 4.3.87 设置进给率和速度)。

4. 生成刀具路径

【操作】栏目中→点击【生成刀具路径】，生成该步操作的刀具路径（如图 4.3.88 生成刀具路径）。

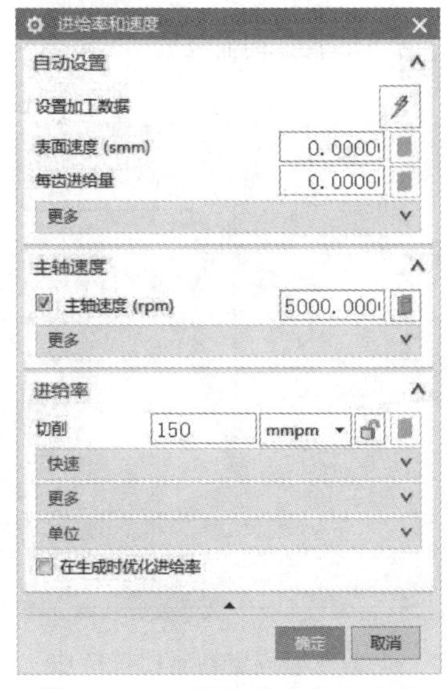

图 4.3.87　设置进给率和速度

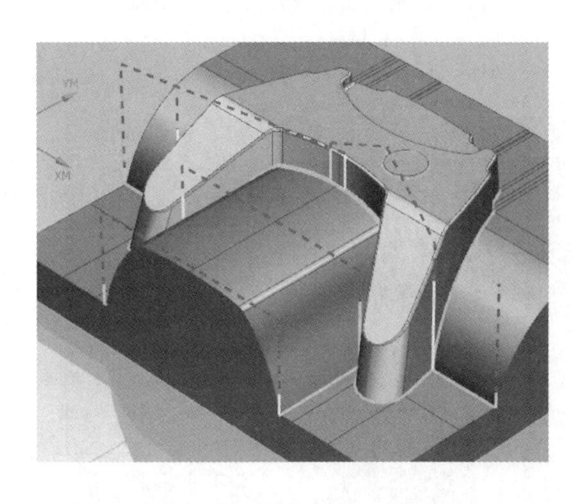

图 4.3.88　生成刀具路径

十四、最终验证模拟

在左侧目录列表中选择操作→点击【确认刀轨】按钮→在弹出的【刀轨可视化】对话框中→选择【2D 动态】→调整【动画速度】→点击【播放】(如图 4.3.89～图 4.3.99)。

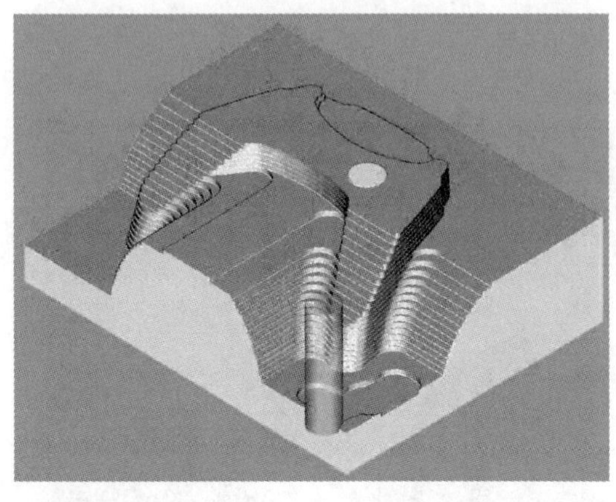

图 4.3.89　ϕ20 的平底刀型腔铣开粗加工

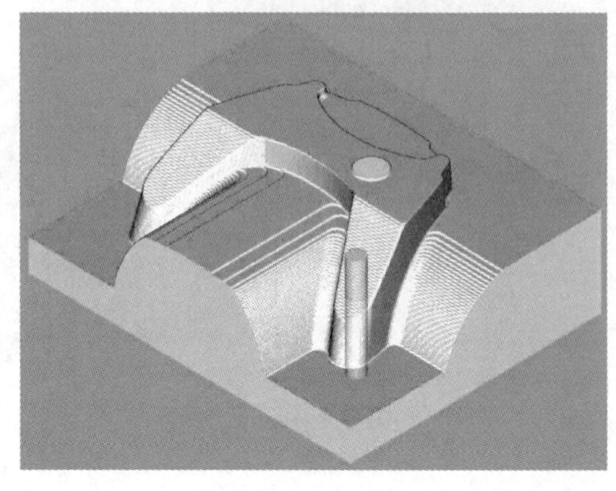

图 4.3.90　$\phi 12R1$ 的圆角刀型腔铣半精加工曲面区域

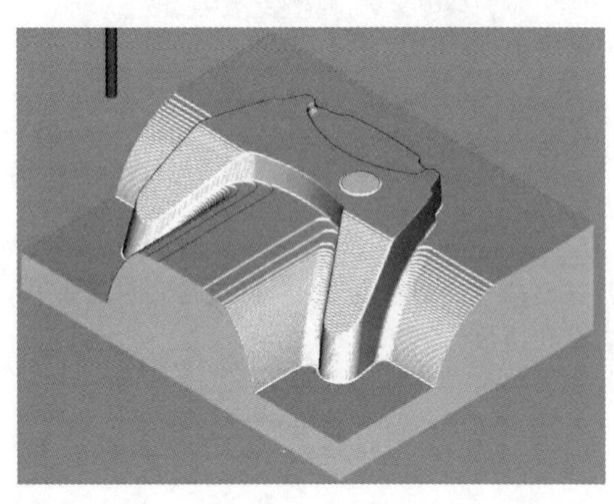

图 4.3.91　ϕ6 的平底刀型腔铣精加工平面区域

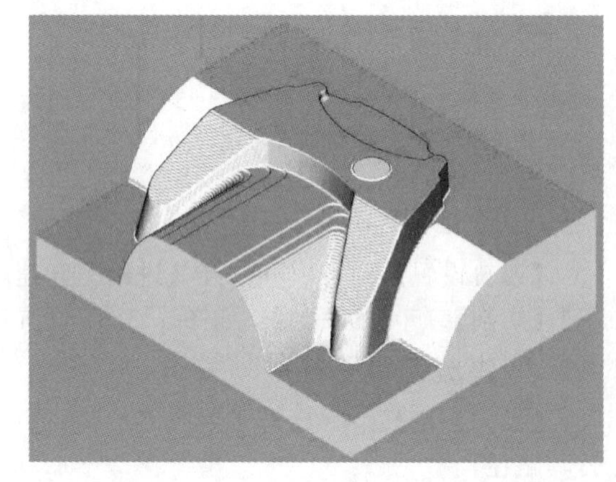

图 4.3.92　ϕ8 的球刀固定轴轮廓铣精加工 Y 方向底座曲面区域

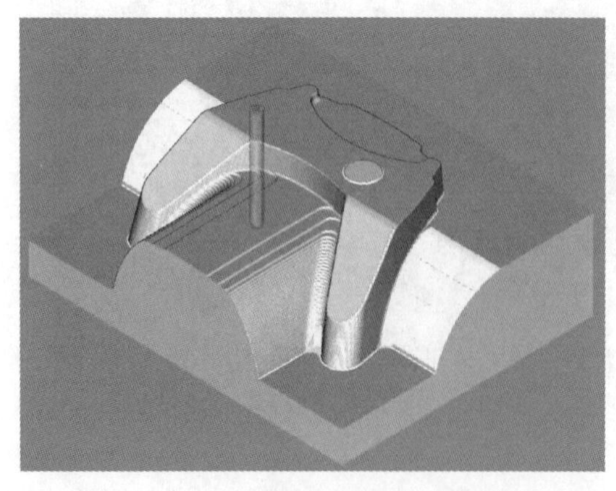

图 4.3.93　ϕ8 的球刀固定轴轮廓铣精加工 Y 方向游戏手柄曲面区域

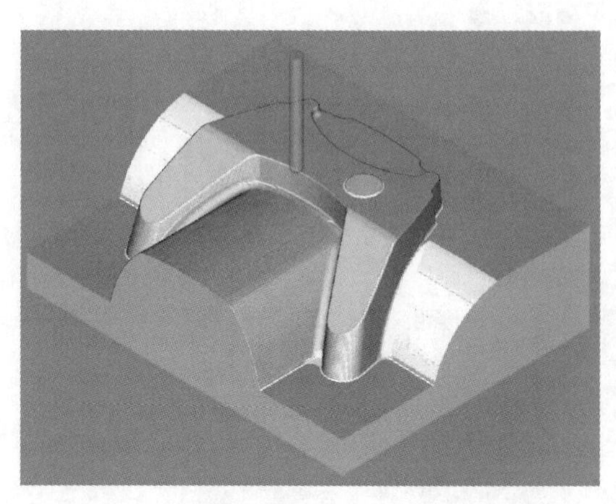

图 4.3.94　ϕ8 的球刀固定轴轮廓铣精加工 X 方向曲面区域

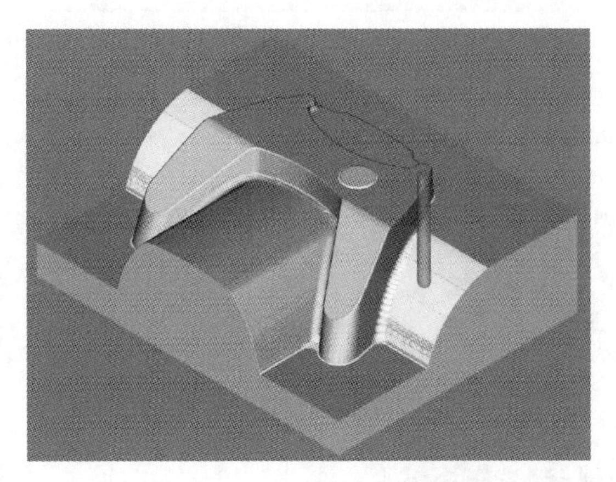

图 4.3.95　ϕ8 的球刀深度铣侧面陡峭区域

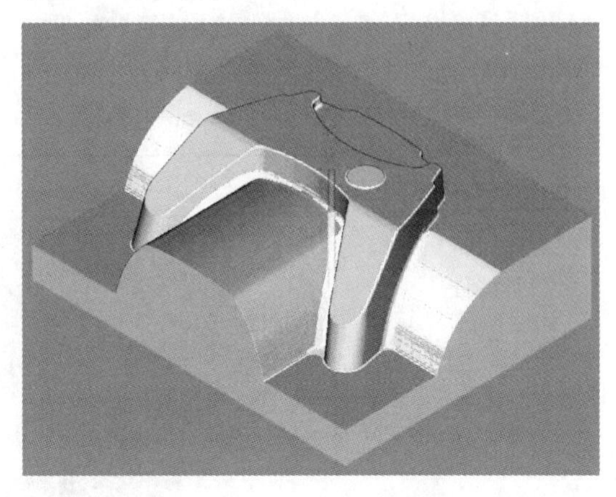

图 4.3.96　ϕ4 的球刀型腔铣残料加工曲面角落区域

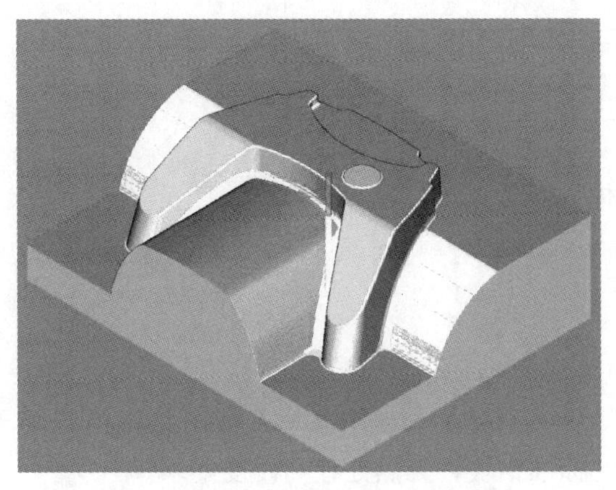

图 4.3.97　ϕ4 的球刀清根精加工曲面的角落区域

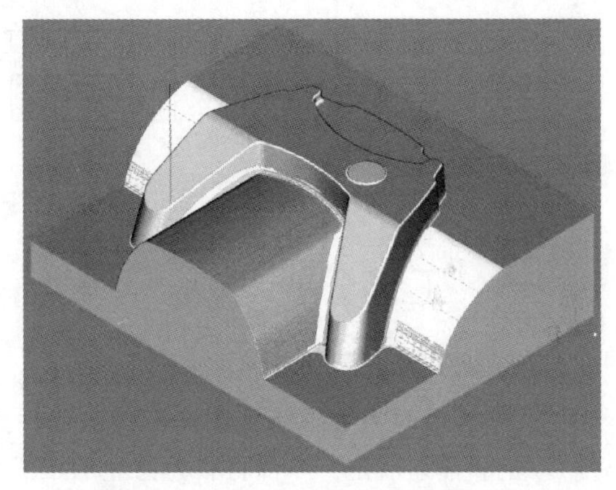

图 4.3.98　ϕ1 的平底刀型腔铣残料加工曲面角落区域

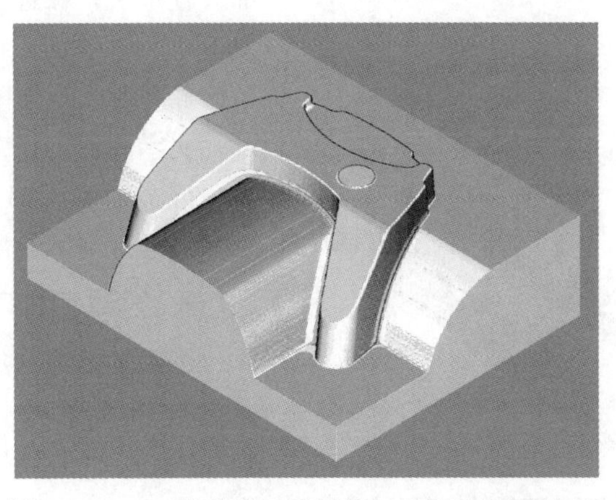

图 4.3.99　ϕ1 的平底刀清根精加工曲面的角落区域

第四节　数码相机模具零件

数码相机
模具零件

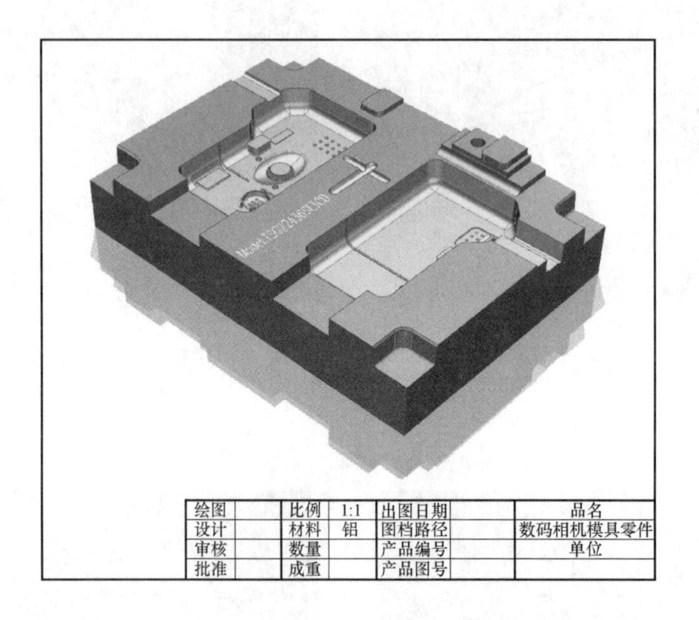

图 4.4.1　数码相机模具零件

一、工艺分析

1. 零件图工艺分析

该零件中间为数码相机模具零件，工件无尺寸公差要求（如图 4.4.1 数码相机模具零件），轮廓描述清楚。零件材料为已经加工成型的标准铝块，无热处理和硬度要求。

2. 确定装夹方案、加工顺序及进给路线

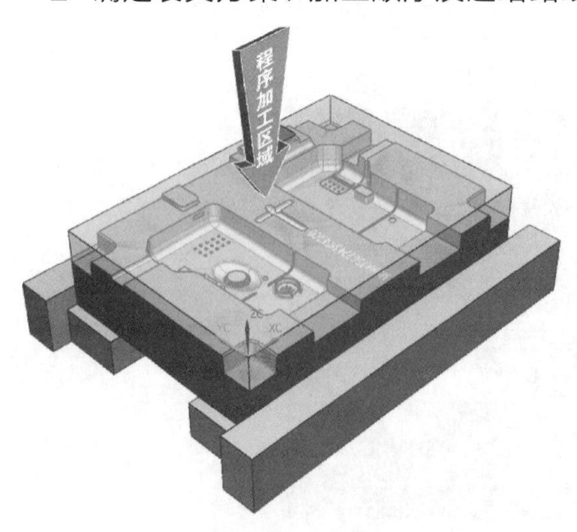

图 4.4.2　装夹方式、加工区域和对刀点

工件采用通用的虎钳装夹的方案，底部放置垫块，保证工件摆正，对刀点采用左下角的上表面点对刀，其装夹方式、加工区域和对刀点如图 4.4.2 所示。

文字的加工，先使用球刀生成刀具路径，待实际加工时，选用球刀、圆角刀、雕刻刀进行刻字的加工。

3. 刀具和加工区域选择

选用多把铣刀加工本例的区域，将所选定的刀具参数以及加工区域填入表 4.4.1 数控加工卡片中，以便于编程和操作管理。

表 4.4.1　数控加工卡片

产品名称或代号	模具零件加工综合实例	零件名称	数码相机模具零件		
序号	加工区域	刀具			
		名称	规格	刀号	
1	ϕ30 的平底刀型腔铣开粗加工	D30	ϕ30 平底刀	1	
2	ϕ15 的平底刀型腔铣第一次精加工所有区域	D15	ϕ15 平底刀	2	
3	ϕ8 的平底刀型腔铣第二次精加工所有区域	D8	ϕ8 平底刀	3	
4	ϕ5 的球刀深度铣侧面陡峭区域	D5R0.5	ϕ5 球刀	5	
5	ϕ5 的球刀固定轴轮廓铣精加工曲面区域	D5R0.5	ϕ5 球刀	5	
6	ϕ1 的球刀型腔铣精加工曲面残料区域	D1R0.5	ϕ10 球刀	6	
7	ϕ3 的平底刀型腔铣精加工曲面残料区域	D3	ϕ3 平底刀	4	
8	ϕ1 的球刀清根精加工曲面的角落区域	D1R0.5	ϕ1 球刀	6	
9	ϕ1 的球刀固定轴轮廓铣刻字	D1R0.5	ϕ1 球刀	6	
10	ϕ5 的球刀固定轴轮廓铣精顶部曲面区域	D5R0.5	ϕ5 球刀	5	
编制	×××	审核	×××	批准	××× 共1页

二、前期准备工作

1. 绘制辅助图形

进入【建模】模式→【草图】中绘制图形，使之作为加工坐标系的原点（如图 4.4.3 草图中绘制辅助图形、图 4.4.4 完成后的效果）。

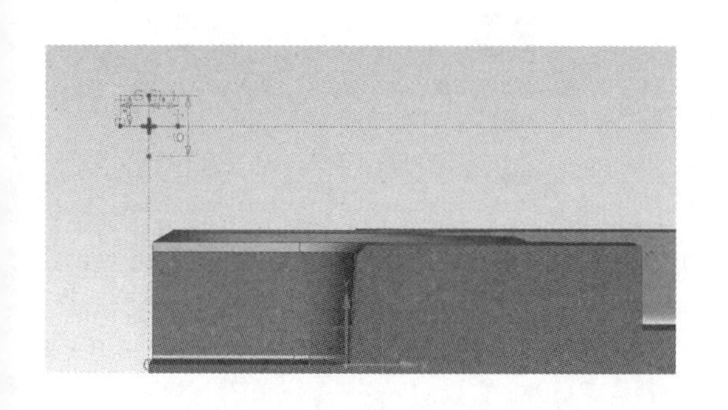

图 4.4.3　草图中绘制辅助图形

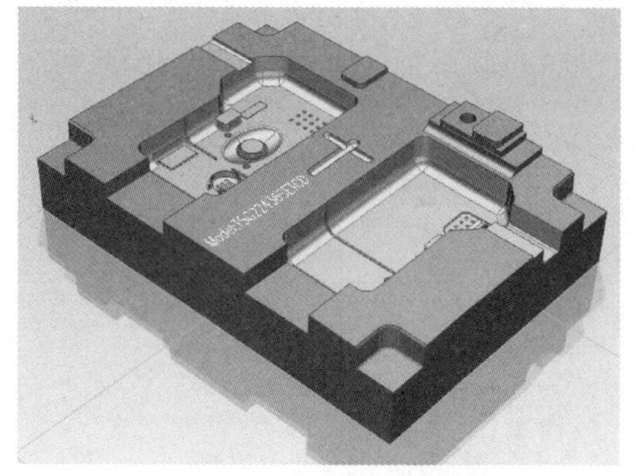

图 4.4.4　完成后的效果

2. 进入加工模块

打开【启动】菜单→【加工】，进入加工模块→打开【加工环境】对话框，【CAM 会话配置】cam_general，【要创建的 CAM 组装】mill_contour→【确定】（如图 4.4.5 进入加工模块）。

3. 创建刀具

→【创建刀具】→选择【平底刀】→【名称】D30→在【刀具设置】对话框中→【(D) 直径】30→【刀具号】1→【确定】（如图 4.4.6 创建 1 号刀具）。

→【创建刀具】→选择【平底刀】→【名称】D15→在【刀具设置】对话框中→【(D) 直径】15→【刀具号】2→【确定】（如图 4.4.7 创建 2 号刀具）。

→【创建刀具】→选择【平底刀】→【名称】D8→在【刀具设置】对话框中→【(D) 直径】8→【刀具号】3→【确定】（如图 4.4.8 创建 3 号刀具）。

图 4.4.5　进入加工模块

图 4.4.6　创建 1 号刀具

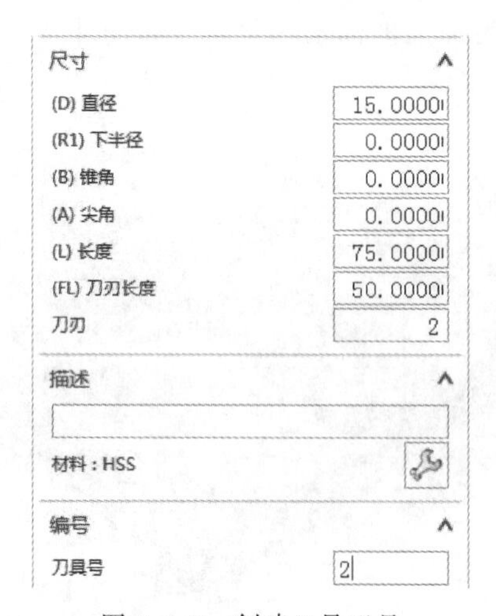

图 4.4.7　创建 2 号刀具

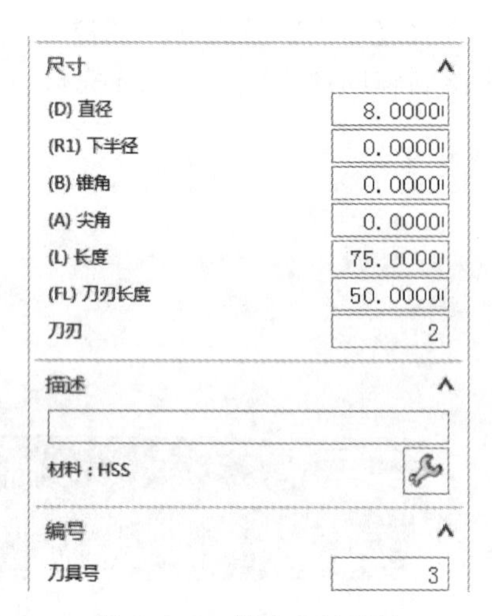

图 4.4.8　创建 3 号刀具

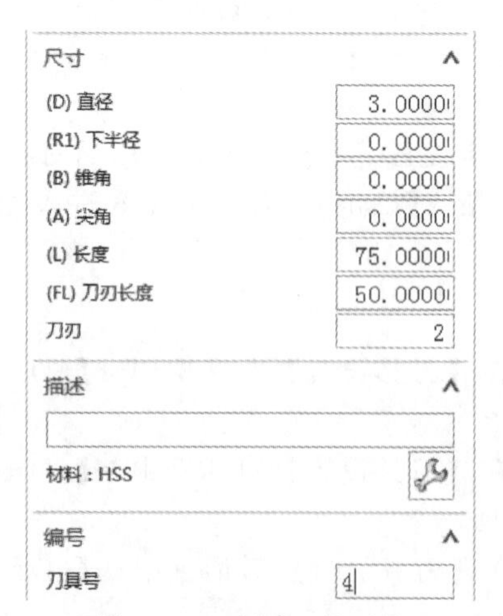

图 4.4.9　创建 4 号刀具

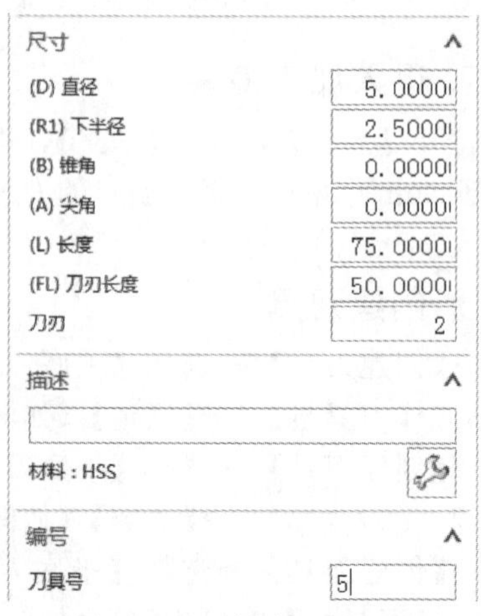

图 4.4.10　创建 5 号刀具

→【创建刀具】→选择【平底刀】→【名称】D3→在【刀具设置】对话框中→【（D）直径】3→【刀具号】4→【确定】（如图 4.4.9 创建 4 号刀具）。

→【创建刀具】→选择【平底刀】→【名称】D5R2.5→在【刀具设置】对话框中→【（D）直径】5→【（R1）下半径】2.5→【刀具号】5→【确定】（如图 4.4.10 创建 5 号刀具）。

→【创建刀具】→选择【平底刀】→【名称】D1R0.5→在【刀具设置】对话框中→【（D）直径】1→【（R1）下半径】0.5→【刀具号】6→【确定】（如图 4.4.11 创建 6 号刀具）。

尺寸	
(D) 直径	1.0000
(R1) 下半径	0.5000
(B) 锥角	0.0000
(A) 尖角	0.0000
(L) 长度	75.0000
(FL) 刀刃长度	50.0000
刀刃	2
描述	
材料：HSS	
编号	
刀具号	6

图 4.4.11　创建 6 号刀具

4. 设置坐标系和创建毛坯

【几何视图】→双击【MCS_MILL】→点击绘制辅助交叉点，将加工坐标系移至毛坯左下角的上平面点即可→设定【安全距离】2→【确定】（如图 4.4.12 设置坐标系）。

→打开 MCS_MILL 前的【+】号，双击【WORKPIECE】→在【工件】对话框中→点击【指定部件】按钮→点击工件→【确定】（如图 4.4.13 指定部件）。

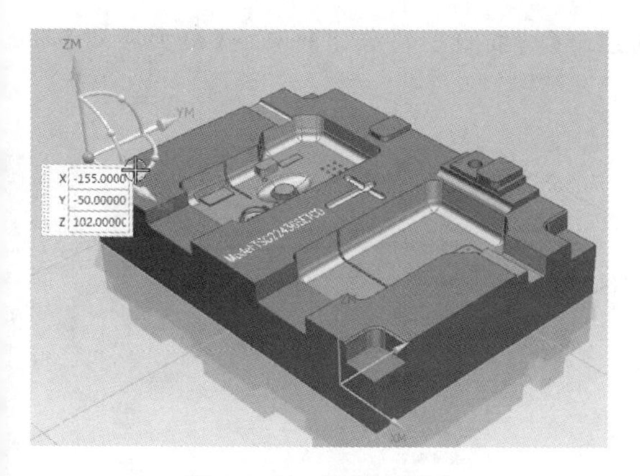

图 4.4.12　设置坐标系

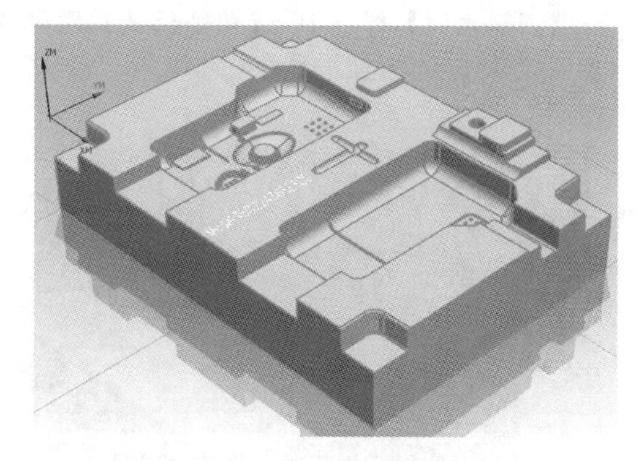

图 4.4.13　指定部件

→点击【指定毛坯】按钮→在弹出的【毛坯几何体】对话中→【类型】→选择【包容块】，设置最小化包容工件的毛坯→毛坯设置的效果如下→【确定】→【确定】（如图 4.4.14 创建毛坯）。

三、ϕ30 的平底刀型腔铣开粗加工

1. 选择粗加工方法

【程序顺序视图】→【创建工序】→弹出【创建工序】对话框→【类型】mill_contour→【工序子类型】型腔铣→【程序】PROGRAM→【刀具】D30→【几何体】WORKPIECE→【方法】MILL_ROUGH，进行粗加工→【名称】cu→【确定】（如图 4.4.15 选择粗加工方法）

2. 选择加工区域

在弹出的【型腔铣】对话框中→【指定切削区域】→选择要加工的曲面→【确定】（如图 4.4.16 选择加工区域）。

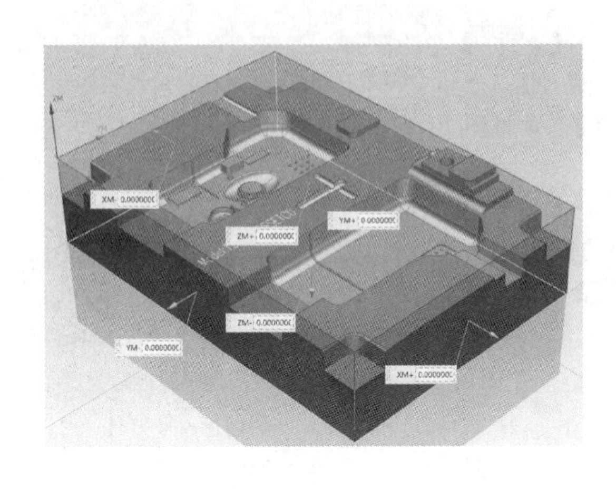

图 4.4.14　创建毛坯

图 4.4.15　选择粗加工方法

3. 设置加工参数

【刀轨设置】栏目中→【切削模式】跟随周边→【平面直径百分比】85→【最大距离】3（如图 4.4.17 设置加工参数）。

图 4.4.16　选择加工区域

图 4.4.17　设置加工参数

4. 设置切削参数

打开【切削参数】→【策略】【切削】【切削顺序】深度优先→【余量】【部件侧面余量】0.3→【确定】（如图 4.4.18 深度优先、图 4.4.19 余量）。

5. 设置非切削移动

打开【非切削移动】→【进刀】→【封闭区域】【进刀类型】螺旋→【开放区域】【进刀类型】与封闭区域相同→【确定】（如图 4.4.20 设置非切削移动）。

6. 设置进给率和速度

打开【进给率和速度】→勾选【主轴速度（rpm）】3000→【进给率】【切削】450→【确定】（如图 4.4.21 设置进给率和速度）。

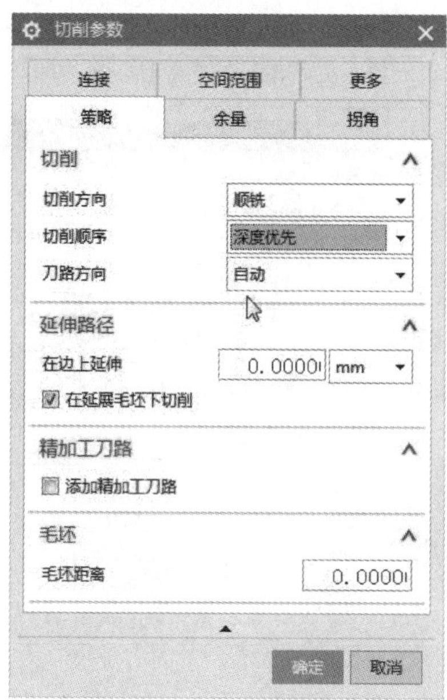

图 4.4.18　深度优先

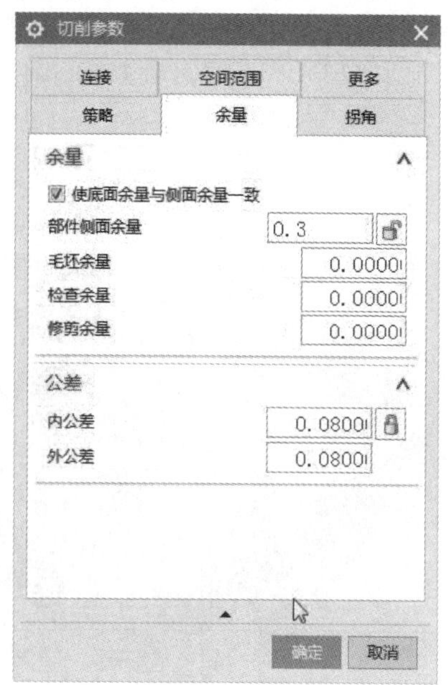

图 4.4.19　余量

图 4.4.20　设置非切削移动

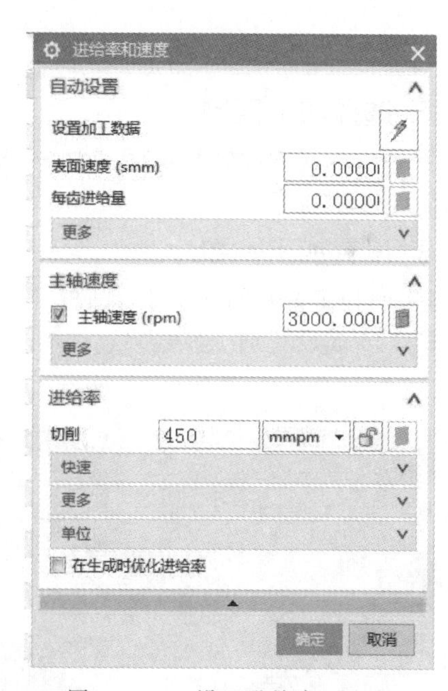

图 4.4.21　设置进给率和速度

7. 生成刀具路径

【操作】栏目中→点击【生成刀具路径】，生成该步操作的刀具路径（如图 4.4.22 生成刀具路径）。

四、ϕ15 的平底刀型腔铣第一次精加工所有区域

1. 选择精加工方法

【程序顺序视图】→【创建工序】→弹出【创建工序】对话框→【类型】mill_contour→

【工序子类型】型腔铣→【程序】PROGRAM→【刀具】D15→【几何体】WORKPIECE→【方法】MILL_FINISH→【名称】banjing1→【确定】(如图 4.4.23 选择精加工方法)。

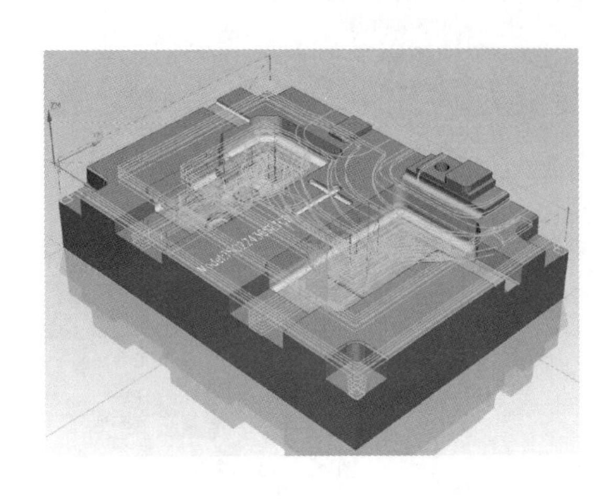

图 4.4.22　生成刀具路径

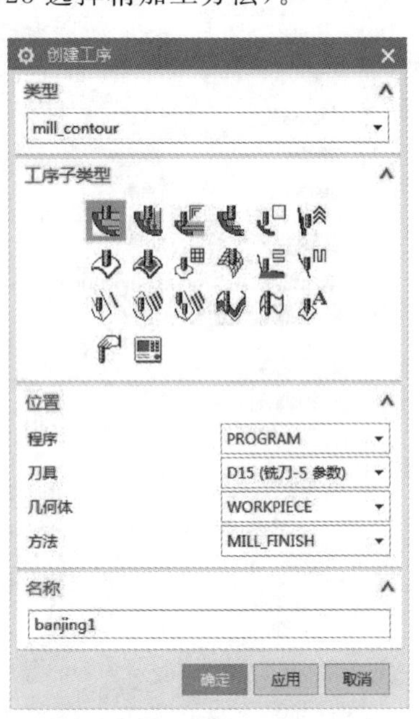

图 4.4.23　选择精加工方法

2. 选择加工区域

在弹出的【型腔铣】对话框中→【指定切削区域】→选择要加工的平面→【确定】(如图 4.4.24 选择加工区域)。

3. 设置加工参数

【刀轨设置】栏目中→【切削模式】跟随部件→【平面直径百分比】60→【最大距离】1(如图 4.4.25 设置加工参数)。

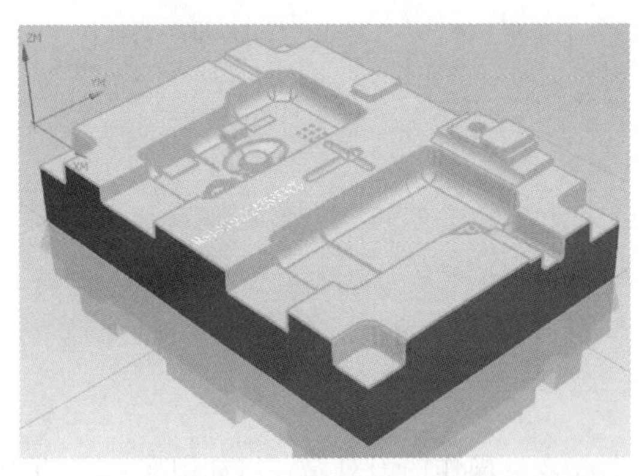

图 4.4.24　选择加工区域

图 4.4.25　设置加工参数

4. 设置切削参数

打开【切削参数】→【策略】【切削】【切削顺序】深度优先→【余量】所有均设为 0→【空间范围】【毛坯】【处理中的工件】使用基于层的→【确定】(如图 4.4.26 深度优先、图 4.4.27 余量、图 4.4.28 使用基于层的)。

图 4.4.26　深度优先

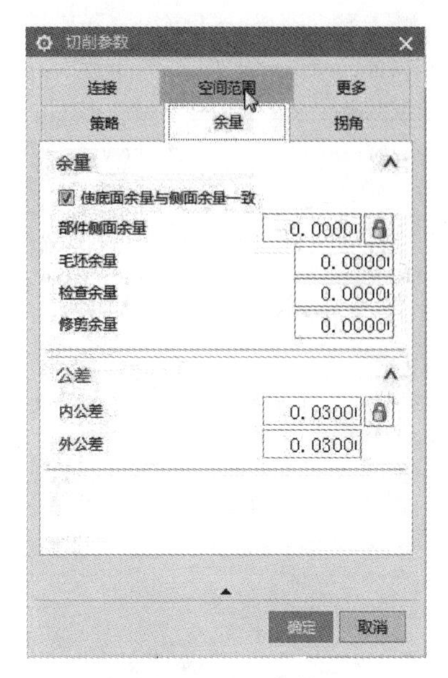

图 4.4.27　余量

5. 设置非切削移动

打开【非切削移动】→【进刀】→【封闭区域】【进刀类型】插削→【开放区域】【进刀类型】与封闭区域相同→【确定】(如图 4.4.29 设置非切削移动)。

图 4.4.28　使用基于层的

图 4.4.29　设置非切削移动

6. 设置进给率和速度

打开【进给率和速度】→勾选【主轴速度(rpm)】3500→【进给率】【切削】350→【确定】(如图 4.4.30 设置进给率和速度)。

7. 生成刀具路径

【操作】栏目中→点击【生成刀具路径】，生成该步操作的刀具路径(如图 4.4.31 生成刀具路径)。

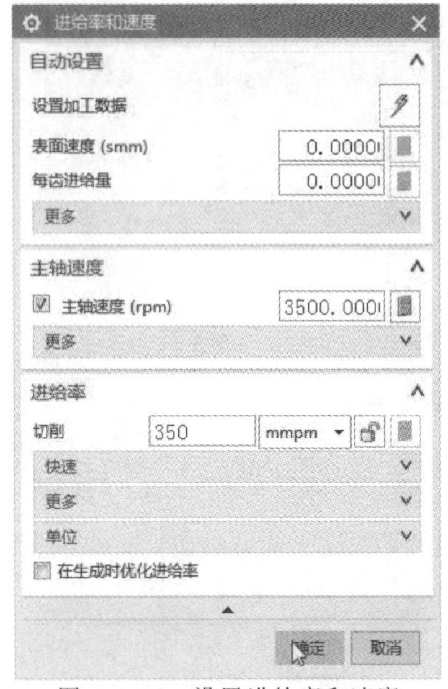

图 4.4.30　设置进给率和速度

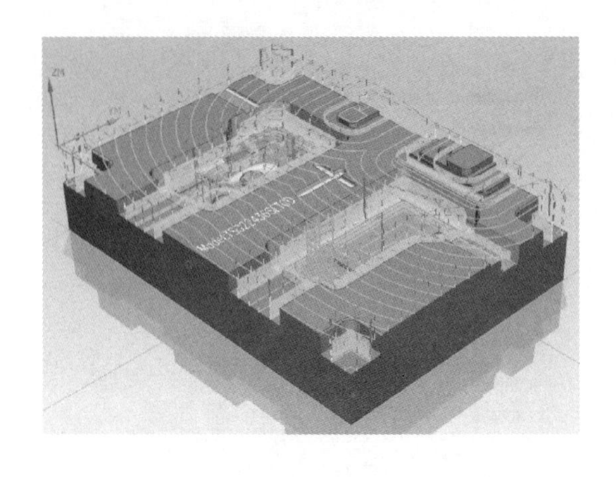
图 4.4.31　生成刀具路径

五、$\phi 8$ 的平底刀型腔铣第二次精加工所有区域

1. 选择精加工方法

【程序顺序视图】→【创建工序】→弹出【创建工序】对话框→【类型】mill_contour→【工序子类型】型腔铣→【程序】PROGRAM→【刀具】D8→【几何体】WORKPIECE→【方法】MILL_FINISH→【名称】banjing2→【确定】(如图 4.4.32 选择精加工方法)。

2. 选择加工区域

在弹出的【型腔铣】对话框中→【指定切削区域】→选择要加工的平面→【确定】(如图 4.4.33 选择加工区域)。

图 4.4.32　选择精加工方法

图 4.4.33　选择加工区域

3. 设置加工参数

【刀轨设置】栏目中→【切削模式】跟随部件→【平面直径百分比】60→【最大距离】1（如图 4.4.34 设置加工参数）。

4. 设置切削参数

打开【切削参数】→【策略】【切削】【切削顺序】深度优先→【余量】所有均设为 0→【空间范围】【毛坯】【处理中的工件】使用基于层的→【确定】（如图 4.4.35 深度优先、图 4.4.36 余量、图 4.4.37 使用基于层的）。

图 4.4.34　设置加工参数

图 4.4.35　深度优先

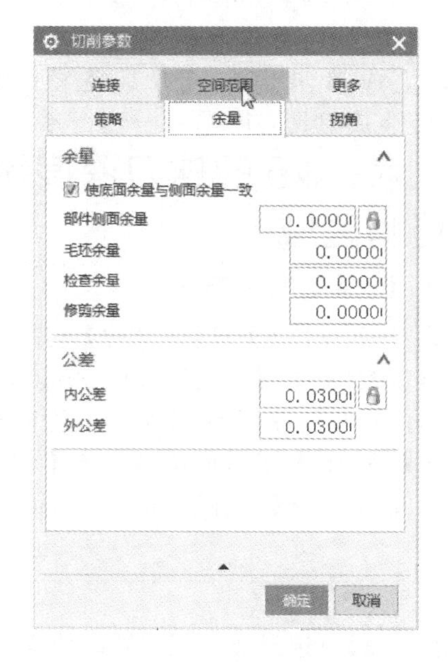

图 4.4.36　余量

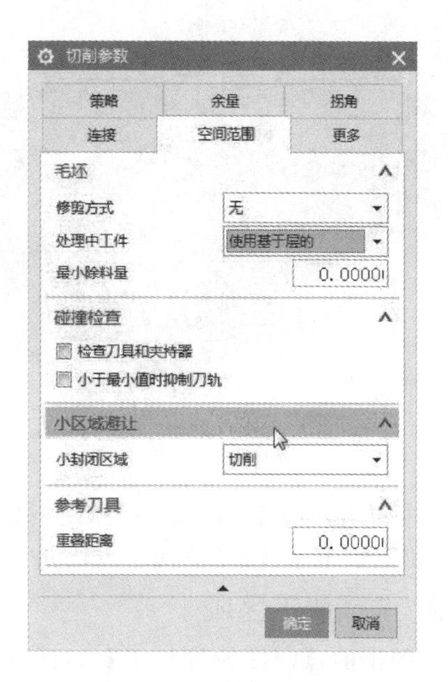

图 4.4.37　使用基于层的

5. 设置非切削移动

打开【非切削移动】→【进刀】→【封闭区域】【进刀类型】插削→【开放区域】【进刀类型】与封闭区域相同→【确定】(如图 4.4.38 设置非切削移动)。

6. 设置进给率和速度

打开【进给率和速度】→勾选【主轴速度(rpm)】3500→【进给率】【切削】220→【确定】(如图 4.4.39 设置进给率和速度)。

图 4.4.38 设置非切削移动

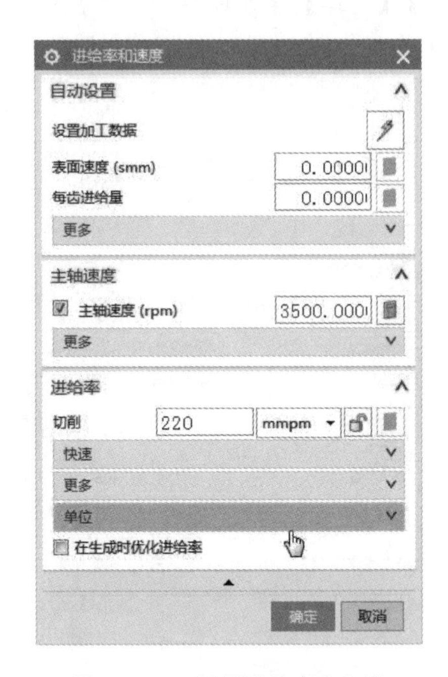

图 4.4.39 设置进给率和速度

7. 生成刀具路径

【操作】栏目中→点击【生成刀具路径】,生成该步操作的刀具路径(如图 4.4.40 生成刀具路径)。

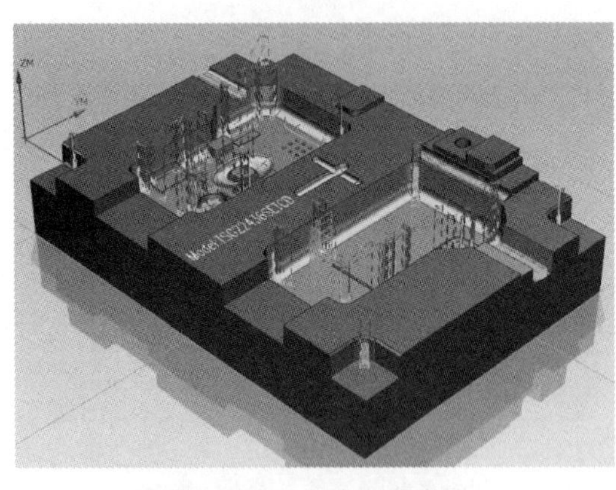

图 4.4.40 生成刀具路径

六、ϕ5 的球刀深度铣侧面陡峭区域

1. 选择精加工方法

【程序顺序视图】→【创建工序】→弹出【创建工序】对话框→【类型】mill _ contour→【工序子类型】深度轮廓加工(等高轮廓铣)→【程序】PROGRAM →【刀具】D5R2.5→【几何体】WORKPIECE→【方法】FINISH 精加工→【名称】jing-douqiao→【确定】(如图 4.4.41 选择精加工方法)。

2. 选择加工区域

在弹出的【深度轮廓加工】对话框中→【指定切削区域】→选择要加工的陡峭曲面→【确定】(如图 4.4.42 选择加工区域)。

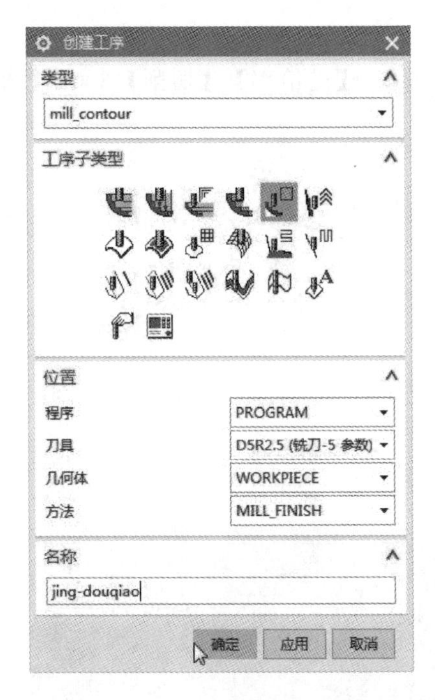

图 4.4.41　选择精加工方法

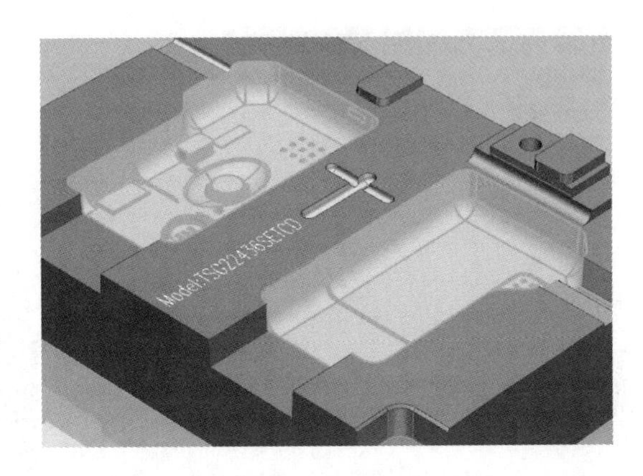

图 4.4.42　选择加工区域

3. 设置加工参数

弹出【深度轮廓加工】对话框→【陡峭空间范围】仅陡峭的→【陡峭空间范围】30→【最大距离】0.3（如图 4.4.43 设置加工参数）。

4. 设置非切削移动

打开【非切削移动】→【进刀】→【封闭区域】【进刀类型】插削→【开放区域】【进刀类型】与封闭区域相同→【确定】（如图 4.4.44 设置非切削移动）。

图 4.4.43　设置加工参数

图 4.4.44　设置非切削移动

5. 设置进给率和速度

打开【进给率和速度】→勾选【主轴速度（rpm)】3000→【进给率】【切削】300→【确定】(如图 4.4.45 设置进给率和速度)。

6. 生成刀具路径

【操作】栏目中→点击【生成刀具路径】，生成该步操作的刀具路径（如图 4.4.46 生成刀具路径)。

图 4.4.45　设置进给率和速度

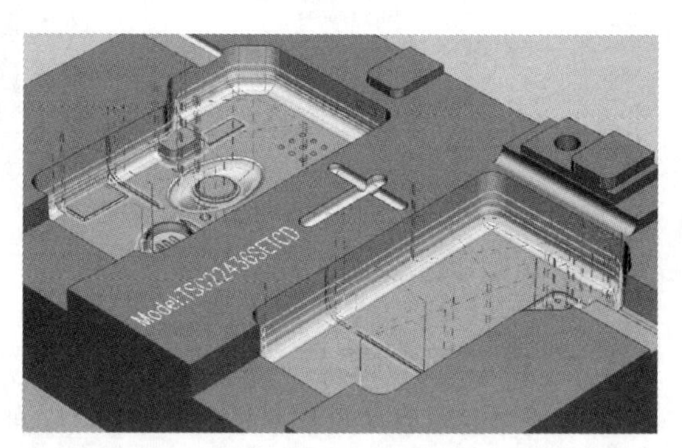

图 4.4.46　生成刀具路径

七、ϕ5 的球刀固定轴轮廓铣精加工曲面区域

1. 选择精加工方法

图 4.4.47　选择精加工方法

【程序顺序视图】→【创建工序】→弹出【创建工序】对话框→【类型】mill _ contour→【工序子类型】固定轴曲面轮廓铣→【程序】PROGRAM→【刀具】D5R2.5→【几何体】WORKPIECE→【方法】MILL _ FINISH→【名称】jing-qumian→【确定】(如图 4.4.47 选择精加工方法)。

2. 选择加工区域

在弹出的【固定轴轮廓铣】对话框中→【指定切削区域】→选择要加工的曲面→【确定】(如图 4.4.48 选择加工区域)。

3. 设置驱动方法及加工参数设置

【驱动方法】栏目中→【方法】区域铣削（如图 4.4.49 驱动方法)。

→弹出【区域铣削驱动方法】对话框→【陡峭空间范围】→【方法】非陡峭→【陡峭壁角度】50→【驱动设置】→【非陡峭切削模式】跟随周边→【平面直径百分比】8→【确定】(如图 4.4.50 加工参数设置)。

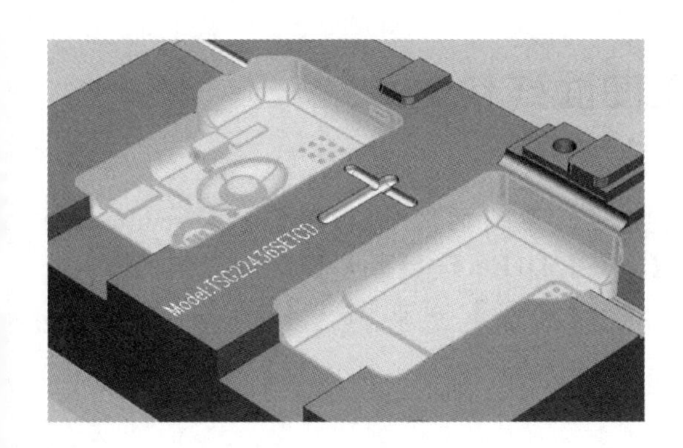

图 4.4.48　选择加工区域

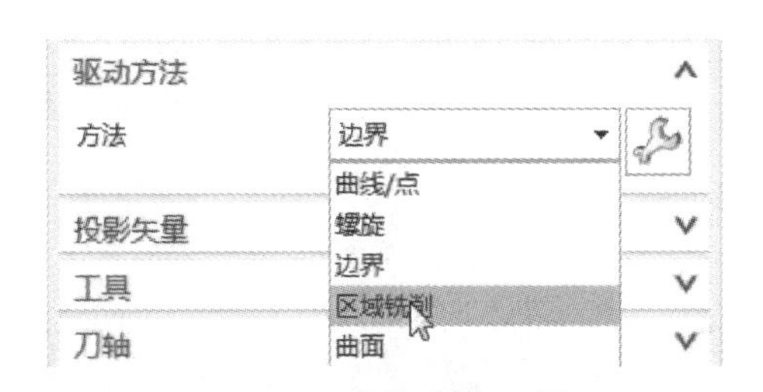

图 4.4.49　驱动方法

图 4.4.50　加工参数设置

4. 设置进给率和速度

打开【进给率和速度】→勾选【主轴速度（rpm)】3000→【进给率】【切削】400→【确定】(如图 4.4.51 设置进给率和速度)。

5. 生成刀具路径

【操作】栏目中→点击【生成刀具路径】，生成该步操作的刀具路径（如图 4.4.52 生成

图 4.4.51　设置进给率和速度

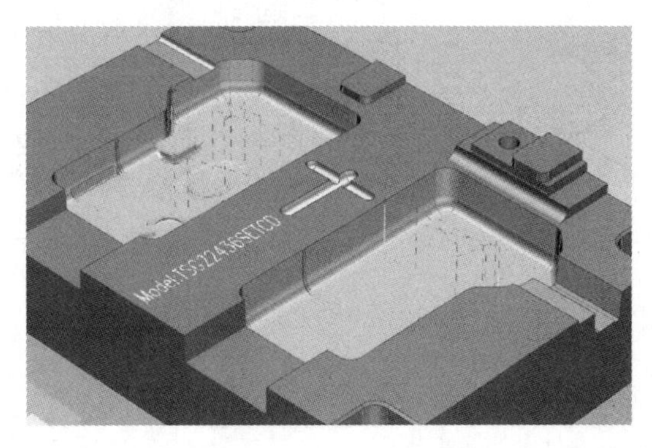

图 4.4.52　生成刀具路径

刀具路径）。

八、ϕ1的球刀型腔铣精加工曲面残料区域

1. 选择精加工方法

【程序顺序视图】→【创建工序】→弹出【创建工序】对话框→【类型】mill _ contour→【工序子类型】型腔铣→【程序】PROGRAM→【刀具】D1R0.5→【几何体】WORKPIECE→【方法】MILL _ FINISH→【名称】jing-canliao1→【确定】（如图 4.4.53 选择精加工方法）。

2. 选择加工区域

在弹出的【型腔铣】对话框中→【指定切削区域】→选择要加工的曲面→【确定】（如图 4.4.54 选择加工区域）。

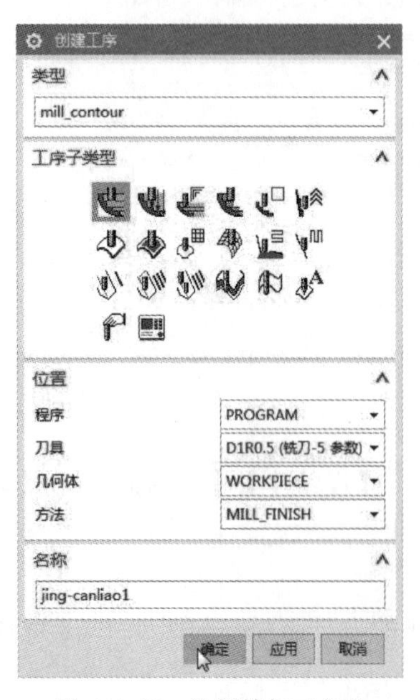

图 4.4.53　选择精加工方法

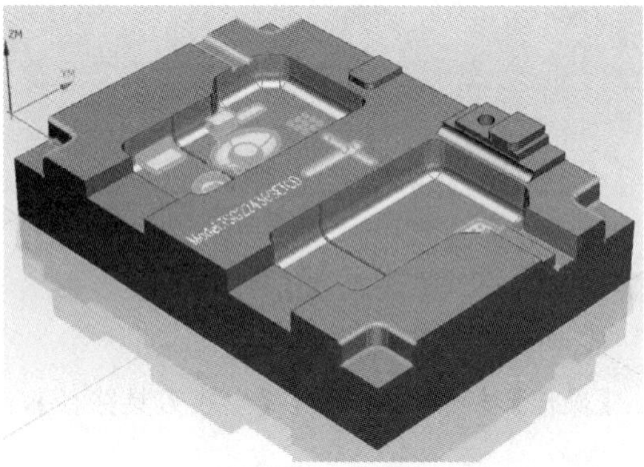

图 4.4.54　选择加工区域

3. 设置加工参数

图 4.4.55　设置加工参数

【刀轨设置】栏目中→【切削模式】跟随部件→【平面直径百分比】10→【最大距离】0.3（如图 4.4.55 设置加工参数）。

4. 设置切削参数

打开【切削参数】→【策略】【切削】【切削顺序】深度优先→【余量】所有均设为 0→【空间范围】【毛坯】【处理中的工件】使用基于层的→【确定】（如图 4.4.56 深度优先、图 4.4.57 余量、图 4.4.58 使用基于层的）。

5. 设置非切削移动

打开【非切削移动】→【进刀】→【封闭区域】【进刀类型】插削→【开放区域】【进刀类型】与封闭区域

相同→【确定】(如图 4.4.59 设置非切削移动)。

图 4.4.56　深度优先

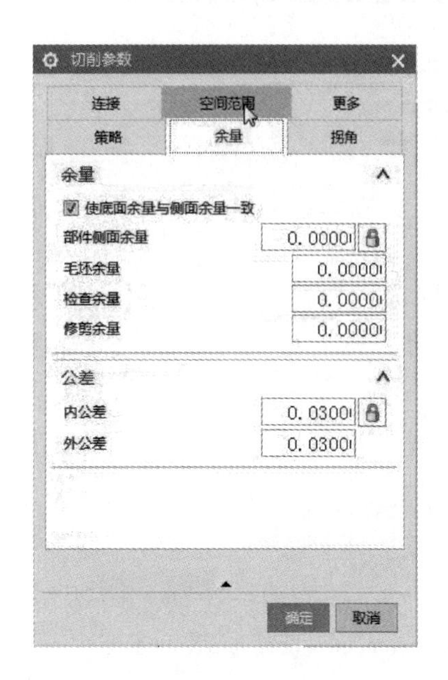

图 4.4.57　余量

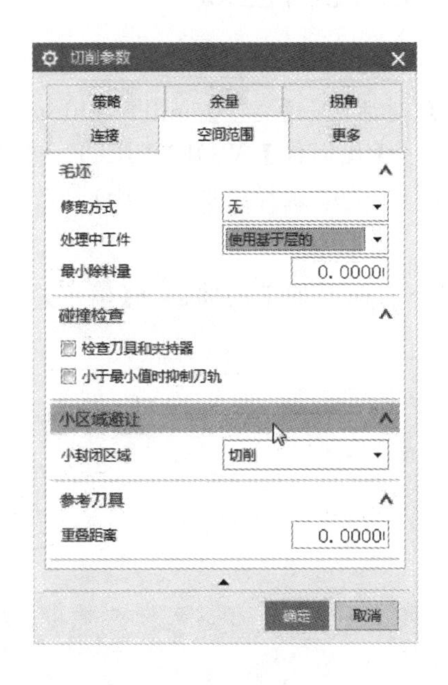

图 4.4.58　使用基于层的

图 4.4.59　设置非切削移动

6. 设置进给率和速度

打开【进给率和速度】→勾选【主轴速度(rpm)】4000→【进给率】【切削】180→【确定】(如图 4.4.60 设置进给率和速度)。

7. 生成刀具路径

【操作】栏目中→点击【生成刀具路径】，生成该步操作的刀具路径(如图 4.4.61 生成刀具路径)。

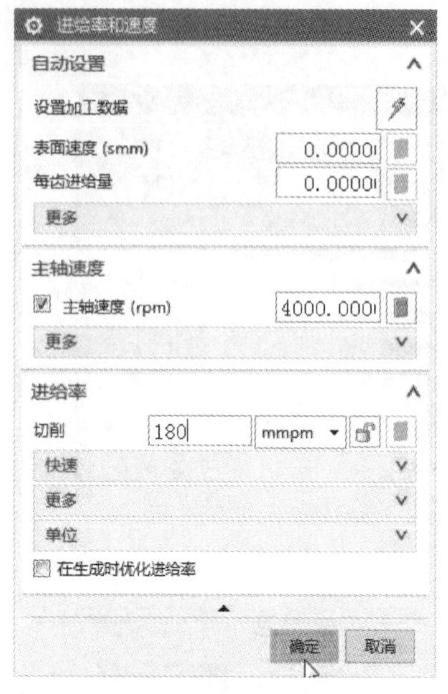

图 4.4.60 设置进给率和速度

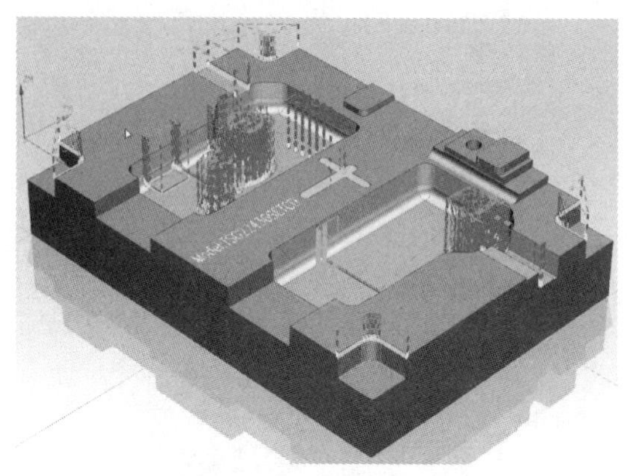

图 4.4.61 生成刀具路径

九、$\phi 3$ 的平底刀型腔铣精加工曲面残料区域

1. 选择精加工方法

【程序顺序视图】→【创建工序】→弹出【创建工序】对话框→【类型】mill _ contour→【工序子类型】型腔铣→【程序】PROGRAM→【刀具】D3→【几何体】WORKPIECE→【方法】MILL _ FINISH→【名称】jing-canliao2→【确定】(如图 4.4.62 选择精加工方法)。

2. 选择加工区域

在弹出的【型腔铣】对话框中→【指定切削区域】→选择要加工的曲面→【确定】(如图 4.4.63 选择加工区域)。

图 4.4.62 选择精加工方法

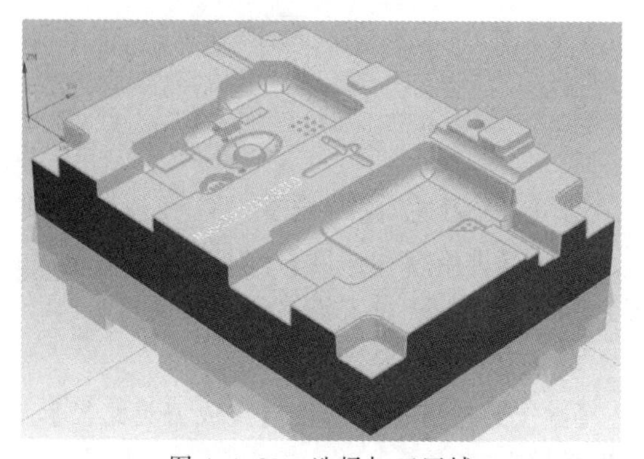

图 4.4.63 选择加工区域

3. 设置加工参数

【刀轨设置】栏目中→【切削模式】跟随部件→【平面直径百分比】6→【最大距离】0.3（如图4.4.64 设置加工参数）。

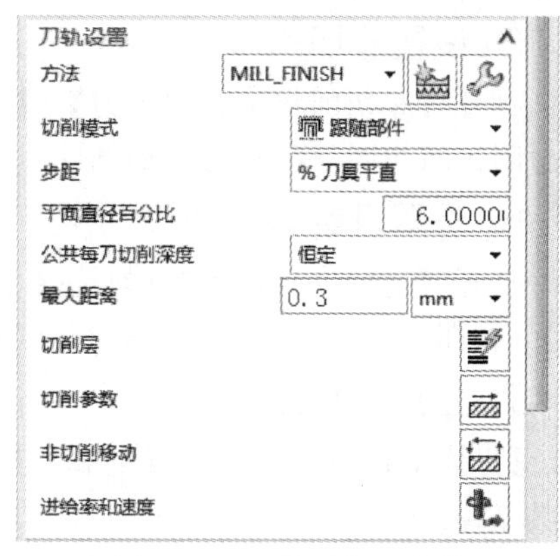

图 4.4.64　设置加工参数

4. 设置切削参数

打开【切削参数】→【策略】【切削】【切削顺序】深度优先→【余量】所有均设为 0→【空间范围】【毛坯】【处理中的工件】使用基于层的→【确定】（如图4.4.65 深度优先、图 4.4.66 余量、图 4.4.67 使用基于层的）。

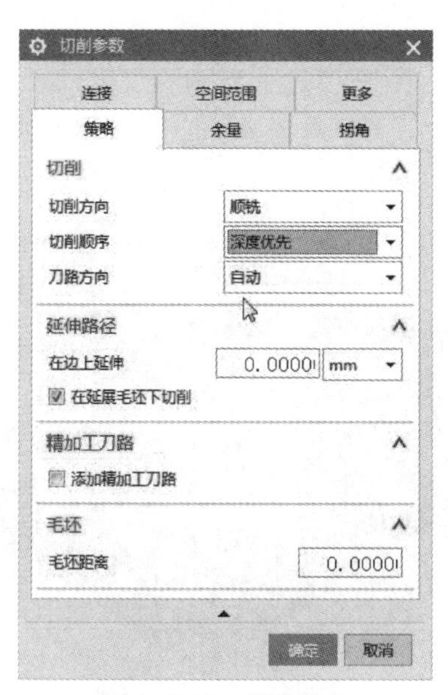

图 4.4.65　深度优先

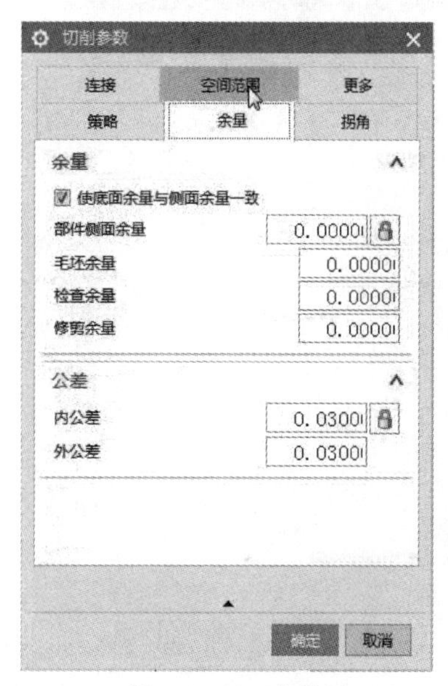

图 4.4.66　余量

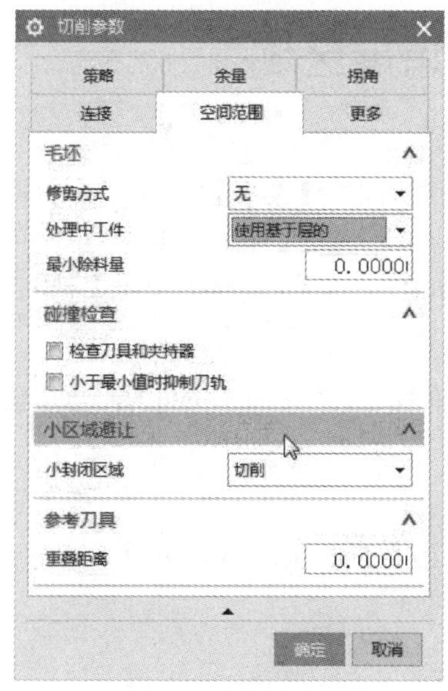

图 4.4.67　使用基于层的

图 4.4.68　设置非切削移动

5. 设置非切削移动

打开【非切削移动】→【进刀】→【封闭区域】【进刀类型】插削→【开放区域】【进刀类型】与封闭区域相同→【确定】(如图 4.4.68 设置非切削移动)。

6. 设置进给率和速度

打开【进给率和速度】→勾选【主轴速度（rpm）】3500→【进给率】【切削】250→【确定】(如图 4.4.69 设置进给率和速度)。

7. 生成刀具路径

【操作】栏目中→点击【生成刀具路径】，生成该步操作的刀具路径（如图 4.4.70 生成刀具路径)。

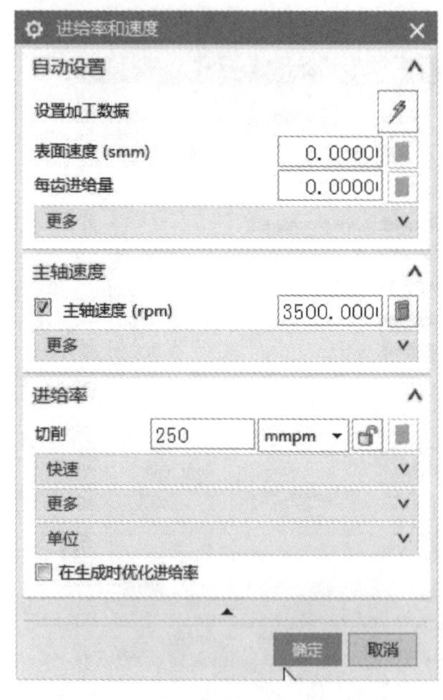

图 4.4.69　设置进给率和速度

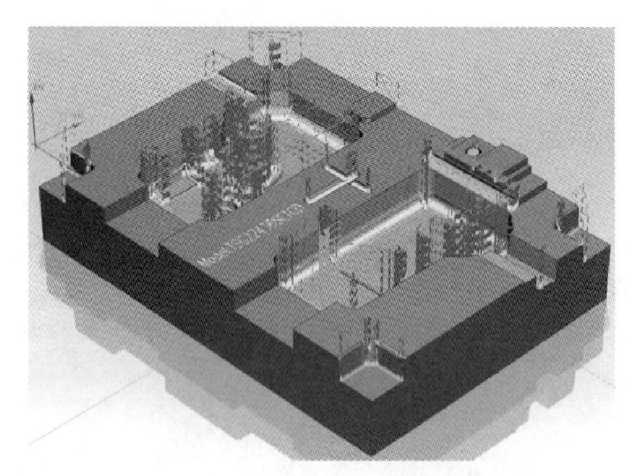

图 4.4.70　生成刀具路径

十、ϕ1 的球刀清根精加工曲面的角落区域

1. 选择精加工方法

【程序顺序视图】→【创建工序】→弹出【创建工序】对话框→【类型】mill _ contour→【工序子类型】单刀路清根→【程序】PROGRAM→【刀具】D1R0.5→【几何体】WORKPIECE→【方法】FINISH 精加工→【名称】qinggeng→【确定】(如图 4.4.71 选择精加工方法)。

2. 选择加工区域

在弹出的【单刀路清根】对话框中→【指定切削区域】→选择要加工的陡峭曲面→【确定】(如图 4.4.72 选择加工区域)。

3. 设置进给率和速度

【刀轨设置】栏目中→打开【进给率和速度】→勾选【主轴速度（rpm)】4000→【进给率】【切削】150→【确定】(如图 4.4.73 设置进给率和速度)。

4. 生成刀具路径

【操作】栏目中→点击【生成刀具路径】，生成该步操作的刀具路径（如图 4.4.74 生成

刀具路径）。

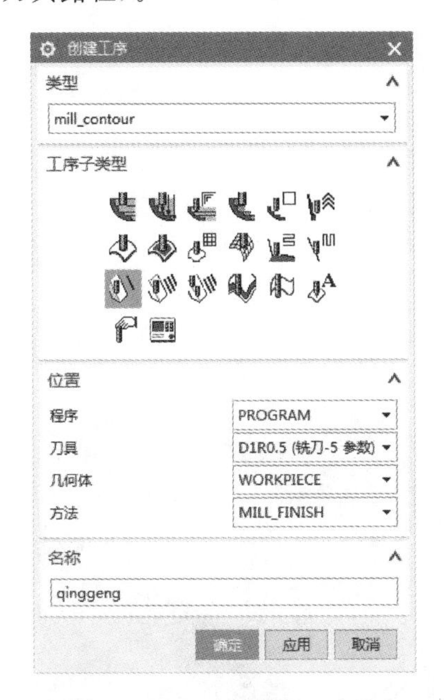

图 4.4.71　选择精加工方法

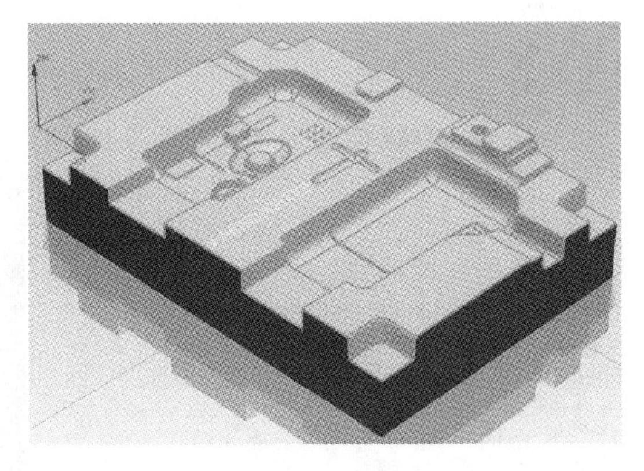

图 4.4.72　选择加工区域

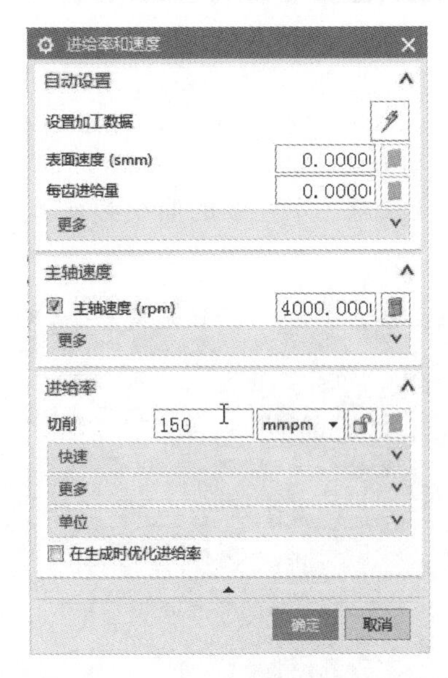

图 4.4.73　设置进给率和速度

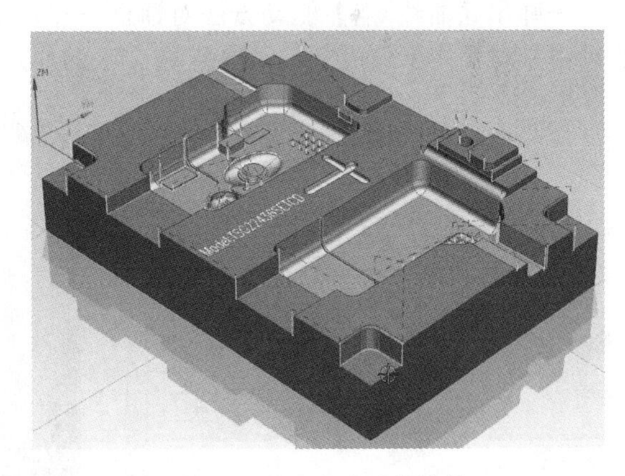

图 4.4.74　生成刀具路径

十一、$\phi 1$ 的球刀固定轴轮廓铣刻字

1. 选择精加工方法

【程序顺序视图】→【创建工序】→弹出【创建工序】对话框→【类型】mill _ contour→【工序子类型】固定轴曲面轮廓铣→【程序】PROGRAM→【刀具】D1R0.5→【几何体】WORKPIECE→【方法】MILL _ FINISH→【名称】wenzi→【确定】（如图 4.4.75 选择精加工方法）。

2. 选择加工区域

在弹出的【固定轴轮廓铣】对话框中→【指定切削区域】→选择要文字所在的曲面→【确定】(如图 4.4.76 选择加工区域)。

图 4.4.75 选择精加工方法

图 4.4.76 选择加工区域

3. 设置驱动方法及加工参数设置

【驱动方法】栏目中→【方法】曲线/点(如图 4.4.77 驱动方法)。

→弹出【曲线/点】驱动方法对话框→点选文字的曲线(注意:不连续的曲线必须新建驱动组)→【确定】(如图 4.4.78 点选文字的曲线)。

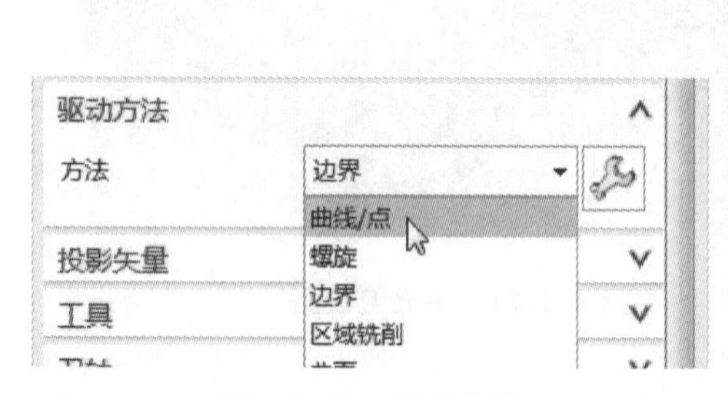

图 4.4.77 驱动方法

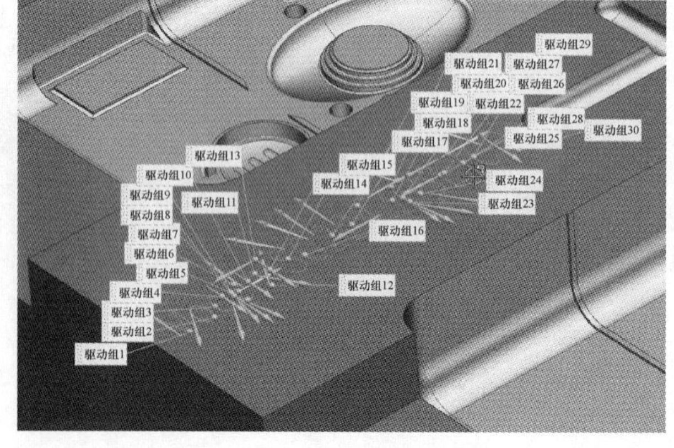

图 4.4.78 点选文字的曲线

4. 设置切削参数

打开【切削参数】→【余量】【余量】部件余量－0.4→【确定】(如图 4.4.79 余量)。

5. 设置非切削移动

打开【非切削移动】→【进刀】→【开放区域】【进刀类型】插削→【确定】(如图 4.4.80 设置非切削移动)。

图 4.4.79　余量

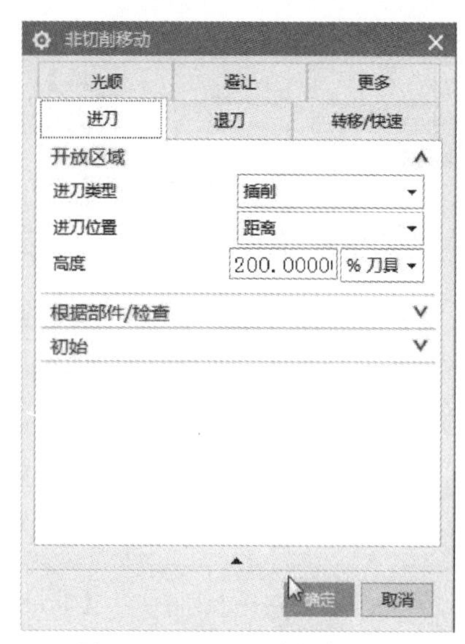

图 4.4.80　设置非切削移动

6. 设置进给率和速度

打开【进给率和速度】→勾选【主轴速度（rpm)】15000→【进给率】【切削】300→【确定】(如图 4.4.81 设置进给率和速度)。

7. 生成刀具路径

【操作】栏目中→点击【生成刀具路径】，生成该步操作的刀具路径（如图 4.4.82 生成刀具路径)。

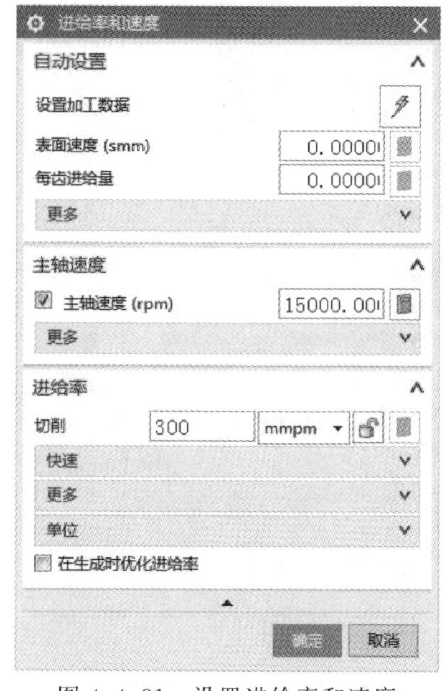

图 4.4.81　设置进给率和速度

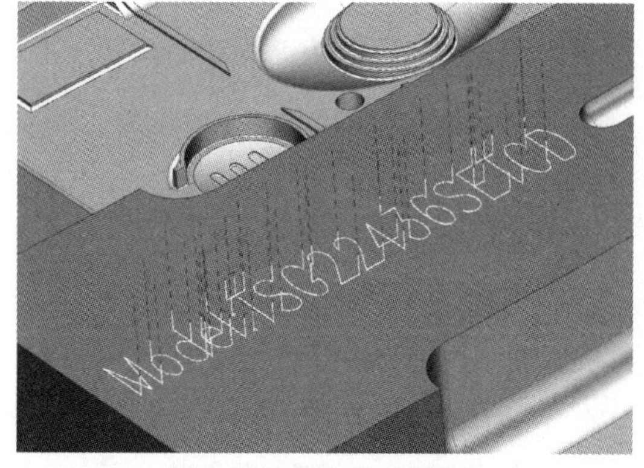

图 4.4.82　生成刀具路径

十二、ϕ5 的球刀固定轴轮廓铣精顶部曲面区域

1. 选择精加工方法

【程序顺序视图】→【创建工序】→弹出【创建工序】对话框→【类型】mill _ contour→【工

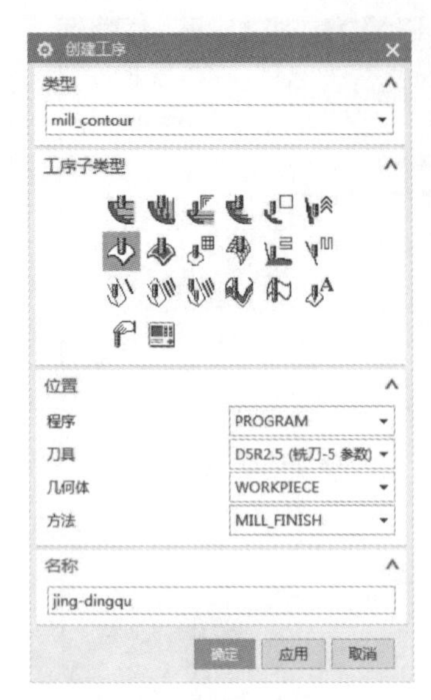

图 4.4.83 选择精加工方法

序子类型】固定轴曲面轮廓铣→【程序】PROGRAM→【刀具】D5R2.5→【几何体】WORKPIECE→【方法】MILL_FINISH→【名称】jing-dingqu→【确定】（如图 4.4.83 选择精加工方法）。

2. 选择加工区域

在弹出的【固定轴轮廓铣】对话框中→【指定切削区域】→选择要加工的曲面→【确定】（如图 4.4.84 选择加工区域）。

3. 设置驱动方法及加工参数设置

【驱动方法】栏目中→【方法】区域铣削（如图 4.4.85 驱动方法）。

→弹出【区域铣削】驱动方法对话框→【驱动设置】→【非陡峭切削模式】往复→【平面直径百分比】8→【剖切角】指定→【与 XC 夹角】－90→【确定】（如图 4.4.86 加工参数设置）。

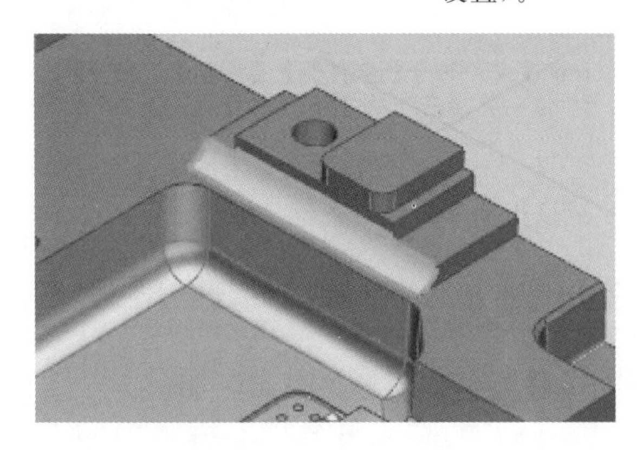

图 4.4.84 选择加工区域

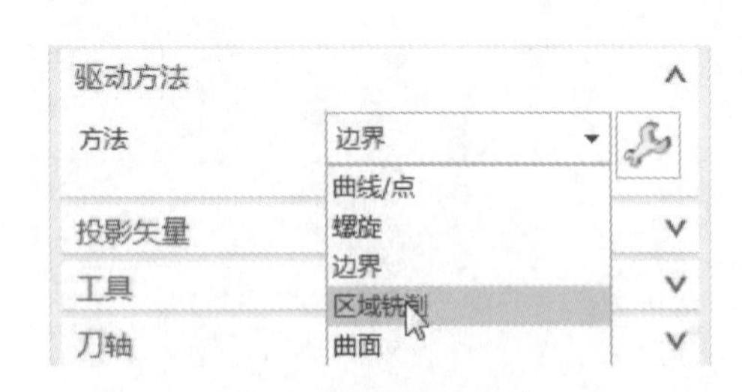

图 4.4.85 驱动方法

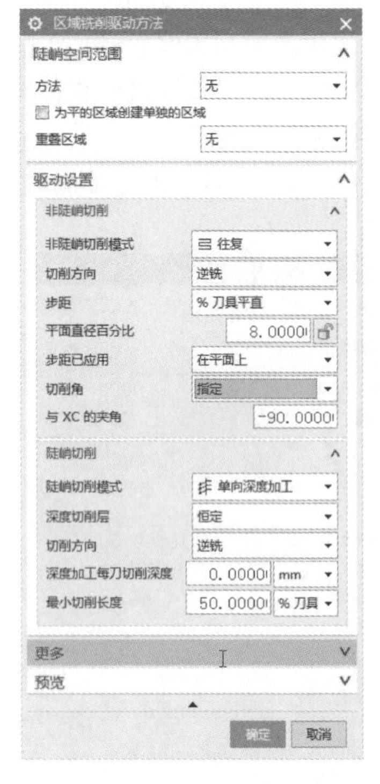

图 4.4.86 加工参数设置

4. 设置进给率和速度

打开【进给率和速度】→勾选【主轴速度（rpm）】3000→【进给率】【切削】200→【确定】（如图 4.4.87 设置进给率和速度）。

5. 生成刀具路径

【操作】栏目中→点击【生成刀具路径】，生成该步操作的刀具路径（如图 4.4.88 生成刀具路径）。

图 4.4.87　设置进给率和速度

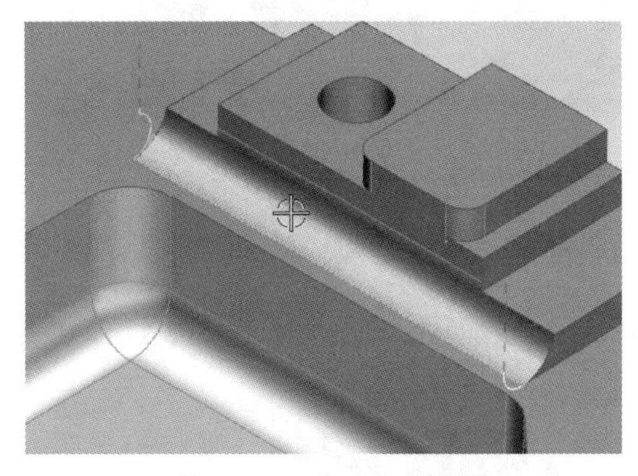

图 4.4.88　生成刀具路径

十三、最终验证模拟

在左侧目录列表中选择操作→点击【确认刀轨】按钮→在弹出的【刀轨可视化】对话框中→选择【2D 动态】→调整【动画速度】→点击【播放】(如图 4.4.89～图 4.4.98)。

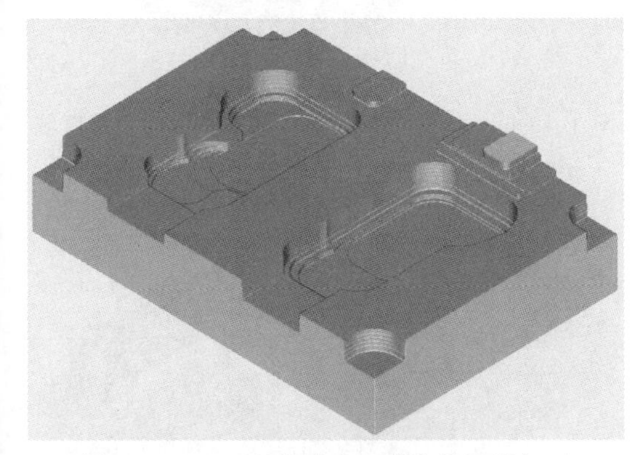

图 4.4.89　ϕ30 的平底刀型腔铣开粗加工

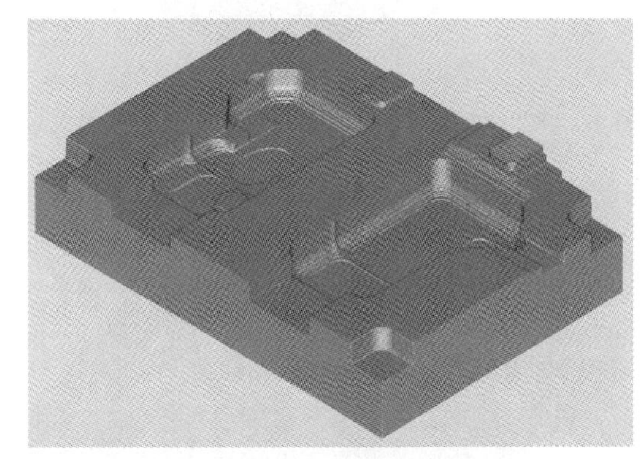

图 4.4.90　ϕ15 的平底刀型腔铣
第一次精加工所有区域

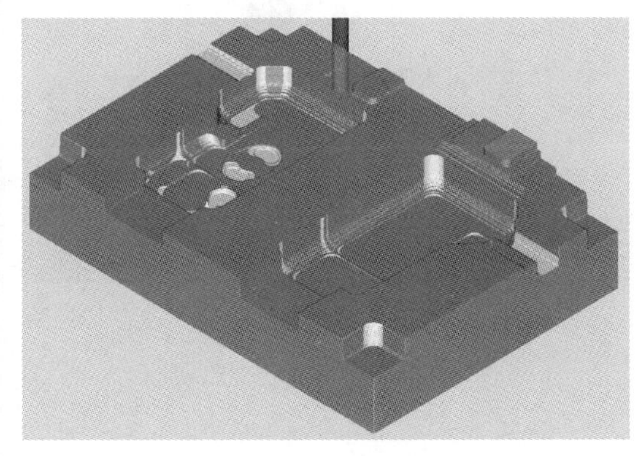

图 4.4.91　ϕ8 的平底刀型腔铣
第二次精加工所有区域

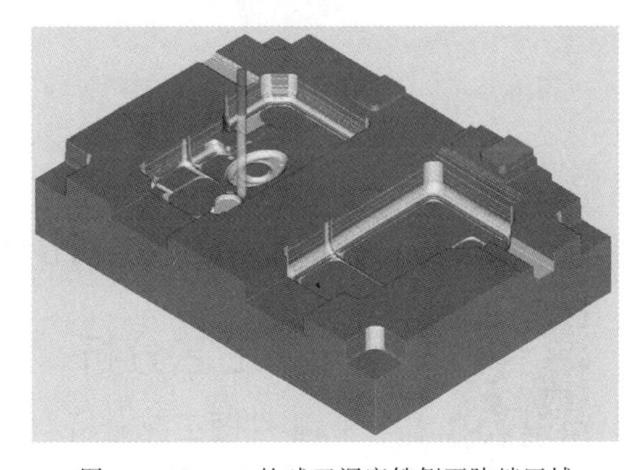

图 4.4.92　ϕ5 的球刀深度铣侧面陡峭区域

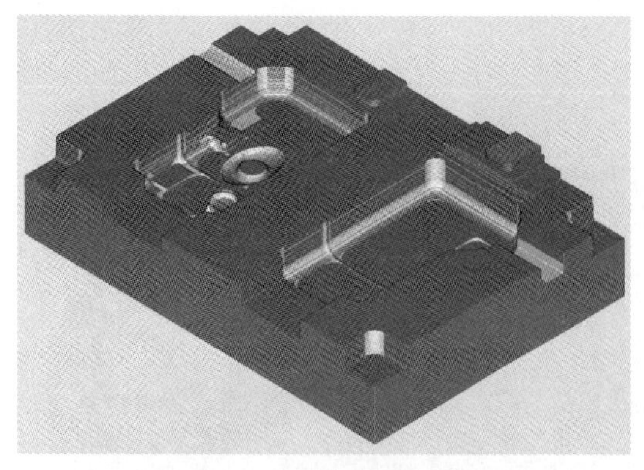

图 4.4.93　$\phi5$ 的球刀固定轴轮廓铣精加工曲面区域

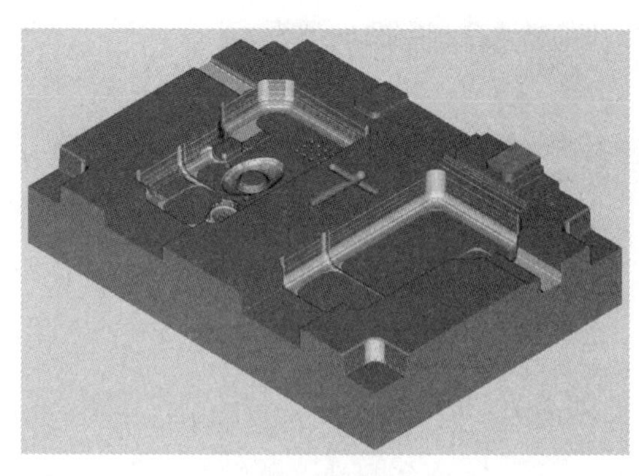

图 4.4.94　$\phi1$ 的球刀型腔铣精加工曲面残料区域

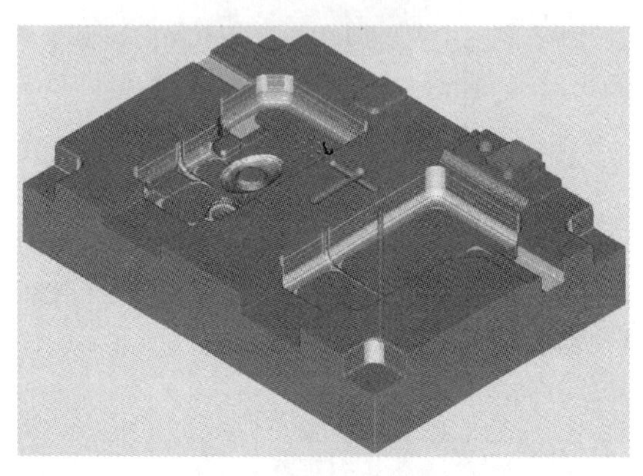

图 4.4.95　$\phi3$ 的平底刀型腔铣精加工曲面残料区域

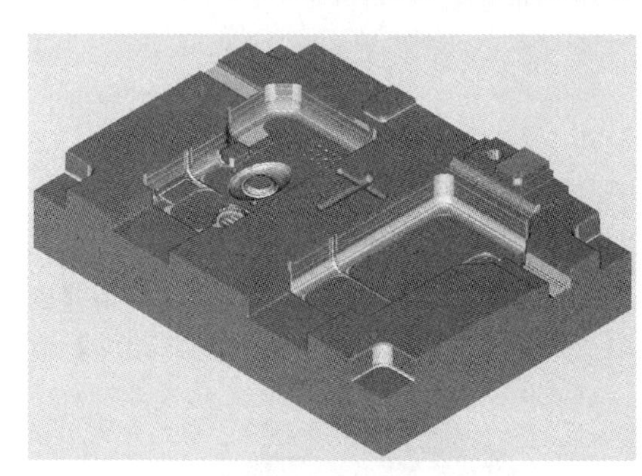

图 4.4.96　$\phi1$ 的球刀清根精加工曲面的角落区域

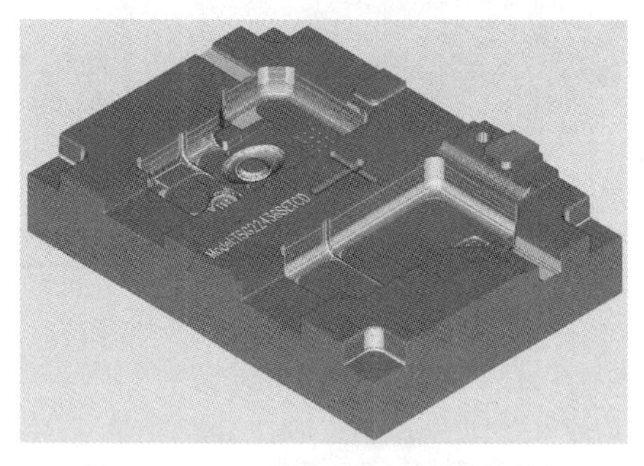

图 4.4.97　$\phi1$ 的球刀固定轴轮廓铣刻字

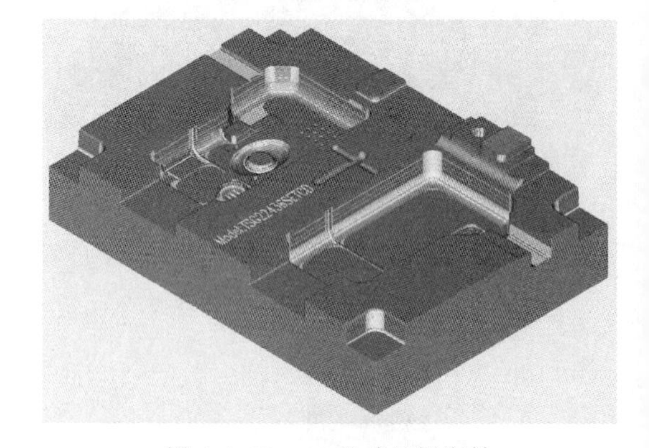

图 4.4.98　$\phi5$ 的球刀固定轴轮廓铣精顶部曲面区域

第五节　摩托车后视镜模具零件

摩托车后视镜模具零件

一、工艺分析

1. 零件图工艺分析

由图可以看出摩托车后视镜图形的基本的形状，中间由一连串曲面组成，在边角区域采用小的球刀修边（如图 4.5.1 摩托车后视镜模具零件）。

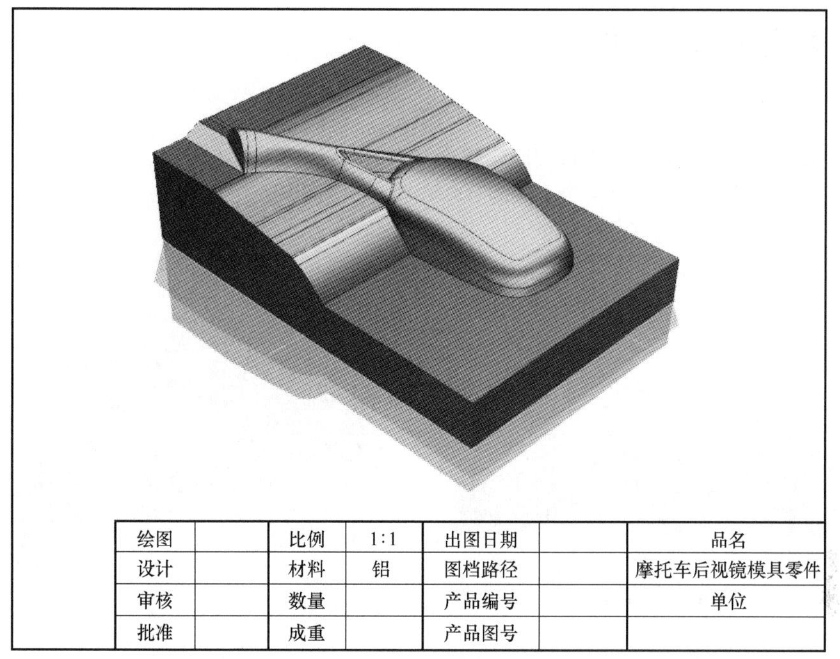

绘图		比例	1:1	出图日期		品名
设计		材料	铝	图档路径		摩托车后视镜模具零件
审核		数量		产品编号		单位
批准		成重		产品图号		

图 4.5.1　摩托车后视镜模具零件

工件无尺寸公差要求，轮廓描述清楚。零件材料为已经加工成型的标准铝块，无热处理和硬度要求。

2. 确定装夹方案、加工顺序及进给路线

工件采用通用的虎钳装夹方案，底部放置垫块，保证工件摆正，其装夹方式、加工区域和对刀点如图 4.5.2 所示。

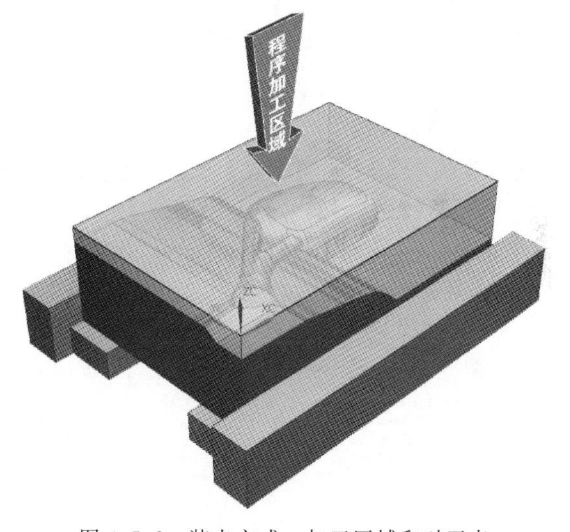

图 4.5.2　装夹方式、加工区域和对刀点

3. 刀具和加工区域选择

选用多把铣刀加工本例的区域，将所选定的刀具参数以及加工区域填入表 4.5.1 数控加工卡片中，以便于编程和操作管理。

表 4.5.1　数控加工卡片

产品名称或代号	模具零件加工综合实例	零件名称	摩托车后视镜模具零件	
序号	加工区域	刀具		
		名称	规格	刀号
1	ϕ12 的平底刀型腔铣粗加工的开粗操作	D12	ϕ10 平底刀	1
2	ϕ12 的平底刀型腔铣精加工三个大平面的区域	D12	ϕ10 平底刀	1
3	ϕ8 的球刀型腔铣半精加工的操作	D8R4	ϕ8 球刀	2
4	ϕ8 的球刀固定轴轮廓铣精加工后视镜左侧 Y 向的小曲面	D8R4	ϕ8 球刀	2
5	ϕ8 的球刀固定轴轮廓铣精加工后视镜周围 X 向的大曲面	D8R4	ϕ8 球刀	2
6	ϕ8 的球刀固定轴轮廓精加工后视镜顶部曲面区域	D8R4	ϕ8 球刀	2
7	ϕ8 的球刀深度轮廓精加工后视镜的陡峭曲面区域	D8R4	ϕ8 球刀	2
8	ϕ2 的球刀深度轮廓精加工后视镜的小三角曲面区域	D2R1	ϕ2 球刀	3
9	ϕ2 的球刀清根精加工后视镜剩余的角落曲面区域	D2R1	ϕ2 球刀	3
编制　×××	审核　×××	批准	×××	共 1 页

二、前期准备工作

1. 绘制辅助图形

进入【建模】模块式→【草图】中绘制图形，使之作为加工坐标系的原点（如图 4.5.3 草图中绘制辅助图形和图 4.5.4 完成后的效果）。

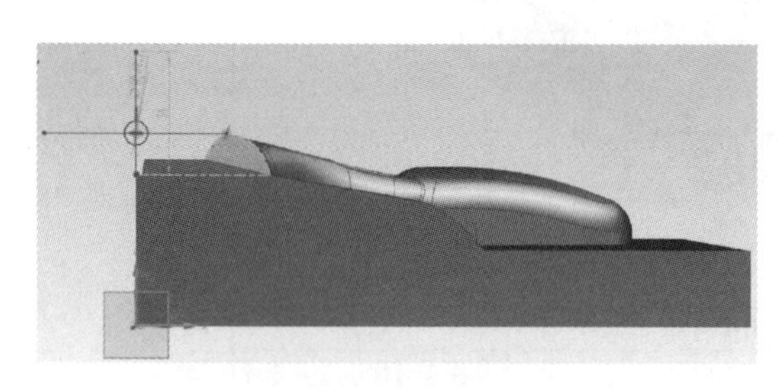

图 4.5.3　草图中绘制辅助图形

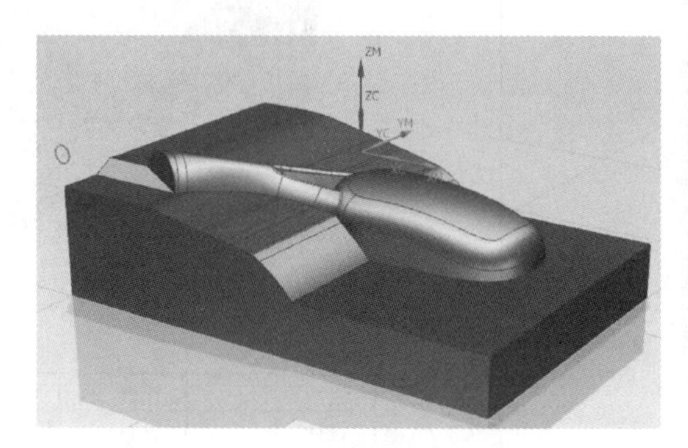

图 4.5.4　完成后的效果

2. 进入加工模块

打开【启动】菜单→【加工】，进入加工模块→打开【加工环境】对话框→【CAM 会话配置】cam _ general→【要创建的 CAM 组装】mill _ contour→【确定】（如图 4.5.5 进入加工模块）。

3. 创建刀具

【机床视图】→【创建刀具】→选择【平底刀】→【名称】D12→在【刀具设置】对话框中→【(D) 直径】12→【刀具号】1→【确定】（如图 4.5.6 创建 1 号刀具）。

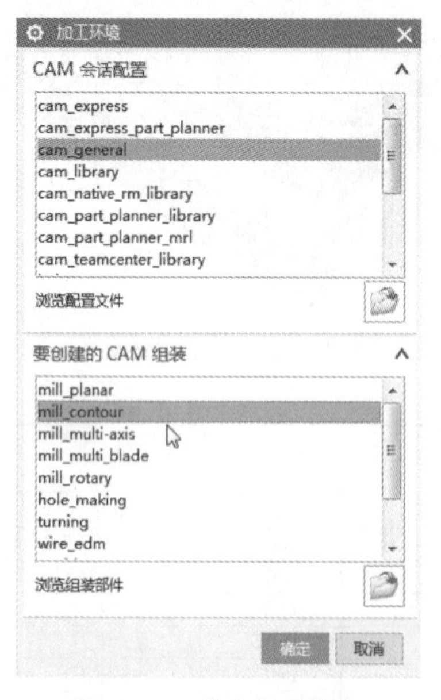

图 4.5.5　进入加工模块

图 4.5.6　创建 1 号刀具

→【创建刀具】→选择【平底刀】→【名称】D8R4→在【刀具设置】对话框中→【(D) 直径】8→【(R1) 下半径】4→【刀具号】2→【确定】（如图 4.5.7 创建 2 号刀具）。

→【创建刀具】→选择【平底刀】→【名称】D2R1→在【刀具设置】对话框中→【(D) 直径】2→【(R1) 下半径】1→【刀具号】2→【确定】(如图 4.5.8 创建 3 号刀具)。

图 4.5.7　创建 2 号刀具

图 4.5.8　创建 3 号刀具

4. 设置坐标系和创建毛坯

【几何视图】→双击【MCS _ MILL】→【MCS 坐标系】→点击圆心，将加工坐标系移动到圆心位置（如图）→设定【安全距离】2→【确定】(如图 4.5.9 设置坐标系)。

→打开 MCS _ MILL 前的【+】号，双击【WORKPIECE】→在【工件】对话框中→点击【指定部件】按钮→点击工件→【确定】(如图 4.5.10 指定部件)。

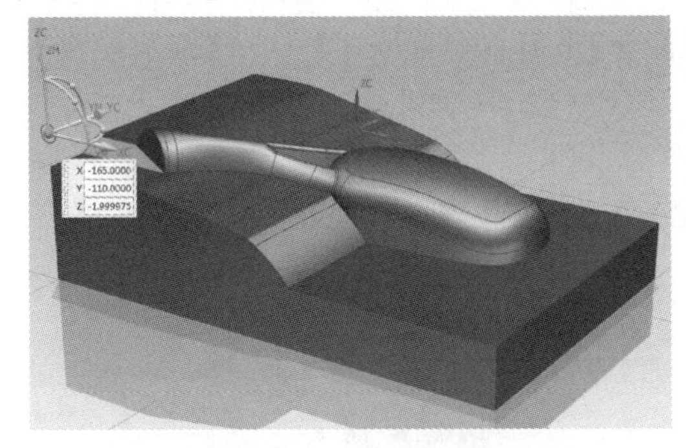

图 4.5.9　设置坐标系

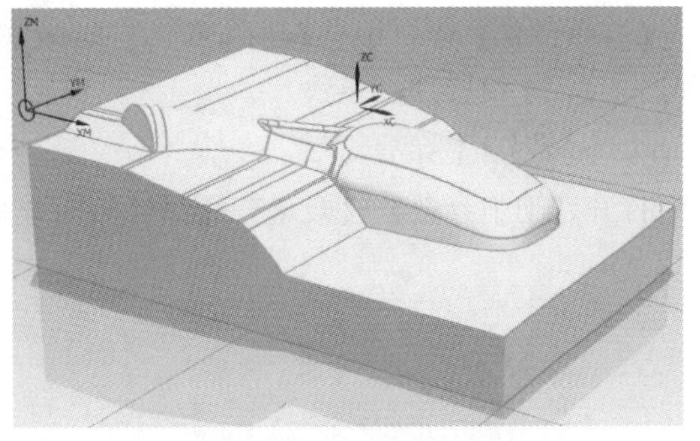

图 4.5.10　指定部件

→点击【指定毛坯】按钮→在弹出的【毛坯几何体】对话中→【类型】→选择【包容块】，设置最小化包容工件的毛坯→设置【ZM+】值为 2，毛坯设置的效果如图→【确定】→【确定】(如图 4.5.11 创建毛坯)。

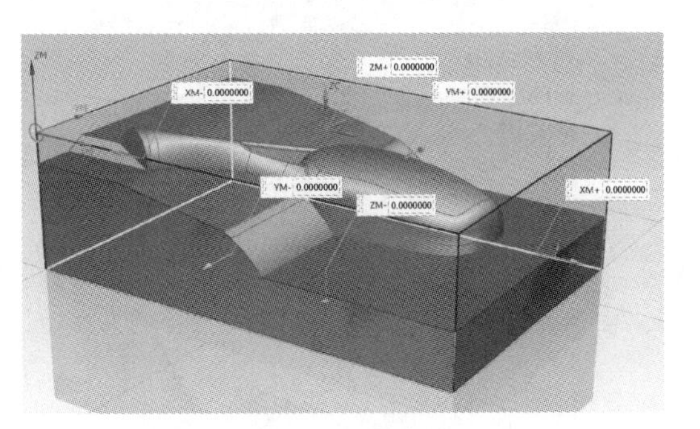

图 4.5.11　创建毛坯

三、ϕ12 的平底刀型腔铣粗加工的开粗操作

1. 选择粗加工方法

【程序顺序视图】→【创建工序】→弹出【创建工序】对话框→【类型】mill_contour→【工序子类型】型腔铣→【程序】PROGRAM→【刀具】D12→【几何体】WORKPIECE→【方法】ROUGH 粗加工→【名称】cu→【确定】(如图 4.5.12 选择粗加工方法)。

2. 选择加工区域

在弹出的【型腔铣】对话框中→【指定切削区域】→选择要加工的曲面→【确定】（如图 4.5.13 选择加工区域）。

图 4.5.12　选择粗加工方法

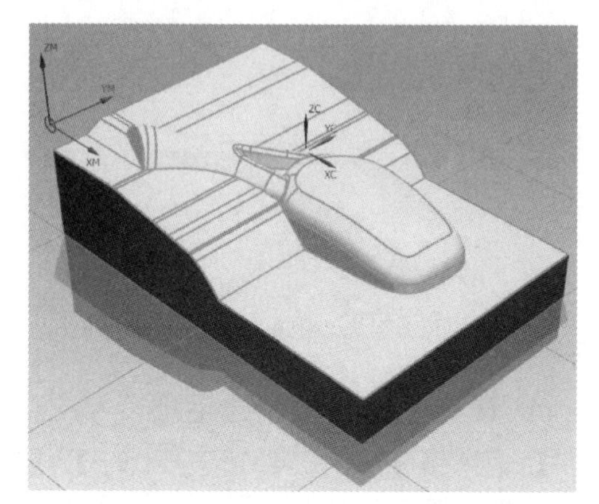

图 4.5.13　选择加工区域

3. 设置加工参数

【刀轨设置】栏目中→【切削模式】跟随部件→【平面直径百分比】60→【最大距离】3（如图 4.5.14 设置加工参数）。

4. 设置加工余量

打开【切削参数】→【余量】→【部件侧面余量】0.3→【确定】（如图 4.5.15 余量）。

图 4.5.14　设置加工参数

图 4.5.15　余量

5. 设置进给率和速度

打开【进给率和速度】→勾选【主轴速度（rpm）】2000→【进给率】【切削】400→【确定】（如图 4.5.16 设置进给率和速度）。

6. 生成刀具路径

【操作】栏目中→点击【生成刀具路径】，生成该步操作的刀具路径（如图 4.5.17 生成刀具路径）。

图 4.5.16　设置进给率和速度

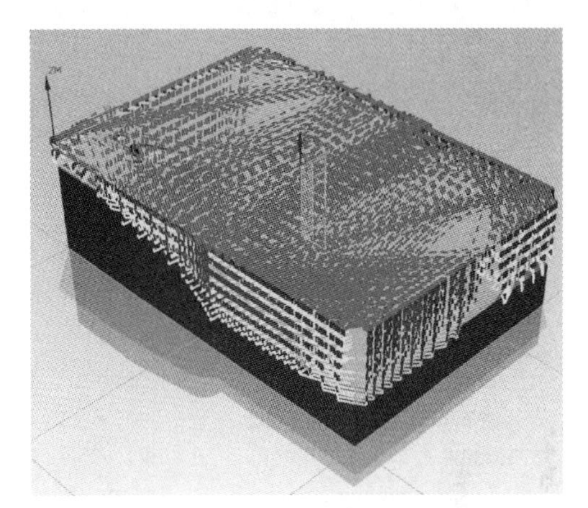

图 4.5.17　生成刀具路径

四、ϕ12 的平底刀型腔铣精加工三个大平面的区域

1. 选择精加工方法

【程序顺序视图】→【创建工序】→弹出【创建工序】对话框→【类型】mill_contour→【工序子类型】型腔铣→【程序】PROGRAM→【刀具】D12→【几何体】WORKPIECE→【方法】FINISH 精加工→【名称】jing-ping→【确定】（如图 4.5.18 选择精加工方法）。

2. 选择加工区域

在弹出的【型腔铣】对话框中→【指定切削区域】→选择要加工的曲面→【确定】（如图 4.5.19 选择加工区域）。

图 4.5.18　选择精加工方法

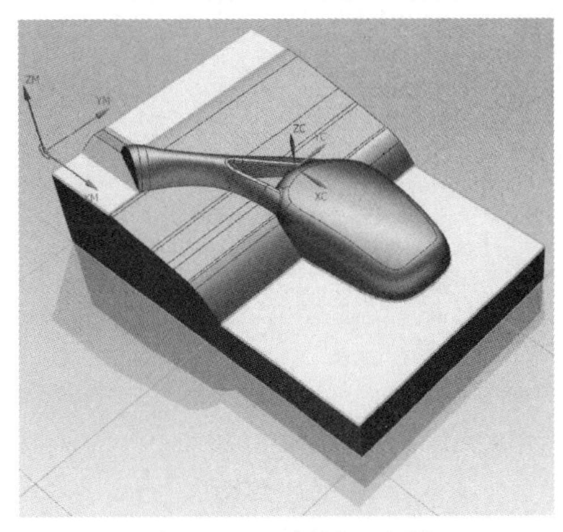

图 4.5.19　选择加工区域

3. 设置加工参数

【刀轨设置】栏目中→【切削模式】跟随部件→【平面直径百分比】50→【最大距离】1（如图 4.5.20 设置加工参数）。

4. 设置切削参数

打开【切削参数】→【余量】所有均设为 0→【空间范围】【毛坯】【处理中的工件】使用基于层的→【确定】（如图 4.5.21 使用基于层的）。

图 4.5.20　设置加工参数

图 4.5.21　使用基于层的

5. 设置进给率和速度

打开【进给率和速度】→勾选【主轴速度（rpm）】3500→【进给率】【切削】250→【确定】（如图 4.5.22 设置进给率和速度）。

6. 生成刀具路径

【操作】栏目中→点击【生成刀具路径】，生成该步操作的刀具路径（如图 4.5.23 生成刀具路径）。

图 4.5.22　设置进给率和速度

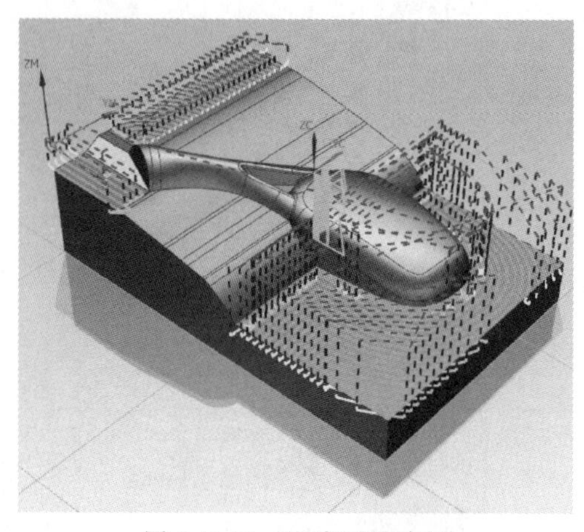

图 4.5.23　生成刀具路径

五、$\phi8$ 的球刀型腔铣半精加工的操作

1. 选择精加工方法

【程序顺序视图】→【创建工序】→弹出【创建工序】对话框→【类型】mill_contour→【工序子类型】型腔铣→【程序】PROGRAM→【刀具】D8R4→【几何体】WORKPIECE→【方法】FINISH 精加工→【名称】jing-1→【确定】(如图 4.5.24 选择精加工方法)。

2. 选择加工区域

在弹出的【型腔铣】对话框中→【指定切削区域】→选择要加工的曲面→【确定】(如图 4.5.25 选择加工区域)。

图 4.5.24　选择精加工方法

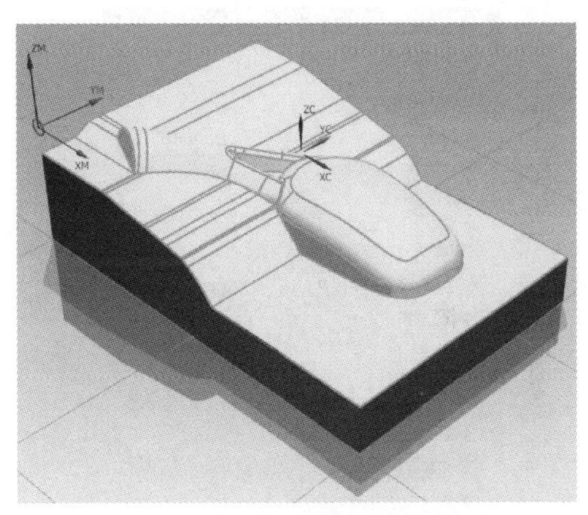

图 4.5.25　选择加工区域

3. 设置加工参数

【刀轨设置】栏目中→【切削模式】跟随部件→【平面直径百分比】30→【最大距离】1(如图 4.5.26 设置加工参数)。

4. 设置切削参数

打开【切削参数】→【余量】,所有均设为 0→【空间范围】【毛坯】【处理中的工件】使用基于层的→【确定】(如图 4.5.27 设置切削参数)。

5. 设置进给率和速度

打开【进给率和速度】→勾选【主轴速度(rpm)】3500→【进给率】【切削】400→【确定】(如图 4.5.28 设置进给率和速度)。

6. 生成刀具路径

【操作】栏目中→点击【生成刀具路径】,生成该步操作的刀具路径(如图 4.5.29 生成刀具路径)。

图 4.5.26　设置加工参数

图 4.5.27　设置切削参数

图 4.5.28　设置进给率和速度

图 4.5.29　生成刀具路径

六、ϕ8 的球刀固定轴轮廓铣精加工后视镜左侧 Y 向的小曲面

1. 选择精加工方法

【程序顺序视图】→【创建工序】→弹出【创建工序】对话框→【类型】mill_contour→【工序子类型】固定轴曲面轮廓铣→【程序】PROGRAM→【刀具】D8R4→【几何体】WORKPIECE→【方法】FINISH 精加工→【名称】jing-y→【确定】(如图 4.5.30 选择精加工方法)。

2. 选择加工区域

在弹出的【固定轮廓铣】对话框中→【指定切削区域】→选择要加工的曲面→【确定】(如图 4.5.31 选择加工区域)。

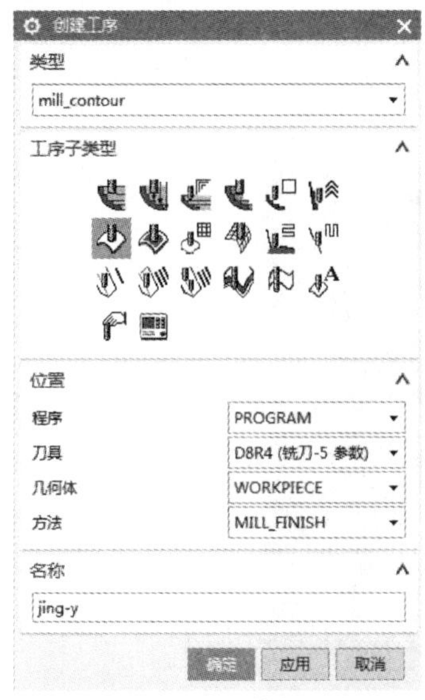

图 4.5.30　选择精加工方法

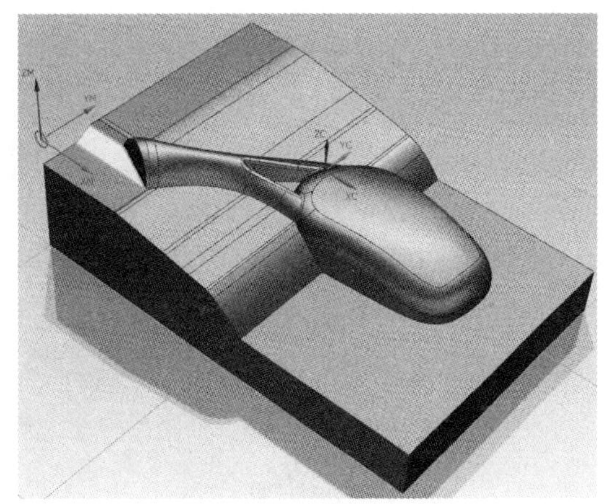

图 4.5.31　选择加工区域

3. 设置驱动方法及加工参数设置

【驱动方法置】栏目中→【方法】区域铣削（如图 4.5.32 驱动方法）。

→弹出【区域铣削】驱动方法对话框→【非陡峭切削模式】往复→【平面直径百分比】5→【剖切角】指定→【与 XC 的夹角】90→【确定】（如图 4.5.33 加工参数设置）。

4. 设置进给率和速度

打开【进给率和速度】→勾选【主轴速度（rpm）】3500→【进给率】【切削】200→【确定】（如图 4.5.34 设置进给率和速度）。

图 4.5.32　驱动方法

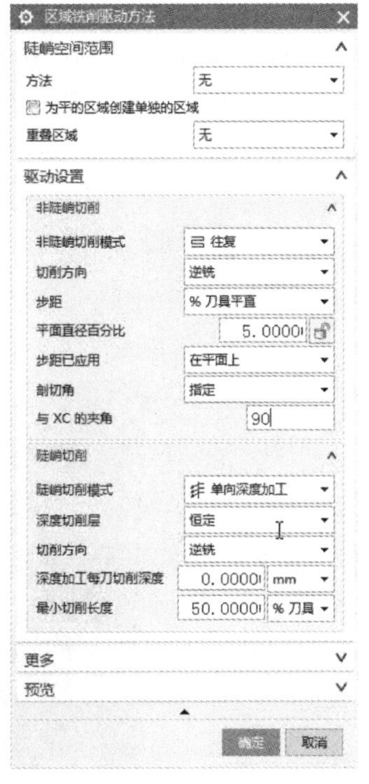

图 4.5.33　加工参数设置

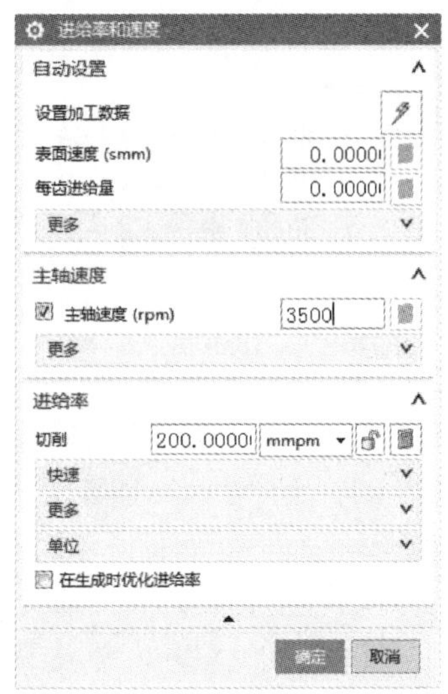

图 4.5.34　设置进给率和速度

5. 生成刀具路径

【操作】栏目中→点击【生成刀具路径】，生成该步操作的刀具路径（如图4.5.35生成刀具路径）。

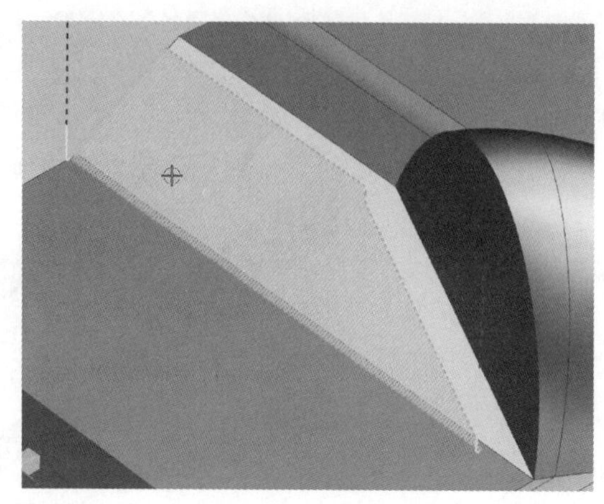

图4.5.35 生成刀具路径

七、ϕ8的球刀固定轴轮廓铣精加工后视镜周围X向的大曲面

1. 选择精加工方法

【程序顺序视图】→【创建工序】→弹出【创建工序】对话框→【类型】mill_contour→【工序子类型】固定轴曲面轮廓铣→【程序】PROGRAM→【刀具】D8R4→【几何体】WORKPIECE→【方法】FINISH精加工→【名称】jing-x→【确定】（如图4.5.36选择精加工方法）。

2. 选择加工区域

在弹出的【固定轮廓铣】对话框中→【指定切削区域】→选择要加工的曲面→【确定】（如图4.5.37选择加工区域）。

图4.5.36 选择精加工方法

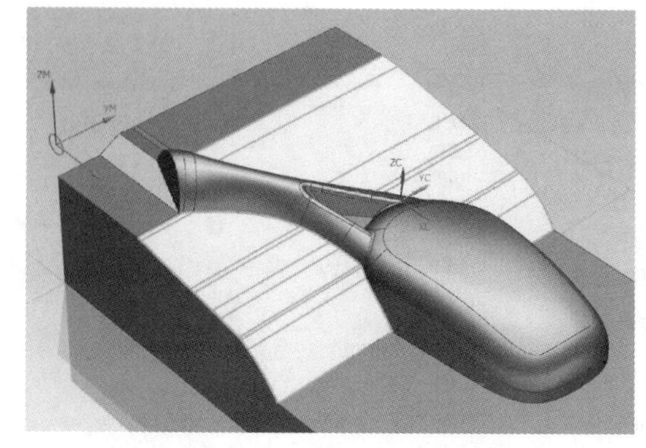

图4.5.37 选择加工区域

3. 设置驱动方法及加工参数设置

【驱动方法】栏目中→【方法】区域铣削（如图 4.5.38 驱动方法）。

→弹出【区域铣削】驱动方法对话框→【非陡峭切削模式】往复→【平面直径百分比】5→【剖切角】指定→【与 XC 的夹角】0→【确定】（如图 4.5.39 加工参数设置）。

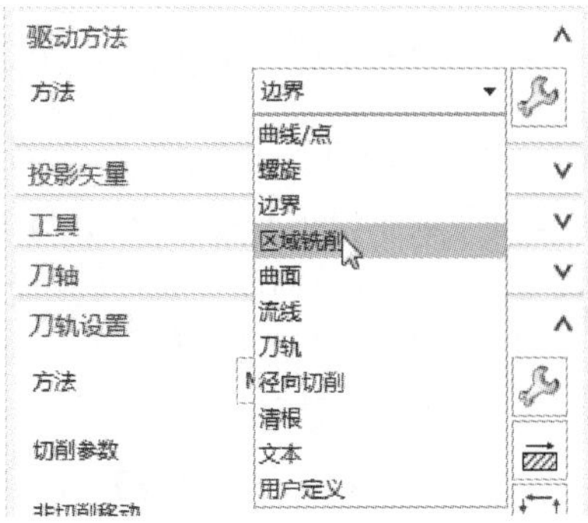

图 4.5.38 驱动方法

4. 设置进给率和速度

打开【进给率和速度】→勾选【主轴速度（rpm）】3500→【进给率】【切削】300→【确定】（如图 4.5.40 设置进给率和速度）。

5. 生成刀具路径

【操作】栏目中→点击【生成刀具路径】，生成该步操作的刀具路径（如图 4.5.41 生成刀具路径）。

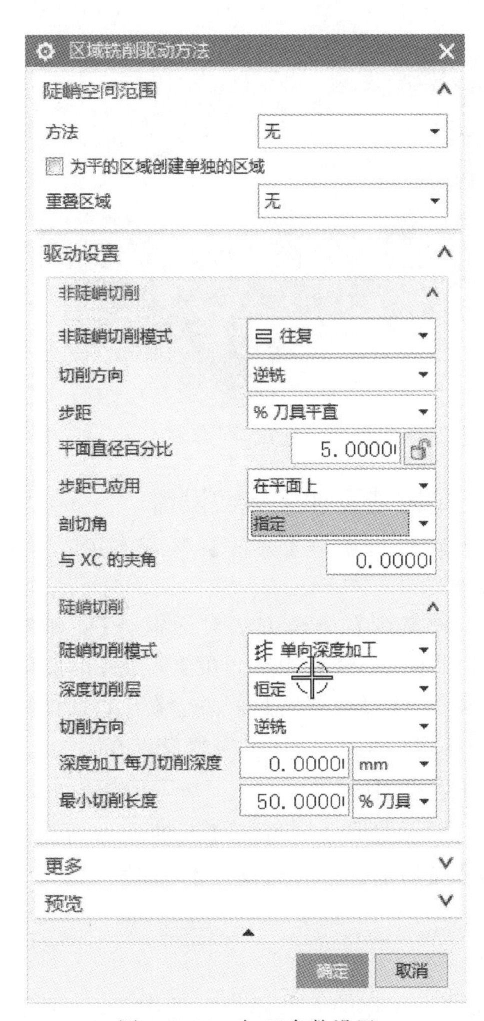

图 4.5.39 加工参数设置

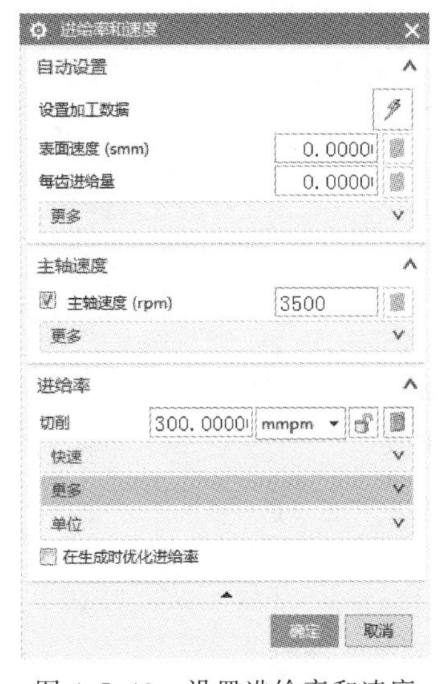

图 4.5.40 设置进给率和速度

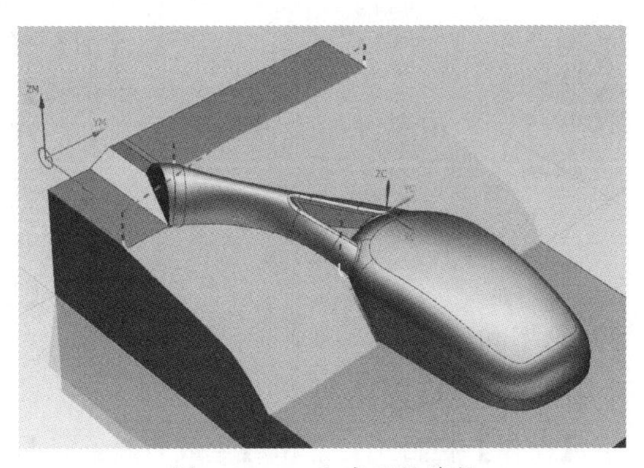

图 4.5.41 生成刀具路径

八、$\phi 8$ 的球刀固定轴轮廓精加工后视镜顶部曲面区域

1. 选择精加工方法

【程序顺序视图】→【创建工序】→弹出【创建工序】对话框→【类型】mill_contour→【工序子类型】固定轴曲面轮廓铣→【程序】PROGRAM→【刀具】D8R4→【几何体】WORKPIECE→【方法】FINISH 精加工→【名称】jing-ding→【确定】(如图 4.5.42 选择精加工方法)。

2. 选择加工区域

在弹出的【固定轮廓铣】对话框中→【指定切削区域】→选择要加工的曲面→【确定】(如图 4.5.43 选择加工区域)。

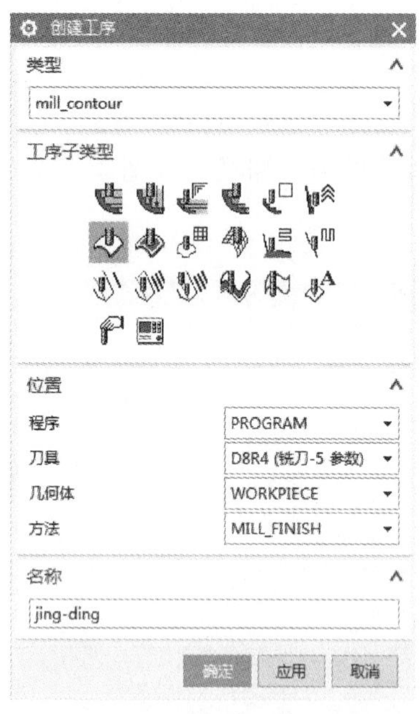

图 4.5.42 选择精加工方法

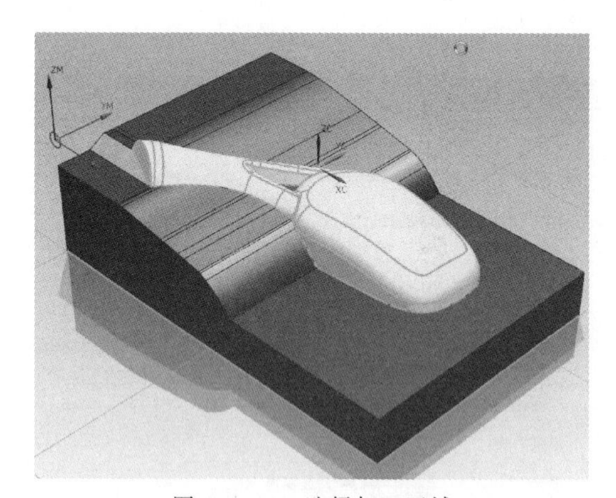

图 4.5.43 选择加工区域

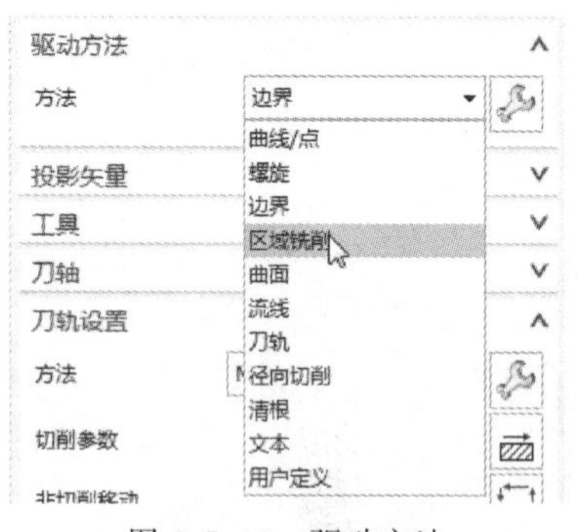

图 4.5.44 驱动方法

3. 设置驱动方法及加工参数设置

【驱动方法】栏目中→【方法】区域铣削(如图 4.5.44 驱动方法)。

→弹出【区域铣削】驱动方法对话框→【陡峭空间范围】→【方法】非陡峭→【陡峭壁角度】65→【非陡峭切削模式】跟随周边→【刀路方向】向外→【平面直径百分比】5→【确定】(如图 4.5.45 加工参数设置)。

4. 设置进给率和速度

打开【进给率和速度】→勾选【主轴速度(rpm)】3500→【进给率】【切削】300→【确定】(如图 4.5.46 设置进给率和速度)。

5. 生成刀具路径

【操作】栏目中→点击【生成刀具路径】,生成该步操作的刀具路径(如图 4.5.47 生成刀具路径)。

图 4.5.45　加工参数设置　　图 4.5.46　设置进给率和速度

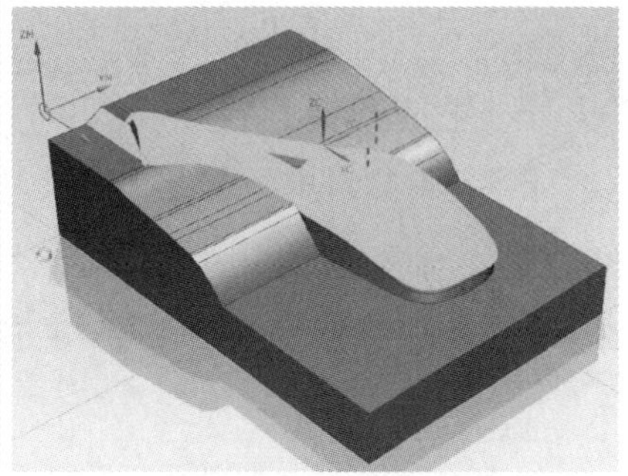

图 4.5.47　生成刀具路径

九、$\phi 8$ 的球刀深度轮廓精加工后视镜的陡峭曲面区域

1. 选择精加工方法

【程序顺序视图】→【创建工序】→弹出【创建工序】对话框→【类型】mill_contour→【工序子类型】深度轮廓加工（等高轮廓铣）→【程序】PROGRAM→【刀具】D8R4→【几何体】WORKPIECE→【方法】FINISH 精加工→【名称】jing-ce→【确定】（如图 4.5.48 选择精加工方法）。

图 4.5.48　选择精加工方法

2. 选择加工区域

在弹出的【深度轮廓加工】对话框中→【指定切削区域】→选择要加工的陡峭曲面→【确定】（如图 4.5.49 选择加工区域）。

3. 设置加工参数

弹出【深度轮廓加工】对话框→【刀轨设置】栏目→【陡峭空间范围】仅陡峭的→【角度】58→【最大距离】0.3（如图 4.5.50 设置加工参数）。

4. 设置进给率和速度

打开【进给率和速度】→勾选【主轴速度（rpm）】3500→【进给率】【切削】300→【确定】（如图 4.5.51 设置进给率和速度）。

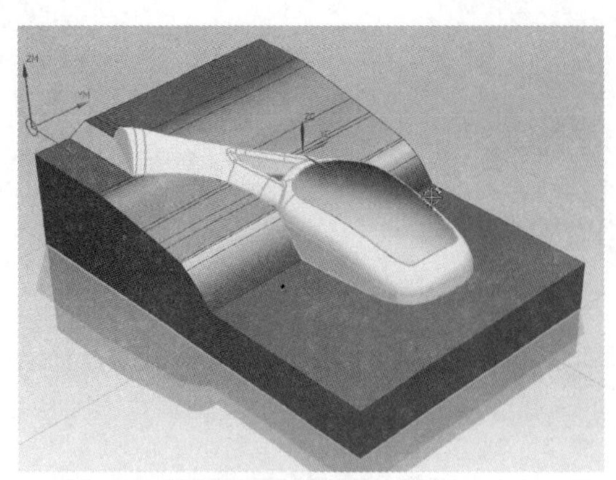

图 4.5.49　选择加工区域

图 4.5.50　设置加工参数

5. 生成刀具路径

【操作】栏目中→点击【生成刀具路径】，生成该步操作的刀具路径（如图 4.5.52 生成刀具路径）。

图 4.5.51　设置进给率和速度

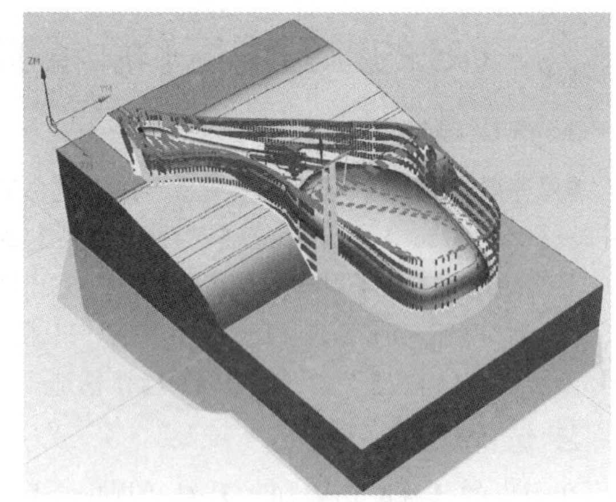

图 4.5.52　生成刀具路径

十、ϕ2 的球刀深度轮廓精加工后视镜的小三角曲面区域

1. 选择精加工方法

【程序顺序视图】→【创建工序】→弹出【创建工序】对话框→【类型】mill_contour→【工序子类型】深度轮廓加工（等高轮廓铣）→【程序】PROGRAM→【刀具】D2R1→【几何体】WORKPIECE→【方法】FINISH 精加工→【名称】jing-xiaoce→【确定】（如图 4.5.53 选择精加工方法）。

2. 选择加工区域

在弹出的【深度轮廓加工】对话框中→【指定切削区域】→选择要加工的陡峭曲面→【确

定】(如图 4.5.54 选择加工区域)。

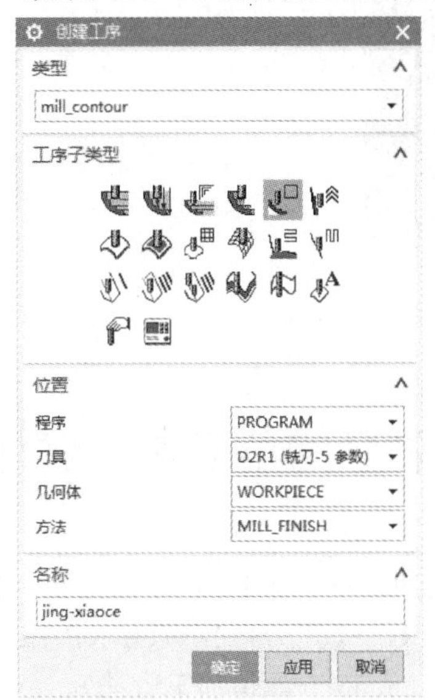

图 4.5.53　选择精加工方法

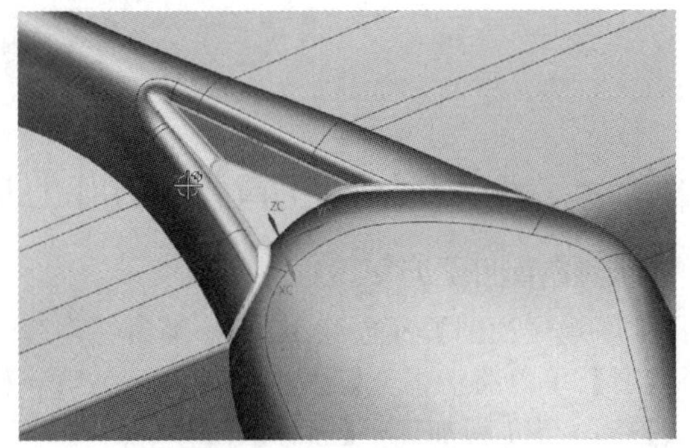

图 4.5.54　选择加工区域

3. 设置加工参数

弹出【深度轮廓加工】对话框→【最大距离】0.3(如图 4.5.55 设置加工参数)。

4. 设置进给率和速度

打开【进给率和速度】→勾选【主轴速度(rpm)】3000→【进给率】【切削】85→【确定】(如图 4.5.56 设置进给率和速度)。

图 4.5.55　设置加工参数

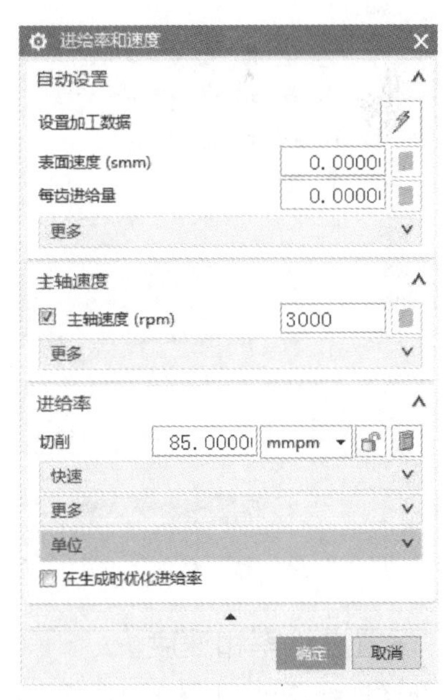

图 4.5.56　设置进给率和速度

5. 生成刀具路径

【操作】栏目中→点击【生成刀具路径】，生成该步操作的刀具路径(如图 4.5.57 生成刀具路径)。

图 4.5.57　生成刀具路径

十一、$\phi 2$ 的球刀清根精加工后视镜剩余的角落曲面区域

1. 选择精加工方法

【程序顺序视图】→【创建工序】→弹出【创建工序】对话框→【类型】mill_contour→【工序子类型】单刀路清根→【程序】PROGRAM→【刀具】D2R1→【几何体】WORKPIECE→【方法】FINISH 精加工→【名称】jing-gen→【确定】(如图 4.5.58 选择精加工方法)。

2. 选择加工区域

在弹出的【单刀路清根】对话框中→【指定切削区域】→选择要加工的陡峭曲面→【确定】(如图 4.5.59 选择加工区域)。

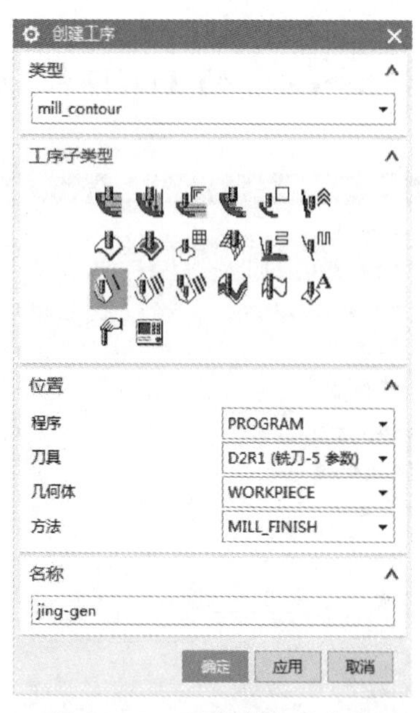

图 4.5.58　选择精加工方法

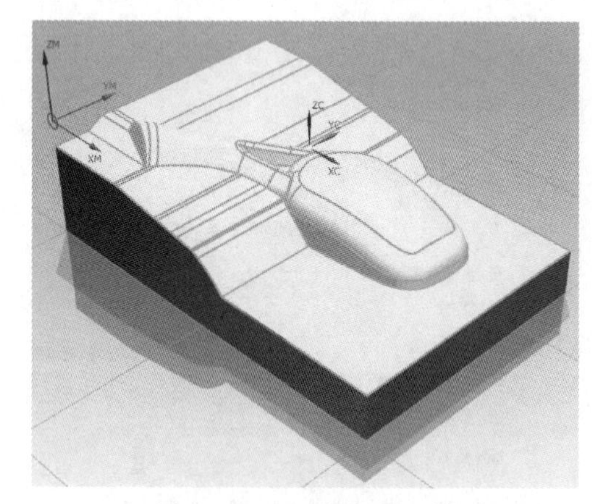

图 4.5.59　选择加工区域

3. 设置进给率和速度

打开【进给率和速度】→勾选【主轴速度 (rpm)】3000→【进给率】【切削】85→【确定】(如图 4.5.60 设置进给率和速度)。

4. 生成刀具路径

【操作】栏目中→点击【生成刀具路径】，生成该步操作的刀具路径 (如图 4.5.61 生成刀具路径)。

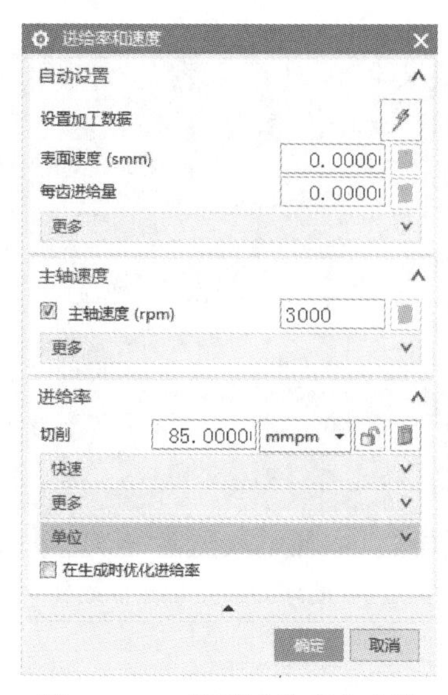

图 4.5.60　设置进给率和速度

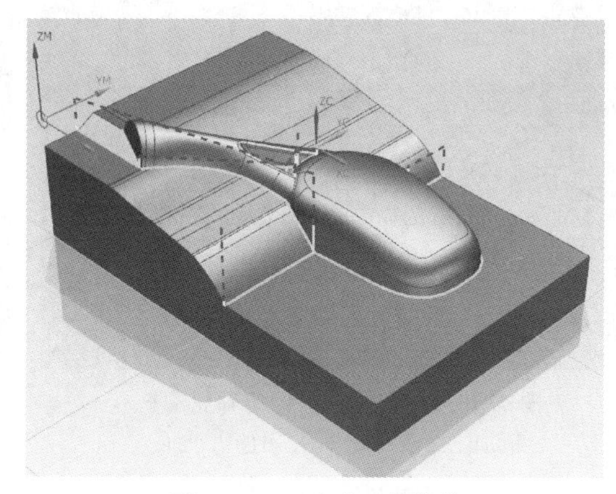

图 4.5.61　生成刀具路径

十二、最终验证模拟

在左侧目录列表中选择操作→点击【确认刀轨】按钮→在弹出的【刀轨可视化】对话框中→选择【2D 动态】→调整【动画速度】→点击【播放】(如图 4.5.62～图 4.5.70)。

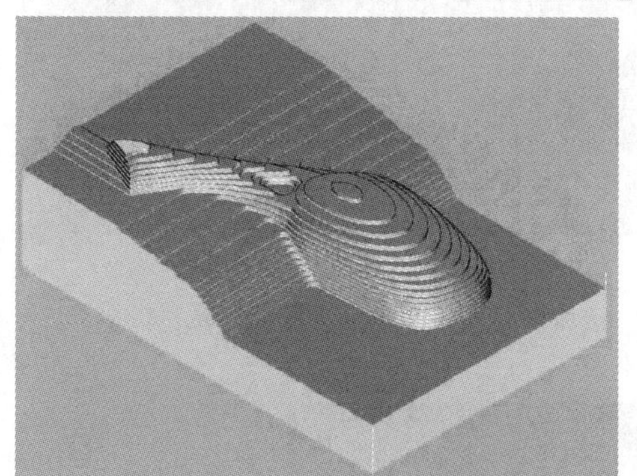

图 4.5.62　ϕ12 的平底刀型腔铣粗加工的开粗操作

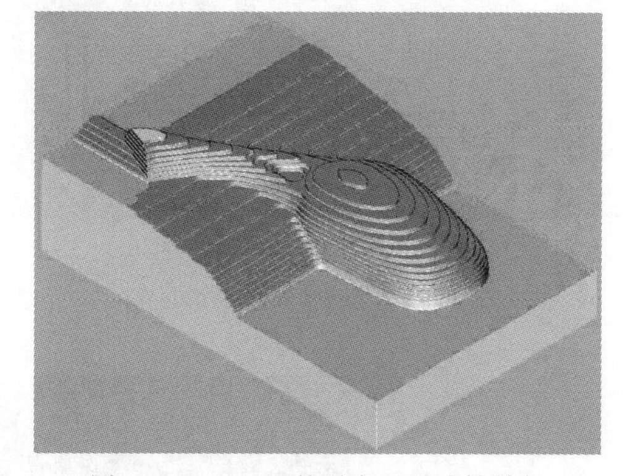

图 4.5.63　ϕ12 的平底刀型腔铣精加工三个大平面的区域

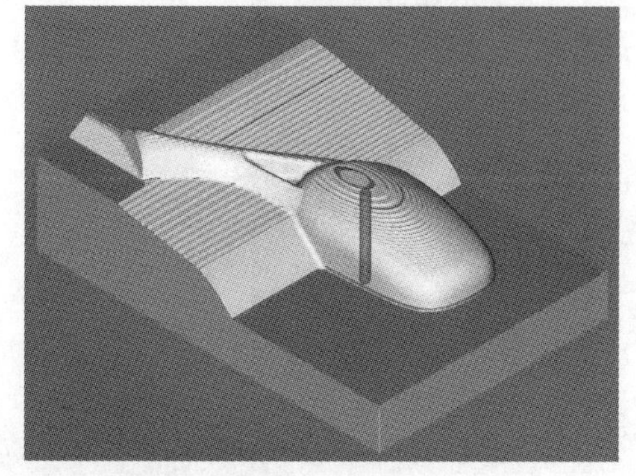

图 4.5.64　ϕ8 的球刀型腔铣半精加工的操作

图 4.5.65　ϕ8 的球刀固定轴轮廓铣精加工后视镜左侧 Y 向的小曲面

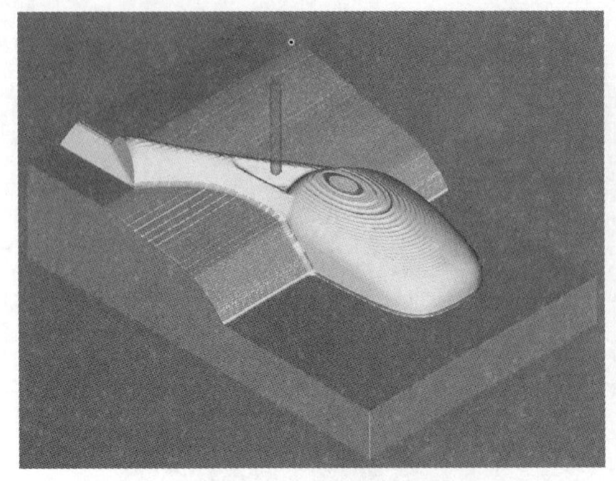

图 4.5.66　$\phi 8$ 的球刀固定轴轮廓铣精加工后视镜周围 X 向的大曲面

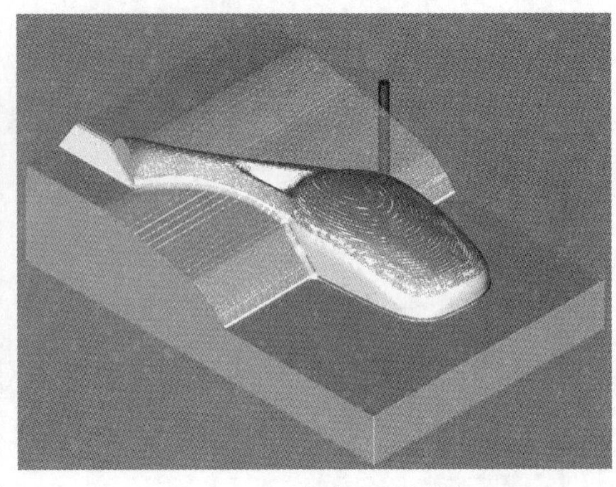

图 4.5.67　$\phi 8$ 的球刀固定轴轮廓精加工后视镜顶部曲面区域

图 4.5.68　$\phi 8$ 的球刀深度轮廓精加工后视镜的陡峭曲面区域

图 4.5.69　$\phi 2$ 的球刀深度轮廓精加工后视镜的小三角曲面区域

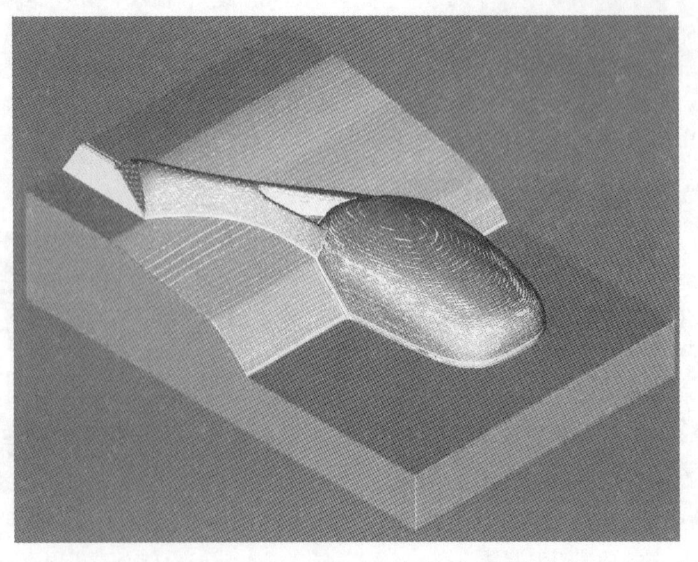

图 4.5.70　$\phi 2$ 的球刀清根精加工后视镜剩余的角落曲面区域

第六节　小型切割机外壳模具零件

一、工艺分析

小型切割机外壳模具零件

1. 零件图工艺分析

该零件中间为小型切割机外壳模具零件，工件无尺寸公差要求（如图 4.6.1 小型切割机外壳模具零件），轮廓描述清楚。零件材料为已经加工成型的标准铝块，无热处理和硬度要求。

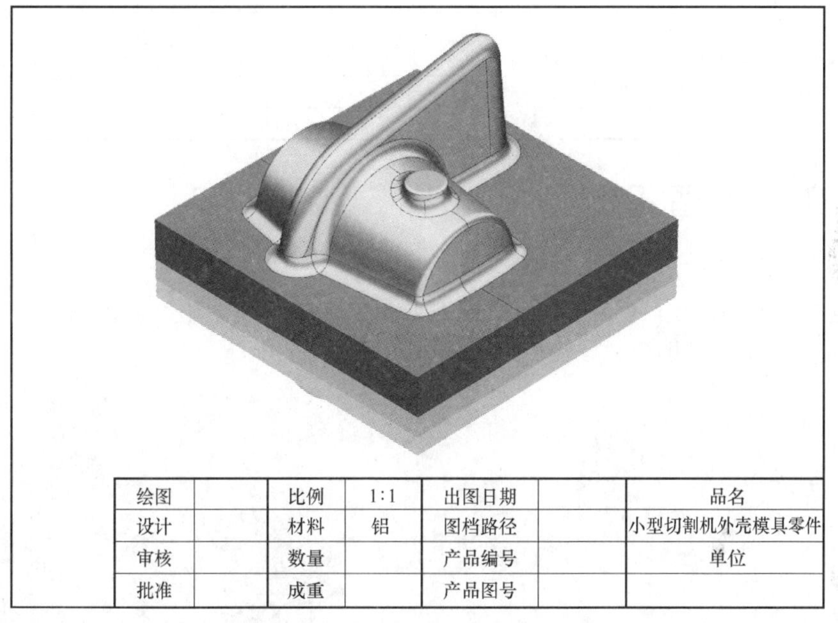

绘图		比例	1:1	出图日期		品名
设计		材料	铝	图档路径		小型切割机外壳模具零件
审核		数量		产品编号		单位
批准		成重		产品图号		

图 4.6.1　小型切割机外壳模具零件

2. 确定装夹方案、加工顺序及进给路线

工件采用通用的虎钳装夹方案，底部放置垫块，保证工件摆正，对刀点采用左下角的上表面点对刀，其装夹方式、加工区域和对刀点如图 4.6.2 所示。

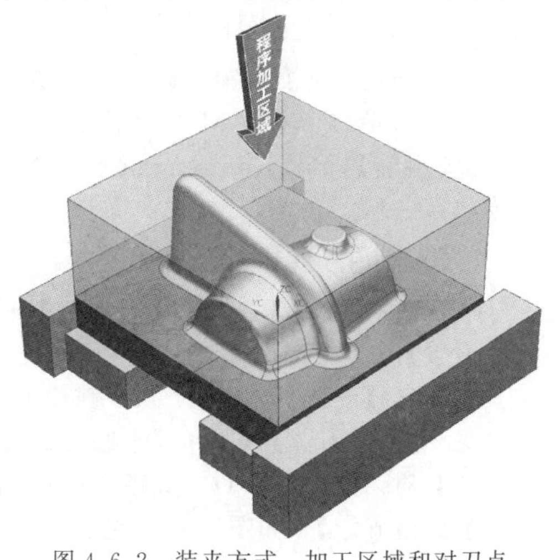

图 4.6.2　装夹方式、加工区域和对刀点

3. 刀具和加工区域选择

选用多把铣刀加工本例的区域，将所选定的刀具参数以及加工区域填入表 4.6.1 数控加工卡片中，以便于编程和操作管理。

表 4.6.1 数控加工卡片

产品名称或代号	模具零件加工综合实例	零件名称	小型切割机外壳模具零件		
序号	加工区域		刀具		
			名称	规格	刀号
1	$\phi 12R1$ 的圆角刀型腔铣开粗加工		D12R1	$\phi 12R1$ 圆角刀	1
2	$\phi 8R1$ 的圆角刀型腔铣第一次精加工所有区域		D8R1	$\phi 8R1$ 圆角刀	2
3	$\phi 8$ 的球刀固定轴轮廓铣精加工曲面区域		D8R4	$\phi 8$ 球刀	3
4	$\phi 8$ 的球刀深度铣侧面陡峭区域		D8R4	$\phi 8$ 球刀	3
5	$\phi 6$ 的球刀型腔铣精加工曲面的残料区域		D6R3	$\phi 6$ 球刀	4
6	$\phi 6$ 的球刀清根精加工曲面的角落区域		D6R3	$\phi 6$ 球刀	4
编制 ×××	审核 ×××	批准 ×××	共 1 页		

二、前期准备工作

1. 绘制辅助图形

进入【建模】模块式→【草图】中绘制图形，使之作为加工坐标系的原点（如图 4.6.3 草图中绘制辅助图形和 图 4.6.4 完成后的效果）。

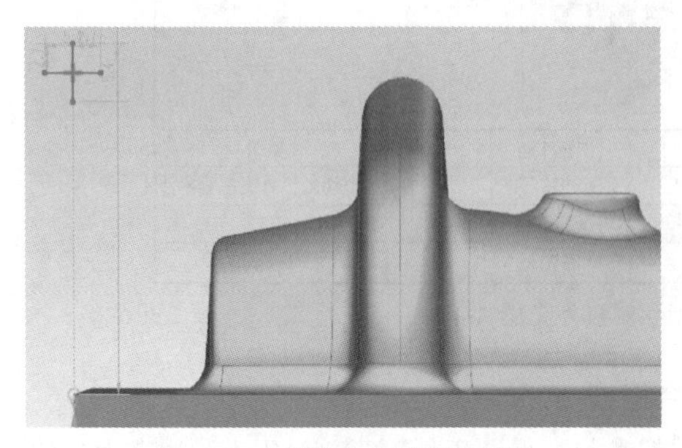

图 4.6.3 草图中绘制辅助图形

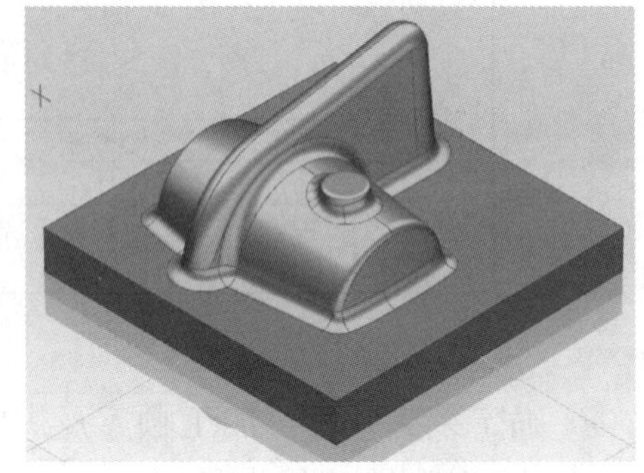

图 4.6.4 完成后的效果

图 4.6.5 进入加工模块

2. 进入加工模块

打开【启动】菜单→【加工】，进入加工模块→打开【加工环境】对话框→【CAM 会话配置】cam_general→【要创建的 CAM 组装】mill_contour→【确定】 （如图 4.6.5 进入加工模块）。

3. 创建刀具

→【创建刀具】→选择【平底刀】→【名称】D12R1→在【刀具设置】对话框中→【(D) 直径】12→【(R1) 下半径】1→【刀具号】1→【确定】（如图 4.6.6 创建 1 号刀具）。

→【创建刀具】→选择【平底刀】→【名称】D8R1→在【刀具设置】对话框中→【(D) 直径】8→【(R1) 下半径】1→【刀具号】2→【确定】（如图 4.6.7 创建 2 号刀具）。

→【创建刀具】→选择【平底刀】→【名称】D8R4→在【刀具设置】对话框中→【(D) 直径】8→【(R1) 下半径】4→【刀具号】3→【确定】(如图 4.6.8 创建 3 号刀具)。

图 4.6.6　创建 1 号刀具

图 4.6.7　创建 2 号刀具

图 4.6.8　创建 3 号刀具

→【创建刀具】→选择【平底刀】→【名称】D6R3→在【刀具设置】对话框中→【(D) 直径】6→【(R1) 下半径】3→【刀具号】4→【确定】(如图 4.6.9 创建 4 号刀具)。

图 4.6.9　创建 4 号刀具

4. 设置坐标系和创建毛坯

【几何视图】→双击【MCS_MILL】→点击绘制辅助交叉点，将加工坐标系移至该位置(如图)→设定【安全距离】2→【确定】(如图 4.6.10 设置坐标系)。

→打开 MCS_MILL 前的【+】号，双击【WORKPIECE】→在【工件】对话框中→点击【指定部件】按钮→点击工件→【确定】(如图 4.6.11 指定部件)。

→点击【指定毛坯】按钮→在弹出的【毛坯几何体】对话中→【类型】→选择【包容块】，设置最小化包容工件的毛坯→毛坯

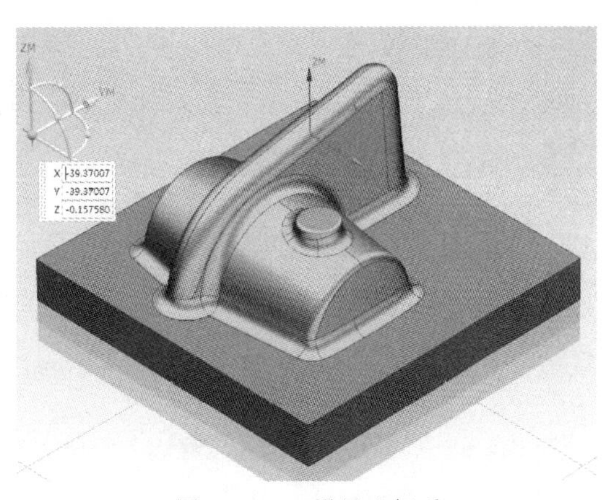

图 4.6.10　设置坐标系

设置的效果如图→【确定】→【确定】（如图 4.6.12 创建毛坯）。

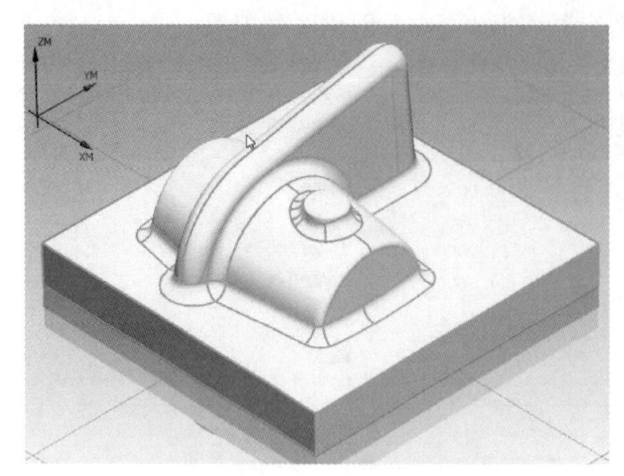

图 4.6.11　指定部件

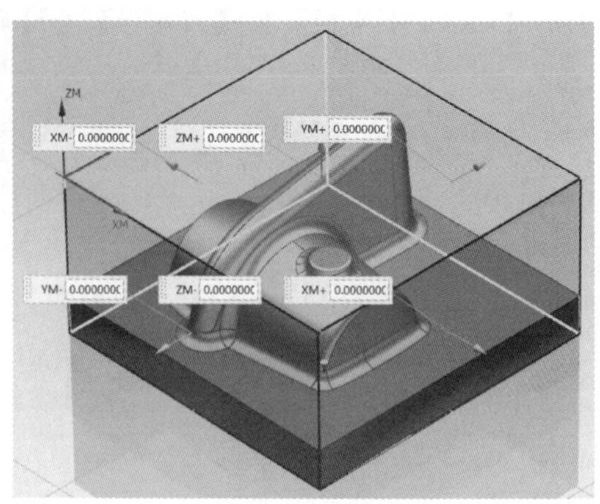

图 4.6.12　创建毛坯

三、$\phi 12R1$ 的圆角刀型腔铣开粗加工

1. 选择粗加工方法

【程序顺序视图】→【创建工序】→弹出【创建工序】对话框→【类型】mill_contour→【工序子类型】型腔铣→【程序】PROGRAM→【刀具】D12R1→【几何体】WORKPIECE→【方法】MILL_ROUGH，进行粗加工→【名称】cu→【确定】（如图 4.6.13 选择粗加工方法）。

2. 选择加工区域

在弹出的【型腔铣】对话框中→【指定切削区域】→选择要加工的曲面→【确定】（如图 4.6.14 选择加工区域）。

图 4.6.13　选择粗加工方法

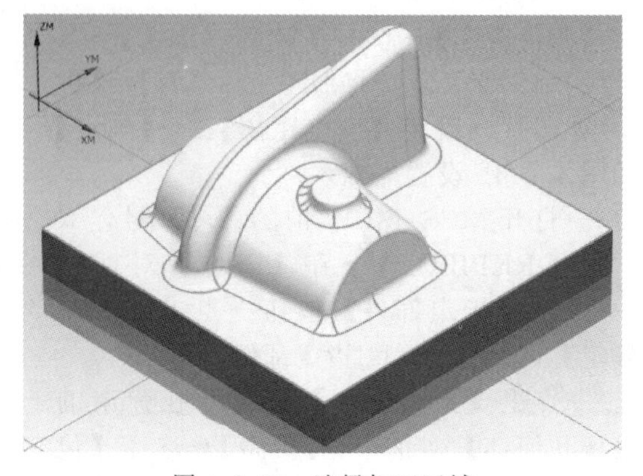
图 4.6.14　选择加工区域

3. 设置加工参数

【刀轨设置】栏目中→【切削模式】跟随周边→【平面直径百分比】85→【最大距离】3（如图 4.6.15 设置加工参数）。

4. 设置切削参数

打开【切削参数】→【策略】【切削】【切削顺序】深度优先→【余量】【部件侧面余量】0.3→【确定】(如图 4.6.16 深度优先、图 4.6.17 余量)。

5. 设置非切削移动

打开【非切削移动】→【进刀】→【封闭区域】【进刀类型】螺旋→【开放区域】【进刀类型】与封闭区域相同→【确定】(如图 4.6.18 设置非切削移动)。

图 4.6.15 设置加工参数

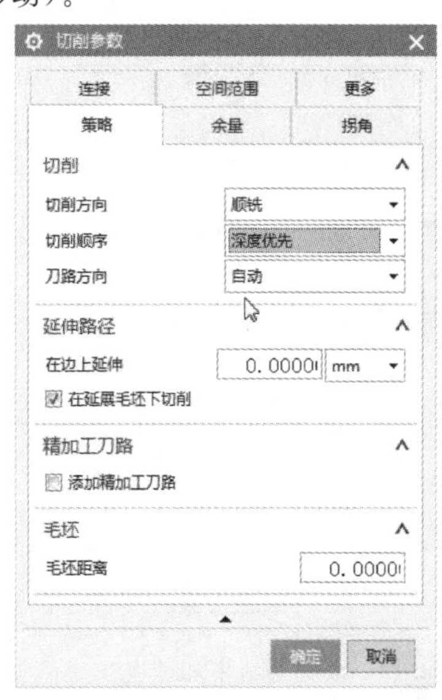

图 4.6.16 深度优先

图 4.6.17 余量

图 4.6.18 设置非切削移动

6. 设置进给率和速度

打开【进给率和速度】→勾选【主轴速度（rpm)】2500→【进给率】【切削】400→【确定】(如图4.6.19设置进给率和速度)。

7. 生成刀具路径

【操作】栏目中→点击【生成刀具路径】，生成该步操作的刀具路径（如图4.6.20生成刀具路径)。

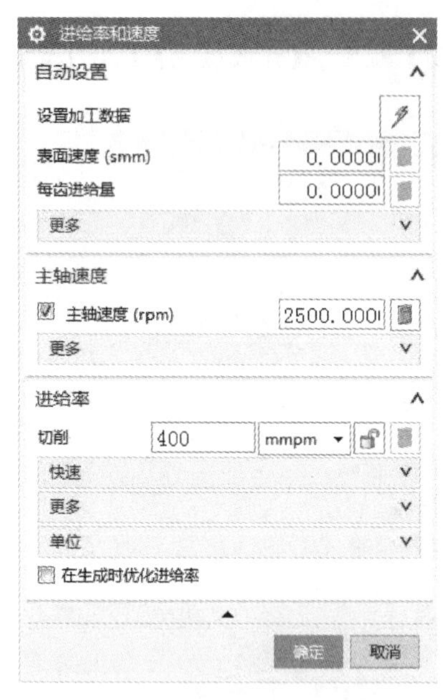

图4.6.19 设置进给率和速度

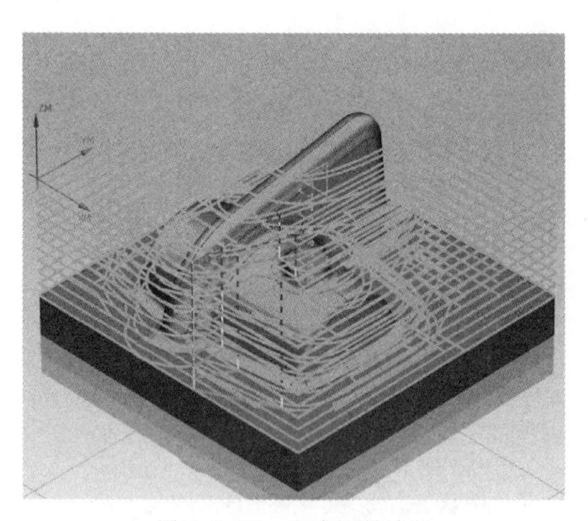

图4.6.20 生成刀具路径

四、$\phi 8R1$的圆角刀型腔铣第一次精加工所有区域

图4.6.21 选择精加工方法

1. 选择精加工方法

【程序顺序视图】→【创建工序】→弹出【创建工序】对话框→【类型】mill_contour→【工序子类型】型腔铣→【程序】PROGRAM→【刀具】D8R1→【几何体】WORKPIECE→【方法】MILL_FINISH→【名称】banjing→【确定】(如图4.6.21选择精加工方法)。

2. 选择加工区域

在弹出的【型腔铣】对话框中→【指定切削区域】→选择要加工的平面→【确定】(如图4.6.22选择加工区域)。

3. 设置加工参数

【刀轨设置】栏目中→【切削模式】跟随部件→【平面直径百分比】60→【最大距离】1.5(如图4.6.23设置加工参数)。

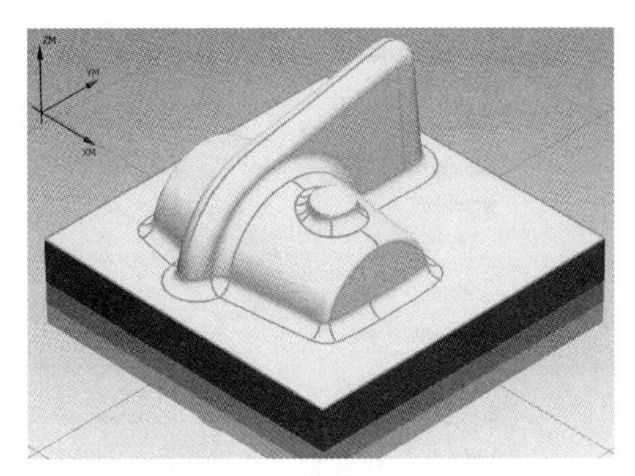

图 4.6.22　选择加工区域

图 4.6.23　设置加工参数

4. 设置切削参数

打开【切削参数】→【策略】【切削】【切削顺序】深度优先→【余量】所有均设为 0→【空间范围】【毛坯】【处理中的工件】使用 3D→【确定】(如图 4.6.24 深度优先、图 4.6.25 余量、图 4.6.26 使用 3D)。

图 4.6.24　深度优先

图 4.6.25　余量

5. 设置非切削移动

打开【非切削移动】→【进刀】→【封闭区域】【进刀类型】插削→【开放区域】【进刀类型】与封闭区域相同→【确定】(如图 4.6.27 设置非切削移动)。

6. 设置进给率和速度

打开【进给率和速度】→勾选【主轴速度(rpm)】3500→【进给率】【切削】350→【确定】(如图 4.6.28 设置进给率和速度)。

7. 生成刀具路径

【操作】栏目中→点击【生成刀具路径】，生成该步操作的刀具路径（如图 4.6.29 生成刀具路径)。

图 4.6.26　使用 3D

图 4.6.27　设置非切削移动

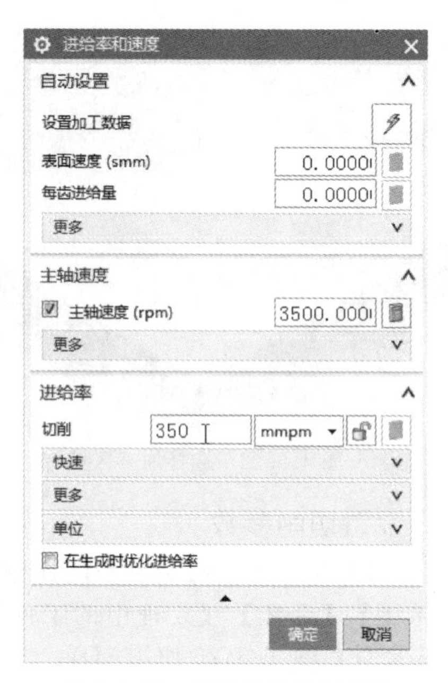

图 4.6.28　设置进给率和速度

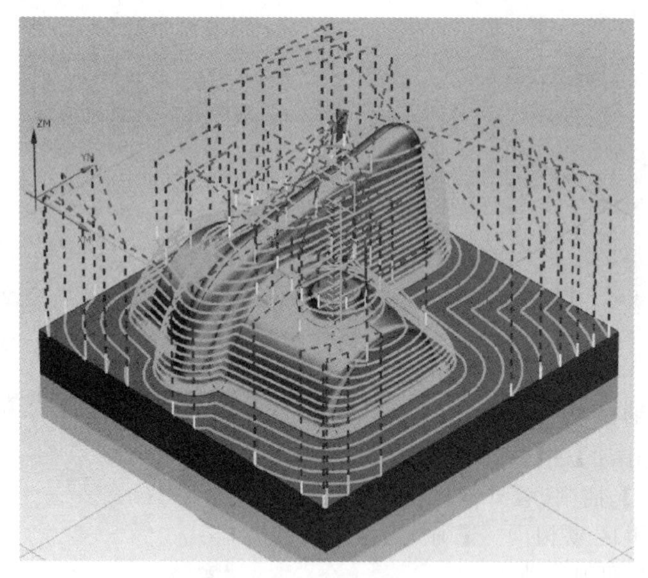

图 4.6.29　生成刀具路径

五、ϕ8的球刀固定轴轮廓铣精加工曲面区域

1. 选择精加工方法

【程序顺序视图】→【创建工序】→弹出【创建工序】对话框→【类型】mill_contour→【工序子类型】固定轴曲面轮廓铣→【程序】PROGRAM→【刀具】D8R4→【几何体】WORKPIECE→【方法】MILL_FINISH→【名称】jing1→【确定】(如图 4.6.30 选择精加工方法)。

2. 选择加工区域

在弹出的【固定轴轮廓铣】对话框中→【指定切削区域】→选择要加工的曲面→【确定】(如图 4.6.31 选择加工区域)。

3. 设置驱动方法及加工参数设置

【驱动方法】栏目中→【方法】区域铣削（如图 4.6.32 驱动方法）。

→弹出【区域铣削】驱动方法对话框→【陡峭空间范围】→【方法】非陡峭→【陡峭壁角度】60→【驱动设置】→【非陡峭切削模式】跟随周边→【平面直径百分比】3→【确定】（如图 4.6.33 加工参数设置）。

4. 设置进给率和速度

打开【进给率和速度】→勾选【主轴速度（rpm)】3500→【进给率】【切削】300→【确定】（如图 4.6.34 设置进给率和速度）。

5. 生成刀具路径

【操作】栏目中→点击【生成刀具路径】，生成该步操作的刀具路径（如图 4.6.35 生成刀具路径）。

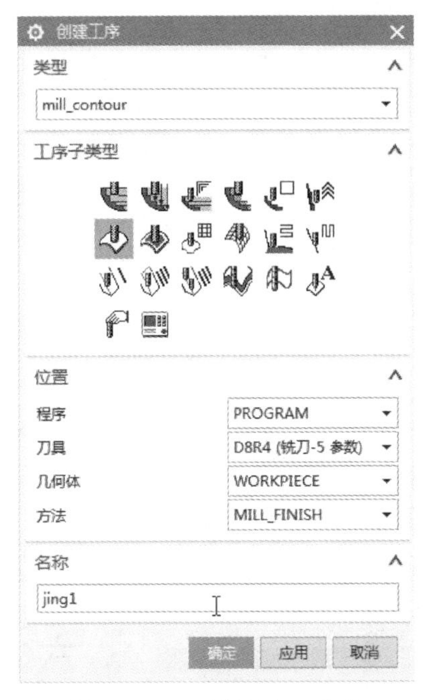

图 4.6.30　选择精加工方法

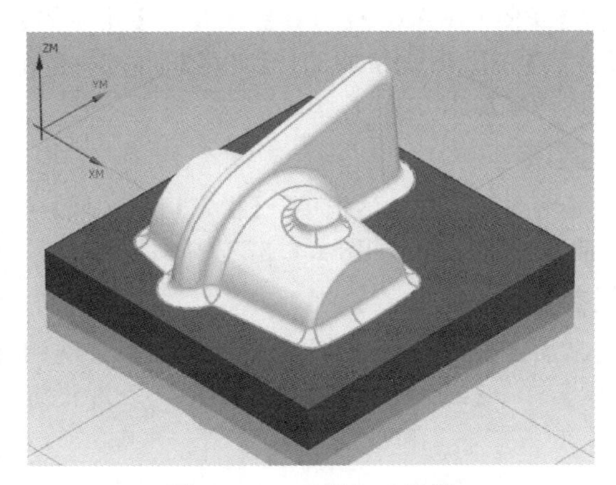

图 4.6.31　选择加工区域

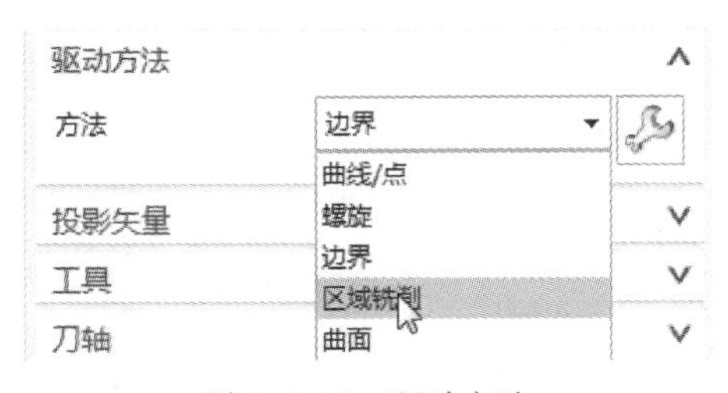

图 4.6.32　驱动方法

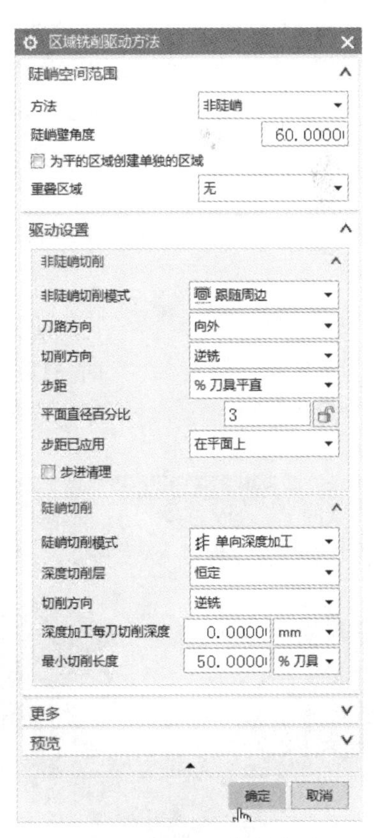

图 4.6.33　加工参数设置

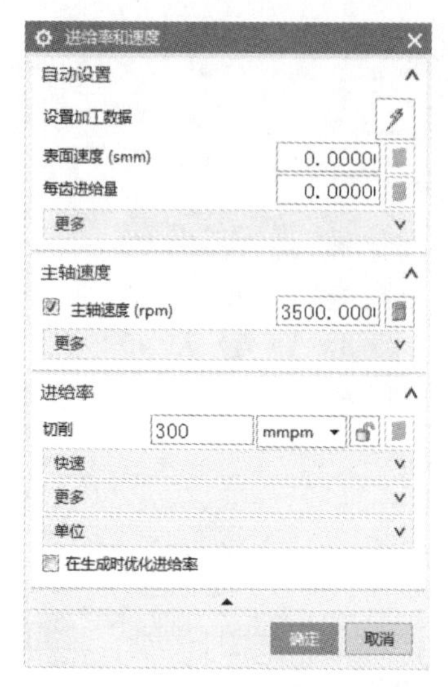

图 4.6.34　设置进给率和速度

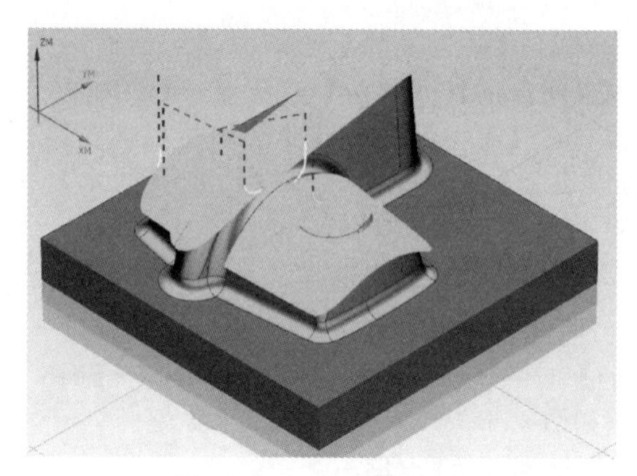

图 4.6.35　生成刀具路径

图 4.6.36　选择精加工方法

六、ϕ8 的球刀深度铣侧面陡峭区域

1. 选择精加工方法

【程序顺序视图】→【创建工序】→弹出【创建工序】对话框→【类型】mill_contour→【工序子类型】深度轮廓加工（等高轮廓铣）→【程序】PROGRAM→【刀具】D8R4→【几何体】WORKPIECE→【方法】FINISH 精加工→【名称】jing2→【确定】（如图 4.6.36 选择精加工方法）。

2. 选择加工区域

在弹出的【深度轮廓加工】对话框中→【指定切削区域】→选择要加工的陡峭曲面→【确定】（如图 4.6.37 选择加工区域）。

3. 设置加工参数

弹出【深度轮廓加工】对话框→【陡峭空间范围】仅陡峭的→【陡峭空间范围】50→【最大距离】0.3（如图 4.6.38 设置加工参数）。

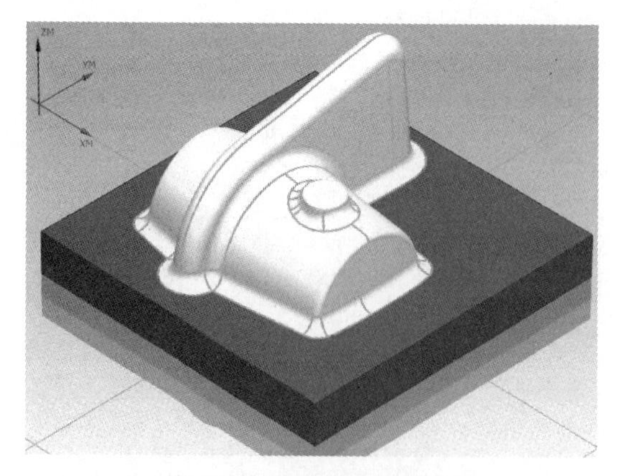

图 4.6.37　选择加工区域

图 4.6.38　设置加工参数

4. 设置非切削移动

打开【非切削移动】→【进刀】→【封闭区域】【进刀类型】插削→【开放区域】【进刀类型】与封闭区域相同→【确定】（如图 4.6.39 设置非切削移动）。

5. 设置进给率和速度

打开【进给率和速度】→勾选【主轴速度（rpm）】4000→【进给率】【切削】280→【确定】（如图 4.6.40 设置进给率和速度）。

图 4.6.39　设置非切削移动

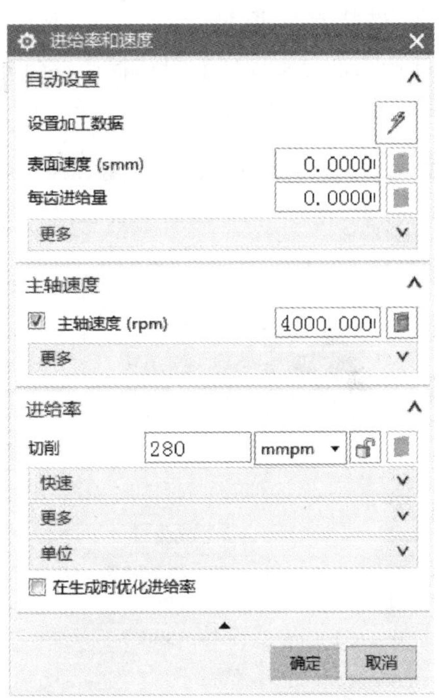

图 4.6.40　设置进给率和速度

6. 生成刀具路径

【操作】栏目中→点击【生成刀具路径】，生成该步操作的刀具路径（如图 4.6.41 生成刀具路径）。

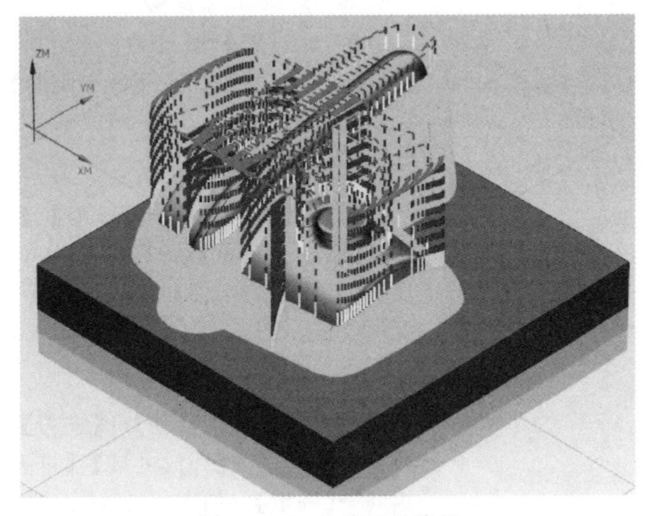

图 4.6.41　生成刀具路径

七、ϕ6 的球刀型腔铣精加工曲面的残料区域

1. 选择精加工方法

【程序顺序视图】→【创建工序】→弹出【创建工序】对话框→【类型】mill_contour→【工序子类型】型腔铣→【程序】PROGRAM→【刀具】D6R3→【几何体】WORKPIECE→【方法】MILL_FINISH→【名称】canliao→【确定】(如图 4.6.42 选择精加工方法)。

2. 选择加工区域

在弹出的【型腔铣】对话框中→【指定切削区域】→选择要加工的平面→【确定】(如图 4.6.43 选择加工区域)。

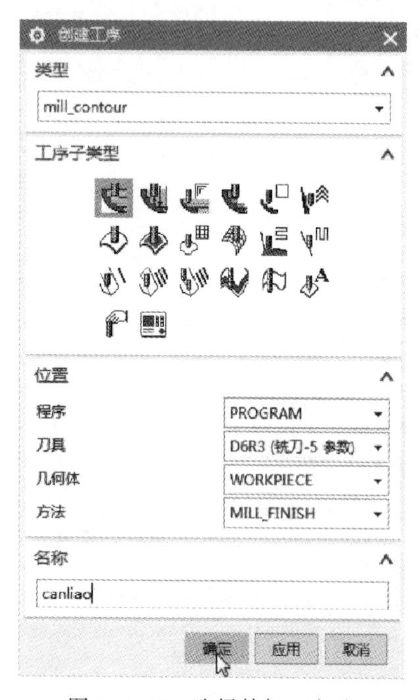

图 4.6.42 选择精加工方法

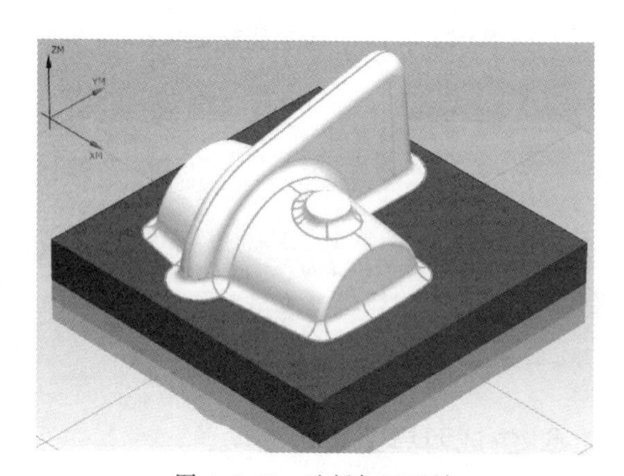

图 4.6.43 选择加工区域

3. 设置加工参数

【刀轨设置】栏目中→【切削模式】跟随部件→【平面直径百分比】2→【最大距离】0.2(如图 4.6.44 设置加工参数)。

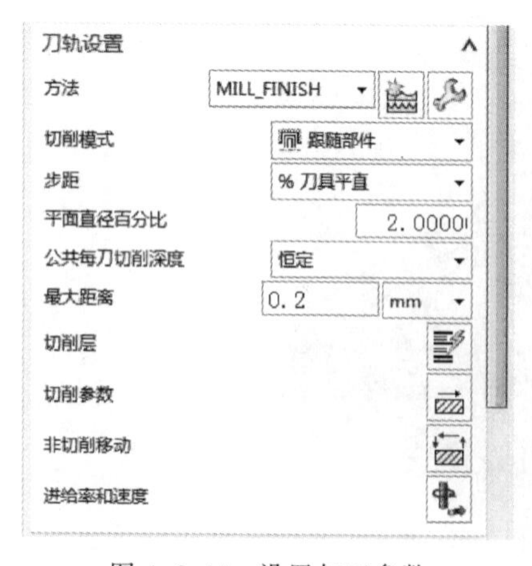

图 4.6.44 设置加工参数

4. 设置切削参数

打开【切削参数】→【策略】【切削】【切削顺序】深度优先→【余量】所有均设为 0→【空间范围】【毛坯】【处理中的工件】使用 3D→【确定】(如图 4.6.45 深度优先、图 4.6.46 余量、图 4.6.47 使用 3D)。

5. 设置非切削移动

打开【非切削移动】→【进刀】→【封闭区域】【进刀类型】插削→【开放区域】【进刀类型】与封闭区域相同→【确定】(如图 4.6.48 设置非切削移动)。

图 4.6.45　深度优先

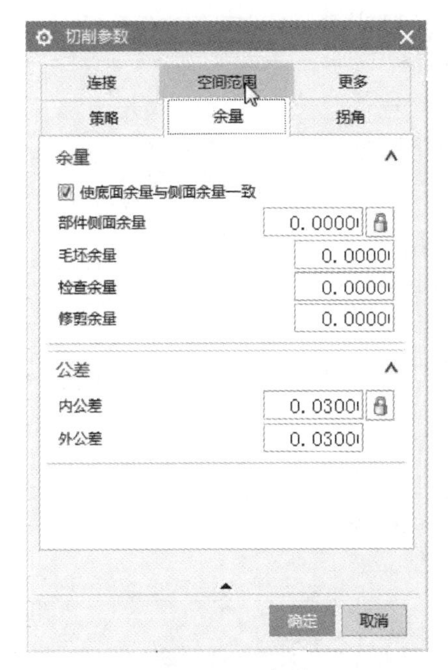

图 4.6.46　余量

图 4.6.47　使用 3D

图 4.6.48　设置非切削移动

6. 进给率和速度

打开【进给率和速度】→勾选【主轴速度（rpm）】3500→【进给率】【切削】200→【确定】（如图 4.6.49 设置切削参数）。

7. 生成刀具路径

【操作】栏目中→点击【生成刀具路径】，生成该步操作的刀具路径（如图 4.6.50 生成刀具路径）。

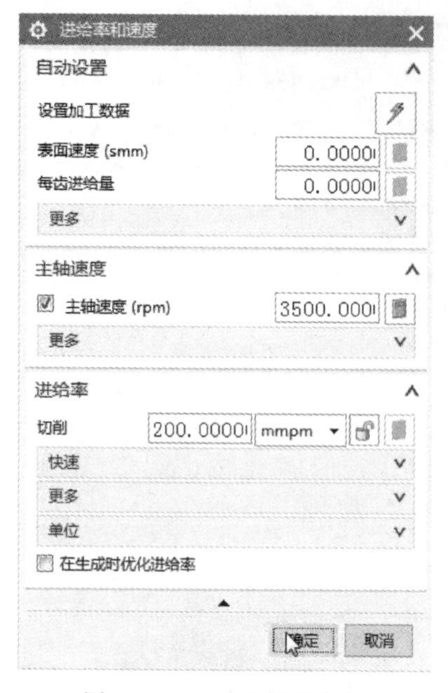

图 4.6.49　设置切削参数

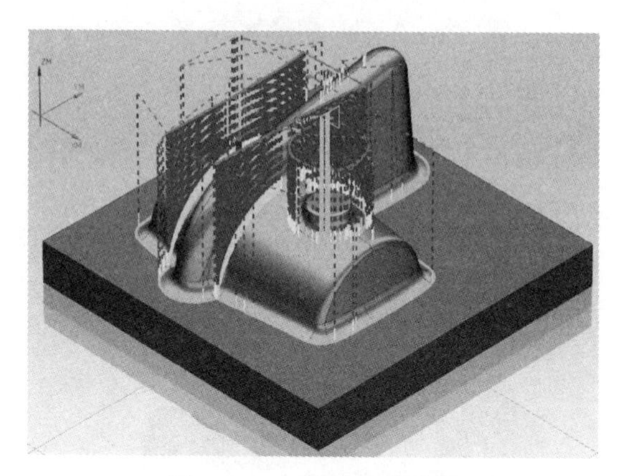

图 4.6.50　生成刀具路径

八、ϕ6 的球刀清根精加工曲面的角落区域

1. 选择精加工方法

【程序顺序视图】→【创建工序】→弹出【创建工序】对话框→【类型】mill_contour→【工序子类型】单刀路清根→【程序】PROGRAM→【刀具】D6R3→【几何体】WORKPIECE→【方法】FINISH 精加工→【名称】qinggen→【确定】(如图 4.6.51 选择精加工方法)。

2. 选择加工区域

在弹出的【单刀路清根】对话框中→【指定切削区域】→选择要加工的陡峭曲面→【确定】(如图 4.6.52 选择加工区域)。

图 4.6.51　选择精加工方法

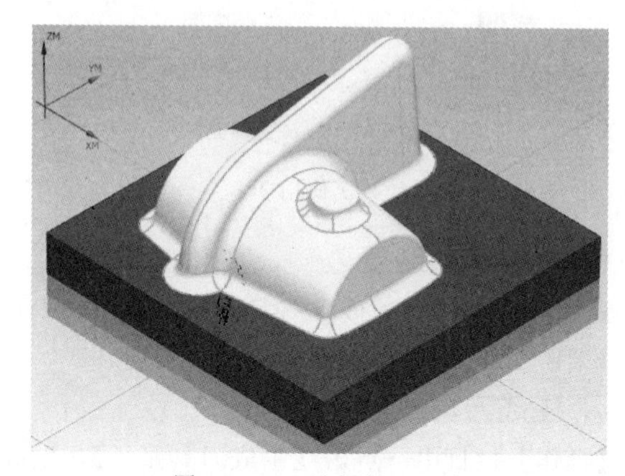

图 4.6.52　选择加工区域

3. 设置进给率和速度

【刀轨设置】栏目中→打开【进给率和速度】→勾选【主轴速度（rpm）】4000→【进给率】【切削】180→【确定】(如图 4.6.53 设置进给率和速度)。

4. 生成刀具路径

【操作】栏目中→点击【生成刀具路径】，生成该步操作的刀具路径（如图 4.6.54 生成刀具路径）。

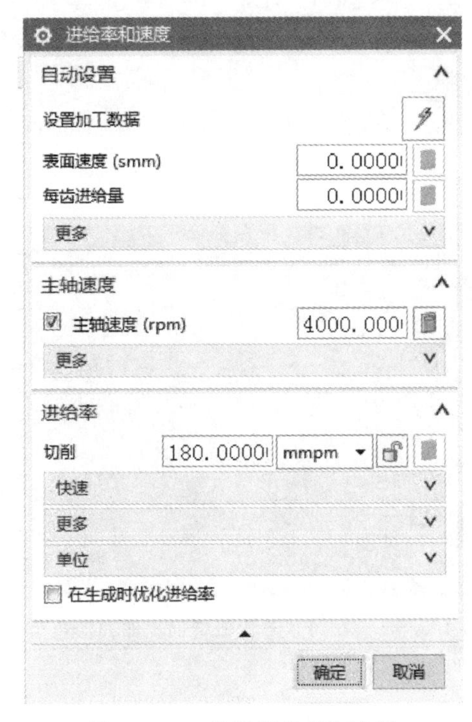

图 4.6.53　设置进给率和速度

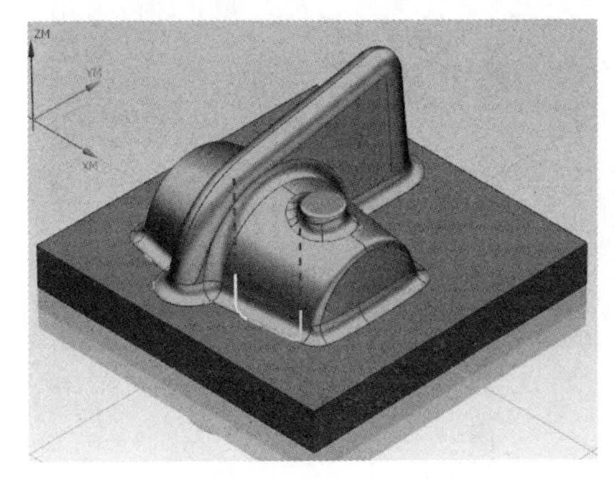

图 4.6.54　生成刀具路径

九、最终验证模拟

在左侧目录列表中选择操作→点击【确认刀轨】按钮→在弹出的【刀轨可视化】对话框中→选择【2D 动态】→调整【动画速度】→点击【播放】(如图 4.6.55～图 4.6.60)。

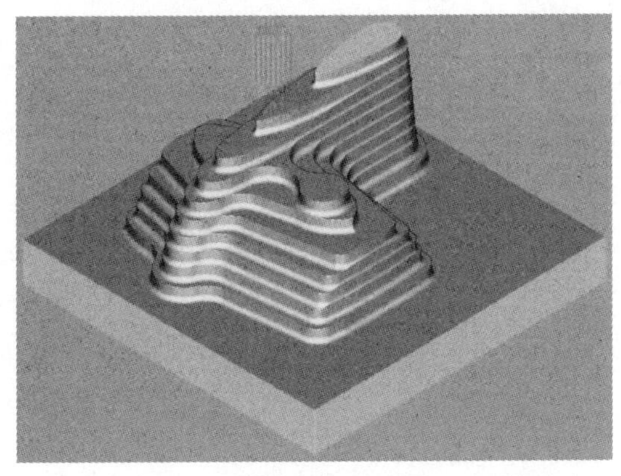

图 4.6.55　$\phi 12R1$ 的圆角刀型腔铣开粗加工

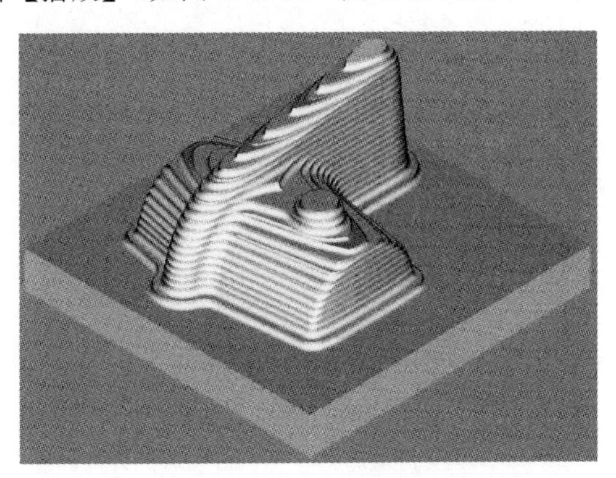

图 4.6.56　$\phi 8R1$ 的圆角刀型腔铣第一次精加工所有区域

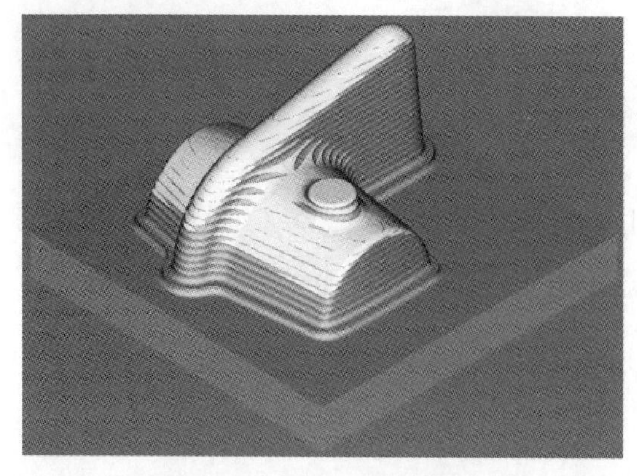

图 4.6.57 $\phi8$ 的球刀固定轴轮廓铣精加工曲面区域

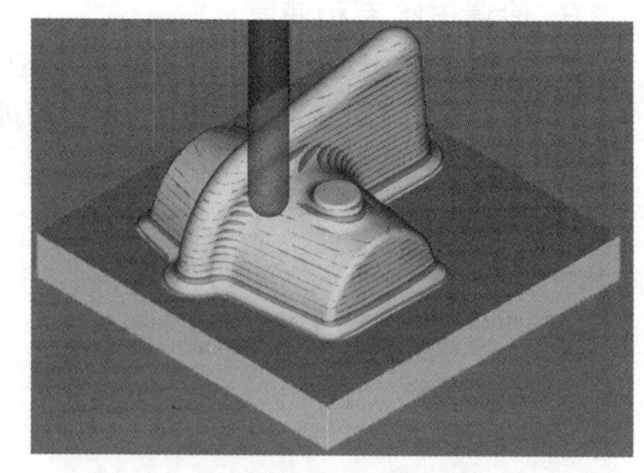

图 4.6.58 $\phi8$ 的球刀深度铣侧面陡峭区域

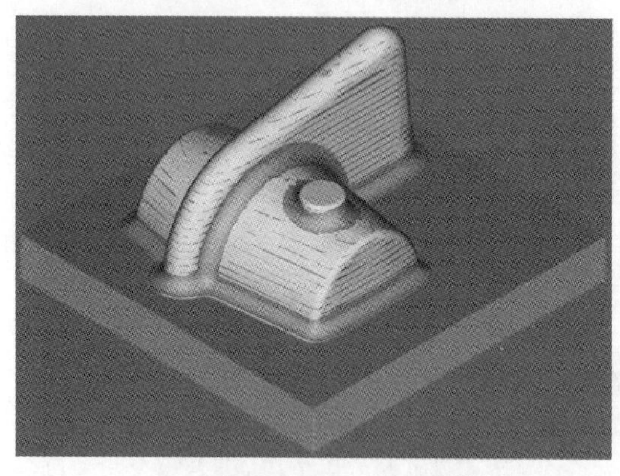

图 4.6.59 $\phi6$ 的球刀型腔铣精加工曲面的残料区域

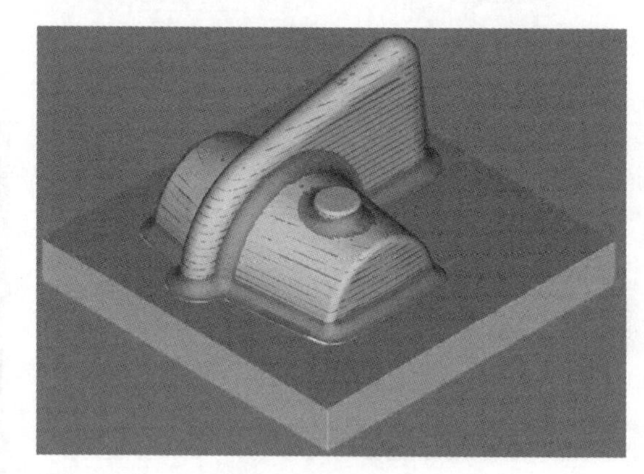

图 4.6.60 $\phi6$ 的球刀清根精加工曲面的角落区域

参 考 文 献

[1] 刘蔡保. 数控车床编程与操作. 北京：化学工业出版社，2009.
[2] 刘蔡保. 数控铣床（加工中心）编程与操作. 北京：化学工业出版社，2011.
[3] 刘蔡保. 数控机床故障诊断与维修. 北京：化学工业出版社，2012.
[4] 刘蔡保. UG NX8.0 数控编程与操作. 北京：化学工业出版社，2016.
[5] 张思弟、贺暑新. 数控编程加工技术. 北京：化学工业出版社，2005.
[6] 任国兴. 数控技术. 北京：机械工业出版社，2006.
[7] 高永祥. 数控高速加工与工艺. 北京：机械工业出版社，2013.
[8] 陈明，安庆龙，刘志强. 高速切削技术基础与应用. 上海：上海科学技术出版社，2012.
[9] 王卫兵. 高速加工数控编程技术. 第 2 版. 北京：机械工业出版社，2013.
[10] 苏宏志. 数控加工刀具及其选用技术. 北京：机械工业出版社，2014.
[11] 邓三鹏. 数控机床结构及维修. 北京：国防工业出版社，2008.
[12] 张萍. 数控系统运行与维修. 北京：水利水电出版社，2010.